高技能人才培训丛书 | 丛书主编 李长虹

计算机直接制版技术及应用（海德堡CTP）

许向阳 桑凤仙 孟凡亚 编著

李长虹 主审

中国电力出版社
CHINA ELECTRIC POWER PRESS

内容提要

本书以计算机直接制版技术（CTP）的数字化工作流程为主线，以现代企业日常生产中典型的工作任务为实例，讲述了计算机直接制版技术。

全书共21个经典任务，包括印前文件处理、数字化拼大版、数字化工作流程、数码打样、设备维护与保养几大模块。每一个模块代表CTP技术中的一个典型工作或者岗位，5个模块构成了CTP技术的核心工作。模块之间既有独立性又有衔接性，读者可依据学习的目的和要求有针对性地选择及组合某些任务或模块。

本书的训练任务经过精心组织，训练任务目标明确。通过学习本书，新手可快速上手，适应岗位工作；有基础者可继续进阶，逐渐具备统筹整个制版工艺流程的能力。

本书既可作为自学的参考书，也可以作为企业员工培训或职业院校学生的教材。

图书在版编目（CIP）数据

计算机直接制版技术及应用：海德堡CTP/许向阳，桑凤仙，孟凡亚编著．—北京：中国电力出版社，2020.4

（高技能人才培训丛书）

ISBN 978-7-5198-3624-5

Ⅰ．①计…　Ⅱ．①许…②桑…③孟…　Ⅲ．①计算机辅助制版　Ⅳ．①TP391.72

中国版本图书馆CIP数据核字（2019）第187332号

出版发行：中国电力出版社
地　　址：北京市东城区北京站西街19号（邮政编码100005）
网　　址：http://www.cepp.sgcc.com.cn
责任编辑：杨　扬（010-63412524）
责任校对：王小鹏
装帧设计：赵姗姗
责任印制：杨晓东

印　　刷：三河市航远印刷有限公司
版　　次：2020年4月第一版
印　　次：2020年4月北京第一次印刷
开　　本：787毫米×1092毫米　16开本
印　　张：22
字　　数：599千字
印　　数：0001—2000册
定　　价：79.00元

编 委 会

序

国务院《中国制造2025》提出“坚持把人才作为建设制造强国的根本，建立健全科学合理的选人、用人、育人机制，加快培养制造业发展急需的专业技术人才、经营管理人才、技能人才。营造大众创业、万众创新的氛围，建设一支素质优良、结构合理的制造业人才队伍，走人才引领的发展道路”。随着我国新型工业化、信息化同步推进，高技能人才在加快产业优化升级，推动技术创新和科技成果转化发挥了不可替代的重要作用。经济新常态下，高技能人才应掌握现代技术工艺和操作技能，具备创新能力，成为技能智能兼备的复合型人才。

《高技能人才培训丛书》由嵌入式系统设计应用、PLC控制系统设计应用、智能楼宇技术应用、云计算系统运维、工业机器人设计应用等近20个课程组成。丛书课程的开发，借鉴了当今国外发达国家先进的职业培训理念，坚持以工作过程为导向，以岗位技能要求为依据，以典型工作任务为载体，训练任务来源于企业真实的工作岗位。在高技能人才技能培养的课程模式方面，可谓是一种创新、高效、先进的课程，易理解、易学习、易掌握。丛书的作者大多来自企业，具有丰富的一线岗位工作经验和实际操作技能。本套丛书既可供一线从业人员提升技能使用，也可作为企业员工培训或职业院校的教材，还可作为从事职业教育与职业培训课程开发人员的参考书。

当今，职业培训的理念、技术、方法等不断发展，新技术、新技能、新经验不断涌现。这套丛书的成果具有一定的阶段性，不可能一劳永逸，要在今后的实践中不断丰富和完善。互联网技术的不断创新与大数据时代的来临，为高技能人才培养带来了前所未有的发展机遇，希望有更多的课程专家、职业院校老师和企业一线的技术人员，参与研究基于“互联网+”的高技能人才培养模式和课程体系，提高职业技能培训的针对性和有效性，更好地为高技能人才培养提供专业化的服务。

全国政协委员
深圳市设计与艺术联盟主席
深圳市设计联合会会长

丛书序

《高技能人才培训丛书》由近20个课程组成，涵盖了云计算系统运维、嵌入式系统设计应用、PLC控制系统设计应用、智能楼宇技术应用、工业控制网络设计应用、三维电气工程设计应用、产品造型设计应用、产品结构设计应用、工业机器人设计应用等职业技术领域和岗位。

《高技能人才培训丛书》采用典型的任务引领训练课程，是一种科学、先进的职业培训课程模式，具有一定的创新性，主要特点如下：

先进性。任务引领训练课程是借鉴国内外职业培训的先进理念，基于“任务引领一体化训练模式”开发编写的。从职业岗位的工作任务入手，设计训练任务（课程），采用专业理论和专业技能一体化训练考核，体现训练过程与生产过程零距离，技能等级与职业能力零距离。

有效性。训练任务来源于企业岗位的真实工作任务，大大提高了操作技能训练的有效性与针对性。同时，每个训练任务具有相对独立性的特征，可满足学员个性能力需求和提升的实际需要，降低了培训成本，提高了培训效益；每个训练任务具有明确的判断结果，可通过任务完成结果进行能力的客观评价。

科学性。训练实施采用目标、任务、准备、行动、评价五步训练法，涵盖从任务（问题）来源到分析问题、解决问题、效果评价的完整学习活动，尤其是多元评价主体可实现对学习效果的立体、综合、客观评价。

本课程的另外一个特色是训练任务（课程）具有二次开发性，且开发成本低，只需要根据企业岗位工作任务的变化补充新的训练任务，从而“高技能人才任务引领训练课程”确保训练任务与企业岗位要求一致。

“高技能人才任务引领训练课程”已在深圳高技能人才公共训练基地、深圳市的职业院校及多家企业使用了五年之久，取得了良好的效果，得到了使用部门的肯定。

“高技能人才任务引领训练课程”是由企业、行业、职业院校的专家、教师和工程技术人员共同开发编写的。可作为高等院校、行业企业和社会培训机构高技能人才培养的教材或参考用书。但由于现代科学技术高速发展，编写时间仓促等原因，难免有错漏之处，恳请广大读者及专业人士指正。

编委会主任　李长虹

前 言

CTP（Computer to Plate），即计算机直接制版，该技术是传统制版工艺技术的数字化、集成化，指的是直接将计算机应用软件制作的电子页面内容呈现在版材上，或经冲洗得到印版，或直接得到印版。该技术实现了制版工艺的自动化、印前工作流程的集成化、印版质量控制的数字化及标准化等。

计算机直接制版技术已在包装印刷行业中推广应用，传统制版岗位迅速被计算机直接制版岗位所代替，印前文件格式转换、数字拼大版、数码打样以及制版质量控制等技术成为包装印刷行业企业印前工艺流程的核心技术，掌握这些技术方可满足计算机直接制版岗位对技术技能的需求。本书的 21 个训练任务，就是针对印刷包装企业的从业者或想从事印刷包装工作的人员而设计的。从内容上看，本书有以下特点：

（1）全新的教材编目框架。本书完全打破传统教材的章节框架结构，基于“任务引领型一体化训练及评价模式”，训练任务全部来源于企业真实的工作任务，经过提炼，转化为训练任务。

（2）以企业岗位要求为能力目标。训练任务的能力目标，以印前文件制作与检查、拼大版、数码打样、数字化工作流程管理、印版质量控制与检查等工作岗位职业能力要求为基础。

（3）训练与评价可实现一体化。训练任务具有独立性、完整性，目标明确且可实现、可考评，能够满足个性化的能力提升要求。

此外，在训练任务实施部分中，示范操作步骤翔实且图文并茂，每一步都有操作结果的效果状态图，力求做到学习者在没有老师指导的情况下，也能够完成示范操作的内容，因此非常适合学习者自学。

本书由许向阳、桑凤仙、孟凡亚编写，全书由李长虹统一审核定稿。

由于时间仓促以及编者水平有限，书中错误和不足之处在所难免，欢迎读者提出批评和建议。

编　者

目录

任务 1

印前数据文件格式转换

该训练任务建议用 3 个学时完成学习。

1.1 任务来源

印前设计软件都具有自身文件格式，而计算机直接制版数字化工作流程以 PDF 作为标准的文件格式。因此，印前工作的一个重要部分就是将印前设计软件制作的文件转换为满足印刷需求的 PDF 文件格式。

1.2 任务描述

按照实际印刷出版要求，将“*.cdr”“*.ai”“*.indd”等常用印前设计与排版的文件转换为 PDF 以及 PDF/X 文件格式。

1.3 能力目标

1.3.1 技能目标

完成本训练任务后，读者应当能（够）掌握以下技能。

1. 关键技能

(1) 能够将 CorelDraw 文档发布为满足印刷出版需求的 PDF 文档。

(2) 能够将 Illustrator 文档保存为满足印刷出版需求的 PDF 文档。

(3) 能够将 InDesign 文档导出为满足印刷出版需求的 PDF 文档。

(4) 能够将印前设计软件文件格式转换为 PDF/X 文件格式。

2. 基本技能

(1) 会安装印前设计与排版软件。

(2) 会使用印前软件打开及保存相应格式文件等基本操作。

1.3.2 知识目标

完成本训练任务后，读者应当能（够）学会以下知识。

(1) 了解印前常用的文件格式。

(2) 了解 PDF 文件格式的基本特征。

(3) 掌握满足印刷出版要求的 PDF 文件格式相关参数的含义。

1.3.3 职业素质目标

完成本训练任务后，读者应当能（够）具备以下职业素质。

(1) 能够遵照输出目的，完成 PDF 格式转换。

(2) 能够做好文件资料备份与管理。

(3) 养成做好作业记录的良好习惯。

1.4 任务实施

1.4.1 活动一 知识准备

(1) 印前常用设计与排版软件包括哪些？其默认文件格式是什么？分别有什么特征？

(2) PS 文件格式有什么特点？如何生成？

(3) PDF 文件格式相对于 PS 文件格式有什么优势？

1.4.2 活动二 示范操作

1. 活动内容

将“*.cdr”“*.ai”“*.indd”文件转换为印刷质量要求的 PDF 文件，要求如下：

(1) PDF 文件版本的兼容性 1.5。

(2) 灰度和彩色图像分辨率不高于 300ppi、单色图像分辨率不高于 1800ppi。

(3) 添加页面标记：裁切标记、出血标记等。

(4) 颜色不转换，包含所有配置文件。

(5) 嵌入字体或者字体子集。

2. 操作步骤

(1) 步骤一：“*.cdr”文件发布 PDF 文件。

1) 选择对应的 CorelDraw 版本软件，本例是 CorelDraw X3 运行软件。

2) 打开对应的“*.cdr”文件。

3) 执行“文件”→“发布为 PDF”命令，单击设置按钮“setting”，弹出如图 1-1 所示的对话框。

兼容性“Compatibility”选择 Acrobat 6.0，PDF 文件版本为 1.5。

注：PDF 版本与 Acrobat 软件版本不同，PDF 1.5 版本对应 Acrobat 6.0 软件版本。不同的 PDF 版本所支持的功能不同，如 PDF 1.5 以上的版本支持图层功能。版本兼容性的选择建议依据 CTP 工作流程对 PDF 版本的要求进行设定。

4) 单击颜色标签“Color”，弹出如图 1-2 所示的对话框。在输出目的没有特别明确的情况下，设定应用文档颜色“Use document color settings”，其含义是保持原文档的颜色设定不变。嵌入文档应用的 ICC 文件，若更改文档应用的 ICC 文件，可在“颜色设置”工作空间中预设。保留文档的叠印效果，勾选“Preserve document overprints”。颜色设置表达了文档颜色将进行怎样的转换，一般情况应保持源文件的颜色设置，如保留专色等，如果输出目的明确，如四色印刷，将所有颜色转换为 CMYK，在“Output colors as:”列表中选择“CMYK”。

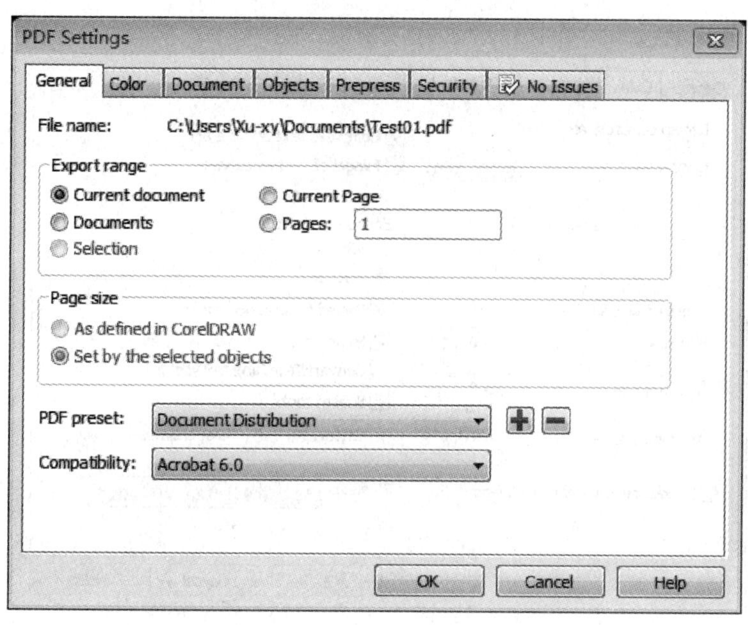

图 1-1　兼容性设定

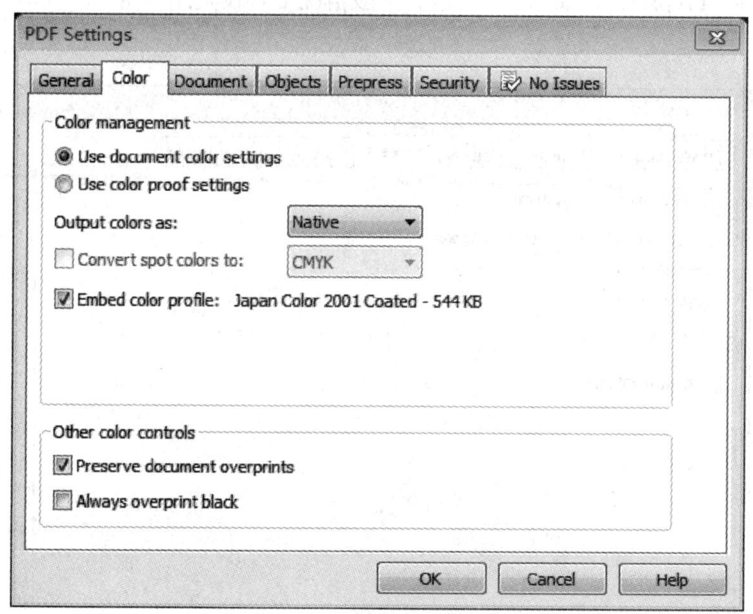

图 1-2　颜色转换设置

5）单击对象标签“Objects”，如图 1-3 所示。一般情况，不对文档页面的对象进行压缩处理，这里压缩设定“Compression type”为“None”。必要情况也可以对文档页面对象进行“降采样”处理，但要保证印刷精度，如 150LPI 的印刷，要求彩色和灰度图像分辨率为 300ppi，单色图像 1800ppi 即可，对于页面中有过高分辨率的对象可执行这个标准的“降采样”处理，既不影响文档输出的精度，又减小了文档的大小，为网络传输和 RIP 解释减轻了负担。

对于文档页面所用字体采用嵌入的方式：“Embed fonts in document”。

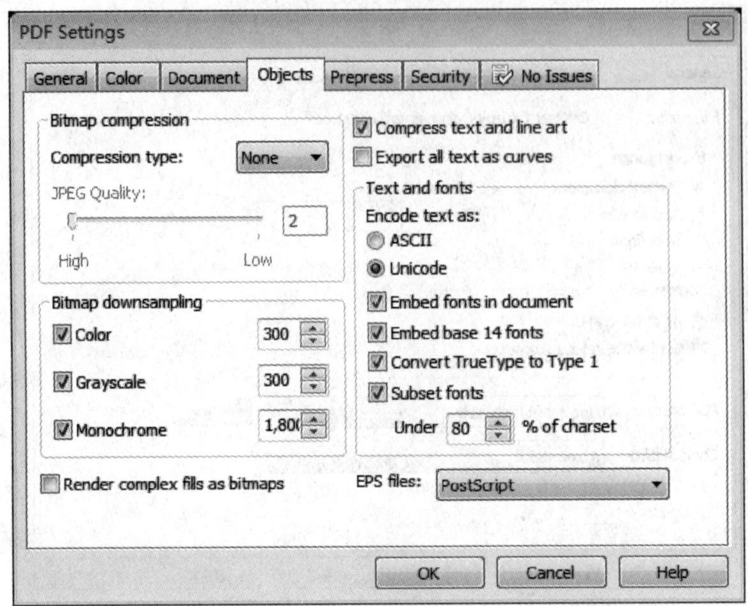

图 1-3 页面对象的处理

6）印前标签“Prepress”，如图 1-4 所示。一般情况下，设定出血为 3.0mm，添加裁切标记“Crop marks”。

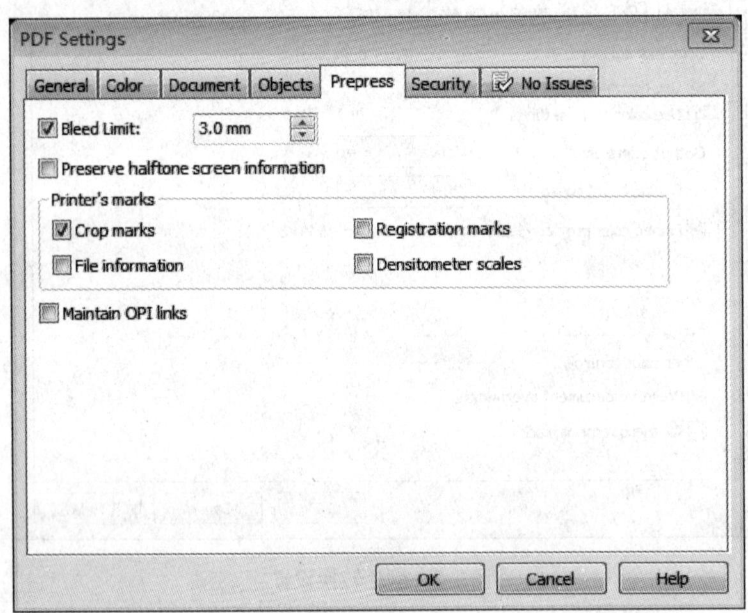

图 1-4 设置出血与添加标记

（2）步骤二：“＊.ai”文件发布 PDF 文件。

1）选择对应的 Illustrator 版本软件，运行软件。

2）打开对应的“＊.ai”文件。

3）执行“文件”→“另存为”命令，保存类型选择 Adobe PDF（＊.pdf），弹出如图 1-5 所示的对话框。

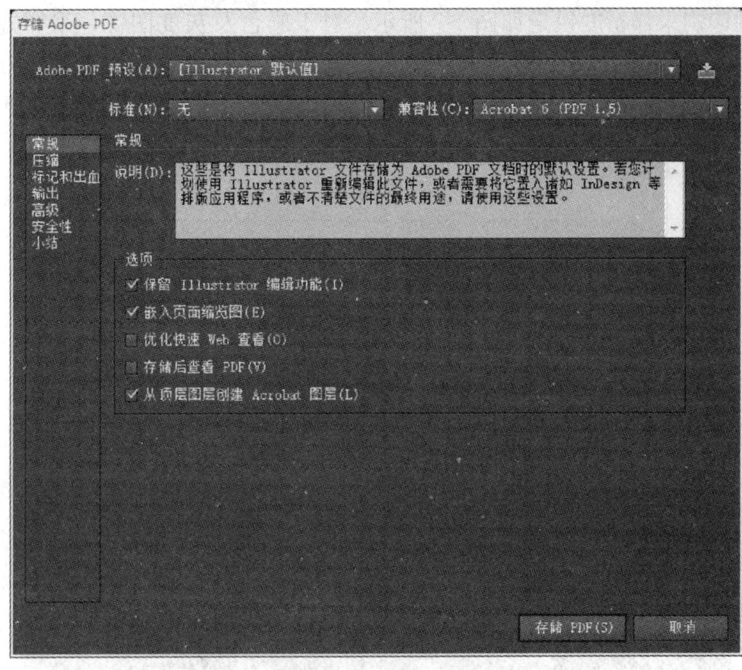

图 1-5　兼容性设定

兼容性：选择 Acrobat 6.0（PDF1.5）。PDF 1.4 及以下的版本不支持图层，即若选择 PDF 1.5 以下的版本，“从顶层图层创建 Acrobat 图层”选项是灰色的，不可以进行设定。

4）选择“压缩”选项，如图 1-6 所示。通常情况下，不进行压缩及图像采样。必要情况也可以对文档图像对象进行“降采样”处理或采用“无损压缩方式”进行压缩处理，但要保证印刷

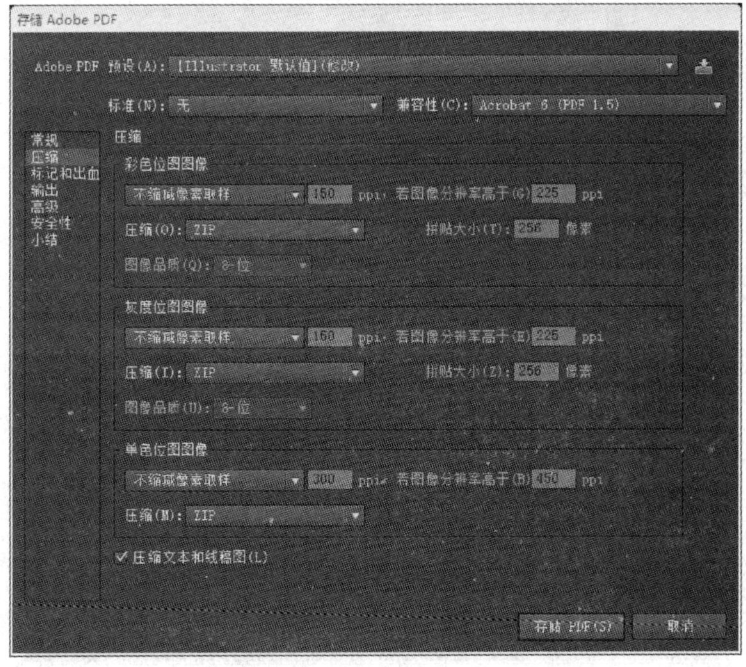

图 1-6　压缩设置

精度，150LPI 的印刷采样精度设定如图 1-7 所示。对于彩色及灰度图像，采样方式选择“双立方缩减像素采样至”300ppi。对于彩色及灰度连续调图像双立方缩减像素采样方式进行“降采样”处理效果好于其他选项。压缩方式采用“ZIP”压缩方式，“ZIP”压缩是无损压缩。对于单色位图图像，采样方式选择“双立方缩减像素采样至”1200ppi。压缩方式采用“CCITT 组 4”压缩方式。

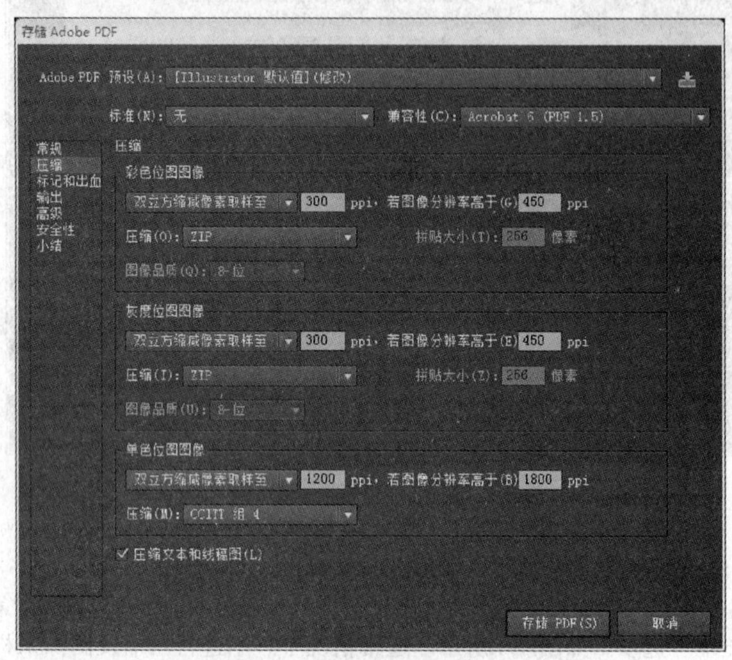

图 1-7 图像采样与压缩设定

5）选择“标记和出血”选项，如图 1-8 所示。

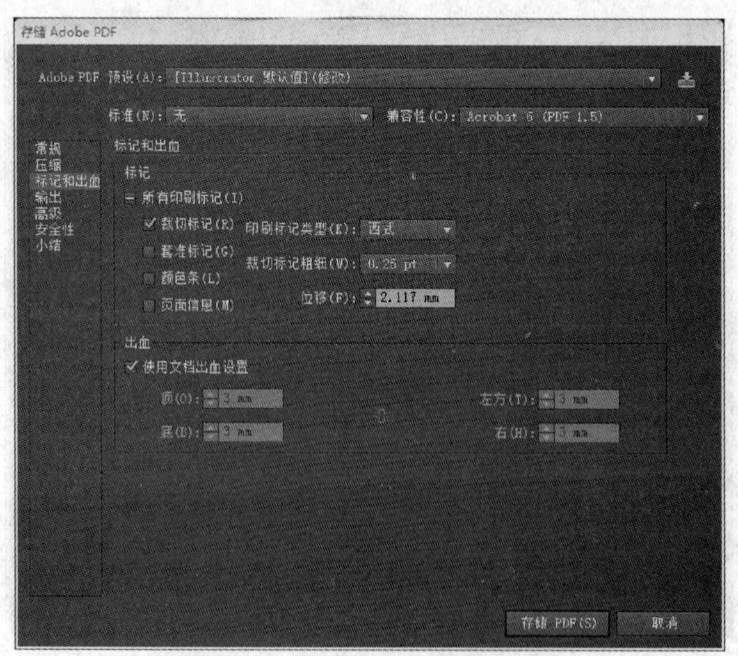

图 1-8 标记与出血设置

一般情况，应在“文档设置”中设置文档页面出血为 3mm，如图 1-9 所示，进行文档页面内容设计制作时，应考虑出血尺寸。分别勾选“裁切标记”和“使用文档出血设置”，PDF 文档页面包含了出血尺寸，PDF 文档页面将包含正确的出血框和裁切框尺寸。如果文档设置没有设定文档页面出血，这里可再次设定出血 3mm，输出的 PDF 文档页面也可包含出血框和裁切框。如果这里的出血设置为 0，输出的 PDF 文档页面的裁切框和出血框为同一个尺寸。

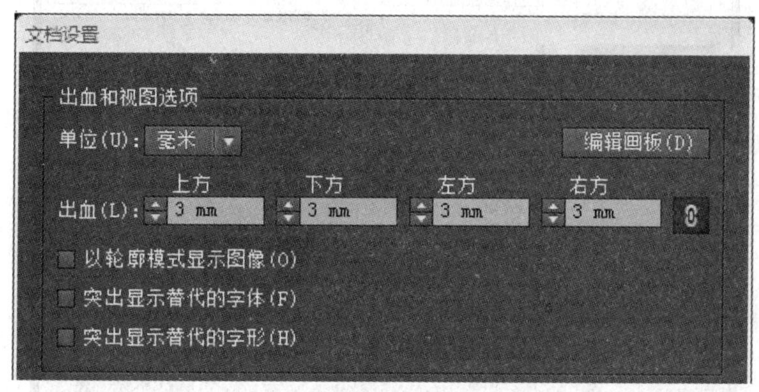

图 1-9 文档页面出血设定

6）输出设定，如图 1-10 所示。颜色转换：“不转换”。配置文件包含策略：“包含所有 RGB 和标记的源 CMYK 配置文件”。该设定可以保证文档中所有颜色保持源文档定义的颜色值。

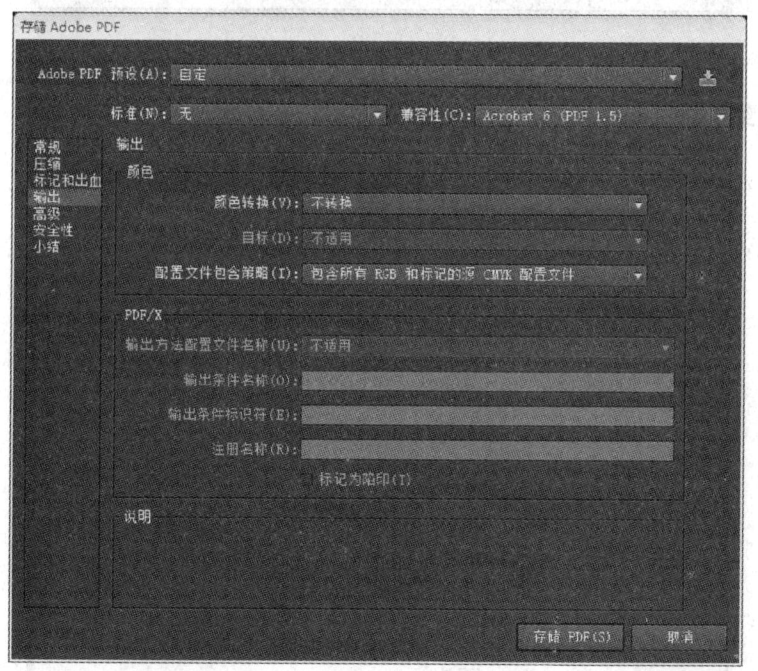

图 1-10 颜色转换设定

7）高级设定：字体，子集化字体处理，嵌入所有使用的字体。

（3）步骤三：“*.indd”文件导出 PDF 文件。

1）选择对应的 InDesign 版本软件，运行软件。

2）打开对应的“＊.indd”文件。

3）执行“文件”→“导出”命令，保存类型选择 Adobe PDF（打印），弹出如图 1-11 所示的对话框。兼容性选择 Acrobat 6（PDF 1.5）。

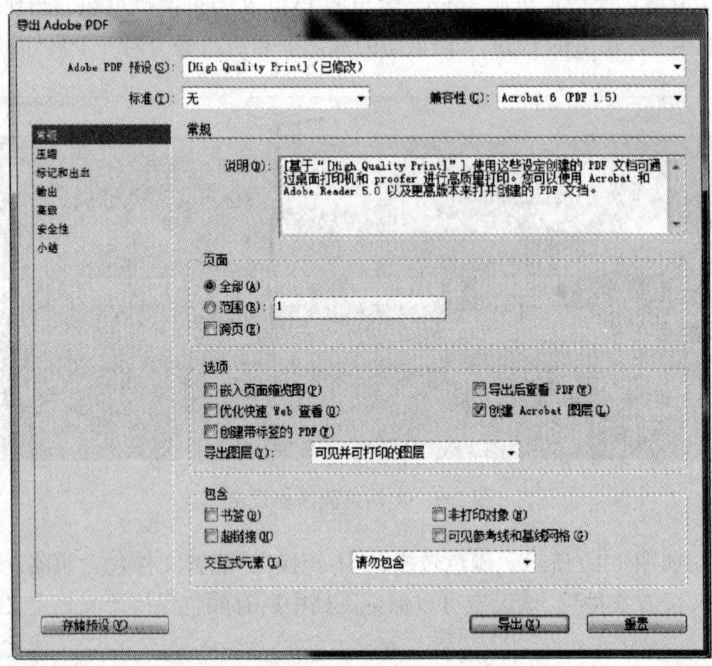

图 1-11 版本兼容性设定

4）选择压缩，如图 1-12 所示。

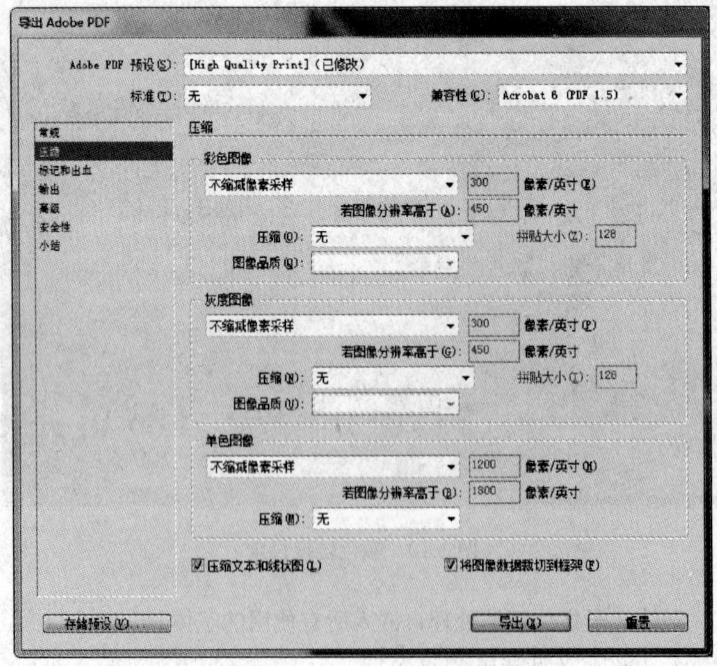

图 1-12 对象压缩设定

一般情况，不压缩任何页面对象。当需要降低页面图像对象的分辨率时，可进行“降采样”处理和“无损压缩”处理，但要保证输出分辨率满足印刷精度的需求。如印刷分辨率是150LPI时，可按照如图1-13所示进行设定。

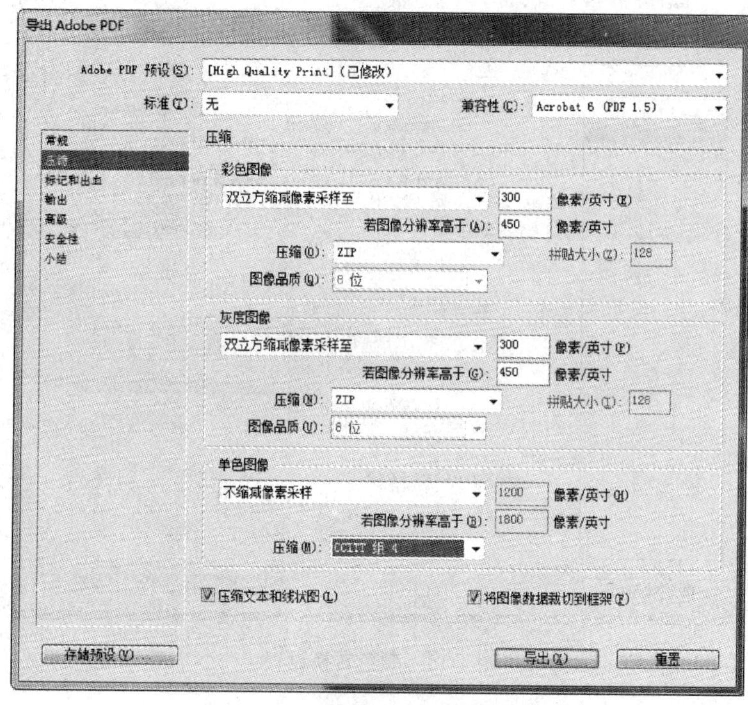

图1-13　150LPI印刷要求的采样参数

5）标记与出血，如图1-14所示。添加裁切标记、出血标记。勾选文档出血设置。

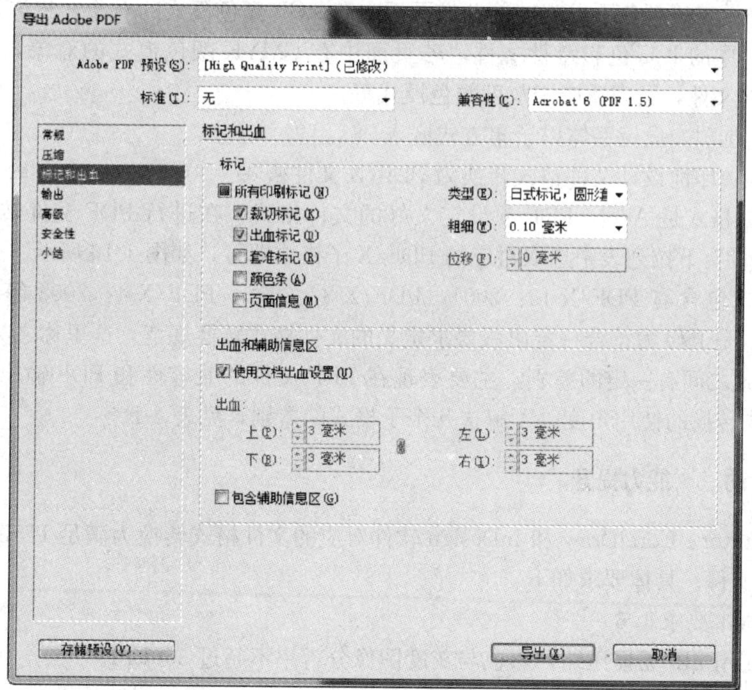

图1-14　标记与出血设置

6）导出 PDF 文件，如图 1-15 所示。

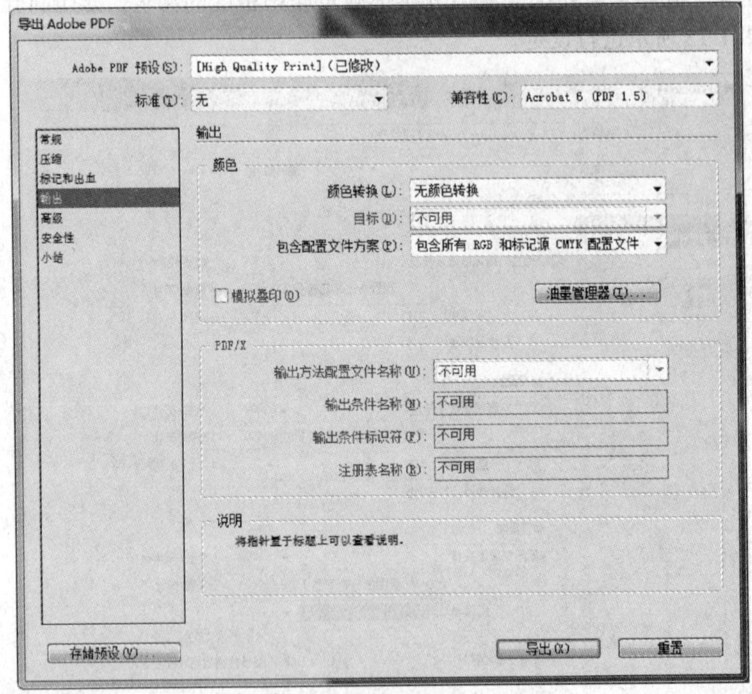

图 1-15　颜色转换设置

颜色转换：选择“无颜色转换”。包含配置文件方案：“包含所有 RGB 和标记源 CMYK 配置文件”。InDesign 中转换 PDF 的相关设置与 Illustrator 的相关设置一样，对于颜色转换设定的目的是保证源文档设定的颜色不发生转换。如页面中有 RGB 颜色模式的对象，将嵌入“颜色设置-RGB 工作空间”中的 ICC 色彩特性文件，若页面中有 CMYK 颜色模式的对象，将嵌入对应的 CMYK 色彩特性文件，同理适应于灰度颜色模式等。

7）“高级”选项，设定字体以子集方式嵌入。

（4）步骤四：印前设计文件格式转换为 PDF/X 文件格式。

PDF/X 文件格式是 Adobe PDF 预设定义好的文件格式，在进行 PDF 文件转换时，直接在“Adobe PDF 预设”下拉列表中选取对应的 PDF/X 子格式即可，如图 1-16 所示。

PDF/X 格式包含有 PDF/X-1a：2001、PDF/X-3：2002、PDF/X-4：2008 等。这些都属于 PDF 文件格式，是 ISO 为符合一定出版要求定义的文件格式转换规范，这里称之为 PDF 子格式。这些 PDF 子格式之间有一定的差别，主要表现在 PDF 文件的兼容性和 PDF 输出颜色转换等方面，从文件格式转换的使用角度，了解这几个子格式的差别，见表 1-1。

1.4.3 活动三　能力提升

完成 Illustrator、CorelDraw 和 InDesign 软件对应的文件格式转换为满足 175LPI 四色胶印印刷需求的 PDF 文件。具体要求如下：

（1）PDF 版本要求 1.6。

（2）图像使用 ZIP 无损压缩，彩色与灰度图像分辨率不超过 350LPI。

（3）单色图像分辨率不高于 1800ppi。

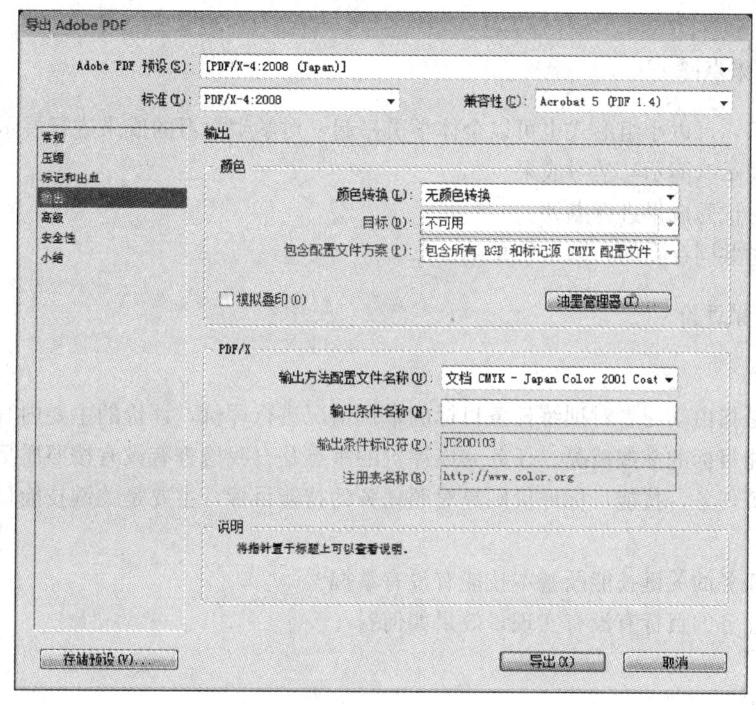

图 1-16　PDF/X 转换设置

表 1-1　　转换 PDF/X 子格式间的主要差别

文件格式	标准	兼容性	颜色转换方式	输出目标
PDF/X-1a：2001	PDF/X-1a：2001	PDF 1.3	转换为目标配置文件	目标：文档 CMYK
PDF/X-3：2002	PDF/X-3：2002	PDF 1.3	无颜色转换	目标：不可用
PDF/X-4：2008	PDF/X-4：2008	PDF 1.4	无颜色转换	目标：不可用

（4）所有颜色转换为 CMYK，嵌入符合 FOGRA39 的颜色标准。

（5）下载字体。

（6）添加页面标记："裁切标记""出血标记"等。

1.5 效果评价

在技能训练中，效果评价可分为学习者自我评价、小组评价和教师评价三种方式，三种方式相互结合，共同构成一个完整的评价系统。训练任务不同，三种评价方式的使用也会有差异，但必须要突出以学习者自我评价为主体。

训练任务既可以作为培训使用，也可以用于考核评价使用，不论在哪种使用场合，对训练的效果进行评价都是非常必要的，但两种使用场合评价的目的略有不同。如果作为培训使用，则效果评价应以关键技能的掌握情况评价为主，任务完成情况的评价为辅，即重点对学习者的训练过程进行评价，详细考评技能点、操作过程的步骤等；如果作为考核使用，则效果评价应重点对任务的完成情况进行考核，如果任务未完成，则考核结果为不及格，在这种情形下需要考评者明确指出任务未完成的原因，如果需要给出一个对应的分数，则可以根据每一项关键技能目标的掌握情况，给予合理的配分。

1.5.1 成果点评

由教师组织，可以小组形式也可以全体学员一起，对学生学习的成果进行展示、点评。

（1）学生展示（演示）学习成果。

（2）教师对优秀成果进行点评。

（3）教师对共同存在的问题进行总结。

1.5.2 结果评价

1. 自我评价

自我评价是指由学习者对训练任务目标的掌握情况进行评价，评价的主要内容是训练任务的完成情况和技能目标的掌握情况。任务完成评价的重点是自我检查有没有按照质量要求在规定的时间内完成训练任务，技能目标评价则是对照任务的技能目标，主要是关键技能目标，逐条检查实际掌握情况。

（1）训练任务的关键技能及基本技能有没有掌握？

（2）训练任务的目标有没有实现，效果如何？

评价情况：

2. 小组评价

小组评价有两种主要应用场合：①训练任务需要由小组（团队）成员合作完成，此时需要将小组所有成员的工作看作一个整体来评价，个人评价所关注的重点可能不是小组的工作重点，小组评价更加注重整体的共同成就，而不是个人的表现；②训练任务由学习者独立完成的，没有小组（团队）成员合作，在这种情况下，小组评价中参与评价的成员承担着第三方的角色，通过参与评价，也是一个学习和提高的过程。

在小组评价过程中，被评级人员通过分析、讲解、演示等活动，不仅可以展示学习效果，还可以全面提高综合能力。当然，从评价的具体结果来看，小组评价是对任务完成情况进行评价，主要包括任务完成质量、效率、工艺水平以及被评价者的方案设计、表达能力等，小组评价可以参考表 1-2 的评价标准进行。

（1）训练任务的关键技能及基本技能有没有掌握？

评价情况：

（2）训练任务的目标有没有实现，效果如何？

评价情况：

参评人员：

1.5.3 教师评价

教师评价是对学习者的训练过程、训练结果进行整体评估，并且在必要的时候考评学习者的设计方案、流程分析等内容，评价标准可以参考表 1-2。

（1）训练任务的完成情况及完成质量如何？

（2）训练过程中有没有违反安全操作规程，有没有造成设备及人身伤害？

（3）是否具备职业核心能力及符合职业规范？

评价情况：

参评教师：

表 1-2　　评价标准

评价项目	评价内容	配分	完成情况	得分	合计	评价标准
安全操作	未按照安全规范操作，出现设备及人身安全事故，本任务考核不合格，成绩计 0 分					
能力目标	1. 符合质量要求的任务完成情况	50	是□　否□			若完成情况为“是”，则该项得满分，否则得 0 分
	2. 完成知识准备	5	是□　否□			
	3. 能完成 CorelDraw 文件的 PDF 格式转换	9	是□　否□			
	4. 能完成 Illustrator 文件的 PDF 格式转换	9	是□　否□			
	5. 能完成 InDesign 文件的 PDF 格式转换	9	是□　否□			
	6. 能完成印前软件格式到 PDF/X 的文件格式转换	8	是□　否□			
	7. 能做好客户文件资料和输出文件的目录管理，养成做好作业记录的良好习惯	5	是□　否□			
	8. 能按照职业规范要求，对现场环境、设备、工量具等进行整理	5	是□　否□			
评价结果						

1.6 相关知识与技能

1.6.1 PDF 的含义

PDF 是 Portable Document Format 的英文缩写，即便携式文件格式。PDF 是 Adobe 公司开发的电子文件格式。现在越来越多的电子图书、产品说明、公司文告、网络资料、电子邮件使用 PDF 格式文件。PDF 格式文件目前已成为全球安全、可靠的分发和交换电子文档的公开标准。

1.6.2 PDF 的特点

(1) 跨平台性。这种文件格式与操作系统平台无关，也就是说，PDF 文件不管是在 Windows，Unix，Linux，还是在苹果公司的 Mac OS 操作系统中都是通用的。

(2) 集成度高。Adobe 公司设计 PDF 文件格式的目的是为了支持跨平台上的多媒体集成的信息出版和发布，PDF 具有许多其他电子文档格式无法相比的优点。PDF 文件格式可以将文字、字型、格式、颜色及独立于设备和分辨率的图形图像等封装在一个文件中。该格式文件还可以包含超文本链接、声音和动态影像等电子信息，支持特长文件。

(3) 安全性好。可以设置 PDF 文件打开口令和许可口令。可以设置文档是否可以打印，或者允许低分辨率打印。可以设置是否允许更改。

(4) 文件体积小。可以对彩色图像、灰度图像、单色图像应用不同的采样技术、压缩算法和图像质量。

(5) 浏览方便。任何人都可以从互联网上下载免费的 PDF 阅读器 Adobe Reader。

(6) 页面独立。

(7) 字体管理灵活。可以嵌入 Type1、TrueType、CID-keyed 字体。可以嵌入字体子集。可以通过字体名称来引用浏览环境中的字体。

1.6.3 PDF 适合于印刷出版的特征

（1）页面独立性。

（2）从 1.2 版本开始，PDF 开始支持 CMYK 颜色空间，而这种颜色空间是实现印刷复制所必需的条件。

（3）支持开放印前界面 OPI（Open Prepress Interface），以实现高分辨率图像替换，也就是在排版时采用低分辨率图像，输出时转换为高分辨率图像。

（4）支持复合字体技术，出版物中所有需要的字体均能在页面上表示出来。

（5）支持补漏白（陷印），以解决现有印刷设备因套印不准而可能在对象边缘出现的露白。

（6）内置数字加网算法，从而允许针对不同的出版要求和印刷质量指定网点形状、加网线数和加网角度等参数。

（7）支持剪贴路径，从而可以将图像处理软件中输出的剪贴路径用作文字绕排的边界。

（8）支持双色调图像，以实现单色印刷品以较多的层次级数复制。

（9）支持分色颜色空间，以实现从其他图像模式到 CMYK 模式的转换。

（10）提供在某些页面上放置咬口标志、裁剪标记、信号条或灰梯尺等，这有利于印刷前的印版安装、检查套印精度和检查印刷品质量等操作。

1.6.4 PDF 文件的生成方法

目前 PDF 的生成有三种途径：

（1）通过打印的方式生成 PDF 文件。就是通过虚拟的 PDF 打印机将应用程序的文字和图形指令（如 Windows 下的 GDI 指令或 MAC 下的 Quick－Draw 指令）转换为 PDF 指令并保存在 PDF 文件中。在安装了 Adobe Acrobat PDF Writer 程序之后，从理论上说所有的具有打印功能的应用程序都能将待打印的内容打印到 PDF 文件中。

（2）由 PS 转换到 PDF 是另一种生成 PDF 的方法。它是由应用程序先将待打印的内容发排到 PS 文件，再由 Acrobat Distiller 程序将 PS 文件转换成 PDF 文件。

（3）通过印前设计软件直接保存 PDF。随着 PDF 的标准推广，除了 Adobe CS 软件外，越来越多的软件直接使用 OEM 版本的 PDF Library 定义标准的 PDF。

1.6.5 PDF 与 PS 比较

PS 语言（PostScript 语言，即页面描述语言），也是由 Adobe 公司拥有的一项印刷工业标准，它能描述精美的版面，在目前（1994 年）的印刷领域中占据着统治地位。PDF 是从 PS 发展而来，在对页面的描述方面它们有着几乎相同的能力和相似的描述方法。PDF 采用了与 PS 相同的着色模型（Imaging Model）来表现文字和图形，与 PS 语言一样，PDF 的页面描述指令也是通过将选定的区域着色来绘制页面的。着色的区域可以是字母等的轮廓、直线和曲线定义的区域以及位图，着色的颜色可以是任意的，页面上的任何图形都可以被裁剪成其他形状。页面开始时是全空的，各种指令将不同的图形绘制到页面上，并且新的图形是不透明的，它可以覆盖旧的图形。虽然如此，PDF 与 PS 相比，还是有很大的不同。这主要表现在以下几个方面：①PDF 文件中可以包含交互对象，如超链接、交互表单等，而 PS 则没有。②PDF 是一种文件结构，而 PS 则是一种编程语言，因此，PDF 具有比 PS 更高的处理效率。③PDF 的严格结构定义允许应用程度对其中的某个对象进行随机存取，而 PS 则只能对整体进行顺序存取。例如要访问一个 PS 文件中的第 100 页，那么就必须在先按顺序访问其前 99 页，之后才能找到第 100 页，而在 PDF 中对每一页的存取都是一样快的。④PDF 中还包含有字库的规格尺寸等字库描述信息，以便在字库不存在时，可以进行字库仿真（并非简单的字库替代），保证文档显示的一致性。

1.6.6 PDF 文件格式的应用

由于 PDF 具有诸多适合电子出版的特性，目前在电子出版领域的应用日益增多。具体应用可分为三种情况：制作 CD-ROM 电子出版物；与 HTML 混合使用发布信息；独立采用 PDF 制作主页及发布信息。不管是哪种情况，在电子出版中采用 PDF 可能经历下面几个步骤：

（1）出版物的设计：根据读者机器类型、配置以及采用的信息发布介质来设计出版物。

（2）素材收集：根据设计收集、整理所需的各种素材。

（3）编排与 PDF 的生成：采用自己最熟悉和喜欢的工具完成如绘图、扫描、排版等工作，并将结果转换成 PDF 文件。

（4）PDF 编辑：给 PDF 文件增加如超链接、按钮、交互表格、动画、声音等特性。

（5）检查修改：对初步成型的出版物进行预览和检测，如发现少量错误（如文字错误等），则可直接在 Acrobat Pro 或 PitStop 插件中进行修改，如有较大错误，则需回到第（3）步，进行重新编排。

1.6.7 PDF/X

PDF/X、PDF/E 和 PDF/A 标准是由国际标准化组织（ISO）定义的。PDF/X 标准应用于图形内容交换；PDF/E 标准应用于工程文档的交互式交换；PDF/A 标准应用于电子文档的长期归档，基本上就是屏蔽了一些不适合的功能，如 Java Script，音频、视频等。PDF/X 文件格式是由 PDF 文件格式演化而来，为印刷系统专用的标准格式。

印前制作人员或设计师在完成文件制作时，将文件保存为 PDF 格式，选择 PDF/X 文件标准就可得到符合印刷标准的 PDF 文件。在印刷出版工作流程中广泛使用的标准有以下几种 PDF/X 格式：PDF/X-1a、PDF/X-3 和 PDF/X-4（2008）。在 PDF 归档中广泛使用的标准为 PDF/E 和 PDF/A（要求较低）。

PDF/X 文件格式是由美国标准委员会（ANSI）与印刷技术标准委员会（CGATS）应报业出版与广告商的要求而发展起来的。在此基础上，CGATS 推出了 PDF/X-1 的文件，该标准具有以下特点：

（1）不支持 RGB 图像，图像所采用的模式只能是 CMYK 模式、灰度模式、专色模式。

（2）不支持注解或其他一些可能影响最终分色输出或成品质量的因素。

（3）要求所有的字体进行嵌入。

（4）PDF/X-1. 1999，该版本由 1999 年提出，基于 PDF 1. 2 版本，此文件版本不能处理双色调图像。

（5）PDF/X-1. 2001，该版本基于 PDF 1. 3 版本。

（6）PDF/X-1a. 2001，该版本禁用 OPI。

并非所有的印刷生产流程都是一样的，同时各种文件的传送与转换不可能仅仅依据 PDF/X-1 的文件标准进行。包装印刷与广告书刊出版就不尽相同。因此 CGATS 又建立另一种新的 PDF/X 的文件标准用于包装印刷领域，即 PDF/X-2，该标准具有以下特点：

（1）同样遵循 PDF 文件标准。

（2）除了支持 CMYK 模式，还支持 LAB 色彩模式与 ICC 色彩管理技术。

（3）支持 OPI 工作流程。

（4）不要求完全嵌入字体。

（5）基于 PDF 1.4（支持文件中的透明层效果）。

PDF/X-3 允许包含一个 ICC 输出预置文档，以定义三原色数据与目标输出数据间的关系。虽然此类数据通常都属于印刷和出版用的 CMYK 数据，但这一机理却允许应用任何一种，如 WebRGB、一些专用的 RGB 或 CMY 打印设备、照片输出设备的输出色空间。该标准具有以下特点：

（1）虽然在名称上更接近 PDF/X-2，但事实上与 PDF/X-1 更加近似。

（2）基于 PDF 1.3。

（3）针对书刊出版与广告印刷。

（4）除了支持 CMYK 和专色色彩空间，还支持 LAB 色彩空间和 ICC 色彩管理技术。

（5）相对 PDF/X-1 更适合用于较新的印刷色彩管理工作流程。

（6）在美国如果从事广告发行或书刊出版的印刷工作，通常采用 PDF/X-1a 的文件标准；在欧洲国家则可能采用 PDF/X-1a 或 PDF/X-3。

（7）从事商业出版，或包装印刷领域则采用 PDF/X-2 的文件标准。

（8）从事数字印刷或者为数字印刷制作稿件的用户，则多采用 PDF/X-3。

（9）在欧洲，特别是德国，PDF/X-3 的文件标准在传统印刷和数字印刷领域都得到了大范围的推广。

1.6.8 PDF 版本及特点

PDF 版本及特点详见表 1-3。

表 1-3　　PDF 版本及特点

序号	PDF 1.3	PDF 1.4	PDF 1.5	PDF 1.6
1	不支持 ICC 色彩管理	支持 ICC 色彩管理	支持 ICC 色彩管理	支持 ICC 色彩管理
2	不支持文档的透明效果	支持文档的透明效果	支持文档的透明效果	支持文档的透明效果
3	不支持图层	不支持图层	支持图层	支持图层
4	支持 8 色 DeviceN 色彩空间	支持 8 色 DeviceN 色彩空间	支持 31 色 DeviceN 色彩空间	支持 31 色 DeviceN 色彩空间
5	平滑阴影效果必须转换为图像	支持平滑阴影效果	支持平滑阴影效果	支持平滑阴影效果
6	不支持蒙版图像效果	支持蒙版图像效果	支持蒙版图像效果	支持蒙版图像效果
7	TrueType 字体不可搜索	TrueType 字体可搜索	TrueType 字体可搜索	TrueType 字体可搜索
8	最大页面尺寸 45×45in	最大页面尺寸 200×200in	最大页面尺寸 200×200in	最大页面尺寸 15000000×15000000in

练习与思考

一、单选题

1. 从 Word 2010 版本中直接保存 PDF，使用的是以下哪种方案？（　　）

A. Distiller　　B. PDFMaker　　C. 系统直接保存　　D. 系统直接打印

2. PDF 研发的初衷是（　　）。

A. 作为印前交换格式，替代 PostScript　　B. 无纸化办公

C. 作为设计文件存储格式　　D. 网络传输

3. 打印 PS 时必须选择压平（Flatten）的原因是（　　）。

A. PS 文件及其后期 PS 技术的 RIP 不支持透明对象

B. 压平后文件更简化

C. 压平后精度更高

D. 以上答案都不对

4. 以下哪种情况建议只是内嵌字库子集？（　　）

A. Base 14　　B. CID 字体

C. 后期 RIP 流程没有的字体　　D. 所有使用的字体

5. 关于 PDF 文件的特点，说法错误的是（　　）。

A. 与平台无关　　B. 可以嵌入字体、图像等信息

C. 生成不能修改　　D. 比 PS 文件小

6. 关于页面描述语言的功能，就出版物来讲，各种图文元素无论多么复杂，均可分成文字、几何图形和（　　）三类元素。

A. 采样图像　　B. 色块　　C. 曲线　　D. 灰度图像

7. 页面描述语言的英文简称是（　　）。

A. PPD　　B. ADOBE　　C. PDL　　D. PDF

8. 在 PDF/X-3 保存的 ICC 文件，在以下哪个环节能用得到？（　　）

A. 规范化　　B. 补漏白　　C. 色彩转换　　D. 优化

9. PDF/X 是由 PDF 文件格式演化而来的，是针对印刷输出的稳定性而制定的，它对 PDF 文档做了一些特殊的限制。关于 PDF/X-1 标准，下面说法不正确的是（　　）。

A. 要求 PDF 文档必须包含所有来源文件和字体

B. 支持有限的压缩功能，对于文档中的非印刷信息（如音频和视频等）则忽略掉

C. 它限定了图像采用的色彩模式只能为 CMYK 模式、灰度模式与 RGB 模式

D. 它限定了图像采用的色彩模式只能为 CMYK 模式、灰度模式与专色模式

10.（　　）标准不仅可以使用 CMYK 和专色数据，还允许使用 RGB 颜色数据和与设备无关的颜色数据（如 CIEL＊a＊b＊），并可对这些颜色数据实施色彩管理。

A. PDF/X-3　　B. PDF/X-1　　C. PDF/X-1a　　D. PDF/X-2

二、多选题

11. PDF 文件包含（　　）。

A. PDF 的对象　　B. PDF 的文件结构

C. PDF 的文档结构　　D. PDF 的页面描述

E. 交叉引用表

12. 印前交换格式，无论是 PDF 还是 PS，以下哪些信息是必须的？（　　）

A. 必须转换为 CMYK　　B. 内嵌字体或者字体子集

C. 正确的叠印设置　　D. 合适的图像精度

E. 以上答案都正确

13. PS 语言具有以下哪些特点？（　　）

A. 可以方便预览　　B. 编程语言

C. 可以输出合成和分色格式　　D. 页面描述语言

E. 易于编辑

14. Distiller中PS到PDF的转换可以通过以下步骤完成（　　）。

A. 在菜单中选择打开PS文件　　B. 把PS拖到Distiller窗口

C. 使用热文件夹　　D. 双击PS文件

E. 选中PS文件右击，从弹出菜单中的“打开方式中”选择“Adobe Distiller”

15. 从以下哪些途径可以获取PS文件？（　　）

A. 在某些设计软件中直接保存　　B. 打印到PS打印机

C. 在Acrobat Pro中保存PS　　D. 所有软件都可以导出PS文件

E. 以上答案都对

16. 以下哪些特征是PDF相对于PS的优势？（　　）

A. 文件尺寸更小　　B. 方便预览

C. 可以内嵌ICC　　D. 无需顺序读取

E. 与设备无关

17. Acrobat Pro版软件安装后，操作系统中会形成哪三个独立的组件？（　　）

A. Adobe Acrobat软件　　B. Adobe PDF打印机

C. Acrobat Distiller软件　　D. Adobe Reader

E. Acrobat插件

18. 相邻两个对象是否需要做陷印，受以下哪些因素的影响？（　　）

A. 颜色差别　　B. 透明属性

C. 字号大小　　D. 文字的字体

E. 是否包含相同的颜色

19. Adobe在1985年和（　）公司合作，开发桌面出版系统DTP。

A. Aldus　　B. Scitex　　C. Xerox　　D. Apple

E. 北大方正

20. 可以保存图像图层的文件格式是（　　）。

A. JPEG　　B. TIFF　　C. RAW　　D. PSD

E. BMP

三、判断题

21. PS格式支持透明对象。（　）

22. 设计软件在不停地推出新版本，而PS从PostScript 3后一直没有再推出新的版本，打印PS的这种方式会造成和新版本的文件格式不匹配。（　　）

23. PostScript 3的RIP支持PDF输出。（　　）

24. 打印PS或者转换PDF时，缩减像素采样的目的是为了让图像精度相对印刷精度没有过剩。（　　）

25. Distiller中的PS转换可以支持热文件夹操作。（　）

26. 所见即所得是指设计文件或者交换格式的预览效果和最终输出的结果一致。（　）

27. PDF/X-1a：2001不支持RGB颜色。（　　）

28. PDF/X-3：2002支持ICC内嵌。（　　）

29. Illustrator中的叠印预览是为了让具有叠印属性的对象看起来和最终输出一致。（　）

30. 用于拼版的PDF页面定义是媒体框（Media Box）。（　　）

练习与思考参考答案

1. C	2. C	3. A	4. B	5. C	6. A	7. C	8. C	9. C	10. A
11. ABCD	12. BCD	13. BCD	14. ABCDE	15. ABC	16. ABCD	17. ABC	18. ABCE	19. AD	20. BD
21. N	22. Y	23. Y	24. Y	25. Y	26. Y	27. N	28. Y	29. Y	30. N

任务 2

Adobe PDF文件印前检查

该训练任务建议用 4 个学时完成学习。

2.1 任务来源

印前 PDF 文件的来源多样化，PDF 文件是否存在有不满足印刷出版要求的潜在问题，需要对 PDF 文件进行检查，即“Preflight（预飞）”工作。“预飞”是印前工作的一个重要环节，“预飞”工作执行的彻底可以避免或者减少制版流程中因 PDF 文件质量问题导致的错误发生。

2.2 任务描述

本项目任务是使用 Acrobat Pro 软件完成 PDF 文件印前检查，一是了解预处理 PDF 文档的属性，二是将不满足特定印刷条件要求的问题筛查出来。

2.3 能力目标

2.3.1 技能目标

完成本训练任务后，读者应当能（够）掌握以下技能。

1. 关键技能

（1）能够完成 PDF 文档属性的信息查看。

（2）能够完成页面颜色属性、页面尺寸属性、页面透明对象的检查。

（3）能够使用预定义“配置文件”完成预检，创建预检报告。

（4）能够依据输出需要自定义“Preflight”文件。

2. 基本技能

（1）会安装 Acrobat Pro 版软件及其相关插件。

（2）会使用 Acrobat Pro 软件完成 PDF 文件的打开及保存等基本操作。

（3）能够使用印前常用软件完成 PDF 文档的制作。

2.3.2 知识目标

完成本训练任务后，读者应当能（够）学会以下知识。

（1）理解 PDF 文件印前预检的意义。

（2）了解 PDF 满足某种印刷输出需要的要求。

（3）理解印前预检的意义及预检“配置文件”的定义。

2.3.3 职业素质目标

完成本训练任务后，读者应当能（够）具备以下职业素质。

（1）能够遵照输出要求，完成 PDF 文件检查。

（2）能够做好文件资料备份与管理。

（3）养成做好作业记录的良好习惯。

2.4 任务实施

2.4.1 活动一　知识准备

（1）PDF 文件印前检查的意义是什么。

（2）列举 CMYK 胶印对 PDF 文件的一般要求。

（3）PDF/X 包含几个子格式，子格式之间的区别是什么。

2.4.2 活动二　示范操作

1. 活动内容

使用 Acrobat Pro 软件自带的功能实现 PDF 文件检查，检查内容包括：

（1）PDF 文档属性检查。

（2）PDF 文档页面尺寸检查。

（3）PDF 文档页面对象颜色属性检查。

（4）PDF 文档页面透明对象检查。

（5）使用“Preflight（预飞）”配置文件检查 PDF 文档。

（6）自定义“预飞”配置文件。

2. 操作步骤

（1）步骤一：PDF 文档属性检查。

1）选择 PDF 文档，使用 Acrobat Pro 软件打开文档。

2）执行“文件”→“属性”，弹出“文档属性”对话框，如图 2-1 所示。

图 2-1 给出了 PDF 文档属性说明，从这里可以获取到 PDF 文档的四个主要信息：PDF 文档的制作程序、PDF 版本、页面大小、页数信息。这几项信息是与制版流程密切相关的信息。

安全性检查，单击“安全性”标签，如图 2-2 所示，可对文档的安全性进行设置。如是否允许打印，如果不允许打印，该 PDF 文件就不能用于后端制版流程。

字体检查，单击“字体”标签，如图 2-3 所示。从这里可以知道 PDF 文档使用了哪些字体，以及字体是否嵌入。PDF 文档对字体的管理方式是采取“嵌入子集”或者是“全部嵌入”的方式，如果字体“未嵌入”，后端制版流程会报“丢失字体”的错误，需要将“丢失字体”嵌入。

（2）步骤二：PDF 文档页面尺寸检查。

执行“工具”→“印刷制作”→“设置页面框”命令，如图 2-4 所示。PDF 文档页面包含四种框的尺寸定义，分别是：裁剪框、裁切框、作品框、出血框。裁剪框定义了显示和打印时的页面区域，即纸张的尺寸。裁剪框减小不会剪掉页面内容，只是隐藏了，更改原尺寸时还可以恢复。裁切框定义页面完成裁切后的页面区域，即成品尺寸。出血框定义了包含出血内容的页面区域，相对于裁切框可理解为设计尺寸，当出血尺寸设为 3mm 时，出血框相对于裁切框各边大出 3mm。作品框定义页面上有意义的内容构成的区域。满足印刷出版要求的 PDF 文档应包含这四个框，出血框相对于裁切框应包含有出血的设置尺寸。

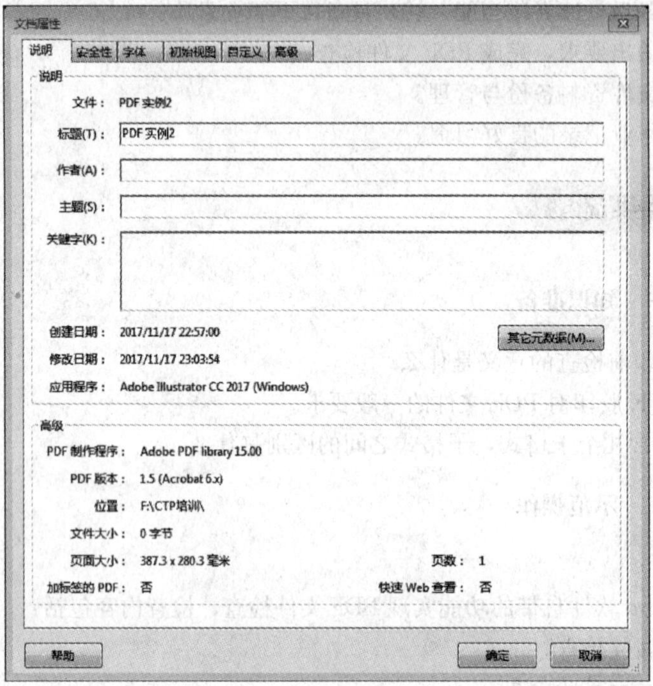

文档属性
说明 安全性 字体 初始视图 自定义 高级
说明
文件： PDF 实例2
标题(T)： PDF 实例2
作者(A)：
主题(S)：
关键字(K)：
创建日期： 2017/11/17 22:57:00
其它元数据(M)...
修改日期： 2017/11/17 23:03:54
应用程序： Adobe Illustrator CC 2017 (Windows)
高级
PDF 制作程序： Adobe PDF library 15.00
PDF 版本： 1.5 (Acrobat 6.x)
位置： F:\CTP培训\
文件大小： 0 字节
页面大小： 387.3 x 280.3 毫米
页数： 1
加标签的 PDF： 否
快速 Web 查看： 否
帮助
确定
取消

图 2-1 文档属性

文档属性
说明 安全性 字体 初始视图 自定义 高级
文档安全性
文档的"安全性方法"用于限制对文档所执行的操作。要删除安全性限制，请设置"安全性方法"为"无安全性设置"。
安全性方法(M)： 无安全性设置
更改设置(S)...
可用来打开的程序： 所有版本的 Acrobat
显示详细信息(D)...
文档限制小结
打印： 允许
更改文档： 允许
文档组合： 允许
内容复制： 允许
复制内容用于辅助工具： 允许
页面提取： 允许
注释： 允许
填写表单域： 允许
签名： 允许
创建模板页面： 允许
帮助
确定
取消

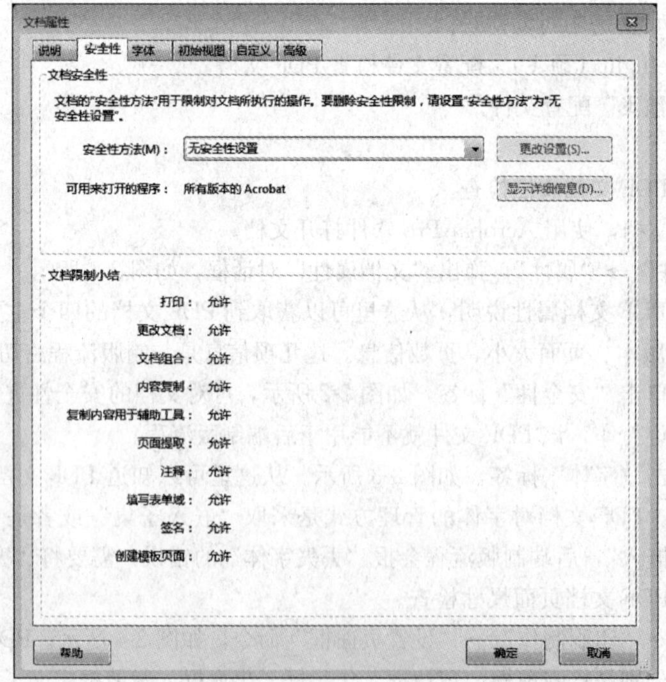

图 2-2 文档安全性

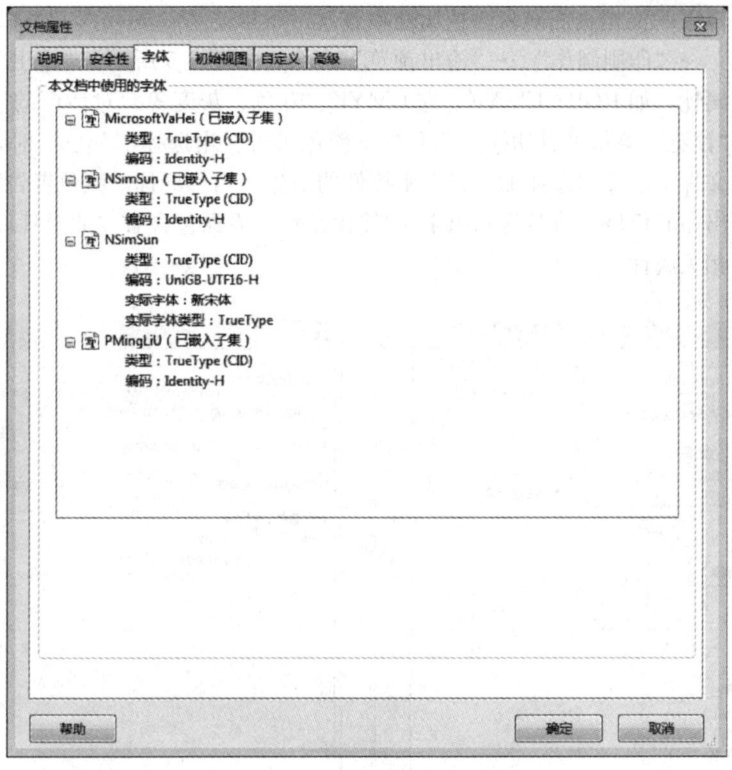

图 2-3　文档字体是否嵌入查看

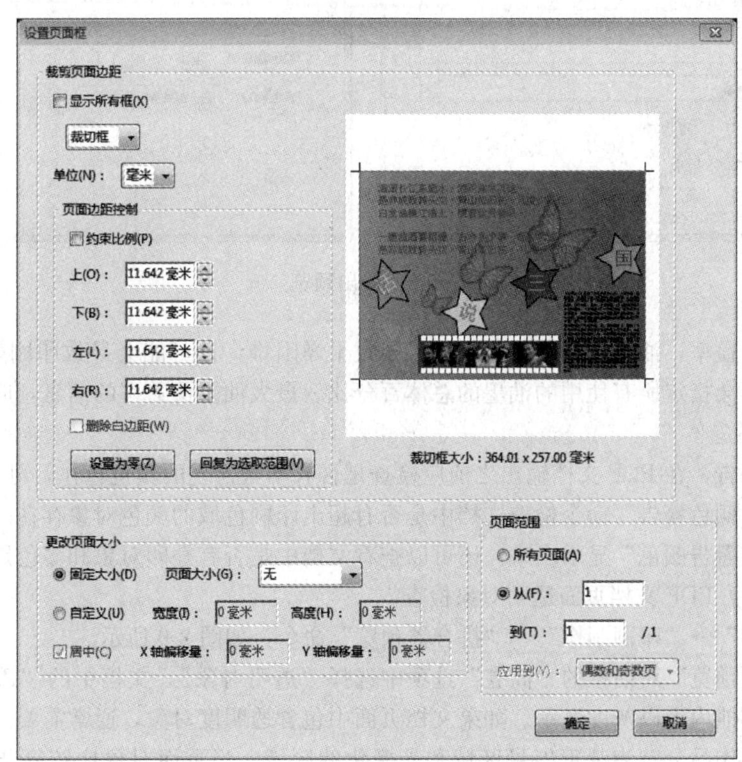

图 2-4　文档页面尺寸查看

（3）步骤三：PDF 文档页面对象颜色属性检查。

执行“工具”→“印刷制作”→“输出预览”命令，如图 2-5 所示。“输出预览”可以显示页面对象的颜色属性，如 RGB、CMYK、非 CMYK、专色、灰度等。对话框的顶部具有多个预览文档的控件。“预览”菜单可以切换分色和预览颜色警告。当选择“分色”时，对话框的下半部分会列出有关文件中油墨和总体油墨覆盖率控件的信息。当您选择“颜色警告”后，如果文档中某颜色对象超出印刷色域，将被显示出来。“输出预览”界面包含有“油墨管理器”的访问权，可以定义油墨的相关属性。

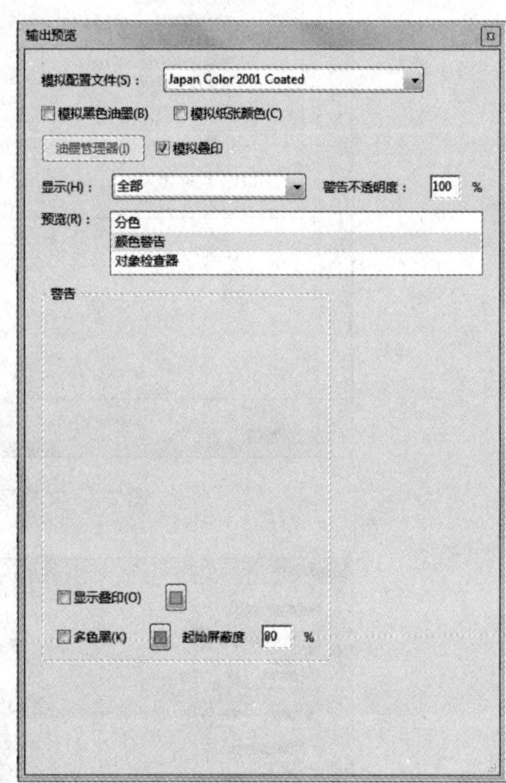

图 2-5 输出预览

检查油墨覆盖率，油墨过多会浸透纸张，导致干燥困难，且可能会导致印刷颜色改变。“总体油墨覆盖率”会指定所有使用的油墨的总体百分比。最大油墨覆盖率的信息，应依据后端印刷的要求定义。

显示颜色警告，在 PDF 文档输出之前应检查是否有不可再现的颜色存在，可在“输出预览”对话框中使用“颜色警告”命令检查文档中是否有超出印刷色域的颜色对象存在。若有超色域的对象存在会以“警告颜色”显示出来。还可以查看文档中是否有叠印对象和多色黑对象。

（4）步骤四：PDF 文档页面透明对象检查。

执行“工具”→“印刷制作”→“拼合器预览”命令，如图 2-6 所示。

在“拼合器预览”对话框的“高亮”选项中选择“透明对象”，文档中的“透明对象”以红色高亮显示，其他内容以灰度显示。如果文档页面中包含透明度对象，通常需要进行“拼合”处理。拼合将透明作品分割为基于矢量区域和光栅化的区域。当页面对象比较复杂时（混合有图像、矢量、文字、专色、叠印等），拼合结果也会比较复杂。

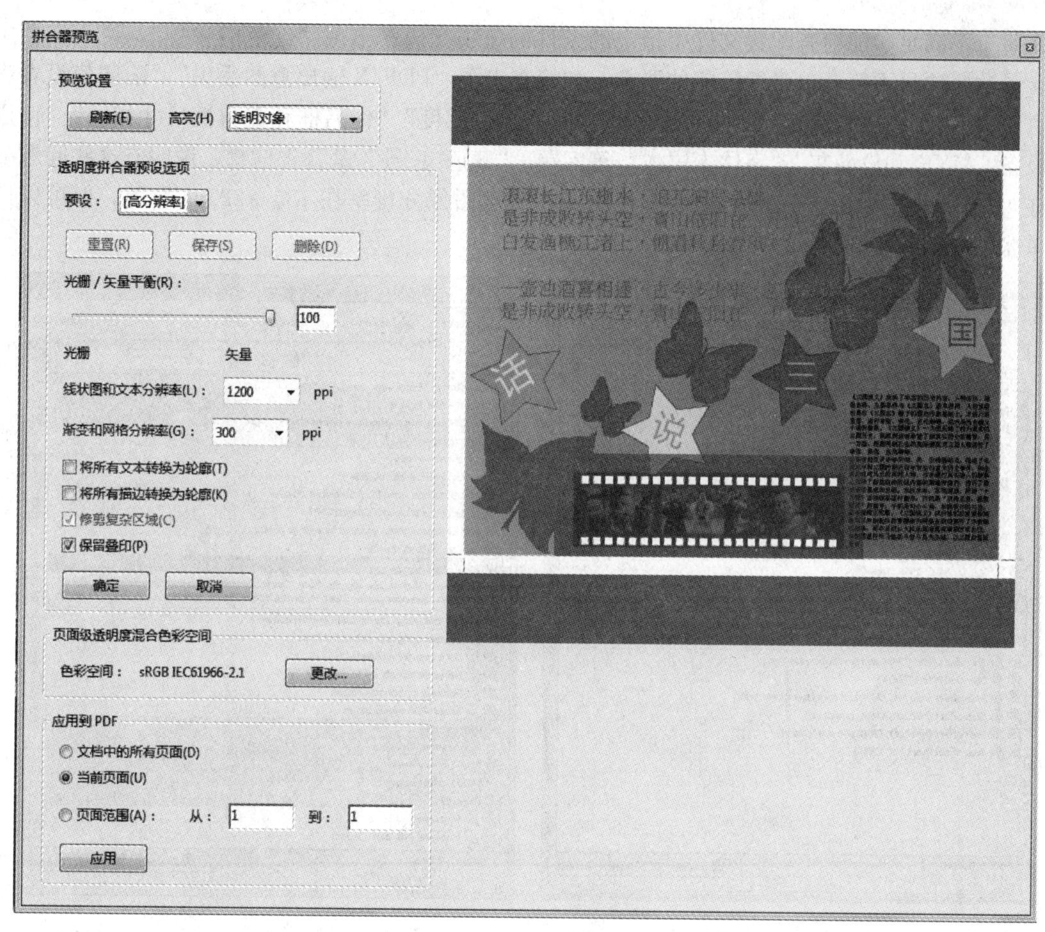

图 2-6　透明对象查看

当印前软件文件格式转换为 PDF 文件格式时，若 PDF 文档版本不支持透明度，透明对象会被拼合。要在创建 PDF 文件时保留透明度而不进行拼合，需要设置 Adobe PDF 1.4（Acrobat 5.0）或更高版本的格式。

(5) 步骤五：使用“Preflight（预飞）”配置文件检查 PDF 文档。

执行“工具”→“印刷制作”→“印前检查”命令，如图 2-7 所示。

印前检查提供了预定义的“印前检查配置文件”。印前检查配置文件中预设了颜色、字体、透明度、图像分辨率、油墨覆盖范围、PDF 版本兼容性以及其他问题的检查参数，可以用来检查印前设计软件转换的 PDF 文件是否符合特定出版或印刷的要求。“印前检查”也包含检查 PDF 语法或文档的实际 PDF 结构等。

印前检查包含有 PDF 分析（PDF analysis）、PDF/X 复合性（PDF compliance）、印前（Prepress），这些项目中包含了预定义“印前检查配置文件”，可以直接使用。“PDF 分析”提供单项参数的检查，如“列出专色对象”的检查等。“PDF/X 复合性”提供了 PDF 文件是否符合 PDF/X-1a、PDF/X-3、PDF/X-4 等标准格式规范。“印前”提供了常见印刷需求的印前检查配置文件，如单张纸胶印（CMYK）类型、卷筒胶印等几个类型。

图 2-8 是使用“单张纸胶印（CMYK）”配置文件对 PDF 进行检查和检查结果。可以按列表或注释形式查看印前检查的检查结果，或者在“印前检查”对话框中逐个查看。在“结果”列表中，结果按照设定的规则分类显示，首先是错误，然后是警告，最后是信息。一个警告图标会显

示在每个不满足印前检查配置文件中指定的条件的选项旁边。出现“红色的×号”，说明文档中包含了这些项目不符合单张纸胶印的要求，如检查出了“PDF/X 输出意图丢失”“陷印值设置为非真”“使用了图层”“PDF 版本高于 1.3”“使用了透明度”“作品框和裁剪框尺寸相同”“使用了设备 CMYK 和设备灰”“字体未嵌入”等问题。“黄色 ！ 号”是警告信息，说明有这些问题的存在，如：“线宽小于 0.124 磅”“有彩色图像和灰度图像分辨率在 150～225ppi”等，但可以用于单张纸胶印的印刷。

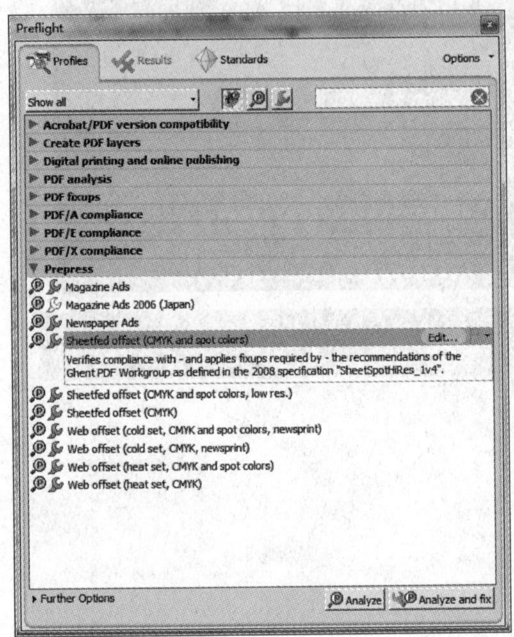

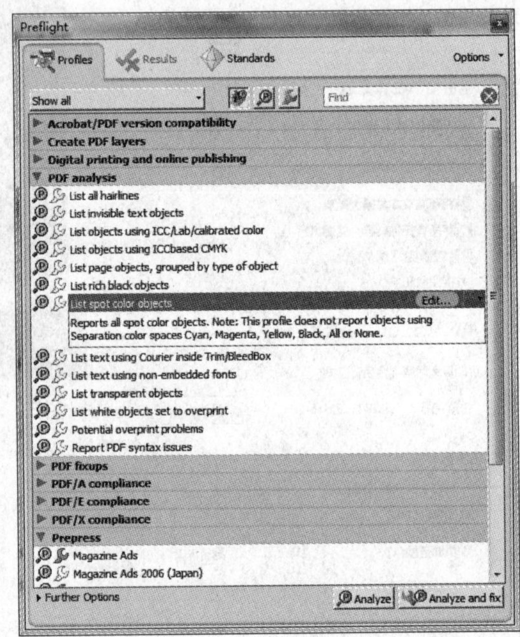

图 2-7 预飞

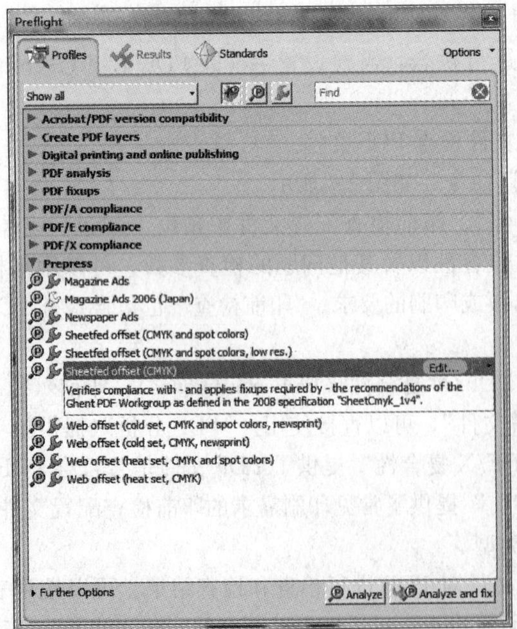

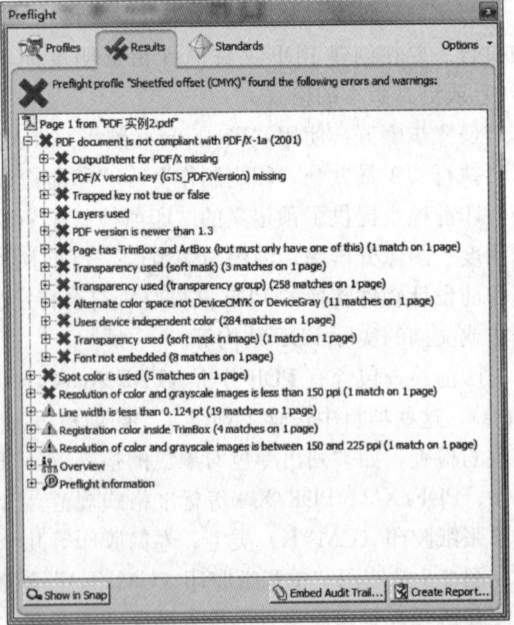

图 2-8 印前检查与检查结果

如果获取详细信息，可单击“错误”“警告”项目前的“+”号，展开来查看关于问题对象的详细信息。要在单独的视图中查看对象，可选择“在快照中显示”。双击一个项目，可查看PDF 文档页面上下文中的对象。

详细的信息还可以单击“创建报告”，生成“预飞”检查报告，可以详细了解上述报错的信息。印前检查报告类型可以为文本文件、XML 文件或单个 PDF 文件。

（6）步骤六：自定义“预飞”配置文件。

印前检查的成功与否取决于定义的检查条件。检查条件封装在一个文件中，该文件被称为“印前检查配置文件”。印前检查配置文件包括一个或多个检查、修补或同时包括检查和修补。每个检查包括一个或多个验证 PDF 内容的属性声明。印前检查仅当检查中的所有属性声明都错误时才会显示错误。Acrobat Pro 包括多种预定义的印前检查配置文件，并分组管理，例如“数码印刷”“PDF 分析”“印前”“PDF/A 规范”“PDF/E 规范”和“PDF/X 规范”。可以使用预定义配置文件，或者通过修改来创建自定义配置文件。如图 2-8 所示，常用的印前检查配置文件选项，可以选中其中一项对 PDF 文档进行检查，并输出印前检查报告。

单击“Preflight”对话框右上角“Options”，执行“创建新的预飞配置文件（Create New Preflight Profile)”，如图 2-9 所示，可自定一个印前检查配置文件，以适合 PDF 文档检查的日常工作需要。

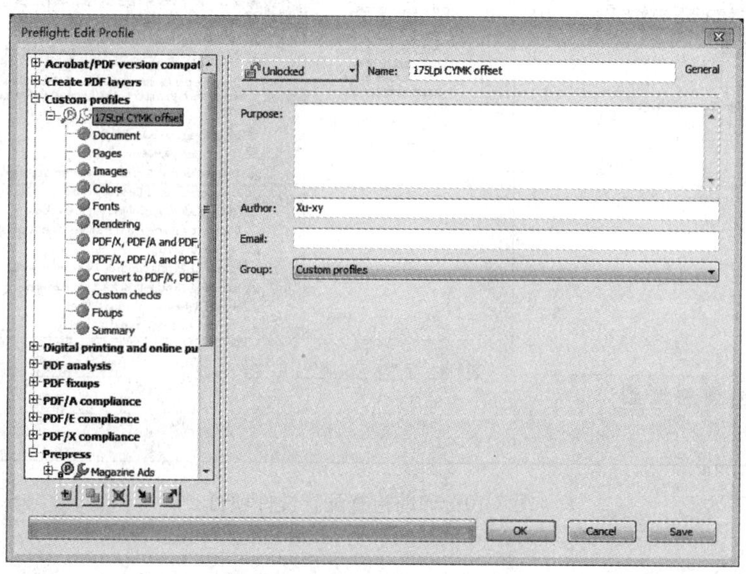

图 2-9　创建印前检查配置文件

单击“Preflight：Edit Profile”对话框下方的“+”号，添加一个自定义配置文件，命名，依次设定“Document”“Page”“Images”“Colors”“Fonts”“Rendering”“PDF/X”等列表中的各项检查项，集成为一个印前检查配置文件。

这里以 175LPI 四色胶印的一般要求定义一个印前检查配置文件：

文档（Document)：信息提示，Acrobat 6.0（PDF 1.5)。

页面（Pages)：关闭。

图像（Image)：分辨率低于 150ppi，报错；分辨率高于 450ppi，警告；位图图像分辨率低于600ppi，报错；位图图像分辨率高于 2400ppi，警告；图像未使用压缩，信息提示；图像使用压缩，警告；图像使用 OPI，警告。

颜色（Colors）：PDF 图像在 CMY 粉色版上，信息提示；多于 1 个专色，报错；使用 RGB 颜色，报错；使用设备无关色，报错。

字体（Fonts）：字体未嵌入，报错。

映射（Rendering）：使用透明，报错；使用自定义半色调设置，警告；使用自定义转换曲线，警告；线宽小于 0.125 磅，警告。

有关“PDF/X，PDF/A and PDF/E”的项目：关闭。

自定义检查（Custom checks）：添加“Invisible text objects”检查，检查是否有不可见文本对象；添加“小于 5 磅的文字”检查；添加“CMYK 图像设为叠印”检查；添加“RGB 对象设为叠印”检查；添加“总油墨覆盖超过 320%”检查等，如图 2-10 所示。

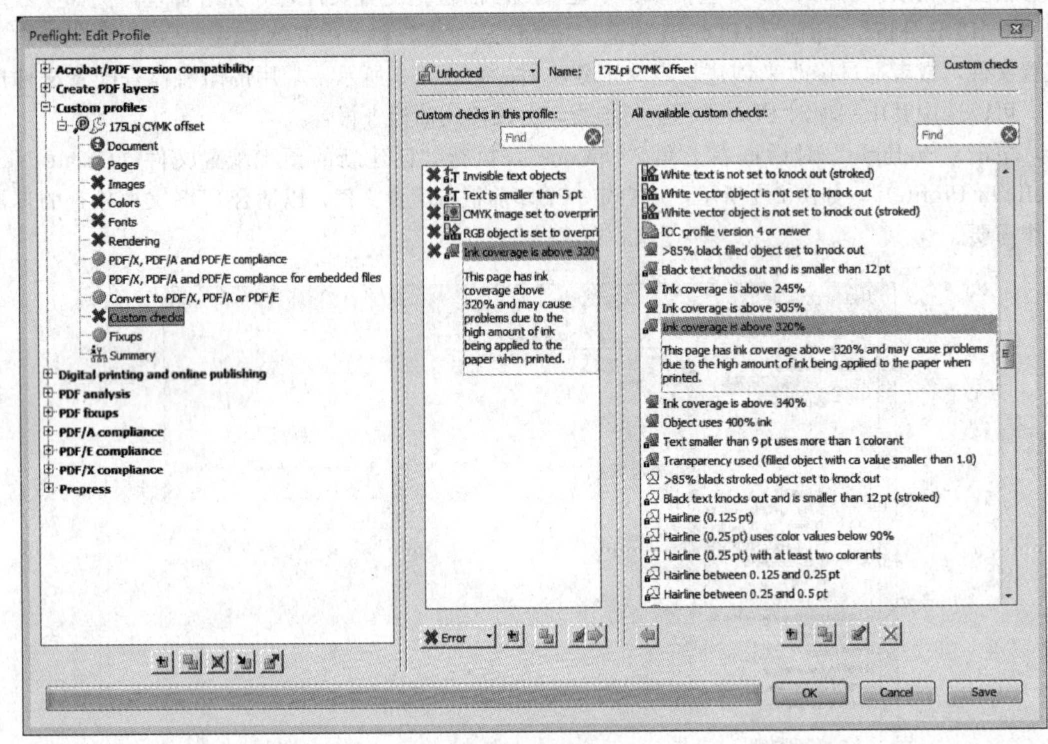

图 2-10 印前检查配置文件项目

2.4.3 活动三 能力提升

完成 PDF 文件印前检查，定义 150LPI 四色胶印印刷的印前检查配置文件，检查 PDF 文件，并创建印前检查报告。具体要求如下：

（1）完成 PDF 文档字体是否嵌入的检查。

（2）完成 PDF 文档图像对象属性的检查。

（3）完成 PDF 文档颜色对象属性的检查。

（4）完成 PDF 文档页面属性的检查。

（5）自定义印前检查配置文件。

（6）使用自定义印前检查的配置文件，执行 PDF 文档检查，并与上述单向检查结果对比，分析同一项目里，检查结果的异同。

2.5 效果评价

效果评价参见任务 1，评价标准见附录。

2.6 相关知识与技能

2.6.1 PDF 文档对字体的管理

（1）字体技术简述。字库有两种类型：TrueType 字库和 PostScript 字库。其中，TrueType 字库（由 Microsoft 和 Apple 于 1991 年共同推出）供前端排版时显示和打印输出用图像处理，打印质量没有 PostScript 字库好，但完全可以满足一般用字需求；而 PostScript 字库是按 PostScript 页面描述语言（Adobe 于 1985 年发布）定义的字库，其主要特点是可以精确绘制字型，因而在平滑性、细节和忠实性方面比 TrueType 字库好。

字库的始祖是 Adobe 开发的 Type1 和 Apple 研发的 TrueType 字库。Type1 是 PostScript 字库，只能描述 256 个字符。而 PostScript 字库发展经历了由 Type1、Type3 发展，到 1990 年发布的复合字库 Type0 格式（OCF）的历程。随后 Adobe 推出 CID 字库，其易扩充、处理速度快、兼容性好、字体制作简单、质量高，还可有效防盗版，最新推出的字库类型为 OpenType 字库。OpenType 由 Microsoft 和 Adobe 共同开发，也是一种轮廓字体，但比 TrueType 更为强大，最明显的一个好处就是可以把 PostScript 字体嵌入到相应软件中，且兼容多平台，支持很大的字符集，还有版权保护功能。OpenType 字库目前已成为一种业内标准，越来越多的软件支持 OpenType，越来越多的字库也升级到 OpenType，如“方正兰亭字库”的 123 款 OpenType 字库。

（2）PDF 字体处理方法。PDF 字体处理途径，如图 2-11 所示。

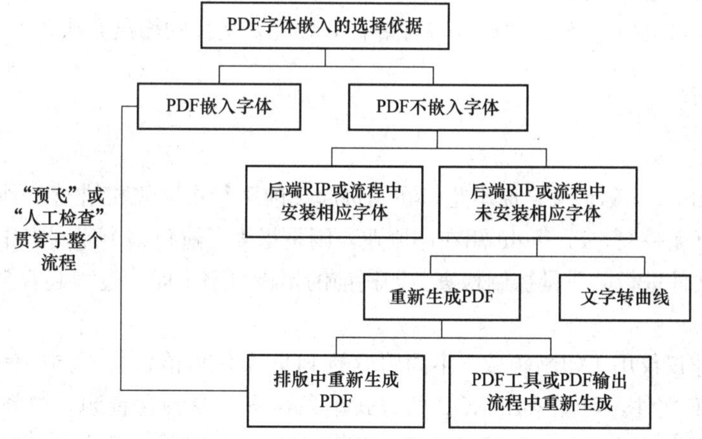

图 2-11 PDF 字体处理途径

虽然 PDF 具备自包含的特性现状及趋势，用户还是可根据自己的需求选择下载或嵌入字库，即提取字库轮廓的描述信息。通常生成 PS 时采用下载（Download），生成 PDF 时使用嵌入（Embed），均表示文件中包含字符信息。嵌入字体可防止查看或打印文件时的缺字或字体替换，确保其以原始字体显示，但会使文件稍微变大。由于前端排版软件多用 TrueType 字体，PDF 嵌入的字体也以 TrueType 为主。若想使用后端 RIP 或流程中的 PostScript 字体，便无法选择。虽然 TrueType 能够满足一定的质量要求，但相较于 PostScript 而言还是略差，且解释速度稍慢。因此，生成 PDF 时应根据输出质量要求来判断是用前端字还是后端字。若前端字能满足输出质量要求，或后端 RIP 或流程没有相应字体，建议选择嵌入，否则选择不嵌入。

2.6.2 PDF 文档页面属性以及文档元数据

文档元数据包括文档及其内容的信息。某些文档元数据是在创建 PDF 文件时自动创建的，用于创建 PDF 文档的应用程序、PDF 版本、文件尺寸、页面尺寸和文件是否被优化等。其他文档元数据可以通过文档的创建者或者使用者手动添加，如作者的姓名、文档的标题和搜索关键词等。可以编辑文档创建人设置的任何元数据，以及添加，文档安全性来防止更改。

使用 Acrobat 5.0 或者更高的版本创建的 PDF 文档包含 XML 格式的文档元数据。元数据包括关于文档及其内容的信息，如作者名称、关键词和版权信息，它们可以用于搜索应用程序。文档元数据包含（但不限于）显示在“文档属性”对话框“说明”标签中的信息。在“说明”标签中所做的任何更改都反映在文档元数据中。

PDF 文档与印刷出版相关的属性有：

（1）颜色：包括颜色特征，如色空间、替代色彩空间、图案和专色。

（2）文档：包含所有应用到 Adobe PDF 文档中的信息。Preflight 可以检查文档结构中的语法错误，如 DeviceRGB 色彩空间要求三个值，如果出现两个，就会被检查出。

（3）字体：包含文本所使用字体的所有信息。如文本大小属性、字体属性。

（4）图形状态属性：包括图形的描边属性和图形的填充属性。

（5）半色调：包含印前运算有关的图像状态设置，如网角、网目线数以及网点形状。

（6）ICC 色空间：包含嵌入的 ICC 配置文件中访问特征属性。

（7）图像：包含图像分辨率、位深度、像素数、渲染方法等。

（8）输出方法：包含嵌入 ICC 配置文件的输出属性，定义了 PDF 文件准备输出处理的属性。需要以高分辨打印输出的 PDF 文件通常包含带有 ICC 配置文件的输出方法。

2.6.3 PDF 预检

1. 预检的含义

预检（Preflight）又称预飞，原本是指在飞机起飞前飞行员对飞机进行的预检工作，以保证飞机的飞行安全万无一失。Preflight 用在印刷业，则是指为了避免整个印刷工作不出现问题，而在印刷输出前对文件进行的质量控制检查。印刷前的预检对整个印刷过程起着至关重要的作用。

2. 预检的原因

PDF 文件并非仅仅用于印刷领域，不同用途的 PDF 文件可能包含不同的信息。某些用于网络传递信息的 PDF 文件，可能采用 RGB 的方式记录色彩，或者含音频、视频、超级链接等信息。有的 PDF 文件不嵌入字体，而采用下载为位图的方式。有的 PDF 文件中的图像的分辨率很低，不适合印刷输出。如果印前 PDF 文件出现类似情况，则输出就会产生错误，或不能进行正常的输出。因此，要验证 PDF 文档内容是否满足印刷需求，如：字体、格式、图像透明度和分辨率、PDF 版本的兼容性等。

用于四色印刷的 PDF 文档应仅包含 CMYK 图像，以及所有必需的字体。而用于在线查看的 PDF 文档仅包含 RGB 图像。依据预检要求，系统将把与预检要求不一致的 PDF 文档属性作为“问题”来报告，同时进行修正。

3. 预检规范

要对PDF文档进行预检，需要使用预检规范。预检规范是一系列标准，PDF文档需要满足这些标准才“可以输出”。对于每条标准，可以指定：

（1）是否对其进行检查。

（2）如何在预检报告中显示结果，即在PDF文档中发现了不符合标准的属性，是报告为“警告”还是“错误”。

（3）如何修正，并非所有的标准都具有指定修正方法，对于某些标准是可以定义如何修正所发现的问题；如不希望PDF文档中有RGB色彩，则可以定义检查文档中是否存在RGB对象，并可以指定将所有RGB色彩转换为CMYK色彩。

4. 预检机制

（1）打开待检PDF文档。

（2）创建新的预检规范，或选择现有的预检规范。

（3）根据预检规范检查PDF文档，并自动修正所发现的一些问题。

（4）生成预检报告。

练习与思考

一、单选题

1. 在Acrobat Pro中，以下哪个软件界面可以看到PDF版本信息？（　　）
   A. 透明度拼合　　B. 属性菜单下的文档属性标签栏
   C. 输出预览界面　　D. 添加背景界面
2. 在Acrobat Pro中，使用哪个功能可以看到PDF文档中是否有专色？（　　）
   A. 输出预览　　B. 叠印预览　　C. 颜色转换　　D. 透明度拼合
3. 在Acrobat Pro中，使用下面哪个功能可以看到PDF文档成品尺寸大小？（　　）
   A. 输出预览　　B. 属性菜单下的文档属性标签栏
   C. 旋转页面　　D. 裁剪页面
4. 在Acrobat Pro中，使用下面哪个功能可以检查PDF文档是否符合PDF/X规范？（　　）
   A. 印前检查　　B. 属性菜单下的文档属性标签栏
   C. 输出预览　　D. 裁剪页面
5. 满足150LPI加网线数要求的计算机图像的最佳分辨率应为（　　）ppi。
   A. 150　　B. 200　　C. 300　　D. 250
6. 彩色图像的颜色模式，为了适应印刷要求，一般使用（　　）模式。
   A. RGB　　B. CMYK　　C. ICC　　D. LAB
7. 在Acrobat Pro中，以下哪个软件界面可以看到PDF文档使用的字体信息？（　　）
   A. 属性菜单下的文档属性标签栏　　B. 透明度拼合
   C. 输出预览界面　　D. 叠印预览界面
8. 在Acrobat软件中，不能通过“属性”检查PDF的内容是（　　）。
   A. 文件的版本　　B. 页面大小
   C. 文件大小　　D. 图像的分辨率
9. 专门用于浏览、检查和修改PDF文件的软件是（　　）。
   A. Acrobat X　　B. Acrobat Professional

C. Apabi Reader　　D. InDesign

10. 在 Acrobat 软件中，文档安全性设置中的“安全性方法”不包括（　）。

A. 打印安全性　B. 无安全性设置　C. 口令安全性　D. 证书安全性

二、多选题

11. 相对在 Illustrator 中手动绘制陷印线条，批处理陷印的优势在于（　）。

A. 自动决定陷印方向　B. 可以计算复杂图像边缘数值

C. 输出效果方便　D. 可以高亮预览

E. 陷印值更大

12. 以下专色定义需要作为透明色处理的是（　）。

A. 模切线　B. 光油　C. 客户 Logo 专色

D. 所有专色都不需要透明处理　E. 所有专色都需要透明处理

13. 以下哪种定义属于与设备无关色彩定义？（　）

A. CMYK　B. Lab　C. ICC Based CMYK

D. CalRGB　E. CIEXYZ

14. 输出预览界面可以帮助检查（　）。

A. 设置成叠印的白字　B. 设置成 4 色的黑字

C. 对象检查　D. 总墨量提醒

E. 图像分辨率

15. PDF 允许以下哪些字体？（　）

A. Type 1　B. TrueType　C. OpenType　D. CID

E. Type 3

16. 以下哪些是对 PDF 文档进行印前检查的主要内容？（　）

A. 文件规范性检查　B. 图像元素检查

C. 文字元素检查　D. 印刷适性检查

E. 渲染检查

17. 以下对陷印描述正确的有（　）。

A. 对彩色小字需要减少陷印宽度，避免叠印色

B. 四色黑的陷印方向是彩色部分回收

C. 透明对象和叠印对象无需陷印

D. 所有颜色在黑色下扩展

E. 亮色在暗色下扩展

18. 以下哪种文件格式可能包含预览文件？（　）

A. PS　B. EPS　C. PDF　D. AI

E. DOC

19. 以下哪些步骤可能会拼合设计软件中的透明度定义？（　）

A. 设计软件保存 PS　B. 软件保存 PDF1.4

C. 数字工作流程处理 PDF 成 1.3　D. 软件保存 PDF1.5

E. 软件保存 PDF1.6

20. 相对印刷交付的 PDF 文件，以网络交换为目的的 PDF 可能（　）。

A. 包含视频和音频

B. 图像精度是 72dpi

C. 更多 JPEG 有损压缩

D. 结构优化，利于分布下载和阅读（Linearized PDF，线性 PDF）

E. 文件较小

三、判断题

21. RIP 使用 APPE 技术（Adobe PDF Print Engine），处理含有透明度的文件必须要经过拼合。（　　）

22. 透明对象一定会涉及两个以上的成像对象。（　　）

23. PDF 文档在交付印刷之前一定要进行“Preflight”。（　　）

24. 预检 PDF 配置文件，是一个集成了文档检查项目命令的文件。（　　）

25. 印前预检规则对应特定的文档属性，使用这个规则可以检查文档中的具体内容。（　　）

26. Acrobat Pro 在印前检查使用的配置文件，不可以导入和导出。（　　）

27. 在 Acrobat 中“输出预览”的颜色警告功能，能够高亮显示使用校样色彩空间表现不出的色彩。（　　）

28. 为了不必要的色域压缩，可以在印前数据交付时保留 RGB 的色彩定义内容。（　　）

29. PDF/X-1 主要用于商业和包装印刷行业。（　　）

30. 无损压缩的图像数据存储格式为 JPEG。（　　）

练习与思考参考答案

1. B	2. A	3. D	4. A	5. C	6. B	7. A	8. D	9. B	10. A
11. ABCD	12. AB	13. BCDE	14. ABCD	15. ABCDE	16. ABCDE	17. ABCDE	18. BC	19. AC	20. ABCDE
21. N	22. Y	23. Y	24. Y	25. Y	26. N	27. Y	28. Y	29. Y	30. N

任务 3

Adobe PDF文件修改

该训练任务建议用 4 个学时完成学习。

3.1 任务来源

PDF 文件完成印前检查后，可能查出不满足输出要求的各种问题，输出前必须修正这些问题，使 PDF 文件符合制版数字化工作流程的要求，保证输出顺畅。

3.2 任务描述

本项目任务是继印前 PDF 文件检查后的工作，修正印前检查出的各项问题，如：修正“字体未嵌入”“页面中有 RGB 颜色对象”“存在透明对象”等问题。本任务的工作就是使用 Acrobat Pro 自带的 PDF 修正功能，完成 PDF 文件的修改。

3.3 能力目标

3.3.1 技能目标

完成本训练任务后，读者应当能（够）掌握以下技能。

1. 关键技能

（1）能够完成 PDF 文档页面对象的颜色转换。

（2）能够完成 PDF 文档页面透明对象的拼合。

（3）能够完成 PDF 文档页面线条对象宽度调整。

（4）能够完成 PDF 文档页面字体的嵌入。

2. 基本技能

（1）能够完成 PDF 文档印前检查。

（2）能够分析 PDF 文档印前检查报告。

（3）会使用 Acrobat Pro 印刷制作工具。

3.3.2 知识目标

完成本训练任务后，读者应当能（够）学会以下知识。

（1）理解 PDF 文档页面颜色转换方案。

（2）理解 PDF 文档透明对象的处理方法。

（3）了解 Acrobat Pro 对 PDF 文档对象修正的方法。

3.3.3 职业素质目标

完成本训练任务后，读者应当能（够）具备以下职业素质。

（1）能够对照印前检查的各项问题，完成 PDF 文件修正。

（2）能够做好文件资料备份与管理。

（3）养成做好作业记录的良好习惯。

3.4 任务实施

3.4.1 活动一 知识准备

（1）PDF 文档颜色转换包含哪些对象类型和颜色类型？

（2）PDF 拼合器的作用是什么，如何能够保证矢量对象在拼合中不被栅格化？

（3）PDF 印前检查能实现 PDF 文档修正的项目包括哪些？

3.4.2 活动二 示范操作

1. 活动内容

使用 Acrobat Pro 软件自带的修正功能实现 PDF 文件修正，满足 CMYK 四色胶印的需要，修正内容包括：

（1）PDF 文档页面 RGB 对象转换为 CMYK。

（2）转换 RGB 文本为单黑色。

（3）PDF 文档页面透明对象拼合。

（4）PDF 文档未嵌入字体，完成嵌入。

（5）调整 PDF 文档页面极细线为 0.14 磅。

（6）调整 PDF 页面出血框尺寸。

2. 操作步骤

（1）步骤一：PDF 文档页面 RGB 对象转换为 CMYK。

1）选择 PDF 文档，使用 Acrobat Pro 软件打开文档。

2）执行"印刷制作"→"颜色转换"，弹出转换颜色对话框，如图 3-1 所示。

图 3-1 中，"对象类型"选择"任何对象"；"颜色类型"选择"任何 RGB"；"转换命令"选择"转换为配置文件"，并勾选"嵌入"；转换页面选中"所有页面"。可以实现 PDF 页面中所有 RGB 颜色对象转换为 CMYK 颜色，并且颜色值是"转换配置文件"中定义的颜色值。这里转换的配置文件可以选择 Acrobat Pro 软件预置的 ICC 文件，也可以添加自定义的 ICC 文件。

（2）步骤二：转换套印黑色为单黑色。对于胶印来说，黑色文本通常是用黑色油墨印刷，在"输出预览"中可以检查"文本"对象，如果文本为 RGB 黑色，图 3-1 的颜色转换将 RGB 颜色模式的黑色文字转为 CMYK 套印黑色，而不能将 RGB 黑色转换为单黑。如图 3-2 的参数设置，可将 RGB 黑色文本转换为单黑。

保留黑色，在转换中保留使用 CMYK、RGB 或灰度颜色模式对象的颜色值，可防止 RGB 黑色文本在转换为 CMYK 时被转换为多色黑。将灰度提升为 CMYK 黑色，可将设备灰度转换为 CMYK 黑色。保留 CMYK 原色，当 CMYK 颜色对象输出为不同目标特性文件时，如果是单个油墨颜色，将使用该颜色值；如果是多个油墨颜色叠加的颜色，将使用最小色差的颜色替代。

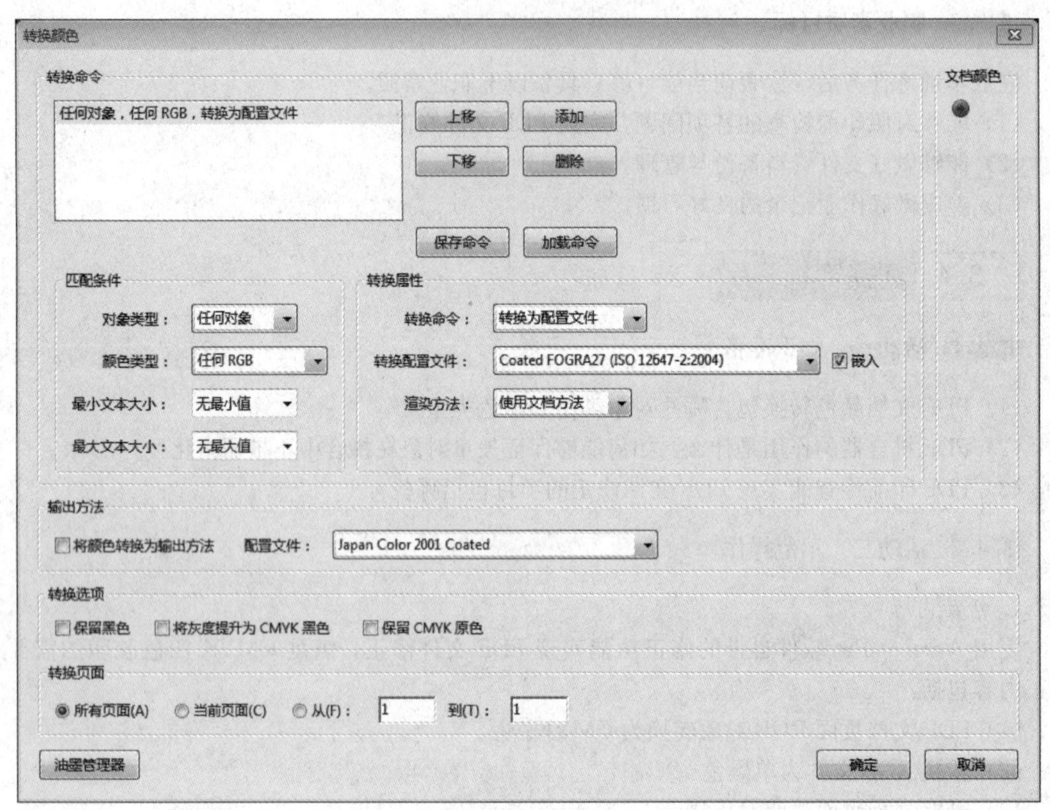

图 3-1 PDF 文档 RGB 对象转换为 CMYK 颜色

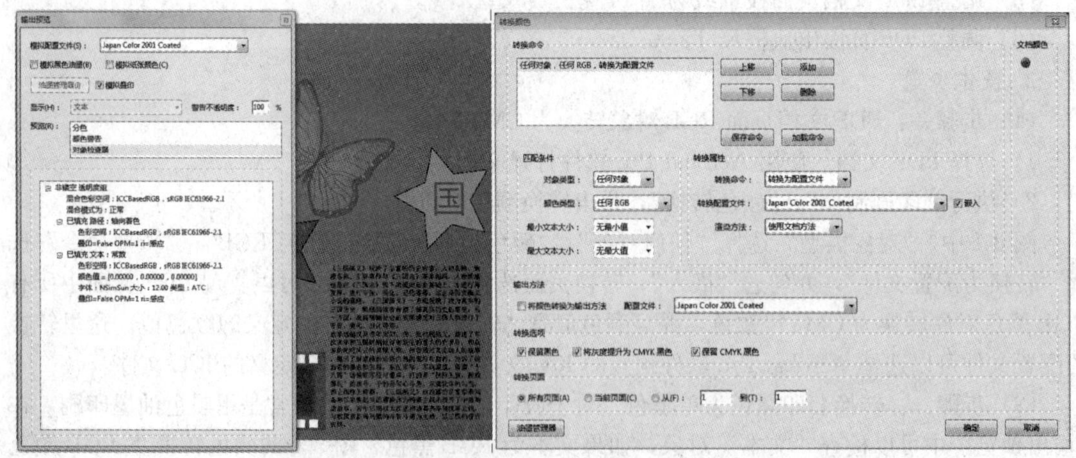

图 3-2 RGB 黑色文本转换为单色黑

图 3-2 中，使用“输出预览”→“对象检查器”检查出黑色文本对象是 RGB 黑色，并且是混合色彩空间：ICCBasedRGB，sRGB IEC 61966-2.1。如果将该 RGB 黑色文本转换为 CMYK 颜色模式的单黑色，应勾选“保留黑色”“将灰度提升为 CMYK 黑色”“保留 CMYK”选项。

（3）步骤三：PDF 文档页面透明对象拼合。

使用“印刷制作”→“拼合器预览”，如图 3-3 所示，“亮度：透明对象”，“预设：高分辨率”选项，可以保证拼合结果满足一般印刷出版的需要。

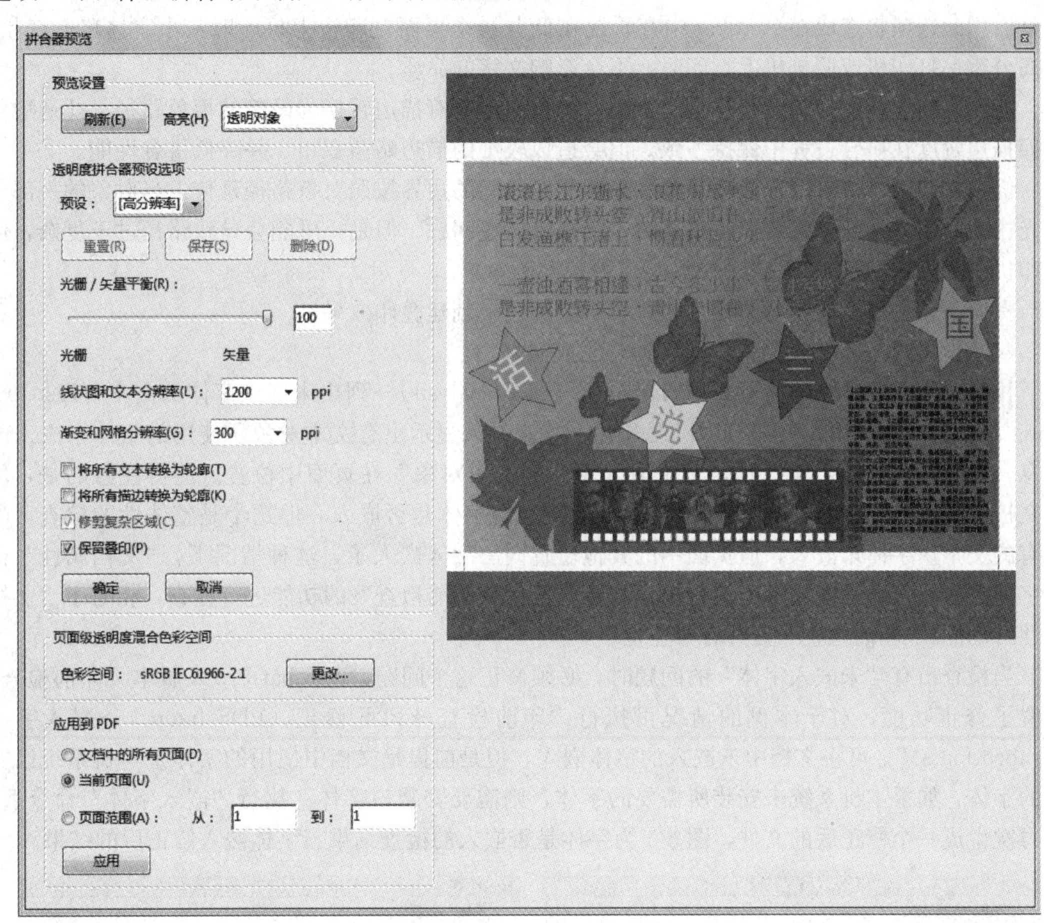

图 3-3　透明度拼合设定

光栅矢量平衡，设定为 100。光栅/矢量平衡指定被保留的矢量信息的数量。更高的设置会保留更多的矢量对象，较低的设置会光栅化更多的矢量对象，中间的设置会以矢量形式保留简单区域而光栅化复杂区域。选择最低设置会光栅化所有对象。要尽量减少拼合中出现的拼缝问题，同时选择“修剪复杂区域”。透明对象检查时，文档中透明的对象能够以高亮显示，如在设计软件的半透明的对象（包括带有 Alpha 通道的图像）、含有混合模式的对象和含有不透明蒙版的对象，另外，设计了图层样式等效果的对象、叠印对象等都可能作为透明对象进行拼合。

注：光栅化的数量取决于页面的复杂程度和重叠对象的类型。

线状图和文本分辨率，光栅化对所有对象，包括图像对象、矢量对象、文本和渐变，拼合指定分辨率数值，这里提供的分辨率设定范围为 72～2540 ppi。拼合时，设定的分辨率数值会影响重叠部分的精细程度。线状图和文本分辨率一般应设置为 600～1200 ppi，可提供较高品质的栅格化，特别是带有衬线的字体或小号字体。

渐变和网格分辨率，拼合时，设定的分辨率数值会影响重叠部分的精细程度。通常，应将渐变和网格分辨率设置为 150～300 ppi 的值，过高的分辨率并不会提高渐变、投影和羽化的品质，但会增加处理时间和文件大小。

将所有文本转换为轮廓，将所有的文本对象（点类型、区域类型和路径类型）转换为轮廓，并放弃具有透明度的页面上所有类型字形信息。该选项可确保文本宽度在拼合过程中保持一致。但是启用此选项将造成在 Acrobat 中查看或在低分辨率桌面打印机上打印时，小字体略微变粗。在高分辨率打印机或照排机上打印时，不会影响文字的品质。

将所有描边转换为轮廓，将具有透明度的页面上所有描边转换为简单的填色路径。此选项可确保描边宽度在拼合过程中保持一致。但会造成较细的描边略微变粗，并降低拼合性能。

修剪复杂区域，可保证矢量对象和光栅化对象间的边界按照对象路径延伸。当对象的一部分被光栅化，而另一部分保留矢量格式时，会减小拼缝问题。但是，可能会导致路径过于复杂，使打印机难于处理。

保留叠印，拼合透明对象颜色与背景对象颜色来创建叠印效果。

（4）步骤四：PDF 文档未嵌入字体，完成嵌入。

执行“印刷制作→印前检查→PDF 分析（PDF analysis）→列出未嵌入字体的文本（List text using non-embedded fonts）”，如图 3-4 所示。检查结果显示出有文本对象所使用的字体未嵌入的信息，还可以单击“show”锁定“未嵌入字体的文本对象”在页面中位置。值得注意的是，使用文档属性也可以查看 PDF 文档中文本对象所用的字体是否嵌入，但这个是整体性的检查，尽管有的文本块字体未嵌入，但页面中的其他位置同一字体嵌入了，这种情况下，“文档属性”检查字体是否嵌入的功能便不能检查出来，还应使用“印前检查”的功能进行检查，相对于“文档属性”功能，“印前检查”更具有专业性。

当检查出有“未嵌入字体”的问题时，必须修正这个问题，Acrobat Pro X 版本“印前检查”配置了修正功能，对于本例的情况可执行“印前检查→PDF 修正（PDF fixups）→嵌入字体（Embed fonts）”，可将文档中未嵌入的字体嵌入，但是前提是文档中使用的字体是本机系统已安装的字体，如果本机系统未安装所需要的字体，则需要安装该字体。执行“嵌入字体”命令后，会再次生成一个修正后的文件，图 3-4 为字体是否嵌入的检查结果与字体嵌入修正后的结果。

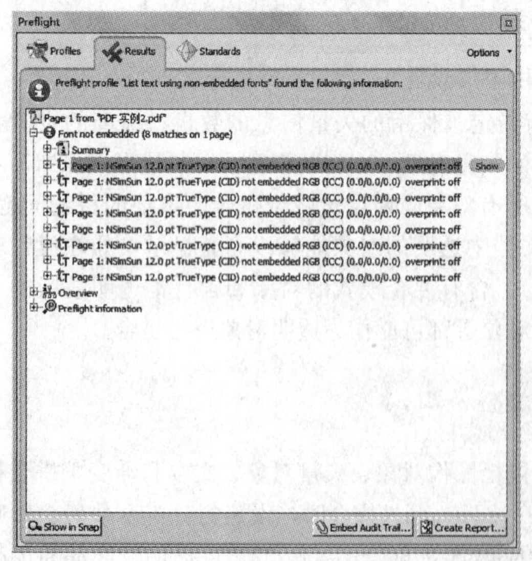

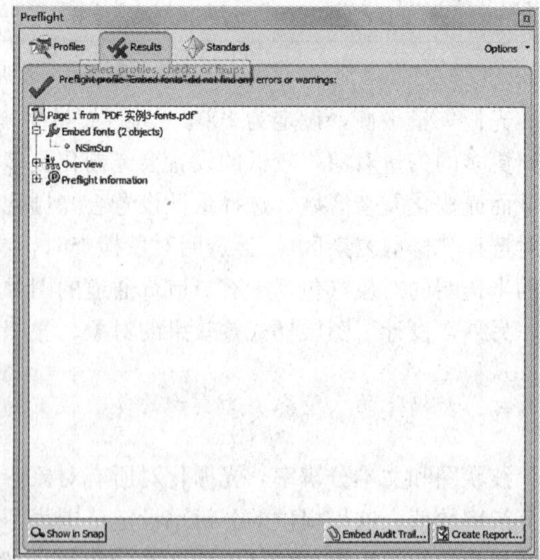

图 3-4 字体嵌入检查与修复

（5）步骤五：调整 PDF 文档页面极细线为 0.14 磅。

执行“印前检查→PDF analysis-List all hairlines”命令，如图 3-5 所示。将列出文档中所有

在预设值以下的细线，如本例的预设值为 0.125pt，并可以锁定其在文档中的位置。需要说明的是，极细线的预设值与印刷工艺条件相关，应根据实际生产所能达到的精度进行预设。

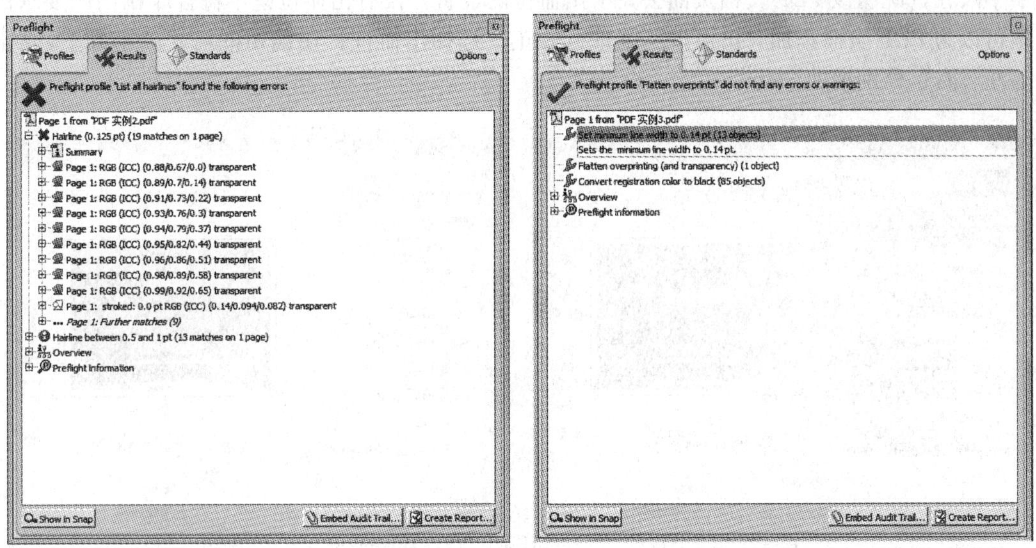

图 3-5　极细线检查与修正

执行“印前检查→PDF fixups”命令，预定义的修正中没有直接可以修正“极细线”问题的选项，可以选中其中某项进行编辑，添加一个“预定义条件”，如本例中是通过编辑“Flatten overprints”的方法实现的，如图 3-6 所示，在“Flatten overprints”现有 fixups 功能的基础上，添加了“Set minimum line width to 0.14pt-调整细线为 0.14 磅”，将文档页面中低于 0.14 磅的细线加粗为 0.14 磅，修正会重新存储一个 PDF 文档，执行修正后的结果如图 3-5 所示。

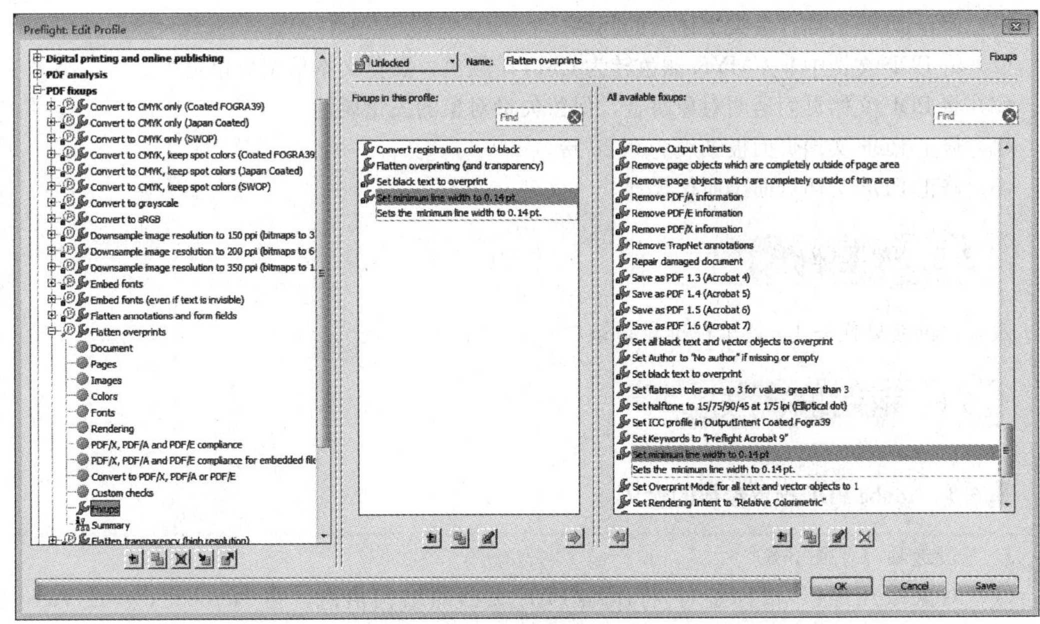

图 3-6　预设极细线检查配置文件

（6）步骤六：调整 PDF 页面出血框尺寸。执行“印刷制作→设置页面框”，检查 PDF 文档页面裁切框尺寸、裁剪框尺寸，如图 3-7 所示，勾选“显示所有框”，“裁切框”和“出血框”是同一个尺寸，说明该 PDF 文档页面丢失了出血位的设置，没有出血位是不符合印刷出版要求的。这里可以为 PDF 页面添加“出血框”来进行修正。选择出血框，在裁切框尺寸的基础上，“上、下、左、右”分别增加 3mm。

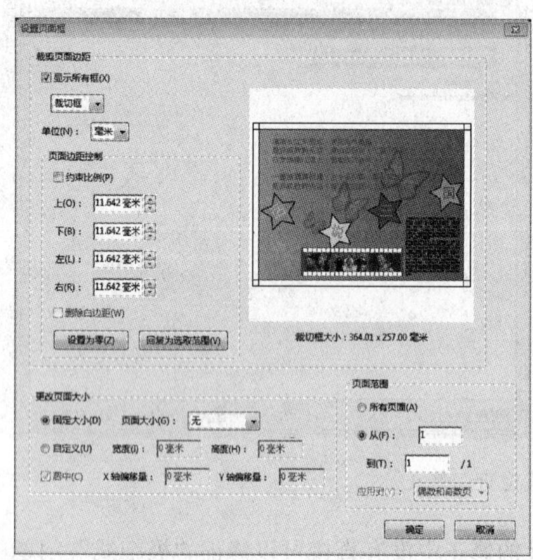

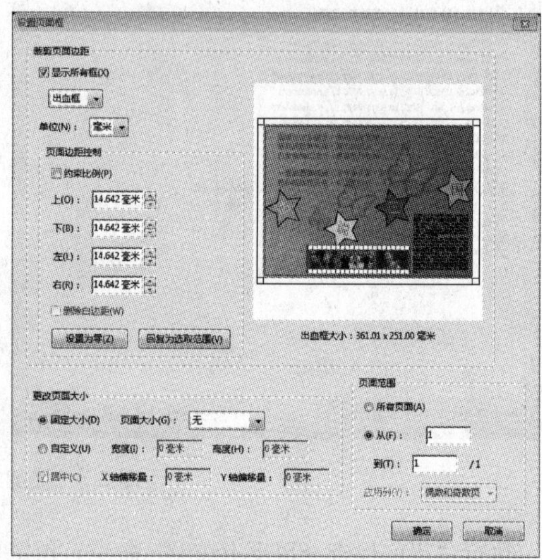

图 3-7　修正 PDF 文档页面丢失出血框

3.4.3 活动三　能力提升

完成 PDF 文件印前检查，同时修正 PDF 检查出的问题，具体要求如下：

（1）修正 PDF 文档“丢失字体”的问题。

（2）将 PDF 文档中非 CMYK 颜色转为 CMYK 颜色，黑色文本保留为单色黑。

（3）将 PDF 文档页面透明对象拼合，保留矢量对象的矢量属性。

（4）修正 PDF 文档页面极细线为 0.25 磅。

（5）修正 PDF 文档页面出血框尺寸。

3.5 效果评价

效果评价参见任务 1，评价标准见附录。

3.6 相关知识与技能

3.6.1 Adobe PDF 预置参数的含义

1. 一般选项（见图 3-8）

（1）对象级压缩：“仅标签”，将压缩 PDF 文档的结构信息，在 Acrobat 5.0 或 Acrobat Reader 5.0 中的易访问性、结构化或加标签的 PDF 信息将不能被访问；在 Acrobat 6.0 或以上版本中仍能访问这些信息。

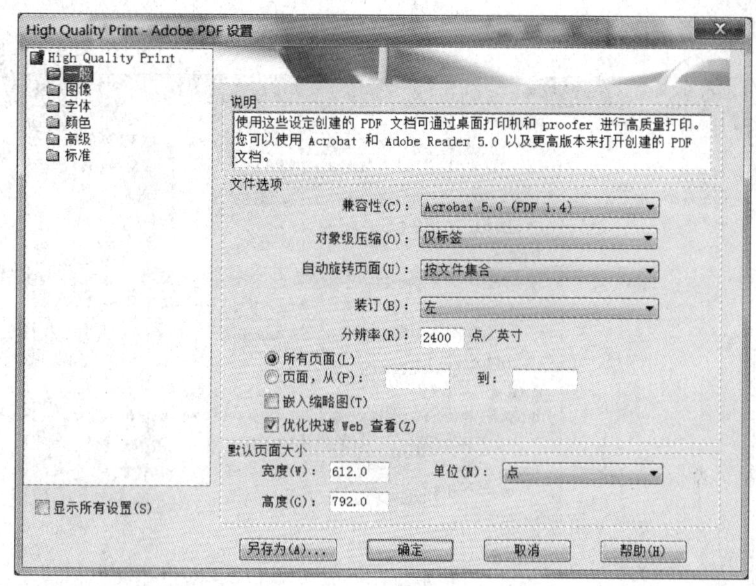

图 3-8　一般选项

（2）自动旋转页面：设置自动旋转页面的方式有以下两种。

1）按个别页面：将根据页面上的文字方向来旋转每一页；

2）按文件集合：将根据文档中大多数文字的方向来旋转所有页面。

（3）分辨率：分辨率大小表明了 PDF 文件的大小和质量。PDF 文件的分辨率范围为 72～4000dpi。

（4）嵌入缩略图：为 PDF 文件中的每一页创建一个缩略图。

（5）优化快速 Web 查看：在生成 PDF 文件时加以优化以减小文件大小，使该文件在 Web 浏览时能从网络服务器一次一页的下载。

（6）默认页面大小：通过输入宽度和高度来设置页面的大小。页面的最大尺寸为 200 英寸×200 英寸。如果在 PS 文件中没有指定文件的大小，则用此默认页面尺寸替代。

2. 图像压缩方式（见图 3-9）

Acrobat Distiller 采用 ZIP 格式来压缩文本、线条图及矢量图；用 ZIP 或 JPEG 格式来压缩彩色和灰度图；用 ZIP、CCITT 组 3 和组 4、Run Length 格式来压缩单色图像。

（1）ZIP 压缩方法：适用于大面积单色或重复图案的图像。

（2）JPEG 压缩方法：适用于灰色或彩色图像，它是一种有损压缩。压缩后的图像较压缩前质量低，但它的压缩比较大，因而文件较小。

（3）CCITT 压缩方法；适用于绘画程序制作以及一位位深的黑白图像，它是一种无损压缩、Acrobat Distiller 提供 CCITT 组 3 和组 4 两种压缩方法。CCITT 组 3 多用传真机，压缩速度为一次一行；CCITT 组 4 适用于大多数单色图像。

（4）Runlength 压缩方法：适用于大面积实心黑白图像，它是一种无损压缩。

3. 像素采样

在图像像素中按一定的算法提取像素信息构成新的图像信息。

（1）平均缩减像素采样：采用将采样区内的像素进行平均的方法，并按指定的分辨率对图像进行平均采样。

（2）双立方缩减像素采样：采用加权平均法进行采样。使用这种采样方法采样速度较慢、采样精确、色调渐变平滑。

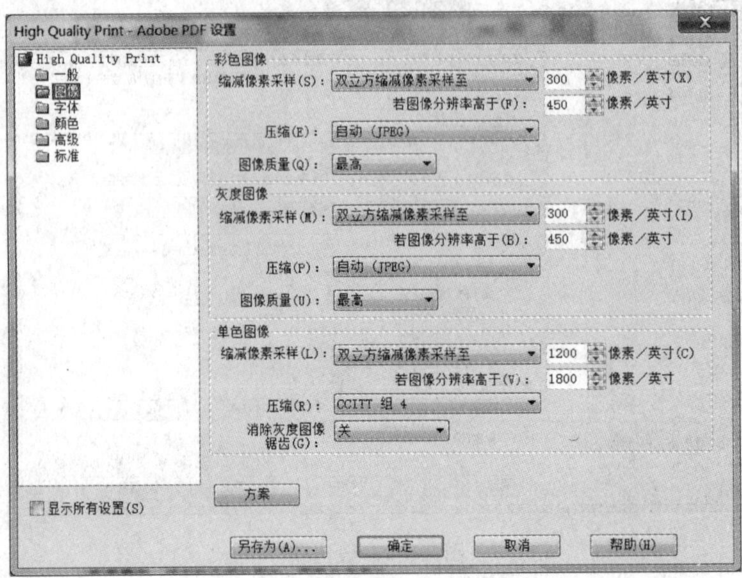

图 3-9 图像压缩方式

（3）次像素采样：是在采样区的中心采样，使用中心像素的颜色信息替代整个采样区的像素信息。这种采用方法显著的特点就是采样速度较快，但色调过渡效果不好。

> 注意：
>
> （1）彩色图像或灰度图像的分辨率应为输出设备输出线数的 1.5 倍或 2 倍。
>
> 例如，当打印机为 LaserWriter16/600 型时，它的最大输出线数为 85LPI，则对图像重新采样应为 170LPI。当 PDF 文件最终用于印刷时，若以 175LPI 印刷文件，则在转换 PDF 文件时，对图像的重新采样应为 300LPI。
>
> （2）单色图像：对单色图像的重新采样应采用与输出设备相同的分辨率，但最好不要超过 1500 点/英寸。选择“消除灰度图像锯齿”项，可以平滑单色图像的锯齿边缘。

4. 字体选项（见图 3-10）

如果在 PS 文件中没有嵌入字体，则可以通过 Acrobat Distiller 访问文件夹中的字体，将字体嵌入到 PDF 文件中。

5. 颜色选项（见图 3-11）

（1）设置文件：当选择预定义的设置文件时，对话框中的色彩管理方案、工作空间均呈灰色显示。要自定义这些项目，就选择“无”选项。

（2）色彩管理方案：

1）保留颜色不变：保留设备相关的颜色不变，与设备无关的颜色保留为 PDF 文档中最接近的颜色。

2）为色彩管理标签全部：在生成的 PDF 文件中嵌入 ICC 配置文件，使文件中的颜色与设备无关。

3）为色彩管理仅标签图像：只将 ICC 配置文件嵌入图像中，在文本和图形中则不含 ICC 文件。

4）将所有颜色转换为 sRGB：将所有颜色转换为 sRGB 的颜色值，PDF 文件中的颜色信息与设备无关。

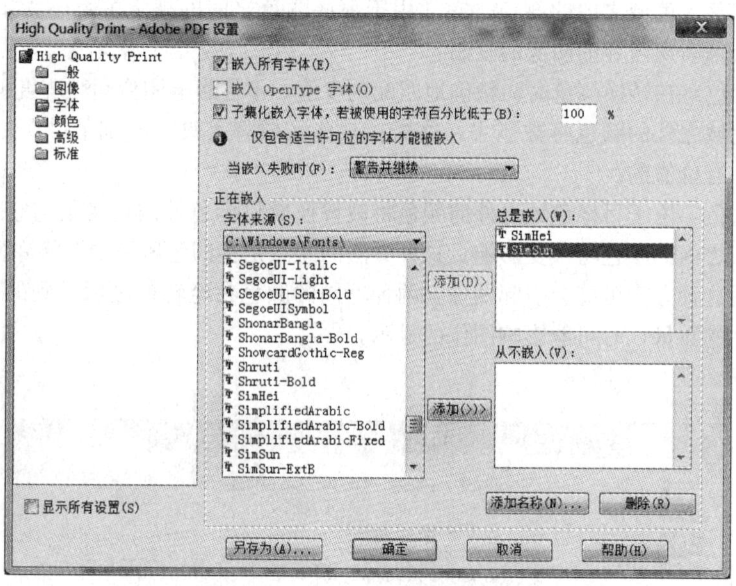

图 3-10　字体选项

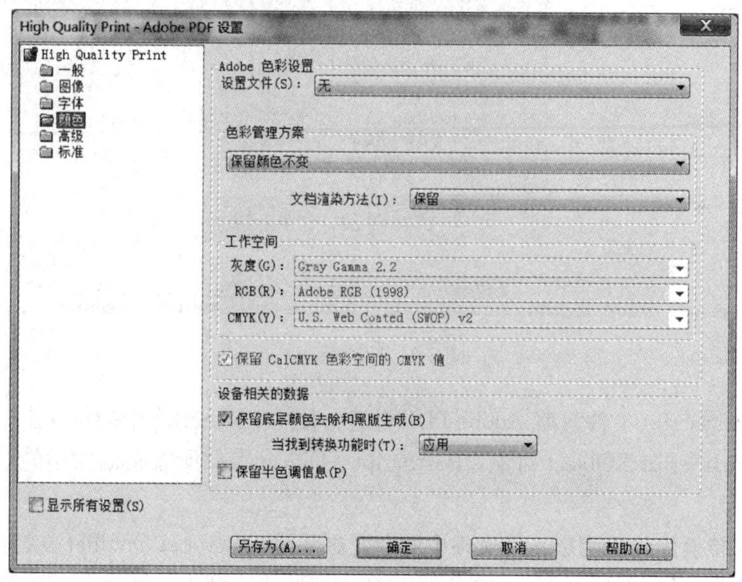

图 3-11　颜色选项

5）将所有颜色转换为 CMYK：将所有颜色转换为 CMYK 颜色值。

6）文档渲染方法：决定如何在颜色空间中映射颜色。

7）保留：在输出设备中指定映射方法。

8）感性的：如果图像上某些颜色超出了目的设备空间的色域范围，这种复制方案将原来的色域空间压缩到目的设备空间。整体收缩颜色空间的方法改变图像上所有的颜色，包括那些位于目的设备空间色域范围之内的颜色，但能保持颜色之间的视觉关系，保持了颜色之间的相对关系。

9）饱和度：这种方案主要是保持了图像颜色的相对饱和度，溢出色域的颜色被转换为具有相同色相但刚好落入色域之内的颜色。它适用于那些颜色之间的视觉关系不太重要，希望以亮丽、饱和的颜色来表现内容的图像的复制。

10）绝对比色：在转换颜色时，精确地匹配色度值，不会影响图像明亮程度地白场、黑场调整。落在目标色域之外的颜色将被删去，这样在某些区域将丢失一些细节。在复制某些标志色时，这种方案是有价值的。

11）相对比色：位于目标色域之外的颜色将被替换成目标色域内色度值与它最接近的颜色，而位于目标色域之内的颜色将不受影响。这种方法的缺点是在颜色压缩中会将许多颜色映射为同一结果，即采用这种方案可能会引起图像上两种不同的颜色在经转换之后得到的图像颜色一样。这样会降低颜色的数量，有可能影响图像的显示。

6. 高级选项（见图 3-12）

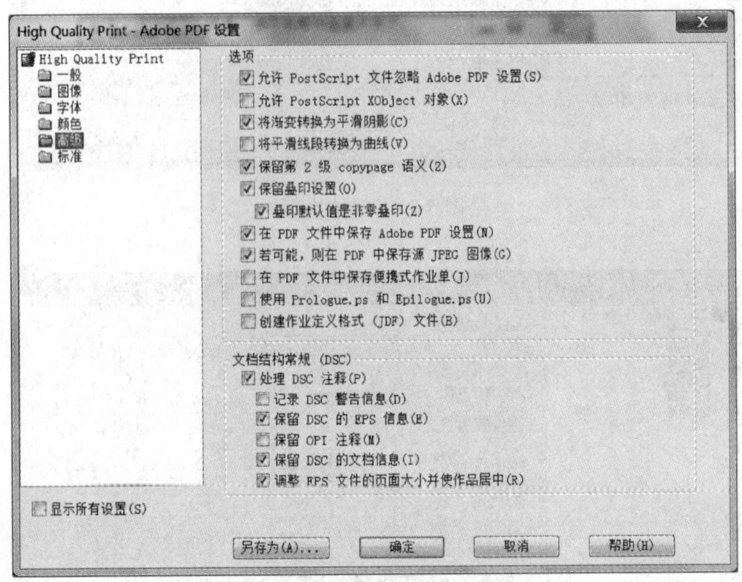

图 3-12　高级选项

（1）允许 PostScript 文件忽略 Adobe PDF 设置：使用 PostScript 中的设置。

（2）允许 PostScript XObject 对象：PostScript XObject 存储所有页面共用的对象信息（如背景、页眉和页脚）。

（3）将渐变转换为平滑阴影：使文件中的渐变更平滑。Acrobat Distiller 支持 Illustrator、InDesign、Freehand、CorelDraw、QuarkXPress、PowerPoint 文档中的渐变。

（4）保留第 2 级 copypage 语义：使用 PostScript Level2 而不是 PostScript3 的 copypage 操作符。

（5）叠印默认值是非零叠印：防止当叠印对象的 CMYK 值为 0（白色）时，不能正确显示。

（6）在 PDF 文件中保存 Adobe PDF 设置：将作业选项文件以文件附件的形式添加到 PDF 文档中。

（7）若可能，则在 PDF 中保存源 JPEG 图像：将不会对 JPEG 图像进行再压缩。

（8）在 PDF 文件中保存便携式作业单：保留 PostScript 作业单，该作业单包含有 PostScript 文件本身的信息。例如页面大小、分辨率以及陷印信息等。

（9）使用 Prologue. ps 和 Epilogue. ps：这两个文件位于 Documents and Settings\All Users\

Documents\Adobe PDF\Data 文件夹中。可以编辑并在文件中加入 PostScript 代码。在 Distiller 转换 PostScript 文件开始时会调用 Prologue. ps，转换结束时调用 Epilogue. ps，并执行其中代码。

(10) 创建作业定义格式 (JDF) 文件：生成标准化的基于 XML 的 JDF 文件。

(11) 处理 DSC 注释：可以保留 PostScript 文件的文档结构化转换信息。只有选择此项时，以下选项才可用。记录 DSC 警告信息，显示在处理过程有疑问的 DSC 注释的警告信息，并将它们添加到日志文件中。

(12) 保留 DSC 的 EPS 信息：保留 EPS 信息，例如 EPS 文件的原应用程序和创建日期。选择该复选框时，将按页面左上角对象的左上角和右下角对象的右下角来调整页面大小或居中。

(13) 保留 OPI 注释：保留需要使用服务器上的高分辨率图像来替换的图像的注释信息。

(14) 保留 DSC 的文档信息：在 PDF 文件中保留文件的标题、创建日期和时间。

(15) 改变 EPS 文件的页面大小并使作品居中：使 EPS 图像居中并调整页面大小以适合该图像。该复选框仅应用于大幅面 EPS 文件组成的作业。

7. 标准选项

在创建文件之前可以通过检查 PostScript 文件中的内容来确认文档是否符合 PDF/X-1a 或 PDF/X-3 规范。PDF/X 兼容文件主要应用于高分辨率印刷过程，如果将要创建的 PDF 文件并不用于高分辨率印刷过程，那么可以忽略“标准”选项设置。

8. 应用预设选项

(1) 高质量打印：应用于高级输出。

(2) PDF/X-1a：检查作业的 PDF/X-1a 兼容性，若兼容，则创建与 PDF/X-1a 兼容的 PDF 文件。

(3) PDF/X-3：检查作业的 PDF/X-3 兼容性，若兼容，则创建与 PDF/X-3 兼容的 PDF 文件。

(4) 印刷质量；应用于高质量印刷过程（如照排机或直接制版）。

(5) 最小文件大小：应用于屏幕查看和 Web 分发。

(6) 标准：应用于桌面打印机或数码打印、CD 分发及出版打印。

3.6.2 Adobe PDF 对透明对象的处理

PDF 文档支持印前设计应用软件的透明效果，如在 PS 软件或者 AI 软件中，使用图层的运算效果、将对象进行了不透明度调整以及使用了渐变填充或者使用了滤镜特效等，在转换为成 PDF 文档时这些对象都可能成为 PDF 文档的透明对象，透明对象在 RIP 解释之前都必须进行压平处理，如果不进行透明度的拼合，一般情况下，RIP 会报错，终止工作。因此，为了避免 RIP 过程中因透明度处理问题导致文件解释停止，通常会对 PDF 中的透明对象使用“拼合器”完成透明对象的合并。

PDF 透明度拼合工具主要包括以下 6 个处理参数：

(1)“光栅/矢量平衡”：表示矢量信息保留的百分比。数值越高会保留更多的矢量对象，较低的数值会光栅化更多的矢量对象，中间的设置以矢量形式保留简单区域并光栅化复杂区域。

(2)“线状图和文本分辨率”：按照指定的分辨率，范围是 72～2400ppi，光栅化所有对象，包括图像、矢量作品、文本和渐变。

(3)“渐变和网格分辨率”：指定因拼合被光栅化的渐变和网格分辨率。较高的设置会导致性能下降，也不会提高光栅化效果。

(4)“将所有文本转换为轮廓”：会确保文档中所有文本宽度保持一致。但是会使小字体明显变粗（特别是在低端打印系统上打印时）。另外，小字体阅读更加困难，会降低拼合性能。

（5）“修剪复杂区域”：确保矢量对象和光栅化对象之间的边界按照对象路径延伸，当对象的一部分光栅化而另一部分保留矢量格式时，会减少边缘扭曲。但是，极其复杂的剪切路径，会降低计算速度，导致打印输出错误。

（6）“保留叠印”：透明对象颜色和背景颜色来创建叠印效果。

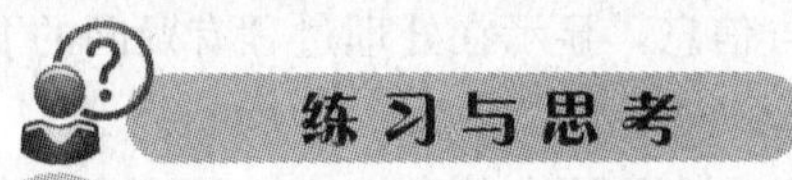

一、单选题

1. 在 PS 打印时选择的页面尺寸是（　　）。

A. 裁切框　　B. 裁剪框　　C. 出血框　　D. 作品框

2. 以下压缩格式是无损压缩的是（　　）。

A. ZIP　　B. JPEG　　C. CITT4　　D. 行程

3. 下面哪个功能能够实现 PDF 文档中是否含有低精度图片？（　　）

A. 印前检查　　B. 文档属性　　C. 输出预览　　D. 叠印预览

4. 下面哪个功能能够实现 PDF 文档中极细线的调整？（　　）

A. 印前检查　　B. 调整细线　　C. 透明度拼合　　D. 颜色转换

5. 应用 Acrobat 软件，对 PDF 文件中文字进行编辑应使用（　　）工具。

A. 选择　　B. Touchup 文本　　C. Touchup 对象　　D. Touchup 阅读顺序

6. 在 PDF 内容中，起到蒙版作用的是（　　）。

A. Trim box　　B. Bleed box　　C. Media box　　D. Crop box

7. 彩色图像缩减像素采样处理时，600ppi 的图像采样为 300ppi，最佳的缩减像素采样方式是（　　）。

A. 平均缩减像素采样　　B. 双立方缩减像素采样

C. 次像素采样　　D. 以上答案都不是

8. 检查出 PDF 文档中有透明对象时，保持矢量对象属性不变的设置是（　　）。

A. 光栅/矢量平衡值为 100　　B. 将所有文本转换为轮廓

C. 将所有描边转换为轮廓　　D. 线状图和文本分辨率 300

9. 在 Acrobat7.0 版本中，检查出 PDF 文档中有 RGB 对象时，“转换颜色”应执行的动作是（　　）。

A. Device RGB 转换　　B. Device RGB 保留

C. Device CMYK 转换　　D. Device CMYK 保留

10. 四色印刷中，当检查出 PDF 文档中有专色对象时，“转换颜色”应执行的动作是（　　）。

A. DeciceRGB 转换　　B. DeviceRGB 保留

C. DeviceCMYK 转换　　D. 专色

二、多选题

11. Acrobat Pro 中 PDF 优化器可以完成 PDF 文档的处理对象有（　　）。

A. 图像　　B. 字体　　C. 透明度　　D. 版本

E. 扫描的页面

12. PDF 文档可以实现的色彩管理方案有（　　）。

A. 保留颜色不变　　B. 将所有颜色转换为 CMYK

C. 为色彩管理标签全部　　D. 为色彩管理标签图像

E. 将所有颜色转换为 SRGB

13. PDF 文档可以包含的颜色有（　　）。

A. Device CMYK　　B. Device RGB
C. Device Gray　　D. CalRGB
E. CalCMYK

14. 透明度拼合器预览可以实现 PDF 文档的编辑功能有（　　）。

A. 线状图和文本分辨率　　B. 渐变和网格分辨率
C. 将所有文本转换为轮廓　　D. 字体嵌入
E. 修剪复杂区域

15. PDF 文档使用 JPEG 压缩图像时，图像质量的设定有（　　）。

A. 最高　　B. 最低　　C. 低　　D. 中
E. 高

16. PDF 文档可实现的单色图像缩减像素采用方式有（　　）。

A. CCITT 组 4　　B. CCITT 组 3　　C. ZIP　　D. 行程
E. 关

17. 字体内嵌而不转曲可以有以下（　　）优势。

A. 可以设定字号限制，免除色彩管理
B. 可以减少陷印宽度
C. 可以在预检时提供查询信息
D. 修改方便
E. 减少出错

18. 以下哪些描述是对 PDF 文件或者对象嵌入 ICC 的正面评价？（　　）

A. 文件变大　　B. 明确色彩输出意图
C. 是设备无关的色彩描述　　D. 文件变小
E. 是否嵌入 ICC 都没有影响

19. 以下哪些是透明度拼合产生的弊端？（　　）

A. 文件复杂，不易编辑　　B. 尺寸变大
C. PDF 对象增多　　D. 印版可能会出现细线
E. 对文件不会产生什么影响

20. 使用 Acrobat Pro 的（　　）界面可以查看文件上的字体信息。

A. 在属性菜单下的字体标签栏
B. 在拼合器预览界面
C. 在输出预览下的对象检查器界面
D. 在输出预览下的分色界面
E. 在输出预览下的颜色警告界面

三、判断题

21. PDF 文档中单色图像不需要压缩。（　　）
22. PDF 文档中裁切框尺寸表示成品尺寸。（　　）
23. 陷印后的内容已经融合到矢量或者图像数据本身，不能删除。（　　）
24. Adobe PDF 打印机可以完成 PDF 文档中透明对象的拼合。（　　）
25. PostScript 文件没有 PDF 文件结构的交叉引用表，所以访问时需要顺序读写。（　　）

26. PDF 中不同的对象可以单独选择标记 ICC。（　　）
27. 色彩转换和补漏白不会影响 Trim box 以外的内容。（　　）
28. 包装版式中的成品框（Trim box）可以是非规则形状。（　　）
29. PDF 文档中可以保留 OPI 注释。（　　）
30. PDF 拼合器压平的透明对象，可以保留对象的矢量属性。（　　）

练习与思考参考答案

1. B	2. A	3. A	4. B	5. B	6. B	7. B	8. A	9. A	10. D
11. ABCDE	12. ABCDE	13. ABCDE	14. ABCE	15. ABCDE	16. ABCDE	17. ABCD	18. BC	19. ABCD	20. AC
21. N	22. Y	23. N	24. Y	25. Y	26. Y	27. Y	28. N	29. Y	30. Y

任务 4

Pitstop Pro检查与编辑PDF文件

该训练任务建议用 4 个学时完成学习。

4.1 任务来源

PDF 文件完成印前检查后，可能查出不满足输出要求的各种问题，输出前必须修正这些问题，对 PDF 文档页面中“有问题的对象”进行适当的编辑与修改，使 PDF 文件符合制版数字化工作流程的要求，保证输出顺畅。

4.2 任务描述

本项目任务是继印前 PDF 文件检查后的工作，修正印前检查出的各项问题。Acrobat Pro 软件可以完成印前检查中部分问题的修正，更全面地实现 PDF 文档页面对象的编辑与修改，需要借助于具有 PDF 文档编辑功能的插件。本任务的工作就是基于印前检查检出的问题，使用可与 Acrobat Pro 软件配套的 Enfocus PitStop 插件完成 PDF 文档页面对象的编辑。

4.3 能力目标

4.3.1 技能目标

完成本训练任务后，读者应当能（够）掌握以下技能。

1. 关键技能

（1）能够使用 Enfocus 预检配置文件完成 PDF 文档的印前检查。

（2）能够使用 Enfocus 检查器完成 PDF 页面对象的编辑。

（3）能够使用 Enfocus“全局更改”功能完成 PDF 文档的修正。

（4）能够使用 Enfocus“动作列表”功能完成 PDF 文档的修改。

2. 基本技能

（1）能够完成 PDF 文档印前检查。

（2）能够分析 PDF 文档印前检查报告。

（3）能够安装 Acrobat Pro 插件。

4.3.2 知识目标

完成本训练任务后，读者应当能（够）学会以下知识。

（1）了解 Enfocus 预检机制和预检规范。

（2）了解 Enfocus 检查器可处理的页面对像属性。

（3）理解叠印和挖空的基本原理和基本规则。

4.3.3 职业素质目标

完成本训练任务后，读者应当能（够）具备以下职业素质。

（1）能够对照印前检查的各项问题，完成 PDF 文件修正。

（2）能够做好文件资料备份与管理。

（3）养成做好作业记录的良好习惯。

4.4 任务实施

4.4.1 活动一 知识准备

（1）PDF 文档页面三要素文字、图形和图像包含那些属性？

（2）PDF 文档如何对页面对象实施色彩管理的？

（3）叠印与陷印的区别是什么？试列举叠印的常见缺陷。

4.4.2 活动二 示范操作

1. 活动内容

使用 Acrobat Pro 插件 Enfocus PitStop Pro 完成 PDF 文档的预检，解读预检结果，并完成 PDF 文档的修正，具体要求如下：

（1）完成 PDF 文档是否符合 CMYK 四色印刷要求的印前检查。

（2）若有字体未嵌入，嵌入该字体。

（3）若有 RGB 对象，转换为 CMYK。

（4）若有极细对象，调整为 0.14pt。

（5）若有黑色文本镂空，设为叠印。

（6）若有出血框丢失，添加 PDF 页面出血框。

2. 操作步骤

（1）步骤一：完成 PDF 文档是否符合 CMYK 四色印刷要求的印前检查。

1）选择 PDF 文档，使用 Acrobat Pro 软件打开文档。

2）执行“工具→增效工具 Pitstop 处理”，选择“预检配置文件”选项，弹出“预检配置文件”对话框，选择“CMYK v3.0”，如图 4-1（a）所示，在“预检配置文件”对话框底端，先取消“允许修复”选项，单击“运行”，检查结果如图 4-1（b）所示。

检查结果按照“报错-红色‘×’号”和“警告-带‘!’号的黄色三角”，进行了分类。

要对 PDF 文档进行预检，需要使用预检规范。预检规范是一系列标准要求，PDF 文档需要满足这些标准要求才“可以输出”。图 4-1 是由 Pitstop 预定义了一些常用的印前检查配置文件，代表适合特定输出需要的标准，如有适合“跨媒体出版（Cross Media Publishing）”需要的标准、标准 PDFA 预检特性文件、标准 PDFX 预检特性文件等。这里选择适合“CMYK”四色印刷需要的标准。

双击“CMYK v3.0”，打开该预检标准文件，包含了“PDF 标准”“文档”“页面”“颜色”“渲染”“透明度”“字体”“文本”“艺术线条”“图像”“图层”“批注”“其他对象”检查对象。

选择任意一个检查对象，可以查看或者修改该检查对象的属性设置。如图 4-2 所示，选中颜色对象，包含了“油墨用量属性值的设定”“已使用 RGB 色彩”“分色数”“已使用专色”等。

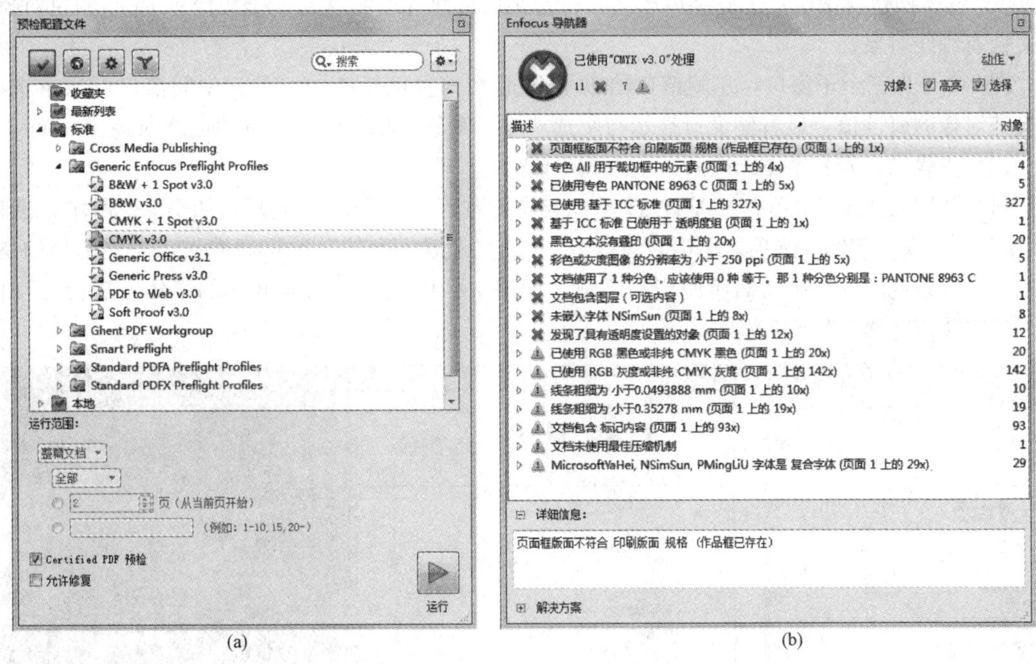

(a)　　(b)

图 4-1　预检配置文件选项预检结果

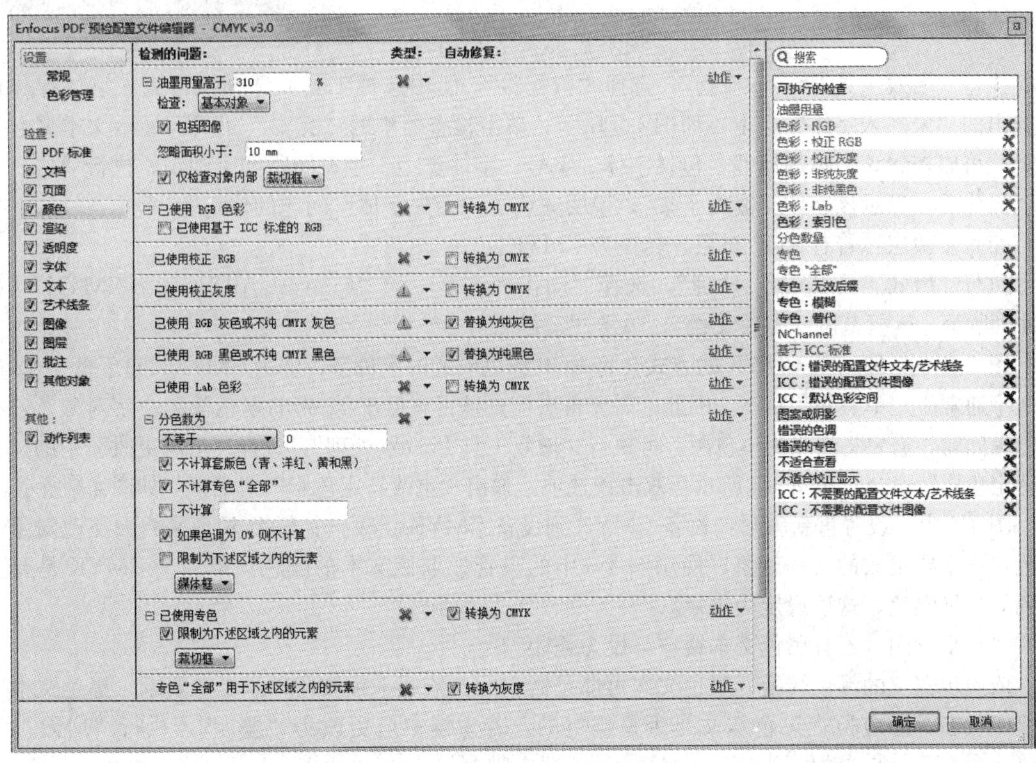

图 4-2　预检配置文件定义

图 4-2 的检查结果，概括起来主要有以下 10 个问题：①页面不符合印刷版面规格；②使用的专色；③文档对象使用了 ICC 设备无关色；④黑色文本没有叠印；⑤彩色图像分辨率小于 250ppi；⑥文档包含图层；⑦有字体未嵌入；⑧文档页面有透明对象；⑨文档有 RGB 颜色对象；⑩文档有细线对象。

图 4-2 分为三个子窗口，左侧窗口给出了 PDF 文档页面检查的对象，中间窗口可显示选中的检查对像的属性值，最右侧窗口显示与所选“检查对象”相关的可执行的检查内容。

（2）步骤二：若有字体未嵌入，嵌入该字体。

执行“增效工具 Pitstop 处理”，选择“全局更改工具（QuickRun）”，如图 4-3 所示，选择“字体”→“嵌入字体”选项，单击“运行”，完成“未嵌入字体”的重新嵌入。需要说明的是，本地计算机系统应安装有文档所使用的字体，如果文档中没有包含未嵌入的字体，执行本操作前，先安装该字体。

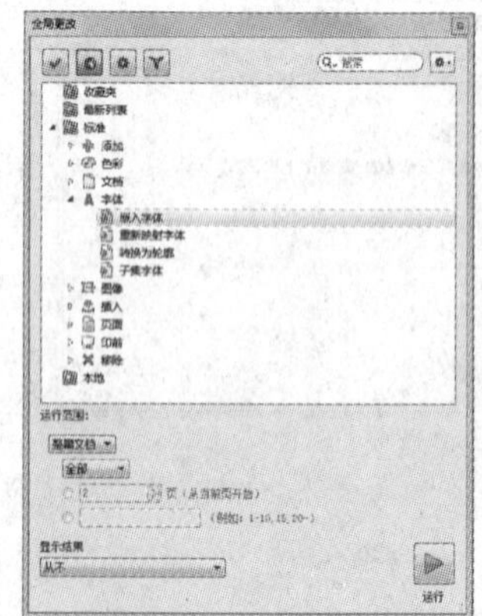

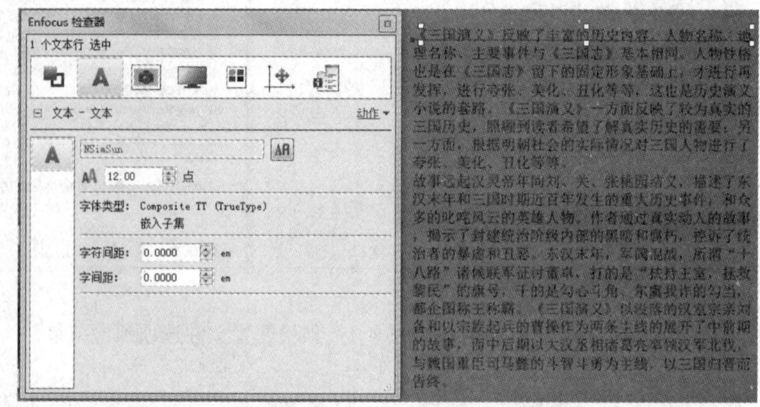

图 4-3　嵌入字体与检查

执行“增效工具 Pitstop 检查”，选择“检查器”，使用选择工具，选择执行嵌入字体操作前检查出的“未嵌入字体”文本，如图 4-3 所示，单击检查器中的“文本”工具，显示文本属性标签页，可以查看该文本的属性，包括字体、字号、字体类型、字符间距和字间距。执行“嵌入字体”操作后，显示该字体“嵌入子集”，说明完成了“丢失字体”问题的修正。

（3）步骤三：若有 RGB 对象，转换为 CMYK。

执行“增效工具 PitStop 处理”，选择“动作列表”中的“Convert All RGB to CMYK”，如图 4-4 所示，运行范围“整篇文档”，单击“运行”。

图 4-4 转换 RGB 为 CMYK 的方式会将 RGB 颜色模式的黑色字，转为 CMYK。对于低于 12 磅的文字通常应是单黑叠印状态。因此，需要再次检查是否有低于 12 磅的多色黑色文字对象。若有多色黑问题，需要将其改为单色黑。可执行“增效工具 Pitstop 处理”，选择“全局更改”中的“更改特定色彩”命令，如图 4-5 所示，双击该选项，弹出“更改特定色彩”对话框，如图 4-6 所示。

图 4-6 中，设置重新映射：设备 CMYK 到设备 CMYK，第一个 CMYK 值来自要更改对象的颜色，选中要更改的文本对象，使用图 4-6 中的吸管抓取该文本的颜色；第二个 CMYK 是要更改到的目标颜色，这里设定为 $K=100\%$。

（4）步骤四：若有黑色文本镂空，设为叠印。

依照步骤三的颜色转换，黑色文本可能是镂空的，依照平板胶印印刷工艺要求，黑色文本应为叠印状态，还应检查黑色本文是否是镂空的。若为镂空应更改为“叠印”，执行“增效工具 Pitstop 处理”，在“动作列表”→“Prepress”中选择“Overprint Black Text”，如图 4-7 所示，可将黑色文本修正为叠印状态。

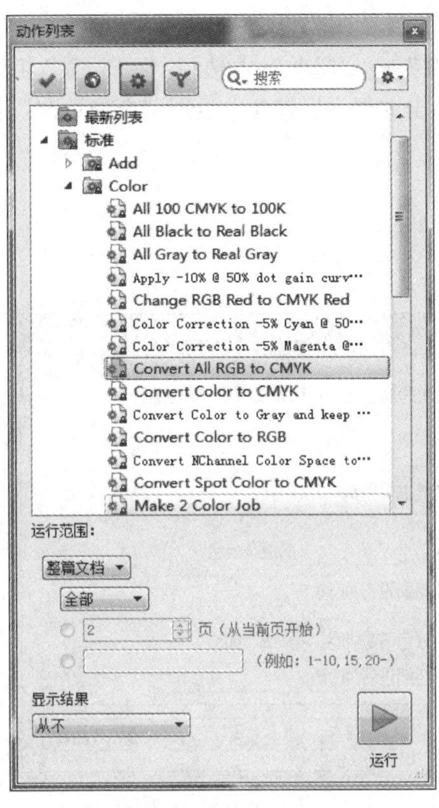

图 4-4　转换 RGB 为 CMYK

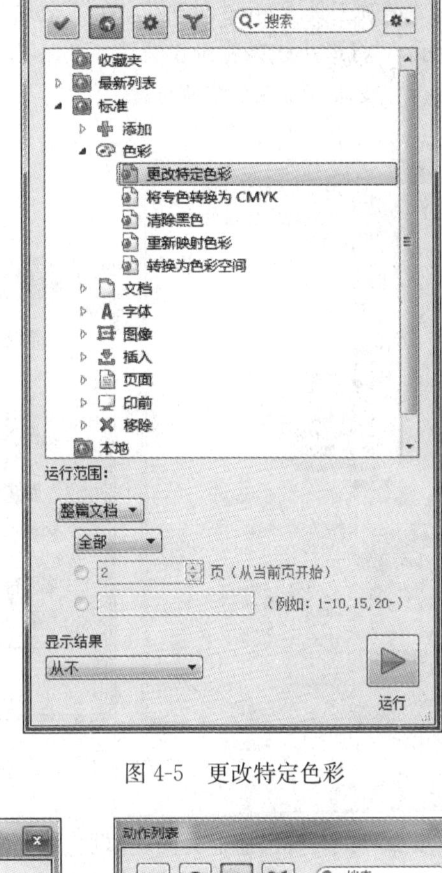

图 4-5　更改特定色彩

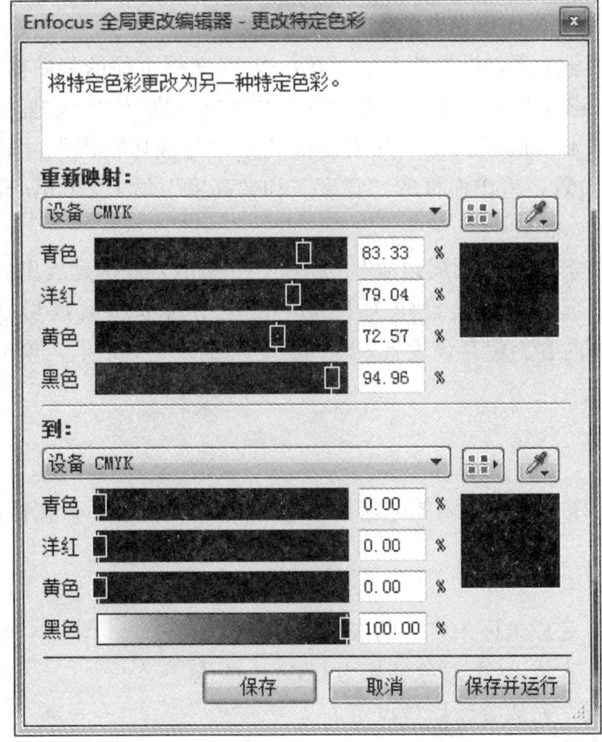

图 4-6　转换选定对象颜色为单黑

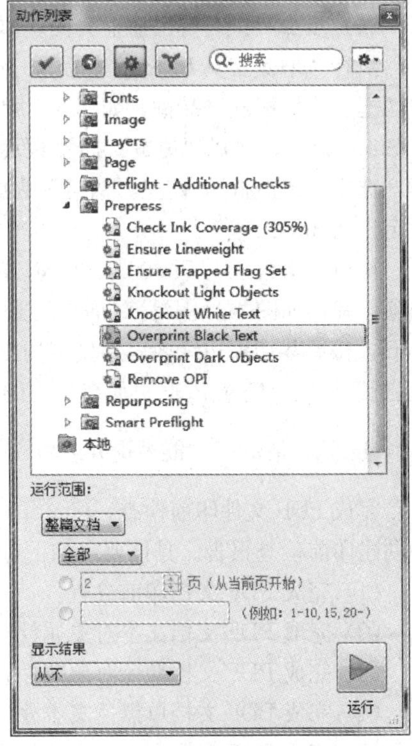

图 4-7　将黑色文本设置为叠印

（5）步骤五：若有极细对象，调整为 0.14pt。

执行“增效工具 Pitstop 处理”，在“全局更改”→“印前”中选择“更改线条粗细”，如图 4-8 所示，“将最小线条粗细设置为 0.14pt”。单击“保存”按钮，返回“全局更改”对话框，单击“运行”按钮，完成细线调整。

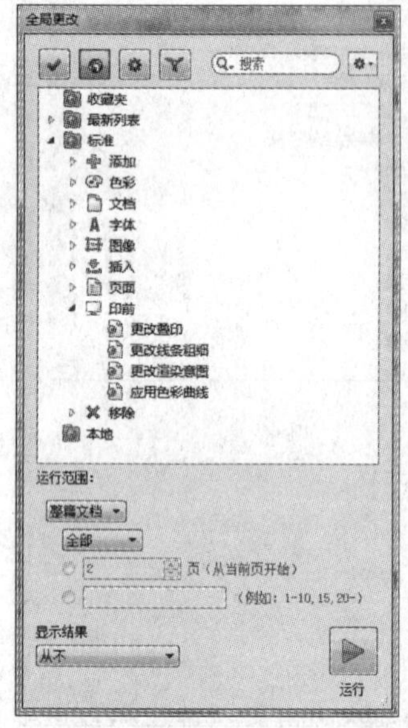

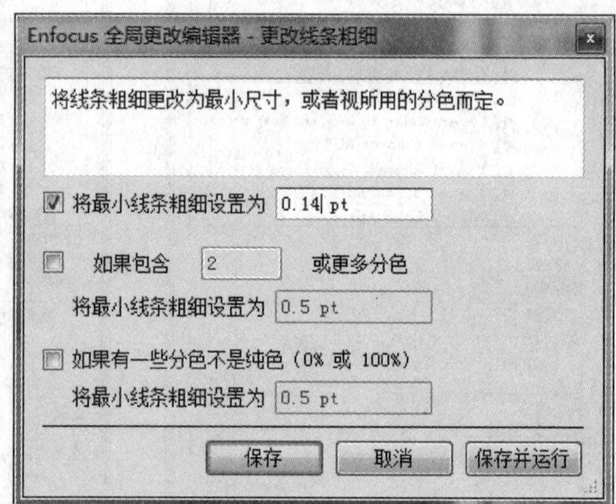

图 4-8　极细线调整

（6）步骤六：若有出血框丢失，添加 PDF 页面出血框。

执行“增效工具 PitStop 查看”，选择“显示页面框”工具，可显示 PDF 文档页面的裁剪框、裁切框、出血框和作品框，如图 4-9 所示。若有出血框丢失，应该添加出血框。执行“增效工具 PitStop 检查”，选择“位置”标签页面，如果出血框丢失，则出血框的尺寸与裁切框的尺寸相等，选中“出血框”，定义“锚点”为中心位置，将出血框的“宽度”和“高度”增大 6mm，即设定出血 3mm。

执行“增效工具 Pitstop 处理”，选择“全局更改-延展出血”，如图 4-10 所示，双击延展出血选项，弹出如图 4-11 所示对话框，通常情况下，出血设定为 3mm，设定出血框超出裁切框 3mm，拓展裁切框边缘内容到设定的出血框内容。保存该设置，返回“全局更改”对话框，单击“运行”按钮，完成 PDF 页面出血位的修正。

4.4.3 活动三　能力提升

完成 PDF 文件印前检查，定义 150LPI 四色胶印印刷的印前检查配置文件，检查 PDF 文件，并创建印前检查报告。具体要求如下：

（1）完成 PDF 文档印前检查。

（2）完成 PDF 文档文本对象属性查看，完成未嵌入字体的嵌入。

（3）完成 PDF 文档颜色对象属性查看，完成 RGB 对象转换为 CMYK 颜色。

（4）完成 PDF 文档单黑色文本叠印检查，完成叠印属性设定。

（5）完成 PDF 文档页面框尺寸检查，完成延展出血位设定。

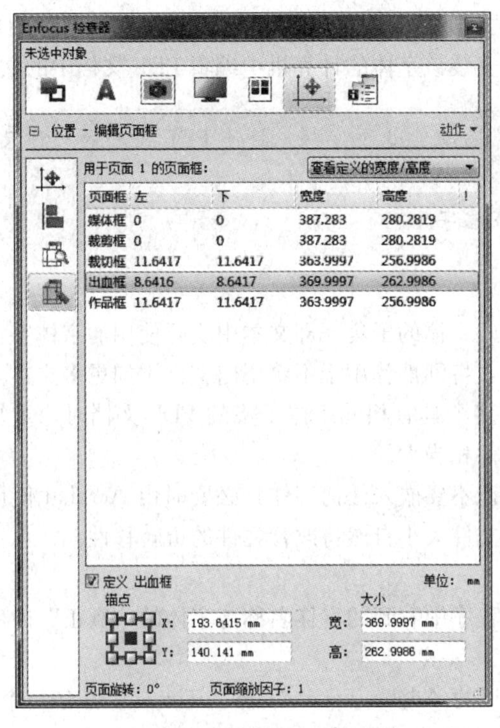

图 4-9　修改出血框尺寸

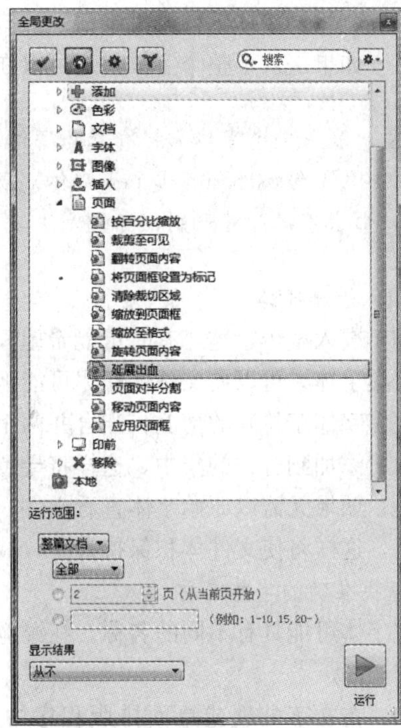

图 4-10　延展页面出血

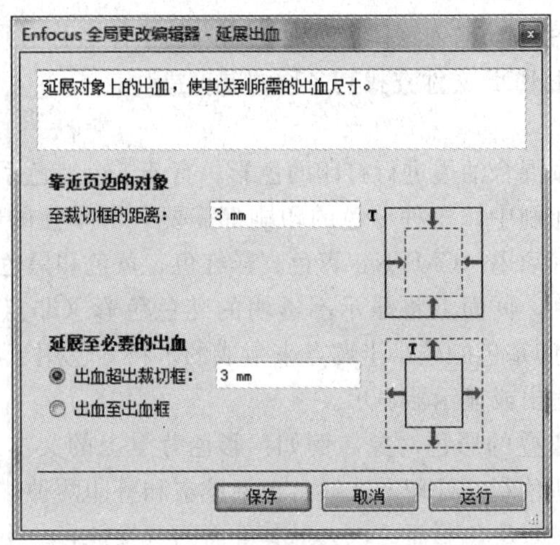

图 4-11　设定裁切框以外延展出血 3mm

4.5 效果评价

效果评价参见任务 1，评价标准见附录。

4.6 相关知识与技能

1. 嵌入字体

嵌入字体是指将全部字体信息（即字体的所有字符）都复制到 PDF 文档中。当需要在另一台可能未安装相同字体的计算机中显示和打印文档时，不会出现字符错乱或者丢失字体的现象。

而且，如果嵌入了整个字体，还可以在未安装该字体的计算机中编辑 PDF 文档中的文本。

注意：嵌入整个字体（标准罗马字体通常含有 256 个字符）将使 PDF 文档的文件尺寸增大 30 到 40KB（PostScript Type1 字体）或更大（TrueType 字体）。

注：由于字体许可限制，可能无法嵌入某些字体。

2. 嵌入子集字体

不同于嵌入整个字体，有时可能希望只嵌入字体的子集，即文本中实际使用的字体字符。通过嵌入子集字体，可以使文件体积尽可能地小，特别推荐用于不希望向文件添加更多文本（这样会添加更多字体字符）的情况。当合并两个或多个具有相同字体子集的 PDF 文档时，重复的字符信息也将添加到合并的集中。这样将导致文件相当大。

但是，如果无需以原始字体查看文件，则请不要嵌入任何字体，必要时由 Acrobat 使用替换字体代替。这样将使文件体积保持最小。减小文件大小自然将改善文件的可转移性。

3. 查找准确的字体名称

指定字体可能具有不同的名称。在源应用程序中看到的字体名称与字体的“真正”内部名称并不一定相同。

例如，在文字处理或桌面排版程序中看到的 Adobe Type1 字体“Times”还有一个 PostScript 字体名称：“Times-Roman”，TrueType 字体为“Times New Roman”，在 Adobe Acrobat 中，它的名称将显示为“TimesNewRoman”（无空格）。

在 PitStop Pro 对话框中手动输入字体名称时，输入的字体名称必须与 Adobe Acrobat 中的字体名称完全一致。可以使用 PDF 文件查找其名称的准确拼写。

4. 专色油墨

专色就是使用自己的预混合油墨进行打印的色彩。有若干个专色系统和数百个不同的专色油墨可供选择。在专色胶版印刷中，每种专色的印刷都需要一块单独的印刷色板。相对于套印来说，套色印刷只需使用四种油墨（CMYK：青色、洋红色、黄色和黑色）来重现所有色彩。

如果打印 100%的专色，页面上将显示不透明的纯色色彩（非点图案）。颜色较淡的专色（即较浅的专色）是通过打印基色的较小半调点来生成的。将专色用于胶版印刷可获得出色的效果，但专色不太适合数码输出或显示器显示。

PDF 文档中可能存在重叠的彩色对象，例如：彩色背景上的文本或图像。如果是这样，可以指定打印时怎样处理这些色彩。处理方式通常包括挖空和叠印两种。

挖空，意味着保留前景对象色彩而“挖去”其下面的背景色彩。换句话说，是将背景色彩去除，而最终保留前景色彩。

叠印，意味着将对象的色彩打印在背景色彩之上。最终色彩为前景色彩和背景色彩的混合结果。

对于挖空和叠印，可以通过表 4-1 描述二者之间的区别。

表 4-1　　挖空和叠印示例

项目	挖空	叠印
预览		

续表

项目	挖空	叠印
青色色板		
黄色色板		
重叠部分的最终色彩	C：**0**% M：0% Y：60% K：0%	C：**40**% M：0% Y：60% K：0%

5. 黑色文本叠印

彩色背景上的文本，尤其是那些细小的文本或设置为较小点数的文本，在套准时极难印刷。轻微的套准偏差都可能很明显的露白，因为文本和下层彩色背景元素之间可能会出现小空隙。

要避免此种问题，可以指定将所有黑色文本打印在任何彩色背景上，这种技术即为叠印。叠印可以使文本保持清晰。

图 4-12（a）为叠印黑色文本可以补偿套准偏差。

图 4-12（b）为挖空白色文本即会去除背景分色中对应位置的油墨。

可以指定只叠印 100%黑色文本，因为在其他彩色背景上打印任何非纯黑色的文本可能使重叠的油墨混在一起，从而产生意外的色彩混合效果。

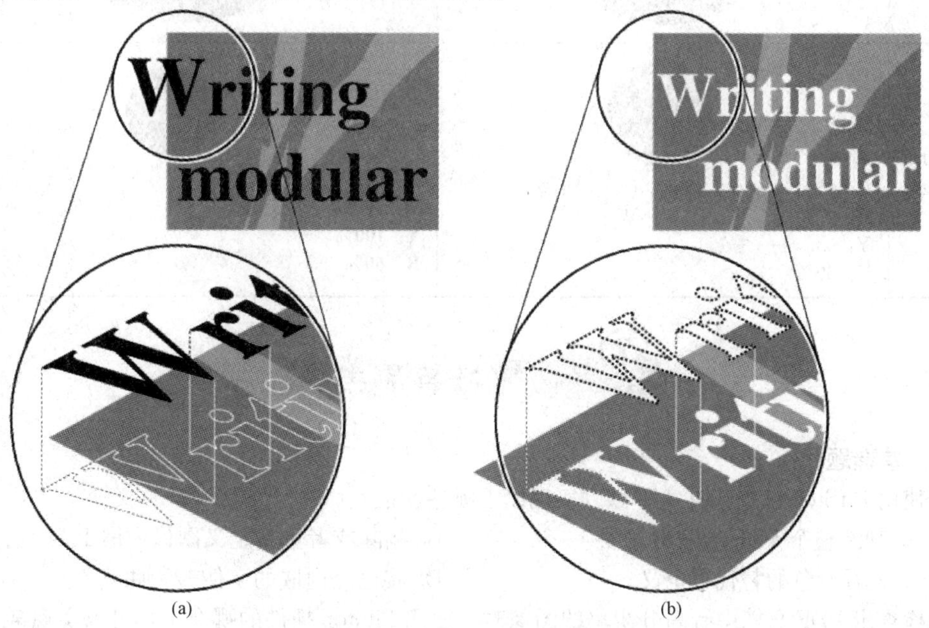

图 4-12　黑色文本叠印

6. 挖空白色文本

打印白色文本时，不应打印出文本下面的色彩。换句话说，白色文本应挖空（“去除”）其他分色上对应位置的油墨。

7. 在灰度对象上强制叠印

作为一般规则，灰色对背景油墨通常产生挖空效果，而不管灰色对象的类型或 OPM 模式。

因此，强制叠印所有分色会将色彩空间更改为黑色分色，并将用叠印模式 OPM1 打开填充叠印。结果将是灰度对象不再从背景色彩中挖出。

对于灰色对象的叠印原理，可用表 4-2 进行形象说明。

表 4-2　　灰色对象强制叠印示例

项目	常规叠印	强制叠印所有分色
预览		
洋红色板		
黄色色板		
黑色色板		
重叠部分的最终色彩	C：0% M：0% Y：0% K：60%	C：0% M：100% Y：100% K：60%

练习与思考

一、单选题

1. 使用 PitStop 检查工具，不可以实现以下哪些功能？（　　）

A. 判断整个 PDF 的输出意图　　B. 删除或者重新定义图像内嵌 ICC

C. 查看专色的替代色定义　　D. 将已经内嵌的字体转为曲线

2. 检查出 PDF 文档中有高分辨率的图像时，使用 Pitstop 插件的哪个工具可以实现某个指定图像的重采样处理？（　　）

A. Toggle Inspector　　B. Select Objects
C. Toggle Globe Change　　D. Move Selection

3. 检查出 PDF 文档中有 RGB 颜色模式的图像时，使用 Pitstop 插件的哪个工具可以实现某类图像的颜色转换处理？（　　）

A. Toggle Inspector　　B. Select Objects
C. Toggle Globe Change　　D. Move Selection

4. 检查出 PDF 文档中有字体缺失时，使用 Pitstop 插件的哪个工具可以将文档缺失字体替换并嵌入？（　　）

A. Toggle Inspector　　B. Edit Text Line
C. Toggle Globe Change　　D. Select Similar Objects

5. 以下工具不能用作修改 PDF 文件尺寸的是（　　）。

A. Prinergy　　B. Pitstop　　C. Acrobat　　D. VPS

6. 在 Acrobat Pro 中查看 PDF 的属性，可以看到的信息包括（　　）。

A. 字体信息　　B. 图像信息　　C. 内嵌 ICC 信息　　D. 以上都是

7. Acrobat Pro 输出预览中的对象查看器，不可以用于检查以下哪些内容？（　　）

A. 字体信息　　B. 是否内嵌 ICC　　C. 印刷色序　　D. 上下对象堆栈顺序

8. 在印前文件检查当中，默认的文件出血是（　　）。

A. 2mm　　B. 3mm　　C. 5mm　　D. 10mm

9. 使用 PitStop Inspector 可以完成（　　）。

A. 选择对象　　B. 查看属性　　C. 标注 ICC　　D. 以上全部

10. 以下哪种文件的格式与设计软件和设备无关？（　　）

A. PostScript　　B. PSD　　C. AI　　D. CDR

二、多选题

11. PDF 插件 Pitstop 中 Toggle Inspector 工具可以完成哪些指定对象的编辑？（　　）

A. 颜色　　B. 字体　　C. 图像　　D. 填充/描边
E. 印前

12. 如果检测出 PDF 文档中有专色，可以实现 PDF 文档中专色转换为 CMYK 颜色的命令有（　　）。

A. Acrobat Pro 中的“颜色转换”　　B. Distiller
C. PDF 优化器　　D. Pitstop 中的 Toggle Inspector
E. Acrobat Pro 中的“输出预览”

13. 如果检测出 PDF 文档中有字体没有嵌入，可以实现 PDF 文档字体重新嵌入的命令有（　　）。

A. PDF 优化器　　B. Distiller
C. Adobe PDF 打印机　　D. Pitstop 中的 Toggle Inspector
E. 印前检查

14. Pitstop 中 Toggle Inspector 中能够实现图像对象的处理功能有（　　）。

A. 图像尺寸、分辨率的查看　　B. 图像分辨率的更改
C. 图像压缩　　D. 图像颜色改变
E. 图像尺寸编辑

15. 使用 Acrobat 软件专业版可以对 PDF 文件检查的内容包括（　　）。

A. PDF 版本　　B. 是否嵌入字体

C. PDF 的创建时间　　D. PDF 的文件大小

E. PDF 的页面大小

16. 以下哪种文件格式可能包含透明度？（　　）

A. PDF1.4　　B. PDF1.3　　C. PostScript 3　　D. PDF1.5

E. PDF1.2

17. 以下哪些合适选择专色印刷？（　　）

A. 大面积同一颜色　　B. 客户企业标识专色

C. 超出 4 色色域的颜色　　D. 覆盖率比较少的颜色

E. 容易印刷的颜色

18. JPEG2000 相对 JPEG 压缩格式，有以下哪些优势？（　　）

A. 支持渐进传输　　B. 支持无损压缩

C. 支持 1bit Tiff　　D. 文件变大

E. 两者没有什么区别

19. 在 PDF 语言中，以下哪些特征属于页面的特征？（　　）

A. Trim Box　　B. Annots

C. SeparationInfo　　D. PDF 版本

E. Metadata

20. PDF 能够成为数字化流程的核心，原因包括（　　）。

A. PDF 方便预检　　B. PDF 的内容与输出设备精度无关

C. PDF 方便和工作传票协同工作　　D. PDF 方便传输、压缩和备份

E. 生成 PDF 文件的方法很多

三、判断题

21. PitStop 在印前检查使用的配置文件，可以导入和导出。（　　）

22. 文档中是否包含细线图形不需要进行印前检查。（　　）

23. 内嵌字体子集是为了文件尺寸更小。（　　）

24. PDF 在 Acrobat Pro 中可以打开，表示 PDF 文件本身不缺字体。（　　）

25. 灰度是与设备无关的色空间。（　　）

26. 颜色转换中，将黑色字转换为叠印的目的是为了保证套印准确。（　　）

27. 图像的有损压缩，如 JPEG 方式，会降低图像分辨率。（　　）

28. 使用 PitStop 工具，可以手动删除图像上嵌入的 ICC 信息。（　　）

29. 图像的无损压缩，如 ZIP 或者 G4 等方式，不会压缩图像的细节和层次。（　　）

30. Acrobat Pro 中的叠印预览界面看到的 CMYK 数值一定是文件上真实的数值。（　　）

练习与思考参考答案

1. A	2. A	3. C	4. C	5. D	6. D	7. C	8. B	9. D	10. A
11. ABCDE	12. ABD	13. ABCD	14. ABCD	15. ABCDE	16. AD	17. ABC	18. AB	19. ABCE	20. ABCD
21. Y	22. N	23. Y	24. N	25. N	26. Y	27. Y	28. Y	29. Y	30. N

任务 5

拼大版软件安装与预设

该训练任务建议用 2 个学时完成学习。

5.1 任务来源

数字拼大版是计算机直接制版工作流程的重要组成部分。拼版软件要能够与计算机直接制版流程进行参数及文件的传递，保证计算机直接制版工作流程顺畅，因此掌握软件的安装方法以及预置参数的设定，可为日常工作提供有效的保证。

5.2 任务描述

在 Windows 操作系统环境下安装 Prinect Signa Station 软件；根据日常生产活件的工艺要求设置拼大版软件预置参数；并能够根据制版工艺对 PDF 作业需求，设置 Adobe Acrobat Distiller 软件参数，使 PDF 文件转换顺畅。

5.3 能力目标

5.3.1 技能目标

完成本训练任务后，读者应当能（够）掌握以下技能。

1. 关键技能

（1）能够正确安装 Prinect Signa Station 软件。

（2）能够正确设定 Prinect Signa Station 软件参数。

（3）能够正确设定 Adobe Acrobat Distiller 软件参数。

2. 基本技能

（1）熟练 Windows 操作系统的软件的安装与卸载。

（2）熟悉满足印刷需求的 PDF 参数含义。

5.3.2 知识目标

完成本训练任务后，读者应当能（够）学会以下知识。

（1）了解 Prinect Signa Station 软件许可服务。

（2）了解 Prinect Signa Station 软件参数预置包含的内容。

（3）掌握 Adobe Acrobat Distiller 转换 PDF 的设置。

5.3.3 职业素质目标

完成本训练任务后，读者应当能（够）具备以下职业素质。

（1）能够遵照 CTP 流程规范，完成拼版软件的安装。

（2）能够管理拼版软件的许可。

（3）能够完成拼版软件与 Acrobat 等软件之间的正确衔接。

5.4 任务实施

5.4.1 活动一 知识准备

（1）印前排版和拼大版的区别是什么，常见的拼版和拼大版软件有哪些？

（2）一般来说，拼大版软件应该具备的主要功能有哪些？

（3）常见的印刷标记有哪些？其各自的主要功能是什么？

5.4.2 活动二 示范操作

1. 活动内容

（1）Prinect Signa Station 软件安装。

（2）根据工艺要求设置软件预置参数。

（3）设置 Adobe Acrobat Distiller 软件。

2. 操作步骤

（1）步骤一：安装 Prinect Signa Station 软件。

1）找到拼大版软件的安装包，如“Setup. exe”，双击开始安装，如图 5-1 所示。

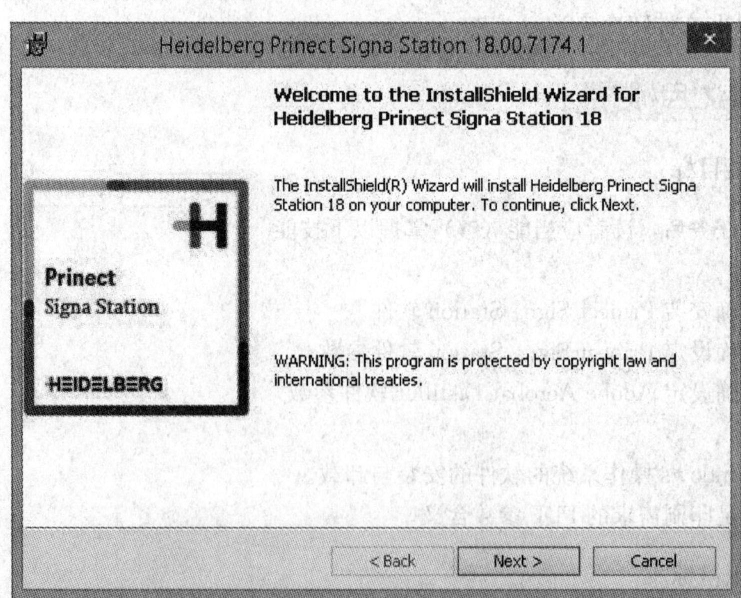

图 5-1 Prinect Signa Station 安装欢迎界面

2）单击“Next”（下一步）进入软件自述文件信息，然后单击下一步，进入软件许可证协议，选择“我接受该许可证协议中的条款”后单击下一步。选择安装程序功能及安装目录，如

图 5-2 所示。本例安装 Heidelberg Prinect Signa Station 18。

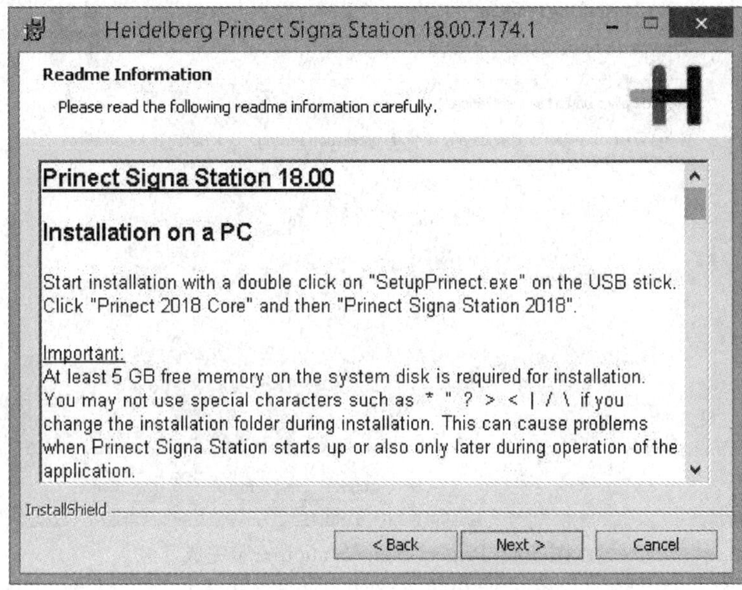

图 5-2　Prinect Signa Station 安装设置

3）继续单击“Next”，选择软件所需安装的模块，可以仅安装 Prinect Signa Station，也可同时选择安装 Prinect Signa Station server 等，如图 5-3 所示。

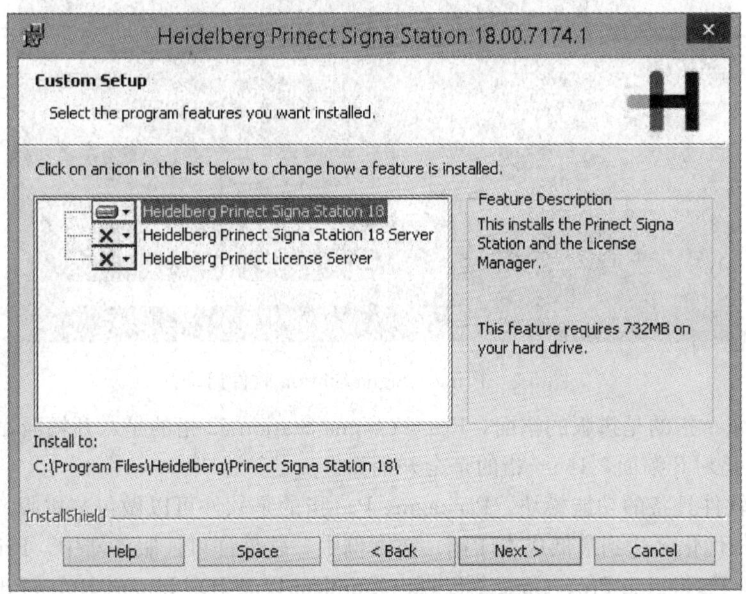

图 5-3　Prinect Signa Station 安装选项

4）单击“Next”，单击“Install”，如图 5-4 所示，开始安装。

安装可能持续几分钟时间，安装完成后，软件退出安装程序。

（2）步骤二：设置 Prinect Signa Station 软件预置参数。

1）启动软件，根据软件的许可证信息选择对应的软件功能及许可证服务器，如图 5-5 所示。

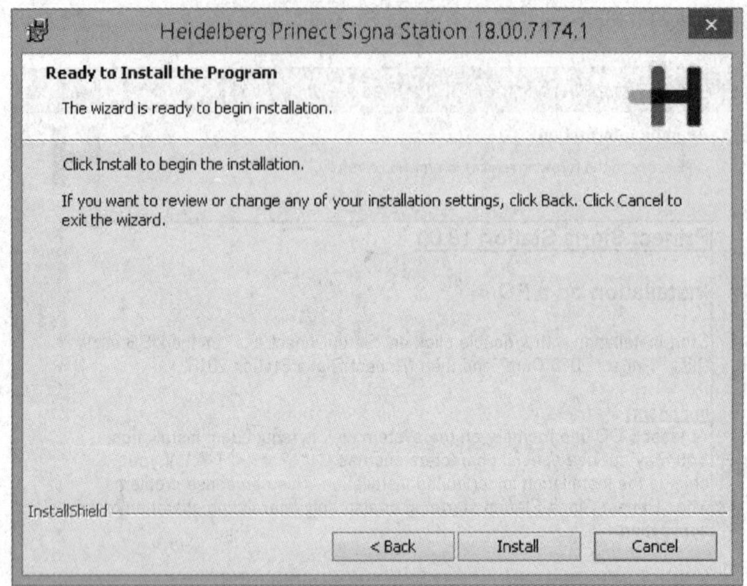

图 5-4 Prinect Signa Station 安装完成

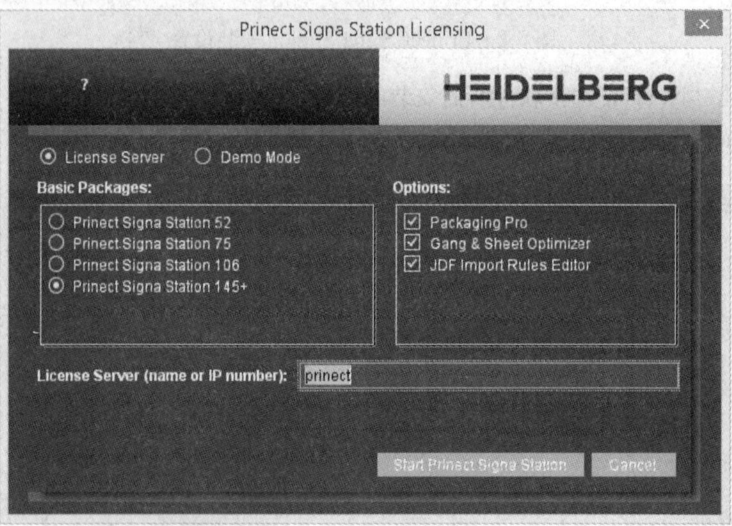

图 5-5 Prinect Signa Station 软件启动

Basic Packages 指的是拼版的幅面，Prinect Signa Station 52 指的是八开幅面，75 指的是四开幅面，106 指的是对开幅面，145＋指的是全开幅面。

Options 是软件具备的功能模块，Packaging Pro 指的是软件可以做包装拼版，Gang & Sheet Optimizer 是印张优化已达到最低成本印刷。在本例中，软件许可证服务器中，Prinect Signa Station145＋，以及 Packaging Pro、Gang &Sheet Optimizer 以及 JDF Import Rules Editor。需要说明的是并非所有的软件都可以启动这些功能，具体要根据所购买的权限进行选择。

2）Prinect Signa Station 软件预置参数设定。

a）“一般”参数设置，如图 5-6 所示。一般标签中：测量单位选择毫米，语言选择中文。

b）“路径”参数设置，如图 5-7 所示。路径标签中，工作区指的是软件拼版资源存放的地址，活件指的是软件保存拼版文件的地址，内容指的是拼版前的文档，输出指的是拼版后输出大版文件的地址，CAD 文件指的是包装拼版刀模文件。外部程序，Acrobat Distiller 指的是用于转换非 PDF 文件时所用到的软件模块，具体设定参考步骤三，Acrobat Reader 指的是预览 PDF 文件的软件。

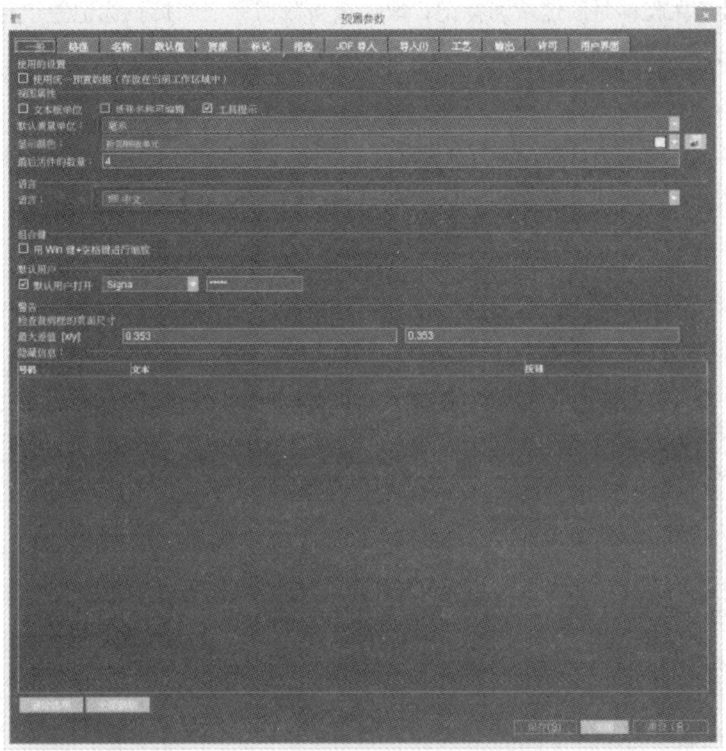

图 5-6 Prinect Signa Station“一般”参数

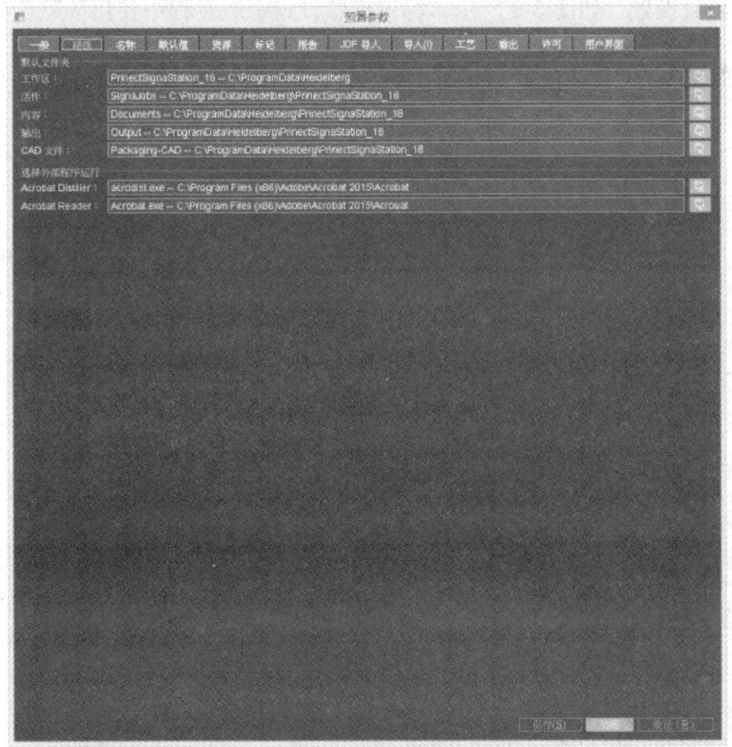

图 5-7 Prinect Signa Station“路径”参数

c）“默认值”参数设置，如图 5-8 所示。默认值中，出血设定为 3mm，最大天头和最大空隙设定为 3mm，激活在爬移时固定裁切标记，取消激活裁切标记和折页标记置于背景中。

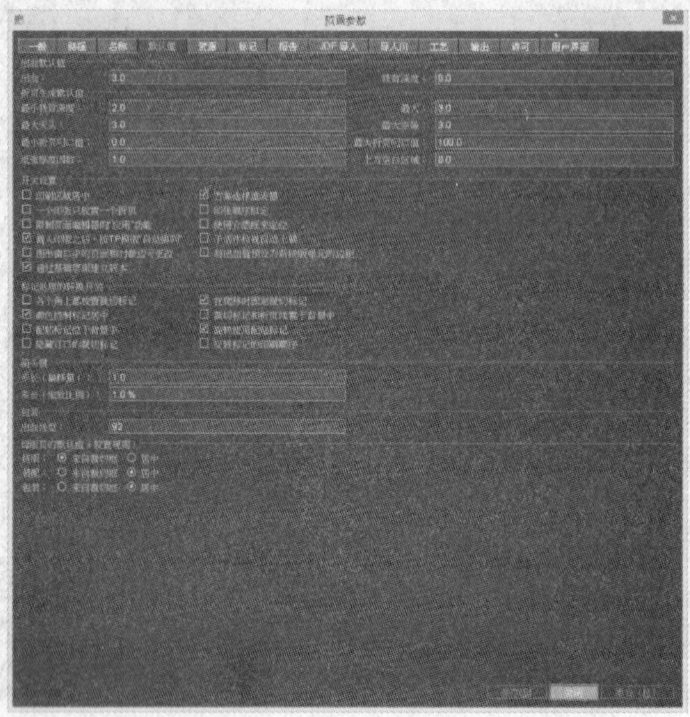

图 5-8 Prinect Signa Station“默认值”参数

d）“资源”参数设置，如图 5-9 所示。标记标签设定拼版过程中使用的默认标记资源。

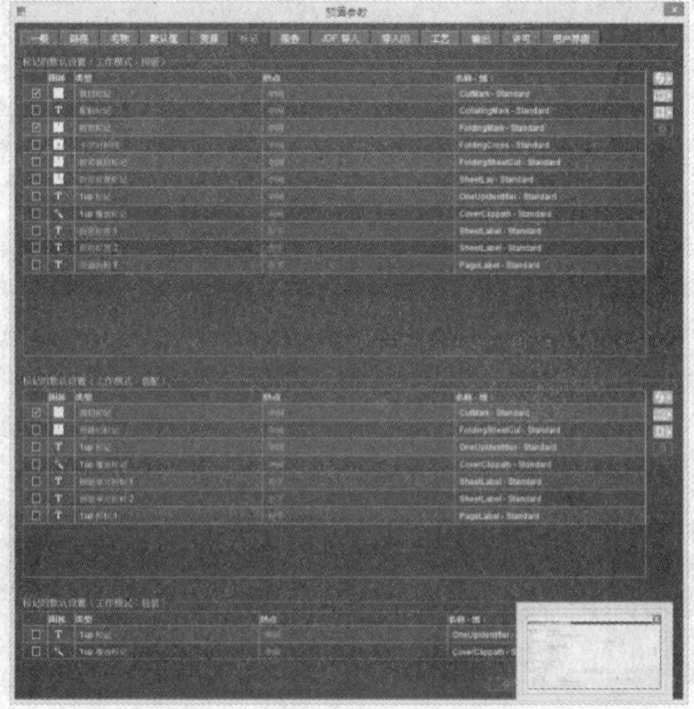

图 5-9 Prinect Signa Station“资源”参数

e）“工艺”参数设置，如图 5-10 所示。工艺标签指的是软件预览时的相关设定。

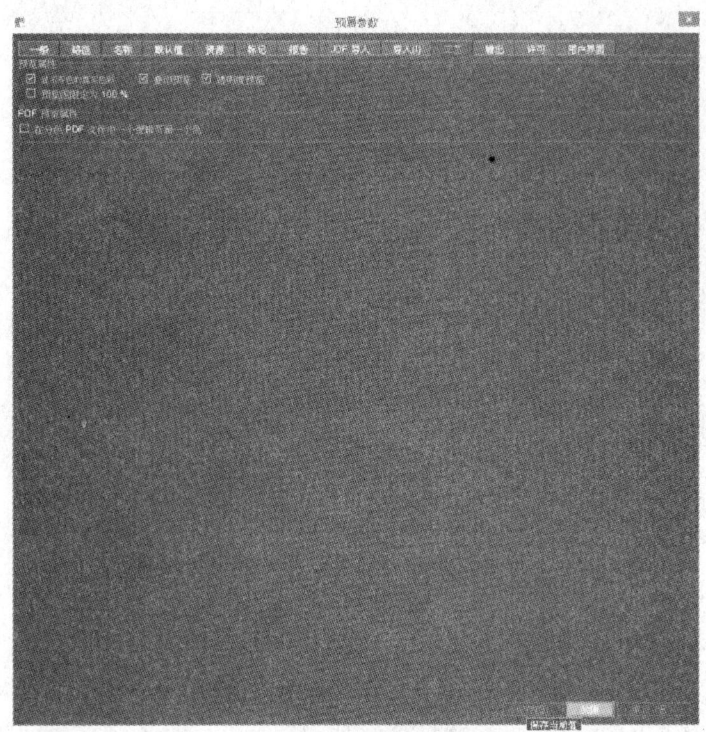

图 5-10　Prinect Signa Station“工艺”参数

f）“输出”参数设置，如图 5-11 所示。定义打样属性。

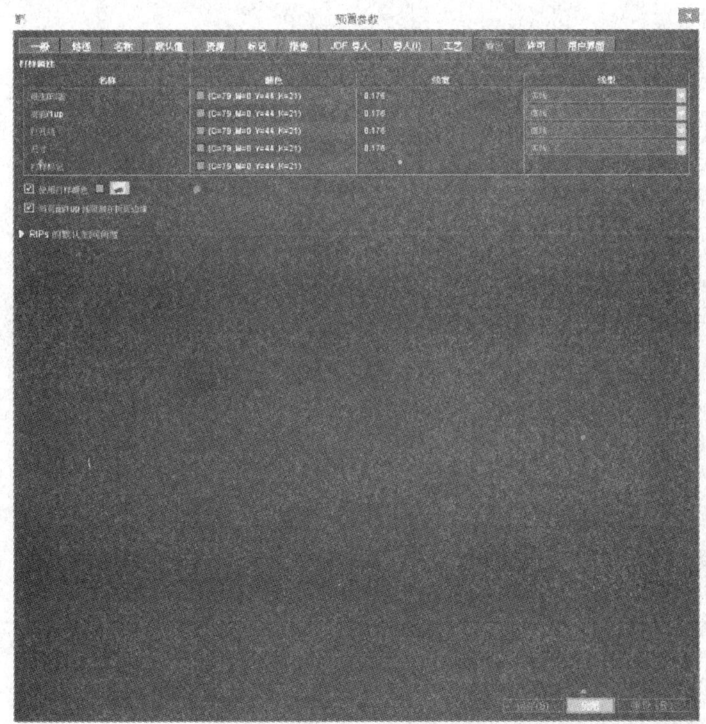

图 5-11　Prinect Signa Station“输出”参数

g）“许可”参数设置，如图 5-12 所示。许可标签同“许可 Prinect Signa Station”面板中的设定。

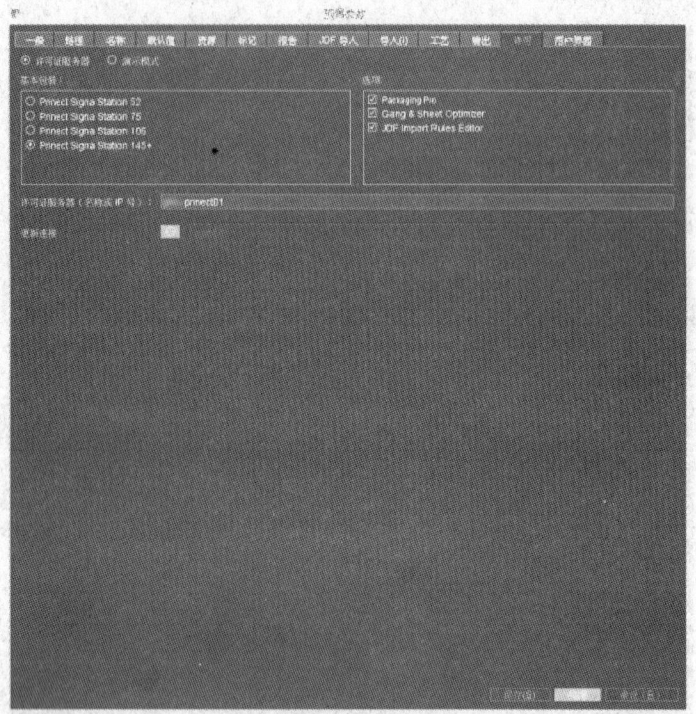

图 5-12　Prinect Signa Station“许可”参数

h）“用户界面”参数设置，如图 5-13 所示，用户界面指的是拼版工作时软件激活的或者可以显示的参数集。

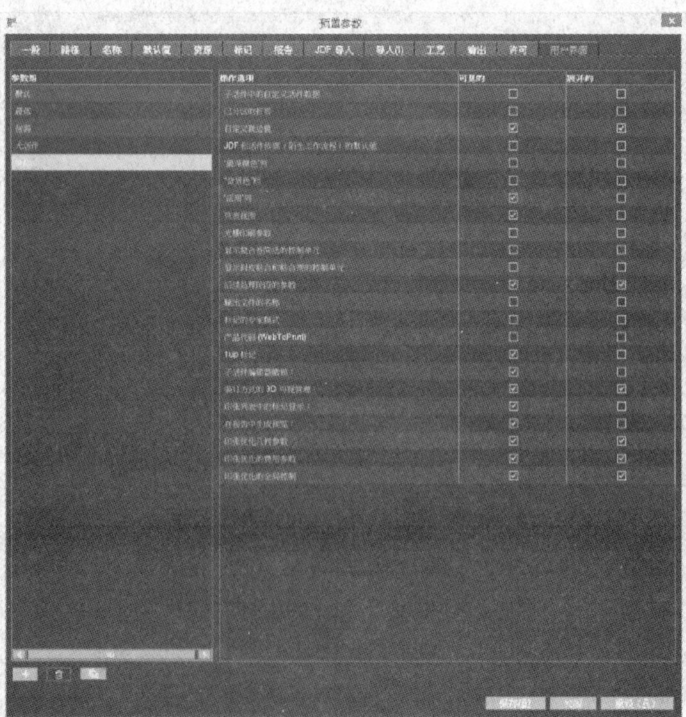

图 5-13　Prinect Signa Station“用户界面”参数

（3）步骤三：设置 Adobe Acrobat Distiller 软件。

1）“一般”标签，如图 5-14 所示。兼容性选择 Acrobat 6.0 或者 Acrobat 5.0 都可，分辨率可根据 CTP 激光头分辨率设定，本例为 2540dpi。

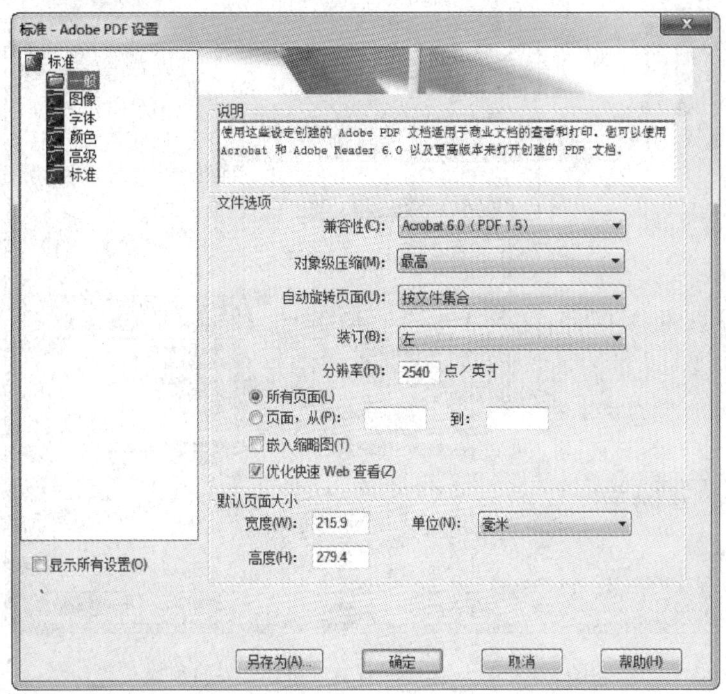

图 5-14　Adobe PDF 设置“一般”界面参数

2）“图像”标签，如图 5-15 所示。关闭所有采样选项，压缩可以选择 ZIP 无损压缩。

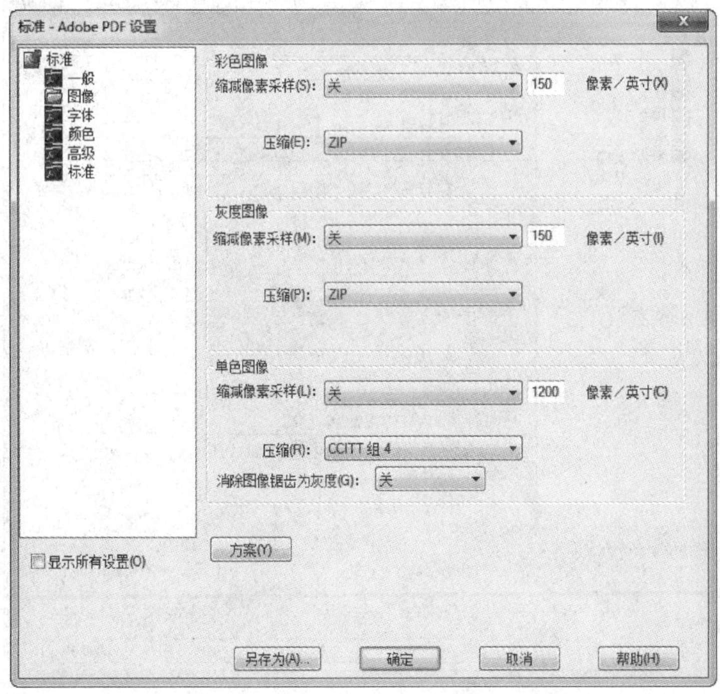

图 5-15　Adobe PDF 设置“图像”界面参数

3）“字体”标签，如图 5-16 所示。在转换过程中，如果字体嵌入失败，则取消作业。

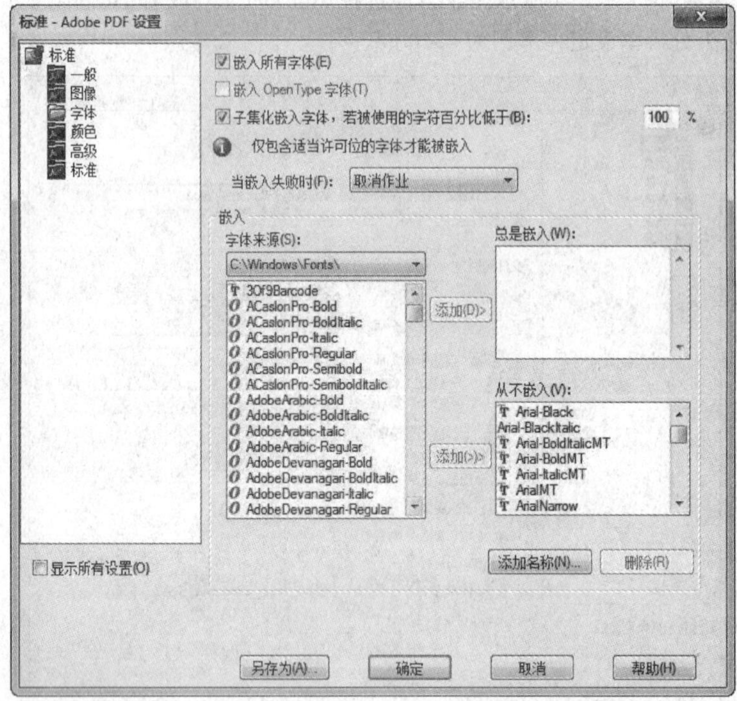

图 5-16 Adobe PDF 设置“字体”界面参数

4）“颜色”标签，如图 5-17 所示。色彩管理方案选择颜色保留不变。

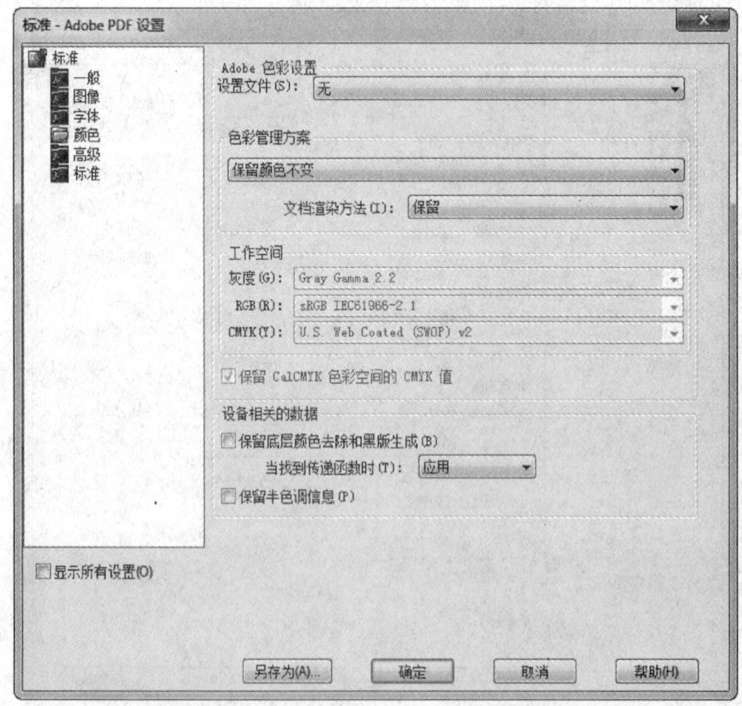

图 5-17 Adobe PDF 设置“颜色”界面参数

5）“高级”标签参数默认即可，如图 5-18 所示。

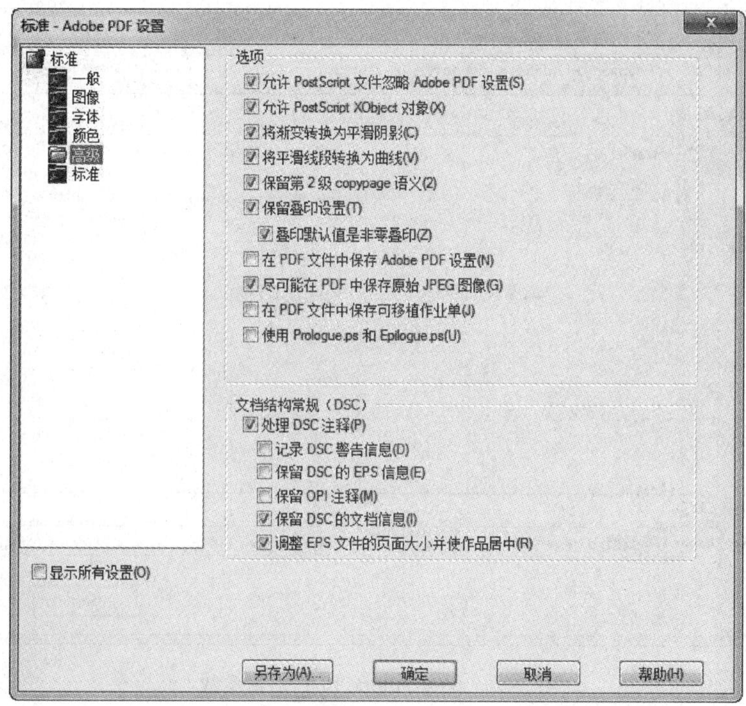

图 5-18　Adobe PDF 设置“高级”界面参数

6）“标准”标签参数默认即可，如图 5-19 所示。

图 5-19　Adobe PDF 设置“标准”界面参数

7）设定完成后，单击“另存为”，保存设定参数，如图 5-20 所示。

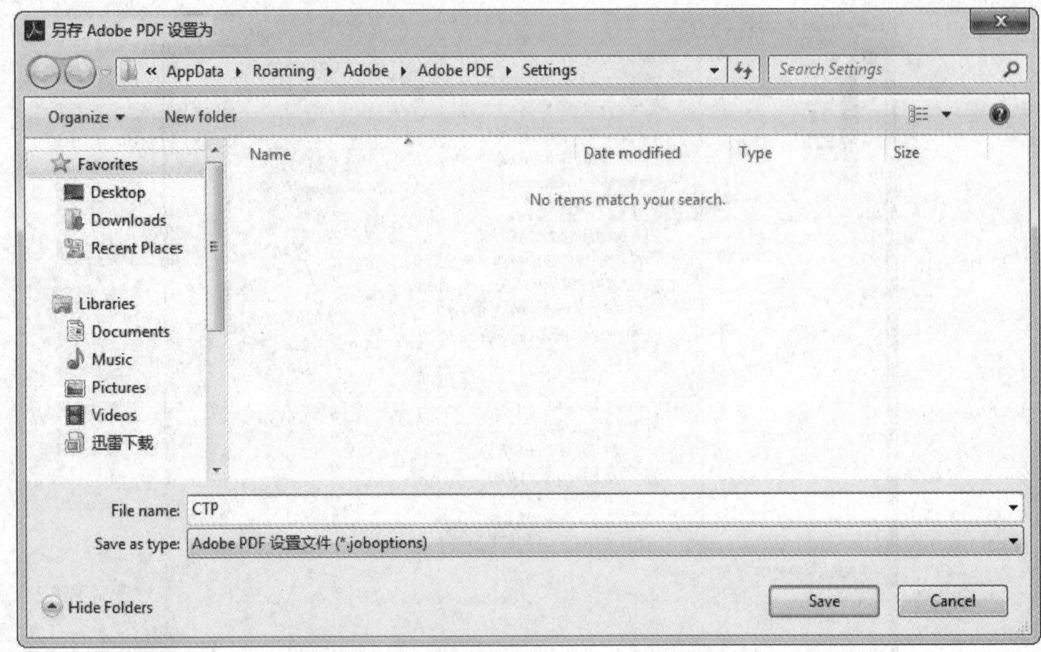

图 5-20 保存 Adobe PDF 预置参数

5.4.3 活动三 能力提升

1. 内容

根据所讲述和示范的案例，独立完成 Prinect Signa Sation 的安装，并根据需要完成软件的预置设定，同时设定 Adobe Acrobat Distiller 软件。

2. 整体要求

（1）预安装 Adobe Acrobat Pro 10.0。

（2）独立完成软件的安装及参数的设定。

（3）不进行色彩转换。

（4）下载字体子集。

（5）图像使用 ZIP 无损压缩，不采样。

5.5 效果评价

效果评价参见任务 1，评价标准见附录。

5.6 相关知识与技能

1. 排版与拼大版的基本概念及代表软件

排版的主要任务是将已经处理好的文字、图形和图像按照页面内容分布要求排列出来，形成一个完整的页面。由此可以看出，排版主要是处理文字、图形和图像的相互关系，使三者形成一个有机的整体，即页面。常见的排版软件有方正飞腾、方正书版、Adobe Pagemaker 和 Adobe

Indesign 等。

在实际的生产过程中，为了适应不同幅面的印刷设备，需要将排版好的单个页面组合在一起，形成一个个完整的印版幅面，然后，加网输出印版。拼大版也称为组版。常见的拼大版软件有 Heidelberg Prinect Signa Station、Kodark Preps 等。

拼大版软件具备的主要功能如下：

(1) 自动生成版标：裁切线、十字线、印刷控制条、页码及其他有关信息。

(2) 自由拼贴：依据最后给定印版尺寸，对不同规格文件进行自由拼贴。

(3) 自动折手：根据折页和装订方式实现自动折手自动连拷，重复放置页面，组成一个大版。

2. 拼大版有关的基本概念

(1) 出血量。在页面设计时，要使版心尺寸稍大于成品尺寸，称为出血。设置出血的目的是防止裁切时露白边或裁掉版面内容。不同的印刷厂商有不同的出血量要求，一般为 3mm。控制出血有时能够达到依靠特定的印刷要求增加印数的目的。

(2) 咬口大小。指印刷时机器咬纸的宽度。这部分是印刷不上图文的，在考虑纸张大小及进行拼版位置计算时需要减去这个数字，一般的印刷机咬口尺寸为 10～12mm。

(3) 订口宽度。指纸张的装订边。订口宽度是指图文区域到成品装订边的距离，采用无线胶订、骑马订和锁线装订时，订口与切口的宽度是一样的；如果装订方式为平订或胶订，由于装订时要占有一定的位置，订口宽度应比切口宽度要宽些。

(4) 印刷标记。印刷标记的置入和校准应该是用户自定义的。一些模板中包含了预先设置在标记图上的印刷标记。虽然使用印刷标记是必要的，但重要的是允许操作者能够移动印刷标记到特定印刷机最需要标记的位置。一般情况下，操作者需要对预先设置的印刷标记根据不同的印刷机做调整。程序应具备允许印刷生产人员创造自己的印刷标记并在程序中应用。

印刷标记主要有如下几种类型：

1) 裁切线：成品切边时的指示线；

2) 中线：拼版后的水平垂直等分线，在正反面印刷时用于正面、反面套印定位，也可以用来在印刷装版时对印版定位；

3) 轮廓线：包装容器的后期加工指示线，如纸盒的模切线、压痕线等，输出时，一般单独输出一块版；

4) 套印线：四色或多色套印的规矩线。

一、单选题

1. 海德堡 Prinect Signa Station 软件不支持的操作系统是（　　）。

   A. Windows XP Pro　　B. Windows 7 Ultimate
   C. Mac OS　　D. Linux

2. Prinect Signa Station 不支持的文件格式是（　　）。

   A. PS　　B. Tiff　　C. EPS　　D. PDF

3. Prinect Signa Station 软件中所有资源及模板存放在（　　）中。

   A. 工作区　　B. 活件　　C. 文件　　D. 输出

4. Prinect Signa Station 软件中移动的默认步长是（　　）。

   A. 0.5mm　　B. 1mm　　C. 1.5mm　　D. 2mm

5. 原稿的（　　）决定了对原稿放大倍率的限制。
A. 物理尺寸　B. 颜色　C. 阶调　D. 颗粒度和清晰度
6. 从 Prinect Signa Station（　　）开始，软件支持 64 位系统。
A. 4.5　B. 2012　C. 2013　D. 2015
7. 下列标记中不能用于查看套印情况的有（　　）。
A. 裁切标记　B. 印版打孔线　C. 贴标　D. 折页线
8. 使用 Prinect Signa Station 软件做包装拼版前需要开通（　　）选项。
A. Packaging Pro　B. Sheet Optimizer　C. Gang Assistant　D. Barcode Generator
9. Prinect Signa Station 软件调用 Acrobat Reader 主要用于（　　）文件的预览。
A. EPS　B. PS　C. PDF　D. 以上说法都不对
10. 在设置 Acrobat Distiller 时，彩色图像所采用的压缩方法以（　　）为佳。
A. JPEG　B. JPEG2000　C. ZIP　D. 以上说法都不对

二、多选题

11. Adobe Distiller 支持的文件格式有（　　）。
A. PS　B. EPS　C. PSD　D. AI
E. CDR
12. 以下标记中需要放置于页面层以上的有（　　）。
A. 裁切标记　B. 折页标记　C. 色彩控制条　D. 配帖标记
E. 印版控制条
13. Prinect Signa Station 软件支持的文件格式有（　　）。
A. PS　B. EPS　C. PDF　D. CDR
E. AI
14. Prinect Signa Station 软件中支持印张优化的作业模式有（　　）。
A. 排好页码　B. 自由拼　C. 自动排码　D. 包装
E. 以上说法都不对
15. Prinect Signa Station 软件印张优化包含（　　）。
A. 单张印张优化　B. 局部印张优化
C. 多印张优化　D. 单个折页优化
E. 单个对象优化
16. Prinect Signa Station 支持的爬移方式有（　　）。
A. 纸张厚度因素　B. 偏移　C. 自动倾斜　D. 缩放
E. 页数
17. 在 Prinect Signa Station 软件中，以下选项会影响预览效果的是（　　）。
A. 预览图限定为 100%　B. 透明度预览
C. 叠印预览　D. 显示专色真实色彩
E. 使用打样颜色
18. 在拼版过程中常见的标记有（　　）。
A. 裁切标记　B. 折页线　C. 页面　D. 1up 标记
E. 文本标记
19. Prinect Signa Station 软件支持的放置模式有（　　）。
A. 单面印刷　B. 单面侧翻　C. 单面滚翻　D. 双面印刷

E. 正背套

20. 下列印刷放置模式中，需要两个印刷咬口的是（　　）。

A. 单面侧翻　　B. 单面滚翻　　C. 双面印刷　　D. 正背套

E. 以上说法都不对

三、判断题

21. 在拼版过程中，如果需要设定页面爬移时，裁切标记需要根据爬移量移动。（　　）

22. 为了方便印后加工，裁切标记和折页线需要置于页面的上方。（　　）

23. 在拼版过程中，页面与页面之间的留空通常设置为一个出血量。（　　）

24. Prinect Signa Station 软件是不支持条形码作为标记的。（　　）

25. 利用 Prinect Signa Station 做对开幅面的包装拼版时，只需要开通许可选项 Prinect Signa Station 106 即可。（　　）

26. 在 Prinect Signa Station 软件中，不可做大版的分色预览。（　　）

27. 在利用 Prinect Signa Station 软件拼版时，折页方案与装订方式相关，不能通用。（　　）

28. 锁线胶订通常用于大型画册，但装订速度慢。（　　）

29. 在 Prinect Signa Station 软件中如果需要实现套帖设定，需要选择的装订方式是混合装订。（　　）

30. 利用 Prinect Signa Station 拼版时，需要事先考虑印张顺序，因为软件不允许调整印张顺序。（　　）

练习与思考参考答案

1. D	2. B	3. A	4. B	5. D	6. C	7. C	8. D	9. C	10. C
11. AB	12. ABD	13. ABC	14. ABCD	15. AC	16. BD	17. ABCD	18. ABE	19. ABCDE	20. BC
21. N	22. Y	23. N	24. N	25. N	26. N	27. N	28. Y	29. Y	30. N

任务 6

拼版标记资源和拼版模板设定

该训练任务建议用 4 个学时完成学习。

6.1 任务来源

在数字拼版过程中，为了方便印刷过程、印后加工以及印版质量检查等，需要在拼版过程中放置各种各样的标记。作为 CTP 操作人员应该掌握数字拼大版标记资源的管理，并且能够依据工艺要求在大版版面上放置各种标记。

6.2 任务描述

根据作业要求，使用 Prinect Signa Station 软件建立文本标记、印版控制条、印刷控制条和拉归等标记，并在此基础上建立一个拼版模板。

6.3 能力目标

6.3.1 技能目标

完成本训练任务后，读者应当能（够）掌握以下技能。

1. 关键技能

(1) 能够建立拼版文本标记并放置在印版模板上。

(2) 能够建立印刷控制条并放置在印版模板上。

(3) 能够导入印版控制条并放置在印版模板上。

(4) 能够建立拉归标记并放置在印版模板上。

2. 基本技能

(1) 能够完成 Prinect Signa Station 软件默认参数预制。

(2) 了解 EPS 和 PDF 文件格式特点。

(3) 了解印刷及印后的基本工艺要求。

6.3.2 知识目标

完成本训练任务后，读者应当能（够）学会以下知识。

(1) 理解 Prinect Signa Station 对标记资源的管理方法。

(2) 了解标记的类型及用途。
(3) 理解印版模板及含义。
(4) 掌握标记参数设定中的热点和标记层的含义及作用。

6.3.3 职业素质目标

完成本训练任务后，读者应当能（够）具备以下职业素质。
(1) 按照作业要求管理各种标记资源。
(2) 根据工艺要求管理印版模板。
(3) 能够根据日常生产要求建立印版模板资源。

6.4 任务实施

6.4.1 活动一 知识准备

(1) 印前拼大版需要考虑哪些因素？
(2) 印版模板是什么？有什么作用？
(3) 一般情况下拼大版软件应建立哪些资源？

6.4.2 活动二 示范操作

1. 活动内容

根据作业要求，使用 Prinect Signa Station 软件建立文本标记、印版控制条、印刷控制条和拉归等标记，并在此基础上建立一个拼版模板。

2. 操作步骤

(1) 步骤一：新建文本标记。

1) 打开 Prinect Signa Station 软件，如图 6-1 所示，选择“活件 & 资源”菜单下的“资源 & 设备”选项，切换至资源设备视图。

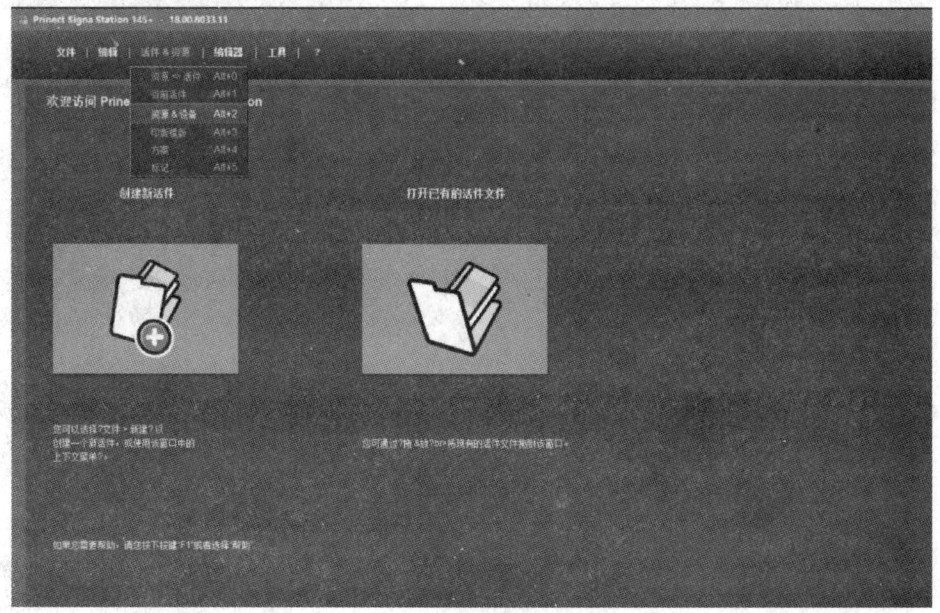

图 6-1 “资源 & 设备”菜单选项

2）选择“标记”，右击，弹出菜单，选择新建组，如图 6-2 所示，组名为 Demo。

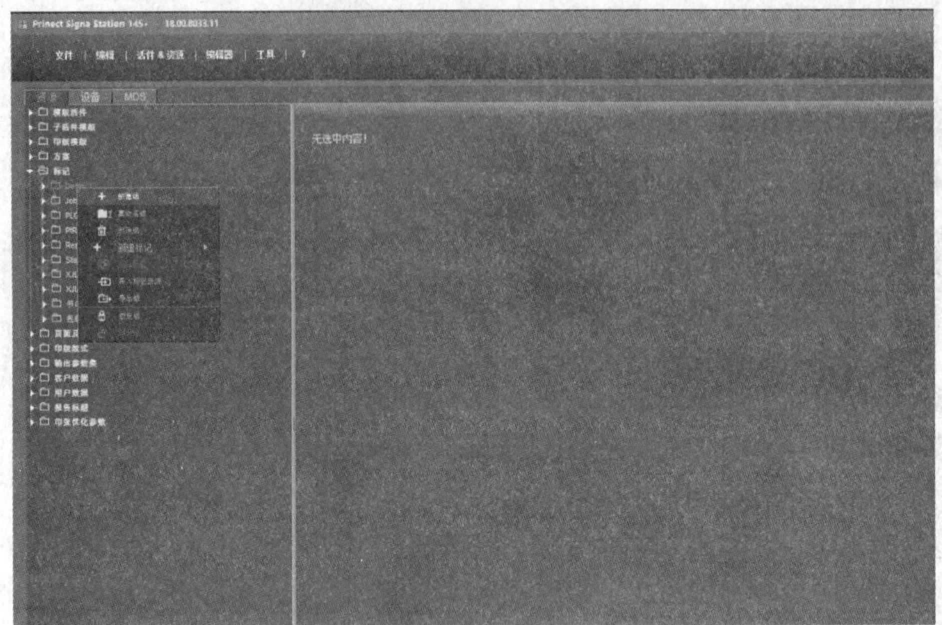

图 6-2　资源界面

3）单击“Standard”组，打开“Standard”标记组，在列表中找到“Text”标记。选中“Text”标记，单击右键，“复制标记”，如图 6-3 所示，粘贴到 Demo 组下。双击“Text”标记，打开文本标记编辑器，如图 6-4 所示。

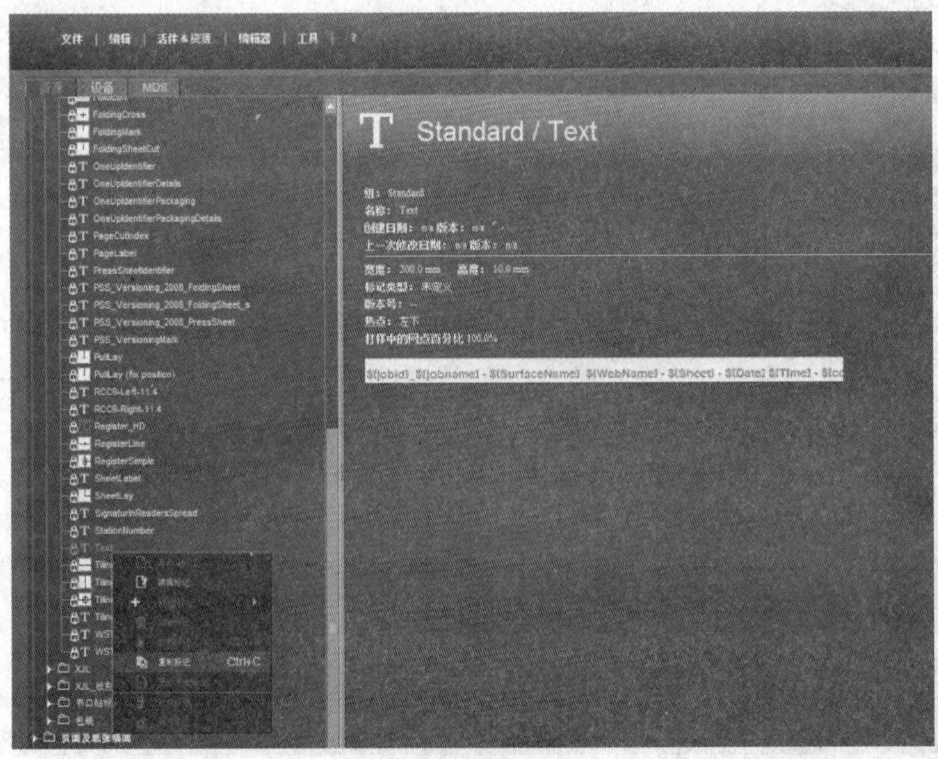

图 6-3　复制文本标记图

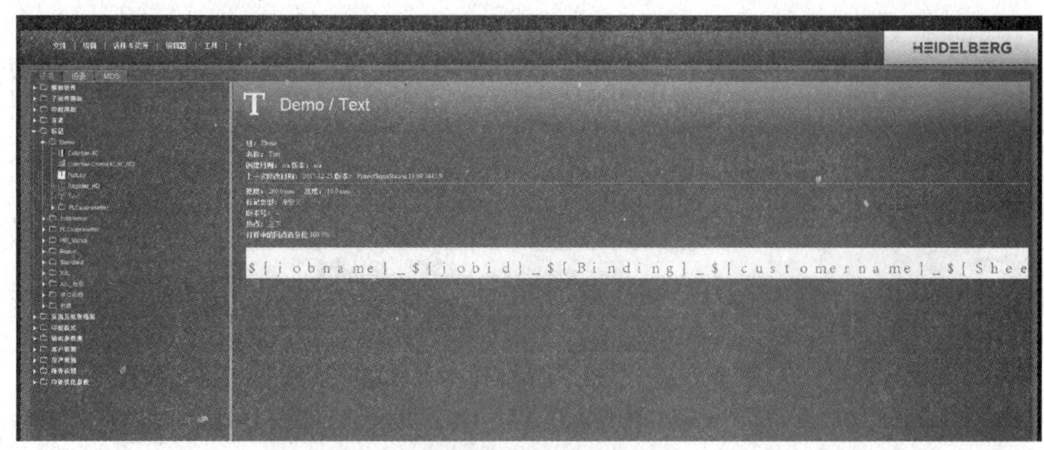

图 6-4　文本标记编辑器

4）在文本标记编辑器中，可以定义“标记名称”“热点”等。用鼠标选中目前默认的文本标记，右击打开“文本属性”对话框，如图 6-5 所示。

起点
X: 0.706
Y: 1.89
字体
字体：ChineseSimplified
字体大小：14　行文方向：水平
填充颜色
网点百分比：51.0 %
文本
短操作：活件名　活件序号　客户名称　印张编号
输出日期　输出时间　分色　正面和背面/顶部和底部
$[jobname]_$[jobid]_$[Binding]_$[customername]_$[Sheetno]_$[SurfaceName]_$[Date]_$[Time]_$[color]
插入占位符
应用　确定　取消

图 6-5　文本属性编辑

在文本属性界面内，设定字体语言为中文简体（Chinese Simplified）、字体大小 14，网点百分比 51%。在文本操作框中清除默认文本信息，然后依次单击活件序号、活件名、装订方式、客户名称、印张编号、正面/背面、输出日期、输出时间和分色，并根据需要设定分隔符，如：$[jobid]_$[jobname]_$[Binding]_$[Customername]_$[Sheetno]_$[SurfaceName]_$[Date]_$[Time]_$[color]。

5）设定完成后单击“确定”并保存。

（2）步骤二：建立印刷控制条。

1）在标记 Standard 组中，选择 Colorbar-4C 和 Colorbar-Combi（4C，6C，8C），右击，弹出快捷菜单，复制该标记，如图 6-6 所示，粘贴到 Demo 组下。

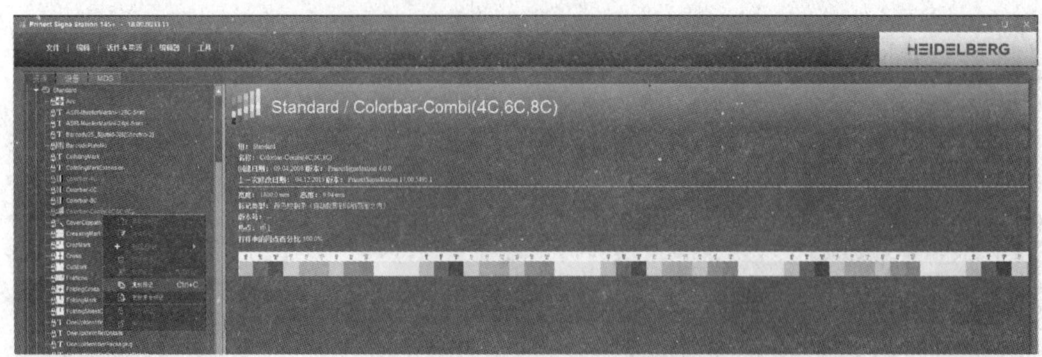

图 6-6 复制 Colorbar

2）在 Demo 组中，双击打开 Colorbar-4C 标记，打开“颜色控制条编辑器”，如图 6-7 所示。

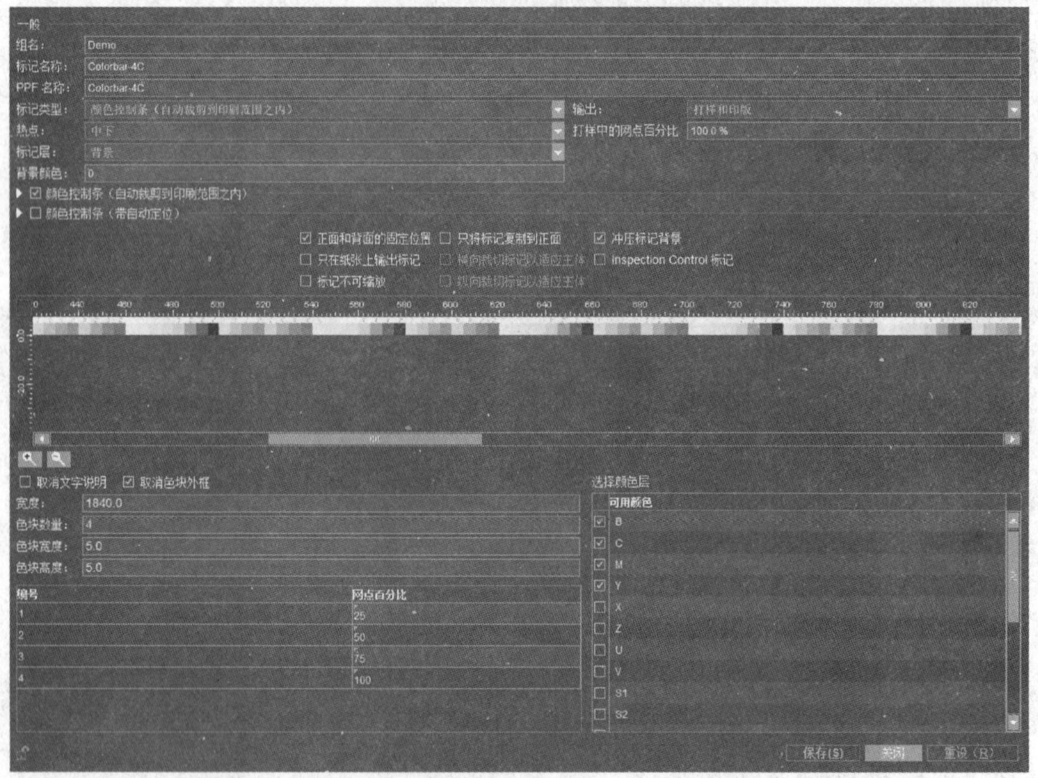

图 6-7 颜色控制条编辑器

在颜色控制条编辑器窗口内，完成相关定义。如定义标记名称：Colorbar-4C；色块数量：4；选择取消文字说明，然后单击“保存”。

3）按照同样方法，更改标记名称，编辑选择颜色层，可以分别建立 Colorbar-5C，Colorbar-6C 颜色控制条。

4）在 Demo 组中，双击打开 Colorbar-Combi（4C，6C，8C）标记，打开“组合标记编辑器”，如图 6-8 所示。

在“组合标记编辑器”界面中，选择 Colorbar-4C、Colorbar-6C 和 Colorbar-8C 标记，单击界面右侧的“垃圾桶”工具，分别删除这三个标记。然后单击该界面右侧的“文件夹”工具，将 Demo 组中定义的 Colorbar-4C、Colorbar-5C 和 Colorbar-6C 标记添加进来。修改标记名称为 Colorbar，单击“保存”并关闭。

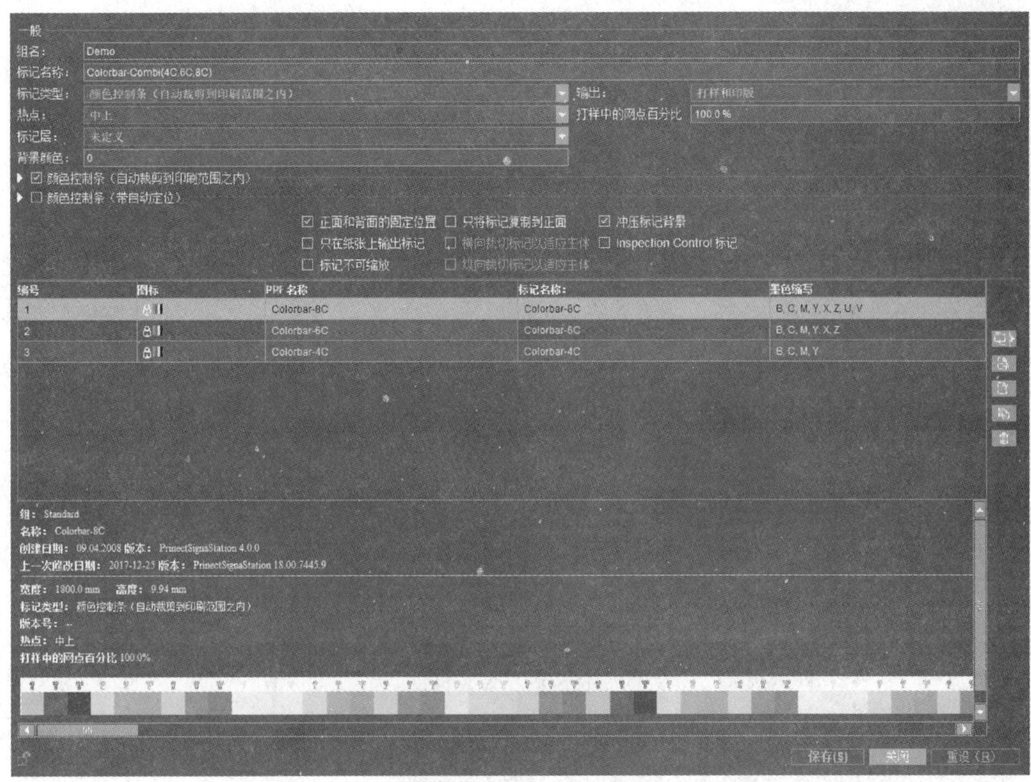

图 6-8　组合标记编辑器

5）删除 Demo 组中的 Colorbar-4C 和 Colorbar-Combi（4C、6C、8C）标记。

（3）步骤三：建立印版控制条。

1）选择资源下的标记组，右键选择标记导入助手命令，如图 6-9 所示，打开导入目录面板，如图 6-10 所示。

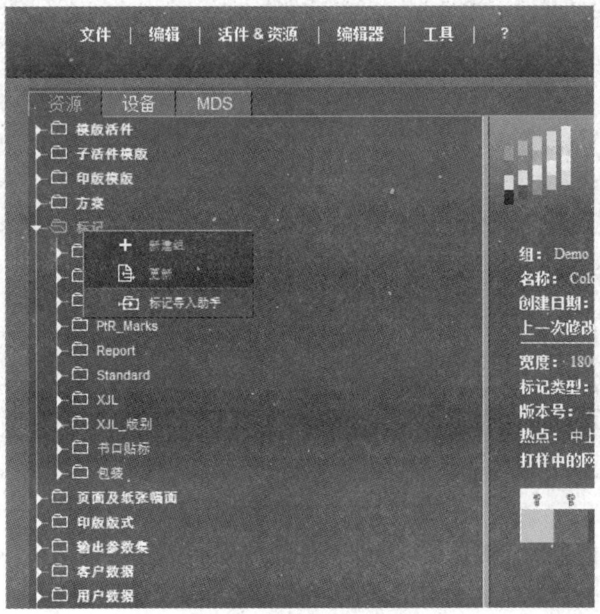

图 6-9　标记导入助手

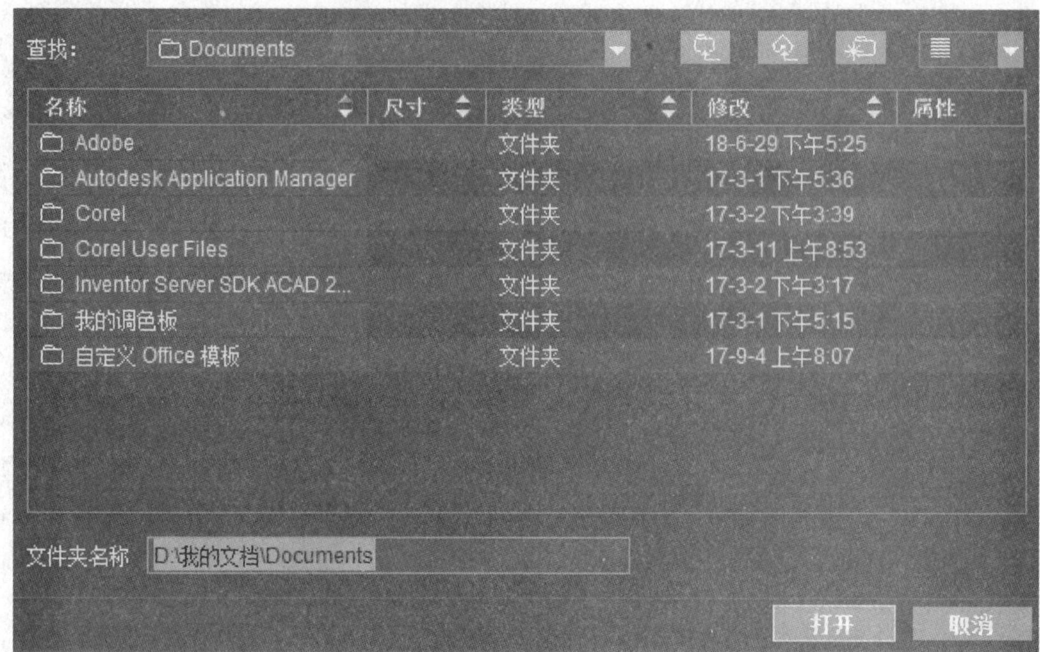

图 6-10　标记导入目录

注：Prinect Signa Station 软件预制了许多“印版控制条标记”，如图 6-11 所示，一般在 Prinect Signa Station 安装目录下 Marks 文件夹内，如：X:\Program Files\Heidelberg\Prinect Signa Station 18\Marks\CtPtools\Prinect\PLCsuprasetter。

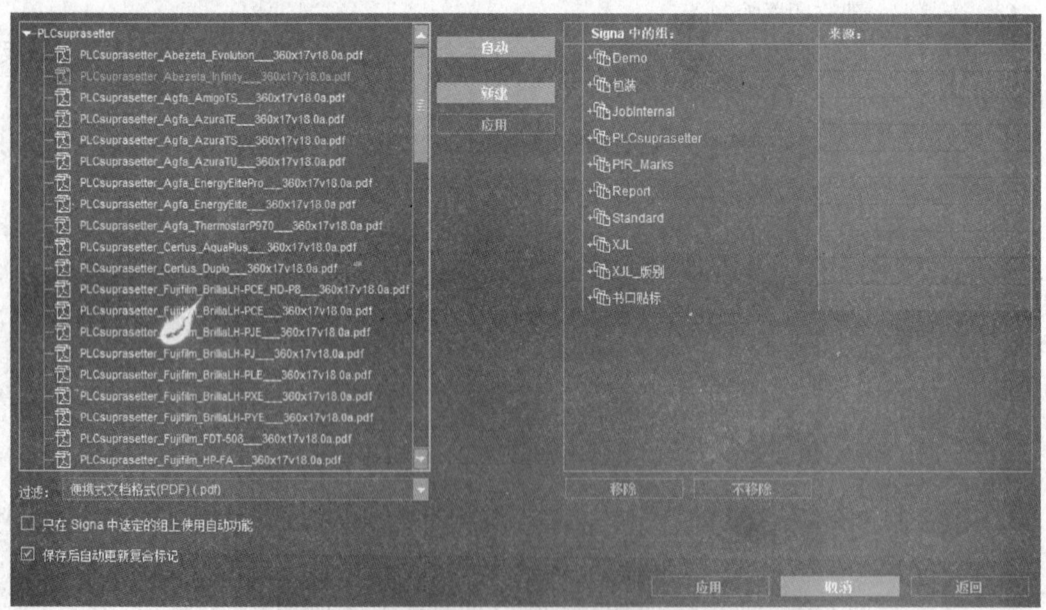

图 6-11　预制的标记资源

2）打开标记导入目录后，在标记导入助手中选择需要的印版控制条，选择“新建”并单击“应用”后导入印版控制条。在标记组下软件会自动建立一个新的组 PLCsuprasetter，如图 6-12 所示，选择 PLCsuprasetter _ HD _ ThPIPN 印版控制条。

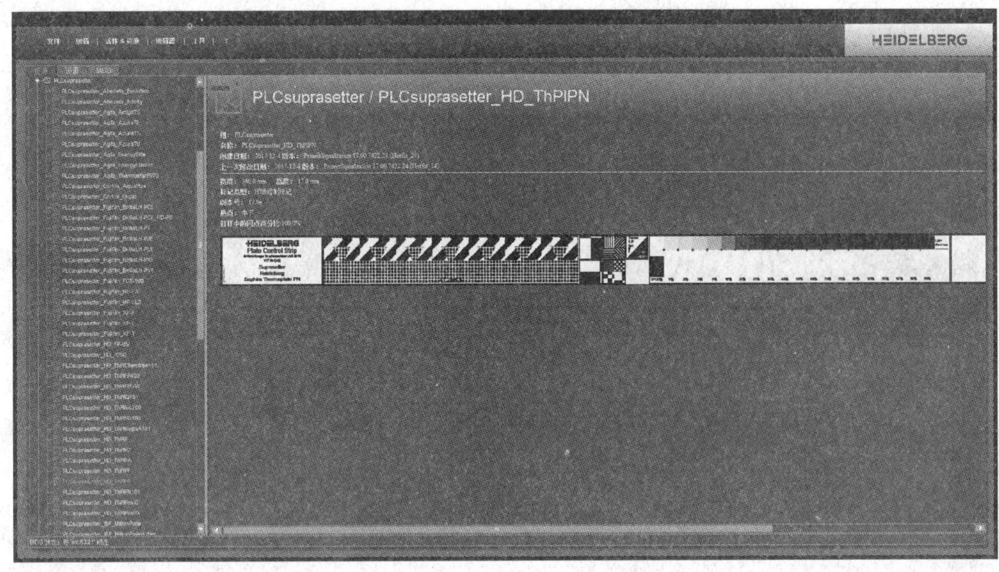

图 6-12　印版控制条标记组

（4）步骤四：建立拉规标记。

1）在标记 Standard 组中，选择 PullLay 标记，并复制到 Demo 组中，如图 6-13 所示。

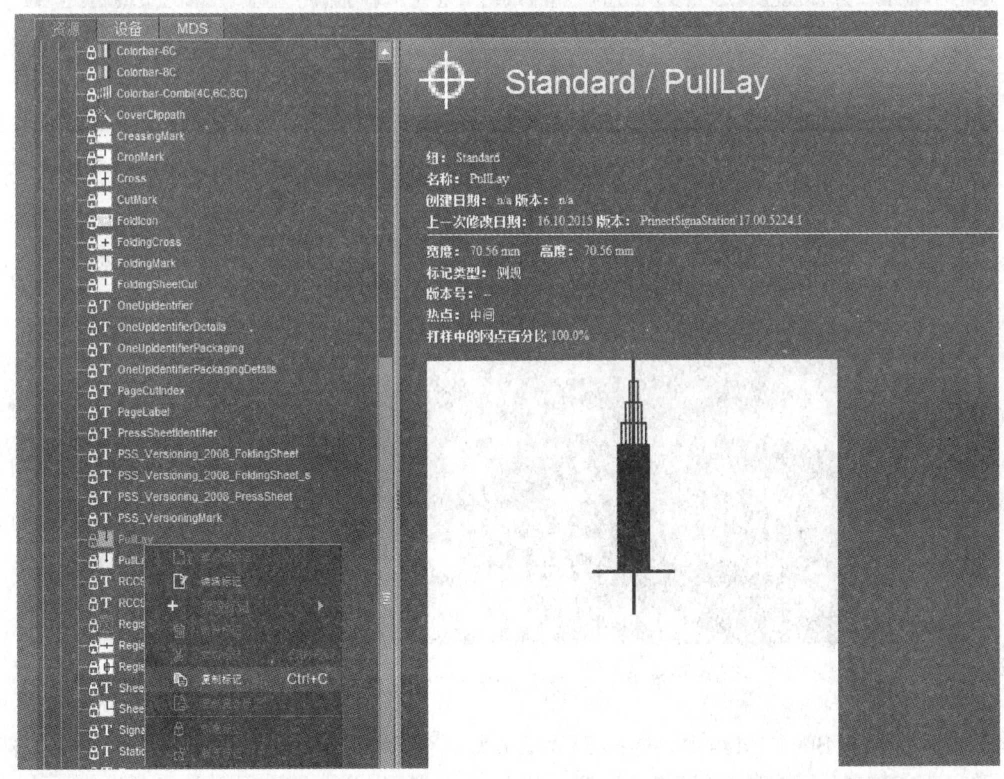

图 6-13　复制拉规标记

2）双击打开 PullLay 标记，使用标记编辑器中自带的编辑工具修改标记并保存，如图 6-14 所示。

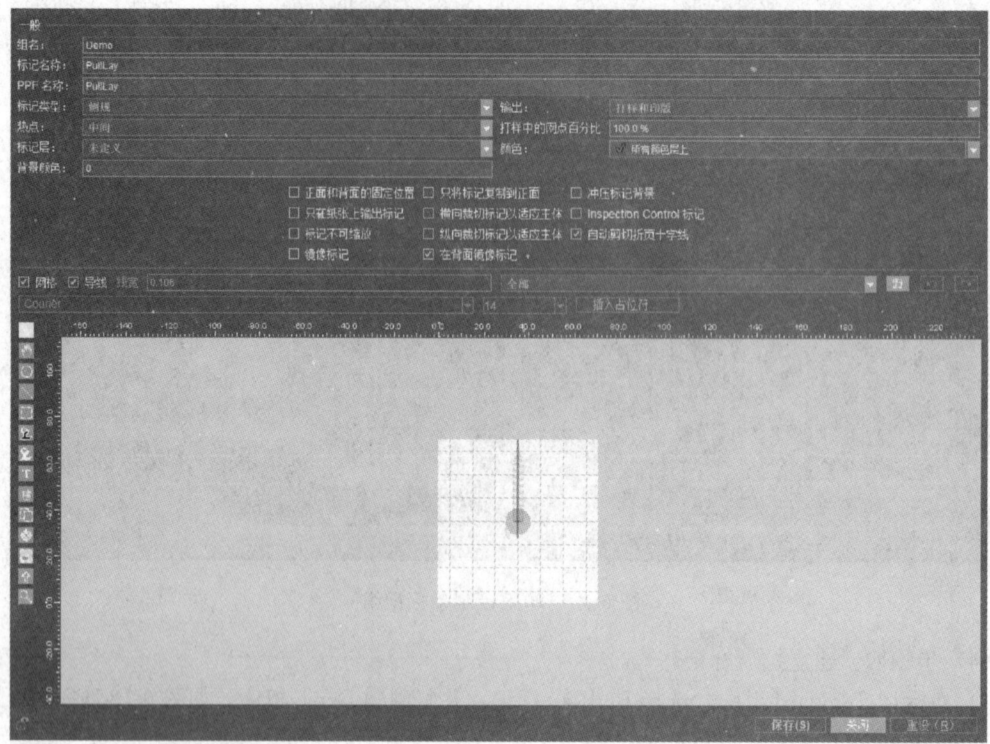

图 6-14　拉规标记编辑器

3）删除 Demo 组中的 PullLay 标记。

（5）步骤五：建立印版模板。

1）在资源列表的印版模板组下，新建组 Demo，如图 6-15 所示。

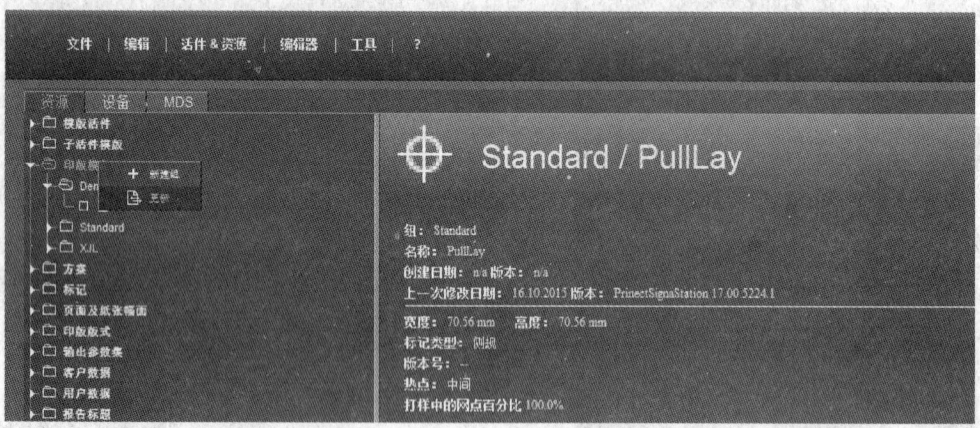

图 6-15　新建印版模板标记组

2）在印版模板 Standard 组中，选择 SM102 并复制到 Demo 组中，如图 6-16 所示。双击打开 Demo 组中的 SM102，打开印版模板编辑器。单击“标记”标签，切换到印版标记标签，选中当前的所有标记，单击“垃圾桶”工具，删除标记列表中的所有标记，如图 6-17 所示。分别添加 Demo 组中的自定义的拉规、Colorbar、文本标记以及 Standard 标记组中的 RegisterLine 标记和 PLCsuprasetter 中的印版控制条标记，设定结束后保存。

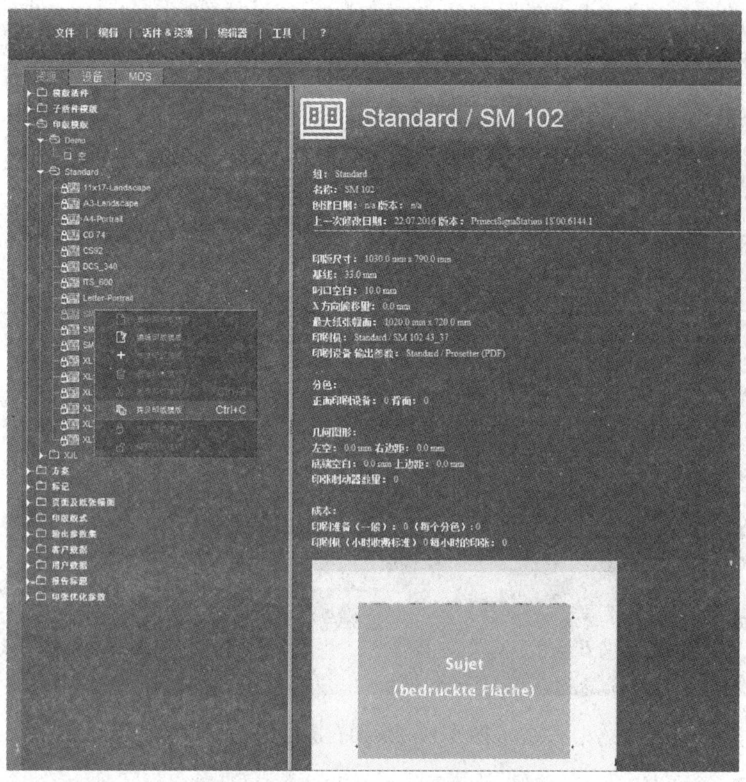

图 6-16 复制印版模板

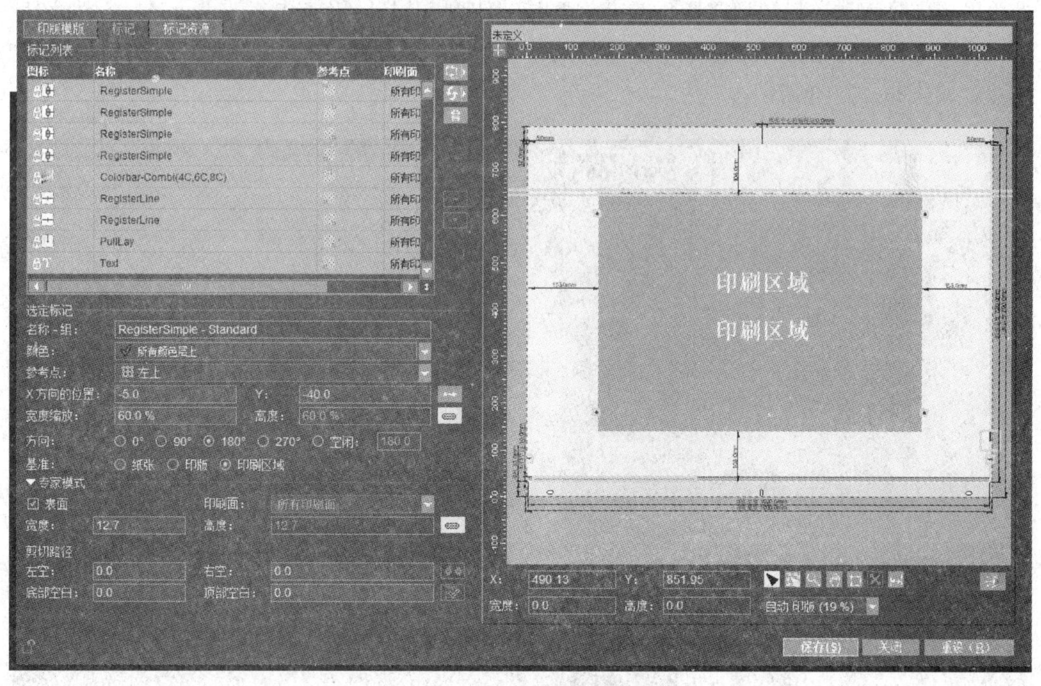

图 6-17 删除印版模板标记

3）添加套准标记。单击“文件夹”的图标，浏览到“Standard”组中的“RegisterLine”标记，单击“确定”，添加该标记到印版，基准位置是选择“印刷区域”。设定参考点为：左中，X 方向的偏移位置－5.5。同理右侧再添加一个，设定参考点为：右中，X 方向的偏移位置 5.5，如图 6-18 所示。

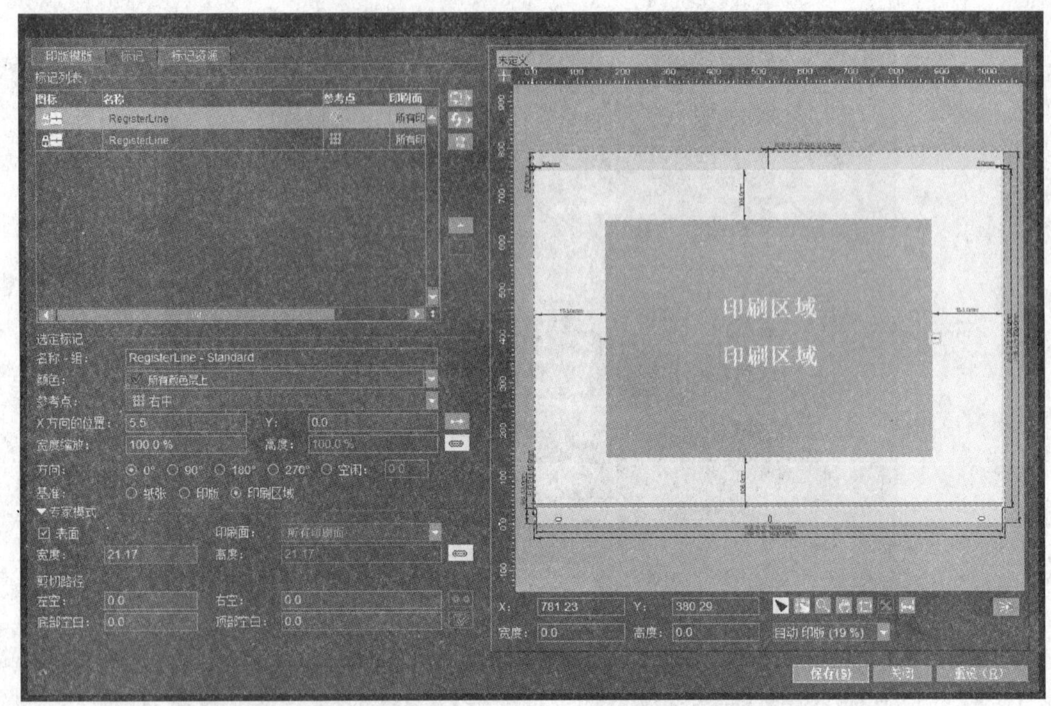

图 6-18　添加套准标记

4）添加垂直方向文本标记。单击“文件夹”的图标，浏览到“Demo”组中的“Text”标记，单击确定，添加该标记到印版，基准位置是“印刷区域”。设定参考点为：右上，如图 6-19 所示。将“X 方向的偏移”设置一个合适的尺寸，如 4；同样将“Y 方向偏移”也设置一个合适的尺寸，如－20，方向 270°。

图 6-19　添加垂直文本标记

5）添加水平方向文本标记。基准位置是“纸张”。设定参考点为：左下，X 方向的偏移位置 40，Y 方向偏移 0，方向 0°，如图 6-20 所示。

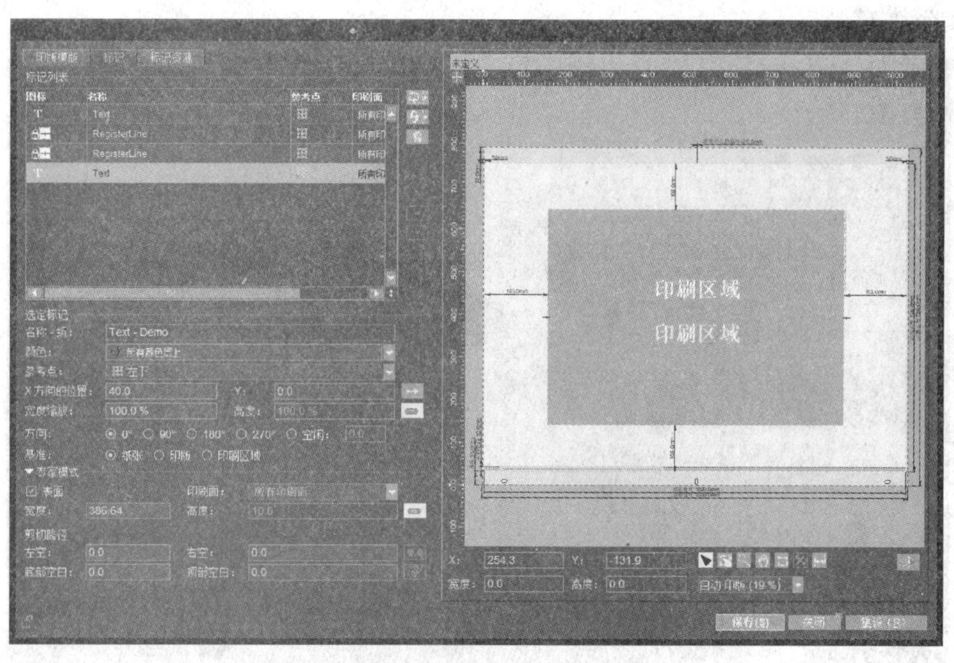

图 6-20　添加水平文本标记

6）添加拉规。单击“文件夹”的图标，浏览到“Demo”组中的“PullLay”标记，单击“确定”，添加该标记到印版，基准位置是“纸张”。设定参考点为：右下，X 方向的偏移位置 0，Y 方向偏移 100，方向 0°，如图 6-21 所示。

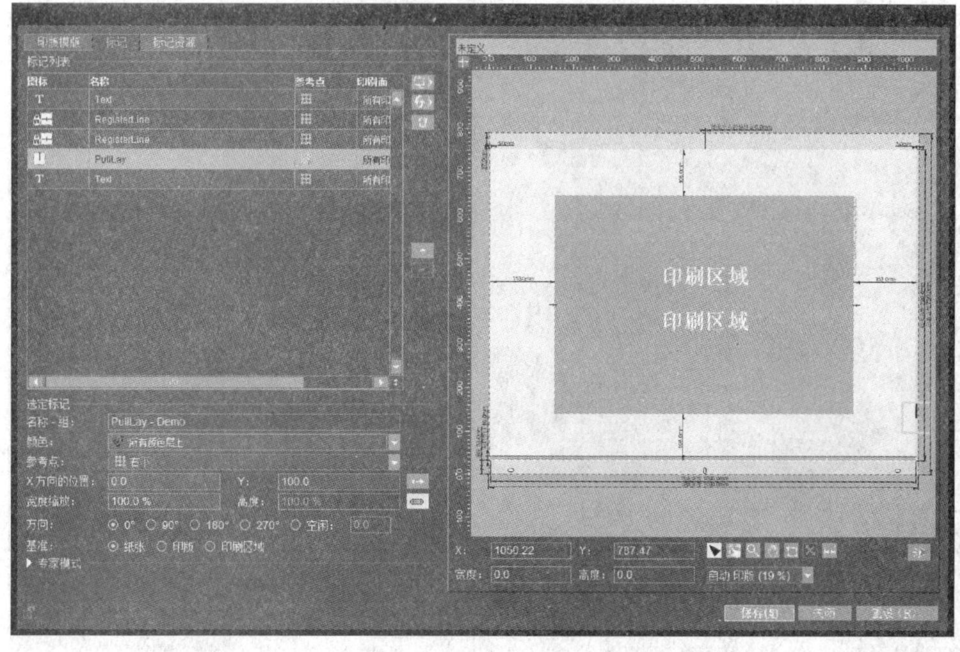

图 6-21　添加拉规标记

7）添加色控条。单击“文件夹”的图标，浏览到“Demo”组中的“Colorbar-4C”标记，单击“确定”，添加该标记到印版，基准位置是“印刷区域”。设定参考点为中上，Y 方向偏移 4，如图 6-22 所示。

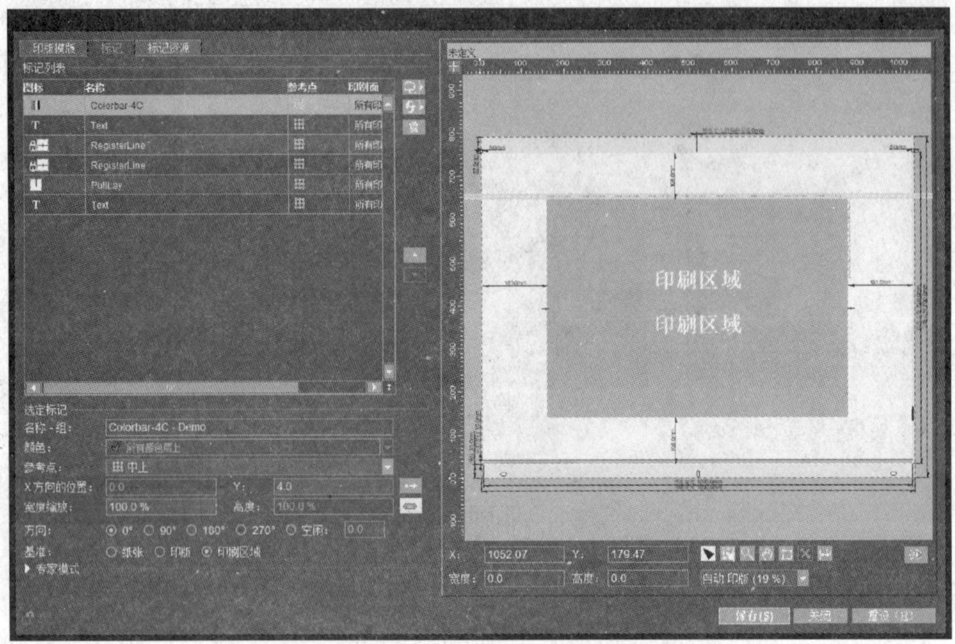

图 6-22 添加颜色控制条标记

8）添加印版控制条。单击“文件夹”的图标，浏览到“PLCsuprasetter”组中的“PLCsuprasetter _ HD _ ThPlPN”标记，单击“确定”，添加该标记到印版，基准位置是“印版”。设定参考点为中下，Y 方向偏移 12，如图 6-23 所示。

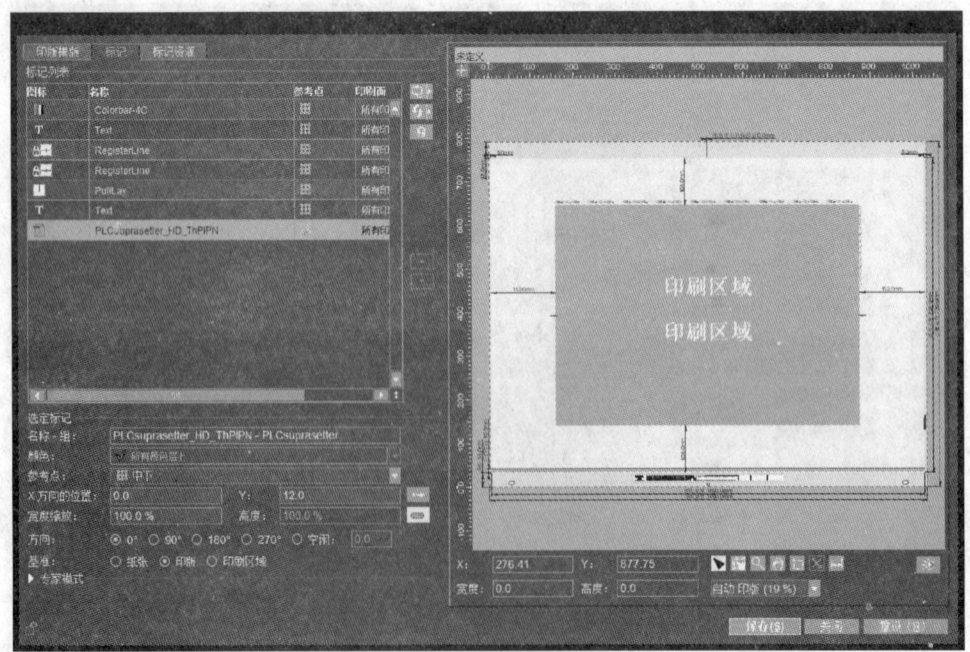

图 6-23 添加印版控制条标记

9）单击“保存”，完成印版模板的创建与编辑。

6.4.3 活动三 能力提升

1. 内容

根据所讲述和示范案例，独立完成 Prinect Signa Sation 软件中的文本、印版控制条、印刷控制条以及拉规标记的建立，并使用以上标记建立印版模板。

2. 整体要求

（1）标记资源命名规范。

（2）正确设定标记资源热点和标记层。

（3）在印版模板中正确设定标记资源的参考点和基准点。

6.5 效果评价

效果评价参见任务 1，评价标准见附录。

6.6 相关知识与技能

拼版的主要参考依据：

（1）印刷工艺（网点复制印刷工艺的网点原版、凹版印刷的连续调原版；直接印刷方式的正向原版、间接印刷方式的反向原版；阳图型版材的阳图原版、阴图型版材的阴图原版）。

（2）印刷机类型（单张纸印刷机的咬口，轮转印刷机的定位销、辊间隙、套准标记、由润版系统引起纸张伸长的横向套准补偿）。

（3）印刷机的印刷幅面。

（4）双面印刷的翻转方式（带翻转装置的单张纸印刷机、不带翻转装置的单张纸印刷机的自翻和滚翻、B-B 型橡皮滚筒对滚印刷机的双面同时印刷）。

（5）折页机或折页装置的折手类型。

（6）印刷成品的装订方式（常见的书刊装订方式有骑马订、胶订、平订、锁线订、锁线胶订）。

（7）印后加工的方式（在分发车间进行滚筒式插页处理与配页处理）。

（8）纸张输送方向（单张纸印刷机的横丝绺纸或纵丝绺纸，轮转印刷机的纵页面或横页面）。

（9）在印刷成品中，折页印张的位置（页码的排列，如 1～32 页在第一个印张，以及其他页面所在印张）。

（10）印张每面的色数。

（11）辅助性标记（套印标记、裁切标记、折叠标记、书帖折标、套准标记、书帖线、色版标记、标识号码）。

（12）控制条（横跨印张整个宽度的印刷控制条、非印刷部位上的晒版控制区）。根据不同的活件，还应注意其他各种规格要求。拼大版是后续工序无错误结果的信息集合点，具有核心性的重要意义。虽然每个单独步骤的操作几乎都与拼大版一样重要，但拼大版的内容却要广泛得多。

拼大版的第一步是绘制正确尺寸的版式台纸。台纸与印张的幅面相同，并附带一个边缘区域，它由尺寸稳定的透明材料或纸张制成。若以单张纸胶印机的台纸为例，先将台纸按轴向平行定位在拼版台上，并用胶带纸粘贴固定，然后在其内部做好各种标记：印张幅面、咬口、印刷起点与中线，标记相关的数据，如来源于印刷机相关文档或者从工作任务中获取。

拼大版软件可以将各种可变资源分别建立各种资源，例如，折页方案、成品尺寸、印刷用纸等，然后把各种相对固定不变的资源组合成一个集合，形成一个模板，这个模板中考虑了印刷机的印版幅面、印刷起点、纸张的咬口位，以及各种辅助标记相对页面成品或者纸张边界或者印版边缘的相对位置，这样在实际拼版过程中，先建立这样的模板，然后以该模板为基础放置各种可变资源，由此形成一个完整的拼版印版。

练习与思考

一、单选题

1. 以下哪种占位符表示工单名称？（　　）

A. $[jobid]　　B. $[jobname]　　C. $[Sheetno]　　D. $[color]

2. 占位符 $[Sheetno] 代表的含义是（　　）。

A. 工单序号　　B. 正面和背面　　C. 印张编号　　D. 日期

3. 在 Prinect Signa Station 软件拼版过程中所使用的拼版模板是（　　）。

A. 印版模板　　B. 序列模板　　C. 组模板　　D. 子活件模板

4. Prinect Signa Station 软件中拉规标记的基准点是（　　）。

A. 印刷区域　　B. 印版　　C. 纸张　　D. 折页

5. 在 Prinect Signa Station 软件中，一般（　　）标记的基准点既可以是纸张又可以是印刷区域。

A. 文本标记　　B. 拉规标记　　C. 颜色控制条标记　　D. 套印标记

6. 在印刷过程中，为了检查纸张的走纸对齐情况，需要在印前拼版中添加（　　）标记。

A. 颜色控制条　　B. 套印线　　C. 文本标记　　D. 拉规

7. Prinect Signa Station 软件中，颜色控制条的基准点是（　　）。

A. 纸张　　B. 印刷区域　　C. 印版　　D. 折页

8. 在 Prinect Signa Station 软件中，拼版后输出的大版尺寸取决于（　　）设定。

A. 大版尺寸　　B. 拼版尺寸　　C. 制版机成像尺寸　　D. 文档尺寸

9. 在拼版过程中，裁切标记与页面（　　）对齐。

A. 裁切框　　B. 出血框　　C. 介质框　　D. 类型框

10. 在 Prinect Signa Station 软件拼版过程中，颜色控制条放置宽度取决于（　　）。

A. 印刷区域　　B. 纸张尺寸　　C. 印版尺寸　　D. 文档页面尺寸

二、多选题

11. 以下标记中，基准点为纸张的有（　　）。

A. 裁切线　　B. 折页线

C. 文本标记　　D. 印版控制条

E. 拉规

12. 以下标记中，基准点为印刷区域的有（　　）。

A. 裁切线　　B. 折页线

C. 文本标记　　D. 印版控制条

E. 拉规

13. Prinect Signa Station 软件拼版输出支持的文件格式有（　　）。

A. PS　　B. EPS

C. PDF　　D. SDF

E. JDF

14. Prinect Signa Station 软件拼版输出的成像尺寸有（　　）。

A. 制版机成像窗口　　B. 打印机幅面

C. 纸张　　D. 折页

E. 选择的印版模板

15. Prinect Signa Station 软件支持的标记类型有（　　）。

A. 未定义　　B. 颜色控制条

C. 套准标记　　D. 颜色拾取标记

E. 清洁标记

16. 在 Prinect Signa Station 软件中，影响版式输出尺寸的资源或设备有（　　）。

A. 直接制版机尺寸　　B. 印刷机尺寸

C. 输出参数集　　D. 印版模板

E. 折页方案

17. 在 Prinect Signa Station 软件中，关于标记的放置，以上说法正确的是（　　）。

A. 正面和背面的固定位置　　B. 只将标记复制到正面

C. 只将标记输出到打样设备　　D. 镜像标记

E. 只在纸张上输出标记

18. 在 Prinect Signa Station 软件中，颜色控制的设定参数包括（　　）。

A. 可以定义色块的间隙　　B. 可以定义色块的高度和宽度

C. 可以设定文字说明　　D. 可以定义颜色数量

E. 可以定义色块的外框

19. 在 Prinect Signa Station 软件中，标记输出的目标有（　　）。

A. 仅打样　　B. 纸张

C. 仅印版　　D. 印版和打样

E. 纸张和打样

20. 以下不属于 Prinect Signa Station 软件中，导入自定义标记通常以 EPS 格式的原因是（　　）。

A. 是一种页面描述语言　　B. 文件尺寸小

C. 与设备无关的文件格式　　D. 文件无尺寸信息

三、判断题

21. Prinect Signa Statoin 软件的印版模板中包含了印刷纸张的信息。（　　）

22. Prinect Signa Statoin 软件的印版模板中放置了裁切标记。（　　）

23. Prinect Signa Station 软件拼版的模板称为印版模板（　　）

24. 拉规标记的主要作用是检查印刷的套印情况。（　　）

25. 印版控制条主要作用是检测印版的成像质量，维持印版质量的稳定性。（　　）

26. Prinect Signa Station 软件不能生成用于印后裁切设备所需的 CIP3 文件。（　　）

27. 在 Prinect Signa Station 软件中存在颜色控制条和组合标记，在实际使用过程中，只能通过调用组合标记来使用颜色控制。（　　）

28. Prinect Signa Station 软件是一款基于数字化工作流程的拼版软件，它支持 Prinect 流程。（　　）

29. Prinect Signa Station 软件中的印版模板包含印刷机的基线和咬口信息。（　　）

30. 在 Prinect Signa Station 软件中，可以针对柔性版印刷设定修正信息。（　　）

任务6

练习与思考参考答案

1. B	2. C	3. A	4. C	5. A	6. D	7. A	8. C	9. A	10. A
11. BE	12. ABC	13. ACE	14. ACDE	15. ABCDE	16. ACD	17. ABDE	18. BCDE	19. ACDE	20. ABC
21. N	22. N	23. Y	24. N	25. Y	26. N	27. N	28. N	29. Y	30. Y

任务 7

骑马订产品数字拼大版版式设计

该训练任务建议用 4 个学时完成学习。

7.1 任务来源

骑马订装订是书刊印刷产品的一种常见装订形式，如杂志、小册子等。这些产品都需要合理计划产品的拼大版版式，保证印刷工作高效、用料合理等，如书刊封面的印刷工艺和内文的印刷工艺可能是不同的，封面印刷通常采用定量大一些的纸张，并且可能是彩色印刷等；内文印刷的纸张通常会比封面使用的纸张稍薄一些或者单色印刷等。作为 CTP 操作员应具备骑马订产品拼大版版式设计的能力。

7.2 任务描述

本任务使用 Prinect Signa Station 拼大版软件完成骑马订书刊封面自翻版拼大版版式设计和内文的正背套印拼大版版式设计等。

7.3 能力目标

7.3.1 技能目标

完成本训练任务后，读者应当能（够）掌握以下技能。

1. 关键技能

（1）能够使用 Prinect Signa Station 完成自翻版版式设计。

（2）能够使用 Prinect Signa Station 完成正背套印版式设计。

（3）能够使用 Prinect Signa Station 完成书刊印刷折页方案的定义。

2. 基本技能

（1）能够使用 Acrobat Pro 软件完成 PDF 书刊文档信息的查看。

（2）能够完成 Prinect Signa Station 软件的参数预置。

（3）能够使用 Prinect Signa Station 定义的印版模板。

7.3.2 知识目标

完成本训练任务后，读者应当能（够）学会以下知识。

（1）掌握自翻版印刷制版工艺的特征。

（2）掌握正背套印印刷工艺的特征。

（3）掌握书刊常用装订方式的工艺特征。

7.3.3 职业素质目标

完成本训练任务后，读者应当能（够）具备以下职业素质。

（1）按照主要指令单的指示输出作业。

（2）注意客户资料的整理和保管。

（3）养成做好作业记录的良好习惯。

7.4 任务实施

7.4.1 活动一 知识准备

（1）书籍的组成通常包含哪几部分？

（2）常用的印刷放置模式有哪些，有什么区别？

（3）折页方案的规则如何定义，对大版的效果有哪些影响？

7.4.2 活动二 示范操作

1. 活动内容

根据表 7-1 所列出的要求，完成书刊拼大版。

表 7-1 书刊拼大版印件要求

任务名称		完成书刊拼大版
印件要求	书刊名称	《×××》第Ⅱ期
	成品尺寸	210mm×285mm
	装订方式	骑马订
	上机幅面	对开、四开
	印色	彩色
	页面顺序	封面、封二、人物介绍、目录一、目录二、P1～P29、封三、封底
	印刷用纸	封面用纸 128g/m² 的铜版纸，内文用纸 80g/m² 的胶版纸

2. 操作步骤

（1）步骤一：根据要求进行分析、确定拼大版折页方案。

1）成品尺寸是什么规格的，多少开？

2）总共的 P 数，所用的纸张是否一样？

3）上机印刷的纸张具体尺寸是多少？

4）总共有多少帖，页面分配如何？

5）装订方式是什么？

6）封面用什么样的印刷方式？

7）内文用什么印刷方式？

结论：这本书的成品尺寸是大 16K，共有 48P，用对开张上机印刷。由于封面、封底和内文所用的纸张不同，应采用不同的印刷工艺。

上机纸张尺寸：889mm×595mm、595mm×443mm；

装订方式：骑马订；

封面印刷方式：自翻版，封面封底 4P，1 贴；

内文印刷方式：正背套印，内文 32P，2 贴；

折页方案：封面折页方案如图 7-1 所示，内文折页方案如图 7-2 所示。

封一	封二
封四	封三

图 7-1　封面折页方案示意图

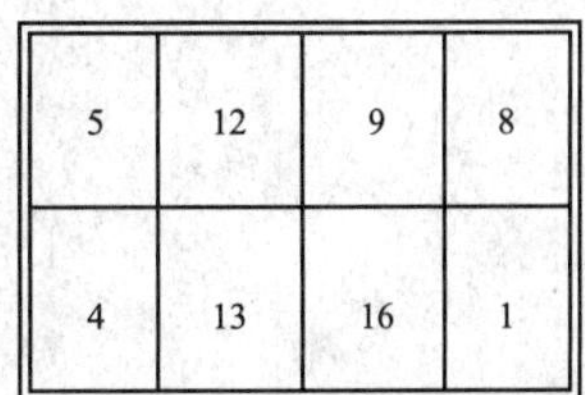

图 7-2　内文折页方案示意图（正面）

（2）步骤二：制作封面拼大版版式。

1）启动 Prinect Signa Station 拼大版软件，单击“创建新活件-打开活件向导”，定义活件参数，如图 7-3 所示。在该窗口定义“活件序号”“活件名”“客户名等信息”。

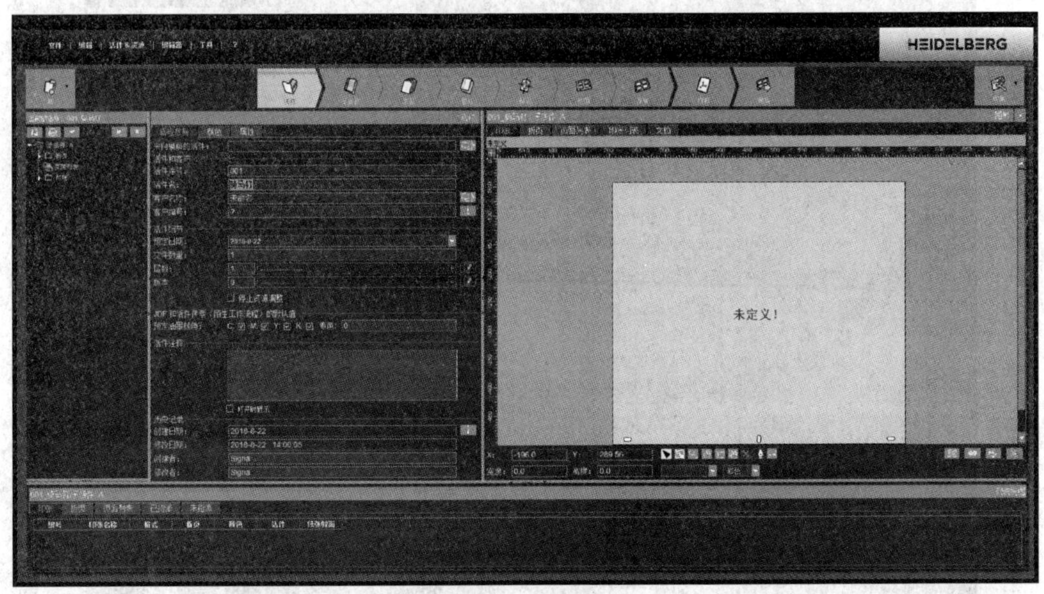

图 7-3　活件向导

2）单击“子活件”标签，定义子活件参数，如图 7-4 所示，“子活件”高亮显示。在该窗口定义“作业模式”“页面总数”等参数，如本例的“作业模式”是“（拼版时）排好页码”，“页面总数”是 36P。

3）单击“主页”标签，定义主页，如图 7-5 所示。在该窗口主要定义“主页尺寸”“相对页面裁边”“指派页面布局”等参数。如本例定义主页尺寸为 210mm×285mm，裁切 3mm，指派页面居中。

4）单击“装订”标签，定义装订方式，如图 7-6 所示。在该窗口选择“装订方式”，定义“头部最大空隙”和“最大空隙”等参数。如本例选择“骑马订”，“头部最大间隙 3.0”，“最大空隙 3.0”，勾选“考虑该值”。

5）单击“标记”标签，定义标记，如图 7-7 所示。在该窗口可选择添加到拼大版版式上的部分标记。如骑马订产品需要添加“裁切标记”“折页标记”“十字对折线”等。

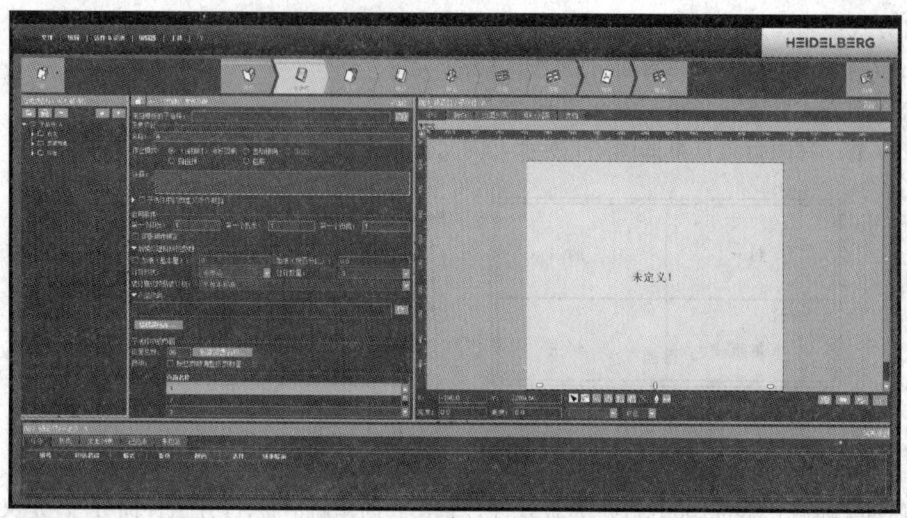

图 7-4 子活件信息定义

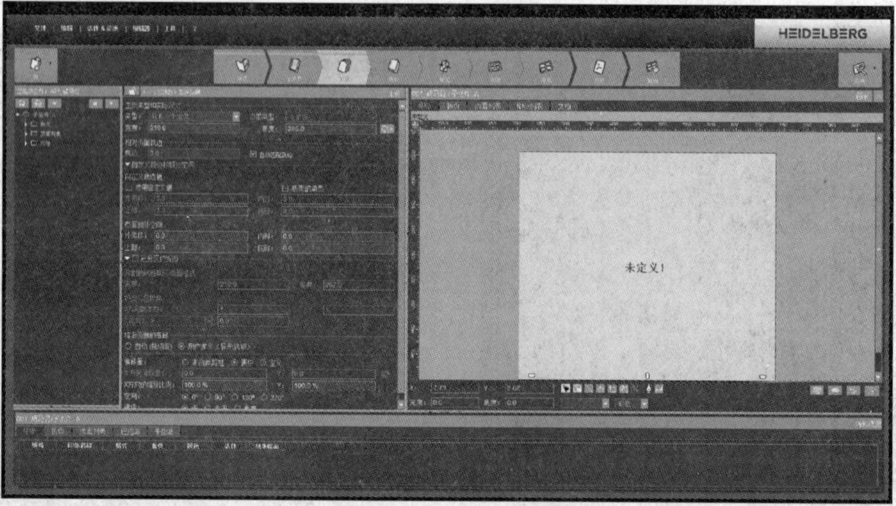

图 7-5 主页参数定义

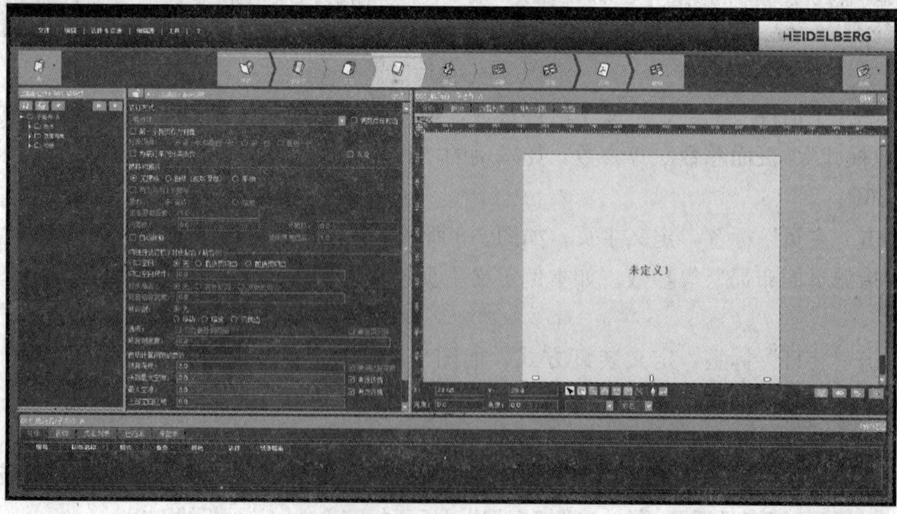

图 7-6 装订方式定义

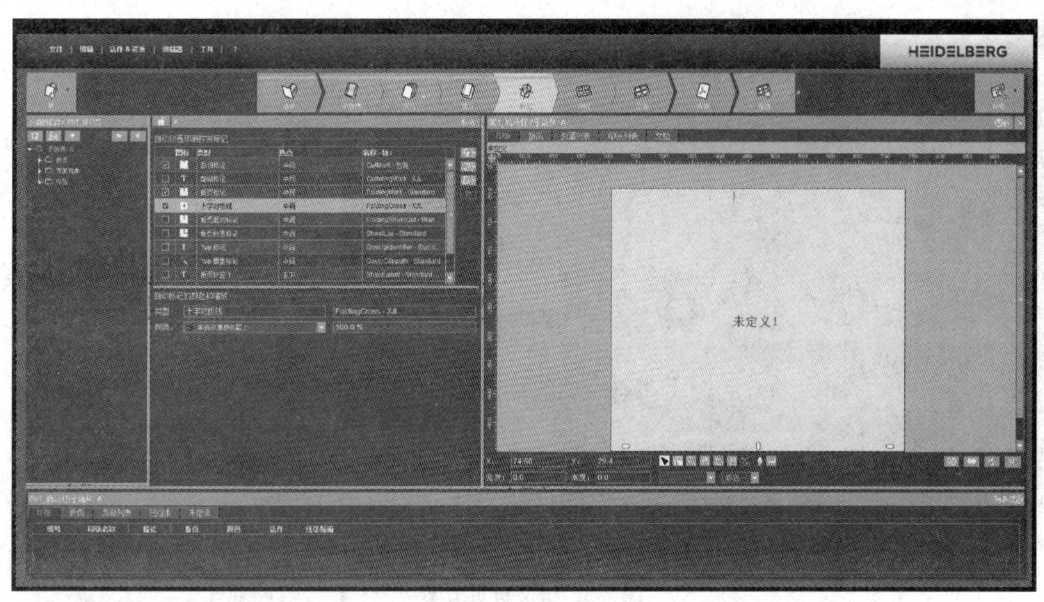

图 7-7　定义标记信息

6）单击“印版”标签，定义印版，如图 7-8 所示。在该窗口可以选择“印版模板”、定义“放置模式”“纸张定量”以及“纸张尺寸”。如本例选择“SM74 印版模板”，采用“SM74 印刷机印刷封面”，“放置模式：单面侧翻”，定义“上机用纸：595 × 444”，“定量：128”。

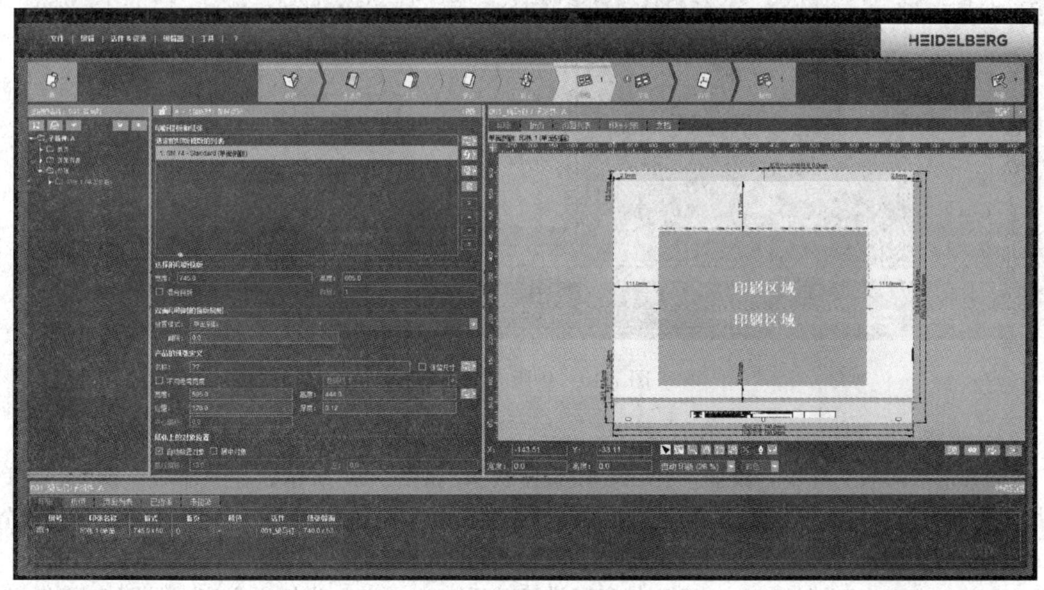

图 7-8　定义印版参数

7）单击“方案”标签，定义折页方案，如图 7-9 所示。在该窗口可以选择预定义的“折页方案”。如本例选择：“2×1”式折页方案。

8）完成封面拼版方案设计，如图 7-10 所示。

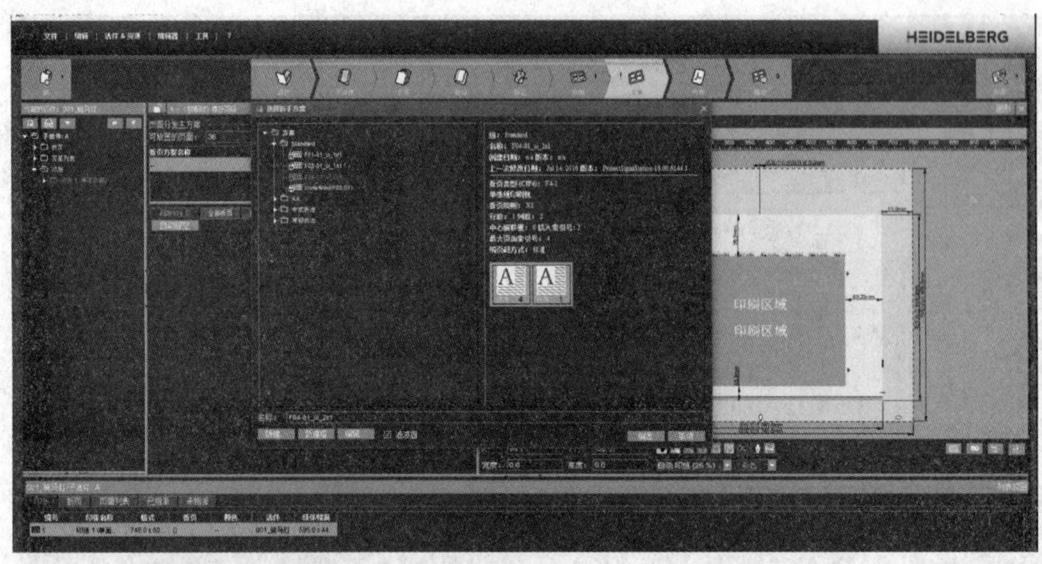

图 7-9 定义折页方案

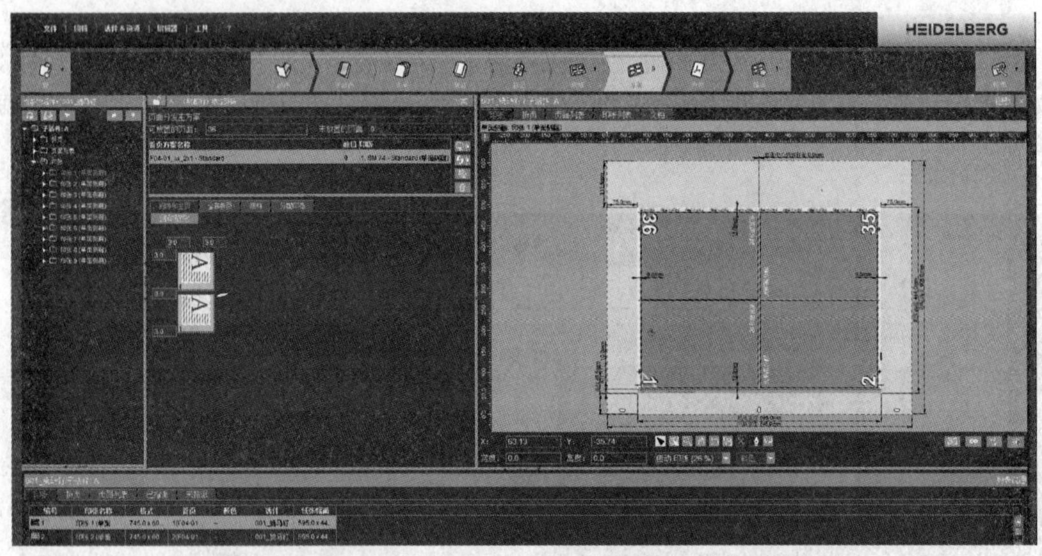

图 7-10 拼版方案预览

（3）步骤三：制作内文拼大版版式。

1）单击“印版”标签，添加“SM102 印版模板”，如图 7-11 所示。在“印版”窗口，可以添加多个印版模板，并分别定义“放置模式”等参数。如本例添加“SM102 印版模板”，“放置模式：正背套印”；定义“上机用纸：886×595”；“定量：80”。

2）单击“方案”标签，为“SM102 印版模板”添加“4×2”式折页方案，如图 7-12 所示。在该窗口可为每个折页方案指定印版。选中所需要的方案，单击“确定”，完成方案的添加。返回“方案”主窗口。

在“方案”主窗口为“4×2”式折页方案指定 SM102 印版，选中该折页方案，双击打开下拉列表进行选择，如图 7-13 所示。并在该窗口“间隙和主页”标签页，单击“自动留空”。

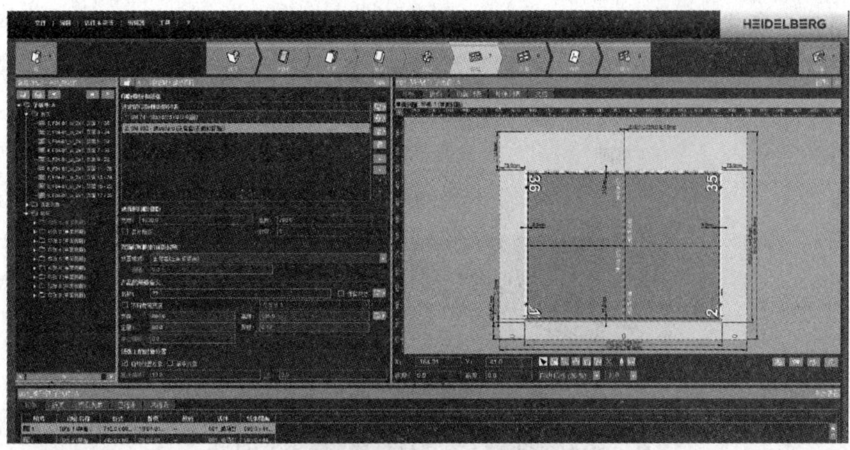

图 7-11　添加印版模板

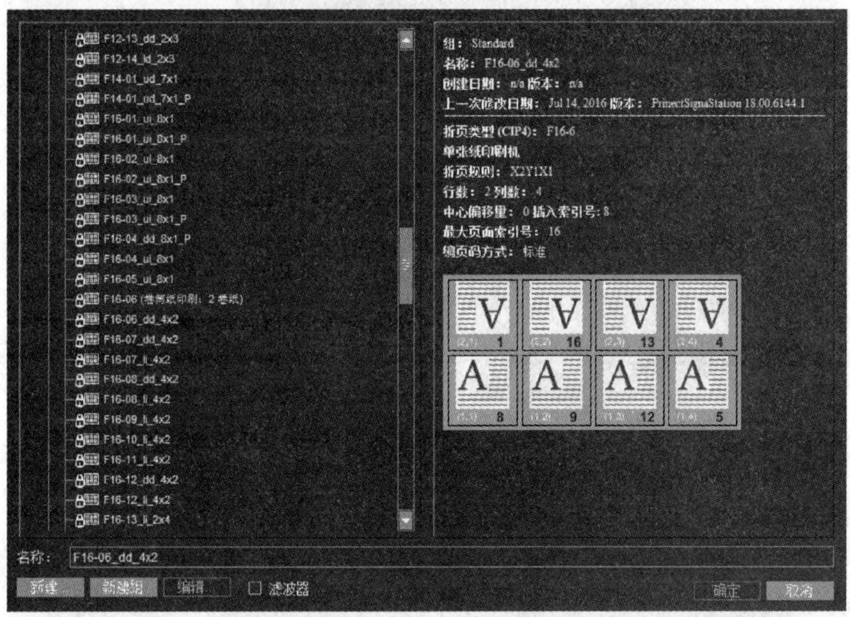

图 7-12　选取折手方案图

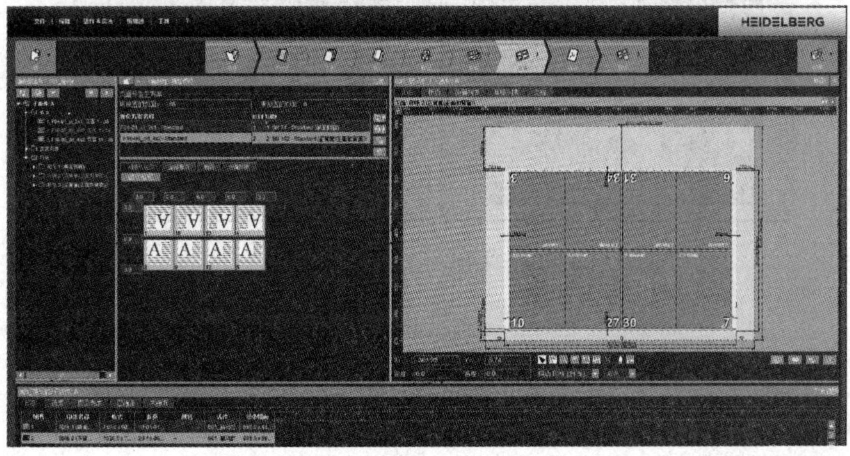

图 7-13　为折页方案指定印版

（4）步骤四：版式检查。在主窗口中，单击“印张”列表，可查看所定义活件的所有印张，如图 7-14～图 7-16 所示。

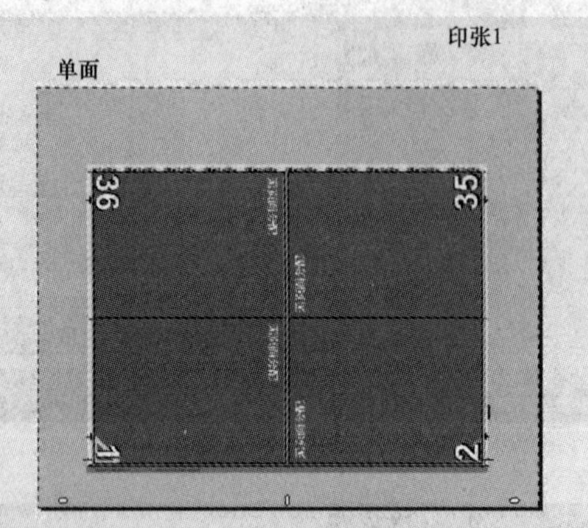

图 7-14 印张 1：封面版式方案

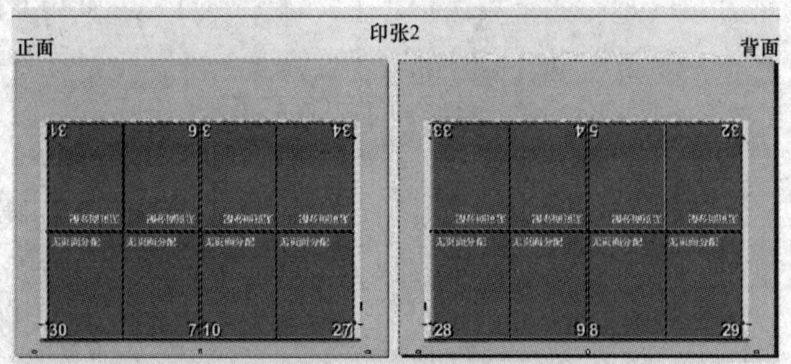

图 7-15 印张 2：内文第一帖

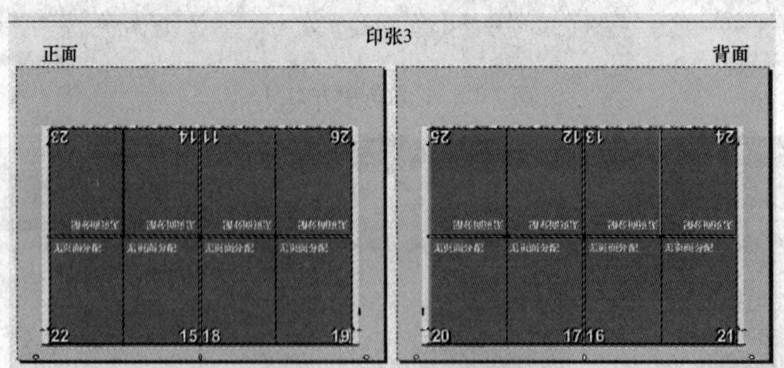

图 7-16 印张 3：内文第二帖

7.4.3 活动三 能力提升

1. 内容

根据表 7-2 所列出的要求，完成书刊拼大版。

表 7-2　书刊拼大版印件要求

任务名称		完成书刊拼大版
印件要求	书刊名称	《×××》册子
	成品尺寸	210mm×285mm
	上机幅面	对开
	印色	彩色
	印数	10 万本
	页面顺序	封面、封二、P03-14、封三、封底
	印刷用纸	封面：200g/m^2 铜版纸，内文：157g/m^2 铜版纸
	装订方式	骑马订
	其他要求	封面封底单面覆膜

注　老师可以通过改变印件的要求，形成更多新的训练活动。

2. 整体要求

（1）严格按操作步骤和要求进行练习。

（2）设定名称、文件名称应与测试内容和操作人员相关。

（3）保存设置和输出结果，作为考核的依据。

（4）当出现问题时，应利用学过的理论知识分析问题并做出相应处理。

7.5 效果评价

效果评价参见任务 1，评价标准见附录。

7.6 相关知识与技能

1. 书刊印刷拼版基本知识

装版在书刊印刷过程中占重要位置。掌握装版技术对提高印刷品质量，提高机器的利用率具有重要意义。装版工艺中的摆版工序比较复杂，它是根据不同折页、配页、订书、印刷方法，排列印刷位置的过程。装版前印刷工作者首先要了解施工单的各种要求，例如：开本（开数）、左开本、右开本；翻版印刷、套版印刷，平订、胶订、锁线、骑马订，有无插图、插表等，然后按要求进行分帖、分版和摆版。

（1）书刊开本：书刊是各种书籍、杂志的统称。根据书刊的内容和用纸幅面的大小，书刊有大小不同的规格和不同形式的装帧要求。

开本是书刊幅面大小的称呼。书刊开本是把全张纸裁切成 1/2、1/4、1/8、1/16、1/32、1/64、1/128 等，通常分别称它们为对开（2 开）、4 开、8 开、16 开、32 开、64 开、128 开等。

根据书刊的性质和要求，把全张纸裁切成 1/12、1/18、1/25、1/27、1/28、1/36、1/44、1/56 等，亦称为 12 开、18 开、25 开、27 开、28 开、36 开、44 开、56 开的各种不同幅面的书刊，这些开本比较复杂称为畸形开本。

（2）左开本和右开本：在阅读书刊时有的书向左翻阅，有的书向右翻阅，左右之分正文排版要求不一样，左开本文字横向排列，从左至右阅读眼睛平视；右开本文字竖向排列，是由右从上至下阅读，目光上下移动，阅读时间长易使眼睛疲乏，这种排版形式使用较少。

左开本：向左翻的书，即横排版，有天头码和地脚码，要求齐头印即头顶头；要求齐脚印即脚顶脚。齐头印折口在天头处，地脚是毛边，齐脚印的相反。

右开本：向右翻的书。即竖排版，以地脚码为主，齐脚印。折口在地脚，毛边在天头。

（3）印版分帖和分版：根据装订和印刷的要求，合理地安排整本书书芯的书帖和顺序称为分帖。把每一书帖的印版按翻版印刷或是套版印刷的要求合理排位置称为分版。根据开数、页数和装订形式，书帖的页码编排亦是不相同的。

（4）翻版和套版基本分版方法：书刊印刷主要有翻版和套版印两种。翻版印刷的分帖和分版，是根据书刊的页码顺序，按帖把页码分组即可，装版时按页码顺序进行摆版。套版印刷分帖在同等印刷幅面，页码比翻版印刷增加一倍，装版时印版按正反两面分成两组，才能进行摆版。如书帖书页 16 页，印版 32 块，正面页码顺序：1、4、5、8、9、12、13、16、17、20、21、24、25、28、29、32，反面页码顺序：2、3、6、7、10、11、14、15、18、19、22、23、26、27、30、31。

（5）自翻版：我们知道翻版印刷是同一套版可以印两面，一张纸可以印出两份相同的产品来；而套版印刷与翻版不同，它是装两次版，按装版要求先印正面或反面，装两次版，印刷两次完成一份产品。

（6）双联装版：为了配合装订工序和缩短出书周期，采取双联装版方法，如图 7-17 所示，双联装版是双副印版，装版时页码成双摆版，两两拼摆，使其装订各工序折、配、订、切者能进行双联加工，一次操作产生二本书。

9	9	12	12
8	8	加刀 5	5
加	刀	加	刀
32开联2版 1	1	加刀 4	4
16	16	13	13

图 7-17　双联拼版版式示意图

（7）平订的分帖和分版：书刊超过三个印张，一般采用平装订书方法。平订的分帖和分版要考虑到装订时的配页、分本操作的方便，不足一帖书页要分两个整帖之间，不宜分在书芯的最前或最后一帖，这样操作方便，提高生产效率。

（8）锁线订的分帖和分版：锁线装订的图书一般是较厚的书，页码应是偶数，因为装订时用线与书背相连。锁线装订的图书分帖方法，与平订书刊的分帖方法基本相同，有所区别的是如果有不满整帖的书页，要把它分成能套在整帖的书帖上锁线，如有单页必须粘在整帖书的最后，再进行锁线装订。

（9）骑马订的分帖和分版：三个印张以内的书刊，多采用骑马订装订。这种装订方法是封面和书帖一帖套起来，利用铁丝在书背装订成册。骑马订的分帖数，用一本书的总页码除以书帖页码，即是几套书帖，余下的页数必须是偶数，因为骑马订以书背订锯。

骑马订的分帖和分版，是一本书的前 8 页码和后 8 个页码组成一帖，其他页码依此类推。如一本 16 开的书刊，页码 1～56，可分四组（就是将所折台纸一个一个地套在一起），即：

第一组 { 1～8，41～48 }　第二组 { 9～16，49～5 }　第三组 { 17～24，33～40 }　第四组 { 25～32 }

(10) 插图、插表的分帖和分版：书刊中央的插图、插表，在装订时采用单页或直接配入帖中的方法解决。有时插图、插表是彩页，插表超出开数的幅面，则只能采用粘单页的方法，为了粘页或配页方便，要求分帖时，把插图、插表尽可能放在某书帖的前面或最后面，避免插入书帖的中间。

(11) 畸形开本的分帖和分版：畸形开本简单地说就是不正规的开本，不合乎正常规定的开本，倒如：25 开、27 开、44 开等都可划归畸形开本类。目前正规开本只有四种，也就是说 8 开、16 开、大 32 开、小 32 开。畸形开本一般说都有零页，造成手工折页和粘页，给装订造成了较大的麻烦。因此在进行畸形开本的分帖和分版时，尽量考虑装订的配页、分本、订书的方便。

(12) 折页方法：折页是装订的主要工序，将印刷大页（全张或对开张），按照要求和页码顺序，用折页机或手工折叠成书帖称为折页。

书刊印刷装版是根据印件要求和折页机设计固定版位，因此操作者必须了解折页的方法才能进行摆版。折页方法根据全张页或对开页，一般可分为五种。

1）32 开反四折（全张套版印）。第一二折顺折，第三折反手折，第四折顺折。

2）32 开反三折（对开翻版印）。第一二折顺折，第三折反手折。

3）32 开正三折（对开翻版印）。第一至三折顺折。

4）32 开正四折双联（全张套版印）。第一至四折顺折。

5）64 开正四折双联（对开翻版印）。第一至四折顺折。

一本书分帖时应尽量分成 8 页、16 页和 32 页，使折页方便，提高生产效率。余下零页应考虑用最基本的摆版方法分帖。如单页 2 块版，三页 6 块版，四页 8 块版，五页 10 块版；六页 12 块版等，这些零页基本上都是手折页。书刊印刷装版时，操作者首先要了解机折页或手折页，任何开数的套版或翻版印刷，基本上采取上述五种折法，根据折页方法固定印版版位。

2. 书刊印刷摆版方法

根据不同的开本，翻版印、套版印、机折页、手折页和配页的要求，按页码把印版循序排列的方法，统称为摆版。所有各种开本的摆版，都是由十几种最基本的摆版方式拼合而成的。基本版式的摆版举例如下。

摆版的检查方法：

(1) 平板纸印刷装版同订口相邻两块印版的页码相加，它们的总和应该相等。卷筒纸书刊轮转机（包括胶印轮转印刷机），因为折页装置不同，要根据书帖样张检查页码顺序。

(2) 每个书帖从第一块印版摆起，至最后一块印版，该书帖首尾两块印版应在同订口相邻的位置上。

(3) 印版的页码应在切口位置。

(4) 印版摆好后，打一张折样根据施工单所列的开本或样张逐面核对，检查折法是否正确，环衬、前言（序）、目录、插图、插表、白面、版权等位置是否符合要求。

3. 合理分帖

帖有的也称为“台”，所以，分帖也称为“分台”。

书帖页折叠次数越多，其误差越大，会影响装订的精度、质量。实践证明，最多可折四页，即全张纸可折成 16 开或双联 32 开产品；半开纸可折成 16 开或单联 32 开书帖。所以，32 开产品以一个印张为一台，16 开产品最多以两个印张为一台较为适当。

要拼成一个对开大版，对于 32 开本的胶片而言，需要 16 个页码，16 开 8 个页码、8 开 4 个页码。能满足这个关系的印张，在折页之后就是一个完整的书帖。

但每本书不可能正好是几台，其不足一台的零头，为了有利装订的方便和质量，平订或精装书，一般都放在全书的第二贴或倒数第二贴位置。

如一本，32 开本、全书 10.625 印张，就应分成第一台、第三台至最末第 11 台，都应是 32 面（一个印张），其零头 0.625 印张放在第二台位置，为一个 16 面（0.5 印张）和一个 4 面（0.125 印张）。

把书刊的多页胶片根据印刷条件、版式规格的不同（如，印刷机印刷幅面的大小：全开、对开。装订方式：开本、横开、竖开的不同等），在片基上拼制成供晒制印版用的原版。因此原版上的书页排列方式就不该是 1，2，3，4…流水排列，必须顺应将来“书帖”的对折程序，这个动作就称为“拼版”。请参考图 7-18，正反两面印刷对折裁切次序。

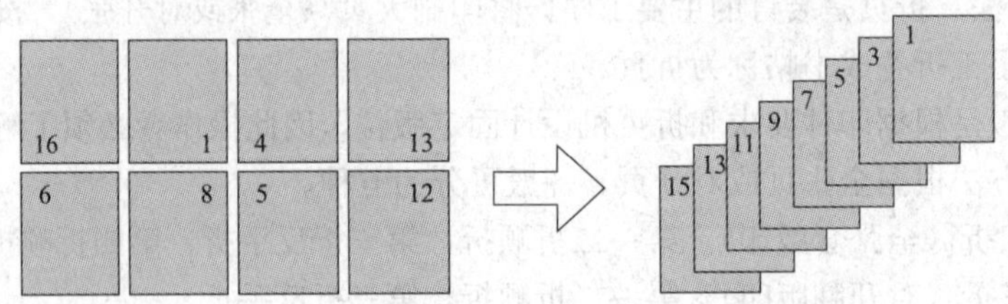

图 7-18　书页与拼版

RGB 色彩，也就是 Red（红色）、Green（绿色）、Blue（蓝色），而印刷使用的油墨却是 CMYK 的色彩模式，即 Cyan（青色）、Magenta（品红）、Yellow（黄色）、Black（黑色）。两种不同的颜色合成模式，所能呈现的色彩范围也不同，一般称为“色域”。

这些原版是借助了滤色片的滤光（选择吸光）原理和胶片的感光成像原理，通过分色曝光制取的。其中黄版是用蓝光（蓝滤色片）、品红版是用绿光（绿滤色片）、青版是用红光（红滤色片）、黑版是用白光或黄光制取的。

基本色是指需要色，是要通过该色叠印合成的颜色。相反色是指不需要的色，是不通过该色版叠印合成的颜色。各色版上的基本色、相反色及其密度分布状态如表 7-3 所示。

表 7-3　基本色与相反色

色别	基本色	相反色
黄版	Y、G、R、BK	B、C、M、W
品红版	M、R、B、BK	G、Y、C、W
青版	C、G、B、BK	R、Y、M、W
黑版	BK	W、R、G、B、Y、M、C

注　晒版时，将 Y 黄、M 红晒在一张版上；C 蓝、K 黑晒在一张版上，便于印刷。

4. 给定装版尺寸

装版尺寸是印版在印刷装版台的位置尺寸，也是印迹在印张上的位置尺寸。给定装版尺寸的目的，是保证成书之后，每面印迹都在统一的位置上。所以给定装版尺寸是保证书刊尺寸准确的重要工艺管理内容。

（1）计算装版尺寸的依据：计算装版尺寸的依据是出版部门的要求和装订工序的有关工艺参数。

书刊部门的要求主要是书刊的规格尺寸和版心在版面中的位置。书刊的规格尺寸，是指书刊成品幅面的大小和版心四周空白边的大小。例如 32 开书籍的成品尺寸要求为：130mm×184mm。如标明切口齐字空 14mm，地脚齐码空 11mm，这就规定了这本书装订裁切成品的幅面大小及版心位置。“切口”是指书的切光一边到书芯的空白部的尺寸。“地脚”是书芯下边的空白尺寸。印刷厂往往用“码下”代替“地脚”，目的是对非满版的版面便于测量，“码下”是页码至边的尺寸，有书刊页码在版芯的上边，称为天码，用码上表示，即页码到书刊上边的尺寸。

装订工艺的有关工艺参数，如：裁切成品的天头裁去毛边尺寸，称为“天齐”；双联产品上下本之间留有的距离，称为“中间加刀”；裁切成品时必须留有的毛边尺寸称为“裁头”等。

（2）装版尺寸及计算：在装版之前，要把各部位的尺寸计算好，然后才能进行装版工作。装版尺寸是以印张的咬口边，顶针为横竖两个基准线，用各项装版尺寸分别指示每块印版的具体位置。

咬口：咬口一侧的纸边到第一行印版边的距离。如 32 开产品，咬口尺寸＝地脚同码下＋裁头。16 开产品，咬口尺寸＝切口＋裁头。咬口板（65cm×920cm，也有 55cm×920cm 要根据印刷机而定）。PS 阳图版材 920cm×760cm。

阴图和阳图：准确称呼应是图文的阴阳性，它是描述图文明暗关系的一个术语。若图文与原版的明暗关系一致就称为阳图，相反则为阴图。

顶针：顶针一侧的纸到第一行印版边的尺寸。如 32 开产品，顶针尺寸＝切口＋裁头。16 开产品，顶针尺寸＝地脚（或码下）＋裁头。

地码：天头折线两侧天头相对称的两页版页码之间的距离。地码尺寸＝(成品竖的尺寸－码下尺寸＋天齐尺寸)×2。

竖的尺寸：32 开以下的双联产品，上边版和下边版页码之间的距离。竖的尺寸＝成品竖的尺寸＋中间加刀。

横的尺寸：书脊两侧的印版，一侧切口边到另一侧切口边的距离。横的尺寸＝(成品尺寸－切口尺寸)×2。

裁口：横的尺寸延至下行印版的切口边的尺寸。裁口尺寸＝(成口尺寸中横的尺寸＋裁头)×2。

生产实践中，由于产品规格不同，使用的印刷机型不一样，还有许多装版尺寸，不能一一列举。但是，印张上的每块印版，都要有横竖两个方向的两个装版尺寸，才能确定位置。

版芯：位于版面中央，排有正文文字的部分，如图 7-19 所示，书籍内页版面结构。

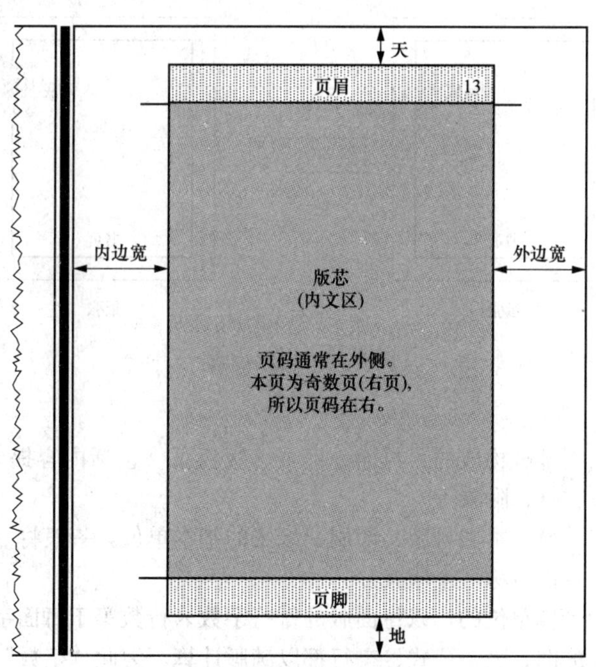

图 7-19　书籍内页版面结构

版芯的宽度和高度的具体尺寸，要根据正文用字的大小、每面行数和每行字数来决定。而每面行数又受行距的影响。印刷标准术语中将字行与字行之间的空白称为行间，行中心线与行中心线的距离称为行距。

书眉：排在版芯上部的文字及符号统称为书眉。它包括页码、文字和书眉线，一般用于检索篇章。

书芯：将书帖按帖码顺序配帖订联成册的半成品叫书芯。

书帖：是组成书芯的主要零件，它是将大张印页，通过折页的方式，按规格折成页码顺序相连的一叠，叫作书帖。

页码：书中奇数页码总在一张书页的正面，双页码总在背面。没有文字的插图不排页码（称为“暗页码”“空码”），衬页、版权、扉页、篇章页、口号页不排页码，但仍需计算在全书总页数内。

书刊正文每一面都排有页码，一般页码排于书籍切口一侧。印刷行业中将一个页码称为一面，而正文面两个页码称为一页码。

印张：全张纸印刷一面为一个印张，即半开纸两面印刷为一个印张。在书刊装订中，印张可以折算，例如一本 240 页 32 开本的书可按以下方法计算出印张：（2 面×240 页）/32 开＝15 印张。

台：印刷所称的“台”与装订所称的“台”不同。印刷所称的“台”是以一次装在版台上的版面为一单元称为一台，在书版印刷时，以表版（第一面）和里版两面的计数为一台。

而装订接收印刷页时，常以两面所印的印刷页为单位，称为一台。有的装订以裁切后的基本折帖页为一台。

出血版：当底纹出现于页边，不能只是刚好涂到页边为止，应该更多一些（至少 3mm），才不会因为折纸裁切而使页边“露馅儿”，此谓出血。请参考图 7-20。如果图片（底纹）尺寸做得刚刚好，没有出血，成书时裁切边上会出现白色边（纸的颜色）。

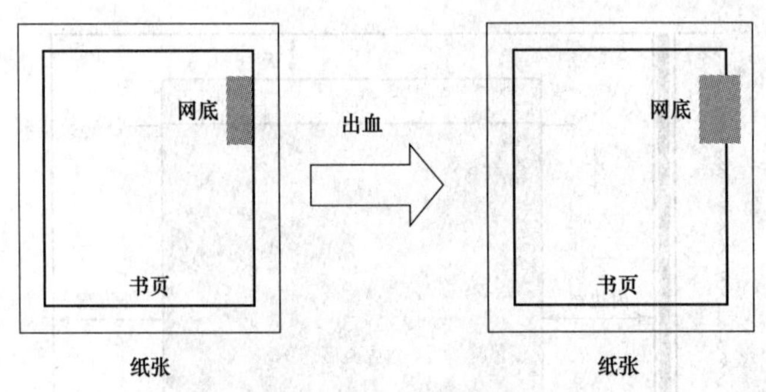

图 7-20　出血示意

5. 书籍的组成

一本书一般是由以下部分构成的：封面、扉页、版权页（包括内容提要及版权）、前言、目录、正文、后记、参考文献、附录等。

印张是印刷厂用来计算一本书排版、印刷、纸张的基本单位，一般将一张全张纸印刷一面叫一个印张，一张对开张双面也称一个印张。

字数是以每面版为计算单位的，以每面版的每行字数×行数等于每面字数，再乘以页码数即为全书字数，在版面上的图、表、公式、空行都以满版计算，为此“字数”并不是指全书的实际字数。

6. 开料与用纸量

常见开纸尺寸及图书开本规格，见表 7-4～表 7-6。

应用举例：如印 100 本，100 页。

用料的算法：100 本×100 页＝10000÷16（为 16 开本）＝625（为大纸）×2（为半才印）＝1250（半才纸）。

如印 100 本，50 页。用料的算法：100 本×50 页＝5000÷32（为 32 开本）＝156.25（为大纸）×4（为四才印）＝625（四才纸）。

如印 1000 份，16 开单页。用料的算法：1000 份×16 开单页＝1000÷16＝62.5×2（为半才印）＝125（半才纸）。

7. 信封的摆版拼版

5 号封（DL）：成品尺寸为 110mm×220mm，拼版尺寸为 240mm（纵向 110mm 成品×2＋20mm 糊口）×260mm（横向 220mm 成品＋两边舌头各 20mm）。

6 号封（ZL）：成品尺寸为 120mm×230mm，拼版尺寸为 260mm（纵向 120mm 成品×2＋20mm 糊口）×270mm（横向 230mm 成品＋两边舌头各 20mm）。

7 号封（C5）：成品尺寸为 162mm 成品×230mm，拼版尺寸为 344mm（纵向 162mm 成品×2＋20mm 糊口）×230mm（横向 230mm 成品＋两边舌头各 20mm）。

8 号封：成品尺寸为 120mm×324mm，拼版尺寸为 260mm（纵向 120mm 成品×2＋25mm 糊口）×270mm（横向 230mm 成品＋两边舌头各 25mm）。

9 号封（C4）：成品尺寸为 324mm×229mm，拼版尺寸为 374mm。

8. 其他版式摆版拼版

如有大小相同，印数相同，版芯不同的两种印品，要在一块版上印刷，如正 16 开（185×260）的两种印品，可先画一张正 16 开的台纸，再在台纸上拼摆出这两种印品即可找出正确的版芯所在。

表 7-4　　常见拼版与纸张开料　　单位：mm×mm

开本＼纸张	787×1092	900×1280	850×1168	备注
4 开	390×543	447×637	422×581	
4 开（长）	271×781	318×894	290×844	
8 开	271×390	318×447	290×422	
8 开（长）	195×543	223×637	211×581	
16 开	195×271	223×318	211×290	
32 开	135×195	159×223	145×211	
64 开	97×135	111×159	105×145	
128 开	67×97	79×111	72×105	

表 7-5　　图书页码与印张换算速查表

页数（两个页码）	印张			备注
	16 开	32 开	64 开	
1（2 页）	0.125　1/8	0.0625　1/16	0.03125　1/32	
2（4 页）	0.25　1/4	0.125　1/8	0.0625　1/16	
3（6 页）	0.375　3/8	0.1875　3/16	0.09375　3/32	
4（8 页）	0.5　1/2	0.25　1/4	0.125　1/8	

续表

页数（两个页码）	印张			备注
	16 开	32 开	64 开	
5（10 页）	0.625 5/8	0.3125 5/16	0.15625 5/32	
6（12 页）	0.75 3/4	0.375 3/8	0.1875 3/16	
7（14 页）	0.875 7/8	0.4375 7/16	0.21875 7/32	
8（16 页）	1 1	0.5 1/2	0.25 1/4	
9（18 页）	1.125 1 1/8	0.5625 9/16	0.28125 9/32	
10（20 页）	1.25 1 1/4	0.625 5/8	0.3125 5/16	
11（22 页）	1.375 1 3/8	0.6875 11/16	0.34375 11/32	
12（24 页）	1.5 1 1/2	0.753/4	0.375 3/8	
13（26 页）	1.625 1 5/8	0.8125 13/16	0.421875 27/64	
14（28 页）	1.75 1 3/4	0.875 7/8	0.4375 7/16	
15（30 页）	1.875 1 7/8	0.9375 15/16	0.46875 15/32	
16（32 页）	2 2	1 1	0.5 1/2	

表 7-6　常见图书开本版芯尺寸及行距速查表

用纸尺寸（mm）	开本	成品尺寸（mm×mm）	字号	字数×行数	版芯尺寸（mm×mm）
787×1092 正度纸	16	190×260	五	39×39	143×214
	16	185×260	五	39×37	143×213
	16	185×260	小五	45×39	144×214
	16	185×260	小五	45×41	157×215
	16	185×260	小五	48×46	155×220
	16	185×260	小五	51×56	161×232
	32	130×185	小四	23×22	96×138
	32	130×185	五	26×24	96×143
	32	130×185	五	26×26	96×147
	32	130×185	五	27×27	96×147
	32	130×185	小五	29×29	92×144
	32	130×185	小五	32×32	102×153
	64	92×128	五	19×19	70×102
	64	92×128	小五	20×19	63×94
	64	92×128	小五	22×21	70×100
850×1168 大度纸	32	140×202	小四	24×24	102×162
	32	140×202	小四	24×25	101×156
	32	140×202	五	27×25	100×155
	32	140×202	五	27×27	100×155
	32	140×202	五	27×27	100×155
	32	140×202	五	27×28	100×153
	32	140×202	五	28×28	103×162
	32	140×202	五	29×29	106×158
	32	140×202	小五	33×35	105×165
	32	140×202	小五	37×36	104×152
	64	101×137	五	20×19	73×103

续表

用纸尺寸（mm）	开本	成品尺寸（mm×mm）	字号	字数×行数	版芯尺寸（mm×mm）
787×1092 正度纸	64	101×137	小五	23×22	73×103
	64	101×137	小五	26×25	82×112
	64	101×137	六	30×28	83×115

练习与思考

一、单选题

1. 版面是指书刊、报纸的一面中，（　　）的总和。

A. 正文部分和空白部分　　B. 图、文部分
C. 图、文部分和空白部分　　D. 图片部分

2. 一张大度对开的纸张正反两面可以排放（　　）个大度16开的页面。

A. 4　　B. 8　　C. 16　　D. 32

3. 不属于书籍的组成要素的是（　　）。

A. 扉页　　B. 页码　　C. 段落　　D. 前言

4. 书刊常用的折样方法是（　　）。

A. 垂直交叉折页法　　B. 平行折页法
C. 混合折页法　　D. 关门折页法

5. 骑马订书刊常用的配页方法是（　　）。

A. 套配法　　B. 混合配页法　　C. 叠配法　　D. 套配法和叠配法

6. 印张是计算出版物篇幅的单位，一张对开平版原纸（规格不限）就称为（　　）个印张。

A. 0.5　　B. 1　　C. 1.5　　D. 2

7. 成品尺寸为185mm×260mm的印刷品的幅面是（　　）。

A. 大度32开　　B. 大度16开　　C. 正度32开　　D. 正度16开

8. 爬移导致的后果是（　　），应采用适当的工艺措施予以解决。

A. 同一书帖各页面内、外侧页边空白相对于页面边缘不一致
B. 相邻书帖对应位置页面内、外侧页边空白相对于页面边缘相互不一致
C. 尽管同一书帖各页面内、外侧页边空白相对于页面边缘一致包装防伪，但相邻书帖却不一致
D. 同一书帖各页面内、外侧页边空白上大下小或上小下大，影响图书质量

9. 精装书壳超出书芯切口的部分叫（　　），约3mm，主要起保护书芯的作用。

A. 飘口　　B. 护口　　C. 封套　　D. 扉页

10. 平装也称“简装”，整本书由软质纸封面、主书名页和书芯（有时还有其他非必备部件）构成，可分为普通平装和（　　）两种。

A. 精美平装　　B. 勒口平装　　C. 紧口平装　　D. 扎口平装

二、多选题

11. 常见的折页方法有（　　）。

A. 垂直交叉折页法　　B. 平行折页法
C. 混合折页法　　D. 关门折页法

E. 以上都不对

12. 书脊厚度与（　　）有关。

A. 书芯纸张大小　　B. 书芯纸张厚度

C. 封面纸张厚度　　D. 书籍页数

E. 书籍开本大小

13. 下面哪些因素会影响拼大版？（　　）

A. 折页方法　　B. 印刷机的品牌

C. 配页方法　　D. 印刷方式

E. 装订方式

14. 下面的哪些开本是书刊常用的？（　　）

A. 正度 16 开　　B. 正度 4 开

C. 大度 16 开　　D. 大度 32 开

E. 大度 10 开

15. 叠配法的配页方法常用于（　　）装订方式。

A. 骑马订　　B. 无线胶装

C. 锁线胶装　　D. 精装

E. 以上都是

16. 下面哪些是常用的上机印刷幅面？（　　）

A. 对开　　B. 三开

C. 四开　　D. 六开

E. 七开

17. 关于拼大版，下面说法正确的是（　　）。

A. 拼大版就是将排好版的小页面按照一定规则拼成能够上机印刷的印版版式

B. 拼大版的目的是缩短印刷周期、提高后加工的速度、降低印制成本

C. 拼大版方式有自由拼和折手拼

D. 自由拼主要以节省材料为目的

E. 折手拼主要用于样本、书籍、画册等需要折页的印刷品

18. 书籍版芯的选取主要与（　　）等有关。

A. 正文内容　　B. 装订方法

C. 书籍厚度　　D. 印刷方式

E. 开本大小

19. 常见的印刷方式有（　　）。

A. 单面印刷　　B. 双面印刷

C. 正背套印　　D. 单面侧翻

E. 单面滚翻

20. 书刊拼大版页面上常见的标记有（　　）。

A. 折页标记　　B. 裁切标记

C. 套印标记　　D. 贴标

E. 拉规标记

三、判断题

21. 将折帖和单页按页码顺序，一帖压一帖地叠加在一起的配页方法叫作叠配法。（　　）

22. 将折帖和单页按页码顺序，一帖套一帖配成一本书的书芯的配页方法叫作套配法。(　　)
23. 书刊配页的套配法多用于平装、精装书籍或画册等。(　　)
24. 书刊配页的套配法多用于期刊、杂志、说明书等。(　　)
25. 一本书刊内文共有 168P，成品尺寸为 16K，则这本书刊的内文共有 10 个印张。(　　)
26. 包心折属于平行折折页方式其中的一种。(　　)
27. 使用何种装订方式对书刊拼大版的影响不大。(　　)
28. 书刊封面印刷和内文印刷使用的纸张通常不一样。(　　)
29. 自翻版拼版方式是指双面印刷共用一套版，翻纸不换版。(　　)
30. 图书的书页以单页状态装在专用纸袋或纸盒内，叫散页装订。(　　)

练习与思考参考答案

1. C	2. C	3. C	4. A	5. A	6. B	7. D	8. A	9. A	10. A
11. ABC	12. BD	13. ACDE	14. ACD	15. ACD	16. ABCD	17. ABCDE	18. AE	19. ABCDE	20. ABCDE
21. Y	22. Y	23. N	24. Y	25. N	26. Y	27. N	28. Y	29. N	30. N

任务 8

包装盒型类产品拼大版版式设计

该训练任务建议用 4 个学时完成学习。

8.1 任务来源

包装盒是包装印刷中常见的产品，设计好的盒子在印刷前也需要进行拼大版工作，不同于书刊印刷品的拼大版，盒型设计中包含有插口、粘连口等异形形状，为提高印刷纸张的利用率，拼版中需要考虑“插位”，提高印刷幅面的利用率，提高工作效率等。因此，作为计算机直接制版员，需要能够完成包装盒型的拼大版版式设计，使得印刷厂的工作效率提升，产品精准度提高，出错几率下降，文件处理流程顺畅。

8.2 任务描述

在充分考虑包装盒型在印后加工的刀版制作与模切环节基础上，使用 Prinect Signa Station 完成包装盒型的拼大版版式设计，同时也要考虑纸张的利用率以及印刷效率等。

8.3 能力目标

8.3.1 技能目标

完成本训练任务后，读者应当能（够）掌握以下技能。

1. 关键技能

(1) 能够将包装盒型进行规范化编辑。

(2) 能够使用 Prinect Signa Station 设计包装盒型大版版式。

(3) 能够完成包装拼大版印张优化。

2. 基本技能

(1) 能够使用 Illustrator 软件完成矢量线条属性的修改。

(2) 能够使用 Prinect Signa Station 拼版软件的活件助手。

8.3.2 知识目标

完成本训练任务后，读者应当能（够）学会以下知识。

(1) 了解包装盒型的设计工艺。

(2) 掌握包装盒产品的印刷工艺。
(3) 理解印刷产品纸张优化的含义及意义。

8.3.3 职业素质目标

完成本训练任务后，读者应当能（够）具备以下职业素质。
(1) 有能力识别各种软件对包装拼版所引起的问题。
(2) 学会如何处理对印刷有影响的常见问题。
(3) 养成检查最终大版 PDF 文件的良好习惯。

8.4 任务实施

8.4.1 活动一 知识准备

(1) 简述设计软件拼包装产品会有哪些问题。
(2) 简述包装大版中需要的基本标记有哪些。
(3) 简述 Prinect Signa Station 拼包装大版的基本流程。

8.4.2 活动二 示范操作

1. 活动内容
规范盒型文件，使用 Prinect Signa Station 拼大版，添加必要的包装拼版标记。
2. 操作步骤
(1) 步骤一：使用软件打开矢量盒型文件，进行检查。
1) 打开包装盒文件。如本例使用 Illustrator 打开，如图 8-1 所示。

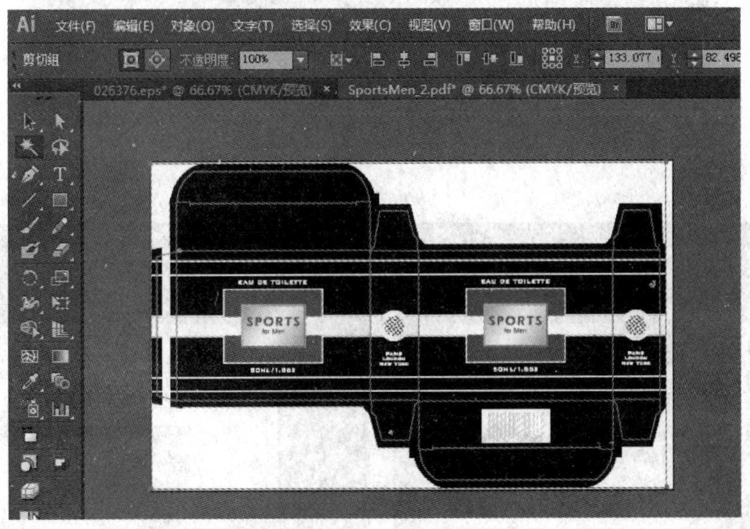

图 8-1 包装盒型结构图

2) 检查包装盒型文件。检查刀模线信息，如果有需要，调整成品尺寸及出血位。模切线包含的尺寸是成品尺寸，以模切线作为页面边缘进行修改，如图 8-2、图 8-3 所示。

3) 保存原文件及刀版文件。如图 8-4 所示，将文件分别保存为成品文件以及矢量刀线文件。成品盒型文件在拼大版输出时置入使用，保存为 *.PDF 文件。刀模线文件作为拼大版版式设计时使用，可保存为 *.eps 文件。因此原文件与刀线必须一致，才能保证拼大版的准确度。

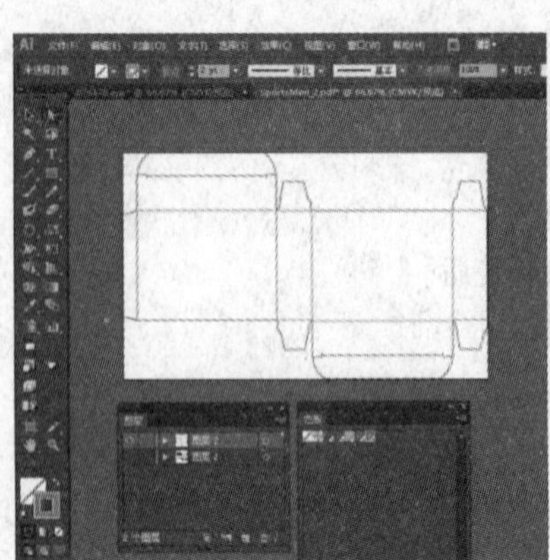

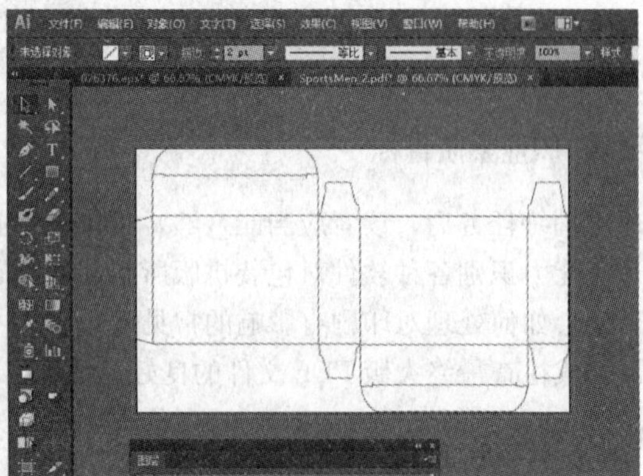

图 8-2 设定模切线和压痕线

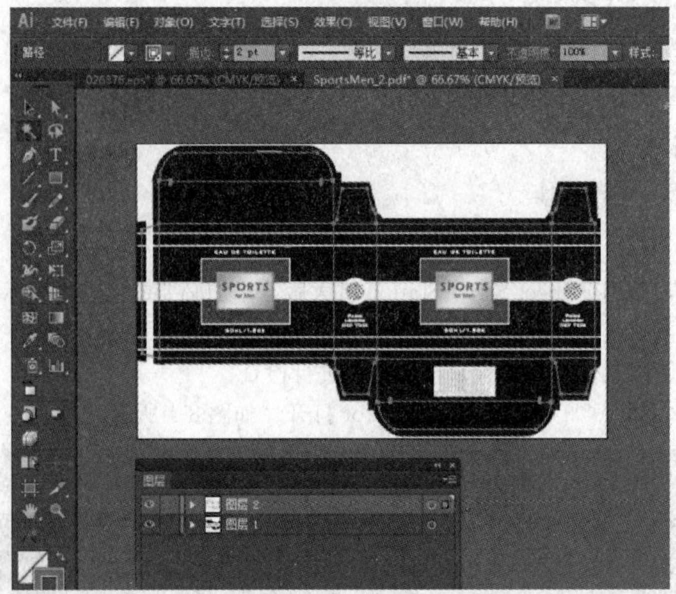

图 8-3 盒型文件

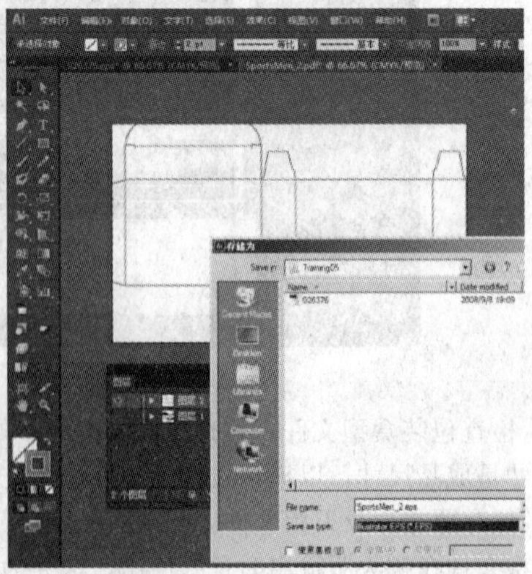

图 8-4 保存刀模线文件和盒型文件

（2）步骤二：使用 Prinect Signa Station 拼大版。

设定工单名，选择印版设定相关参数。命名需规范，在后续流程中当前的工单名等信息都会显示，以便印刷厂进行工单跟进及产品管理。

1）定义工单信息。“新建活件-打开活件向导”，在“活件”标签页定义活件数据信息。如图 8-5 所示，定义“活件序号”“活件名”等。

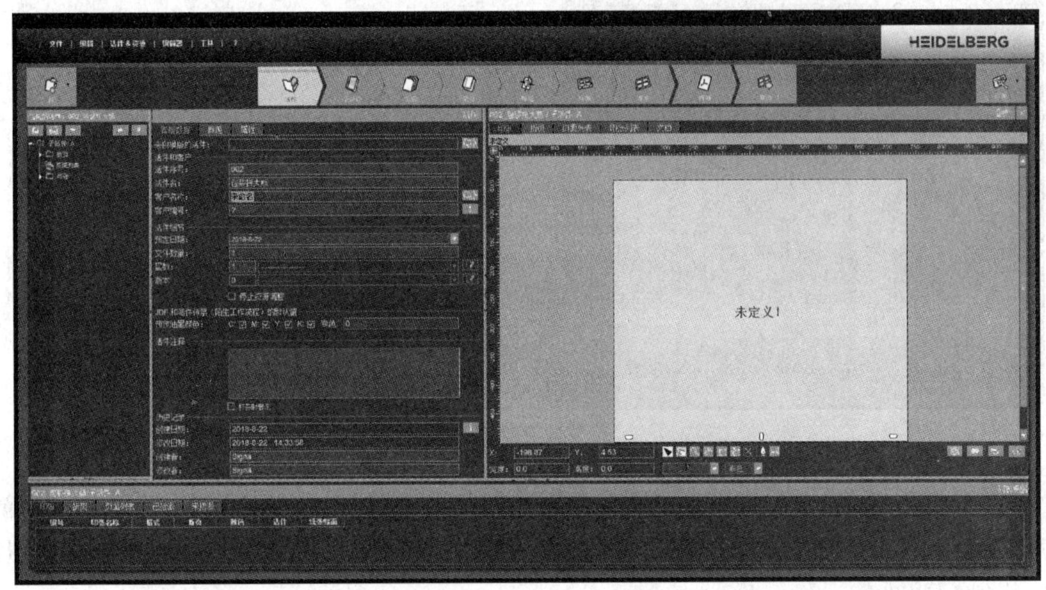

图 8-5　定义活件数据

2）定义子活件信息。单击“子活件”标签页，如图 8-6 所示，在作业模式的单选框中，选择“包装”。

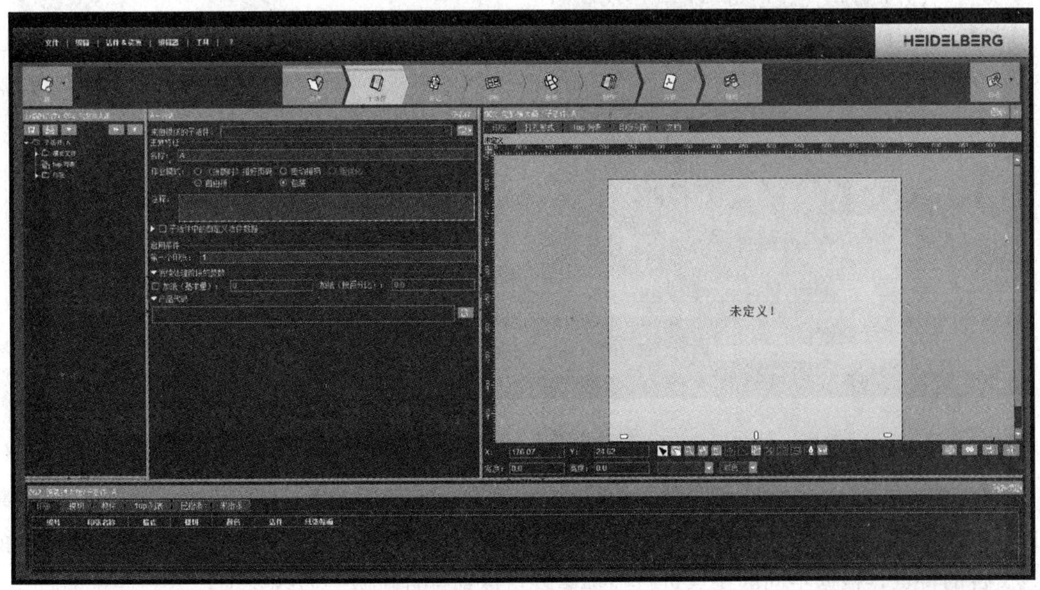

图 8-6　定义子活件参数

3）定义标记参数。单击“标记”标签页，如图 8-7 所示，选择“1up 覆盖标记”。

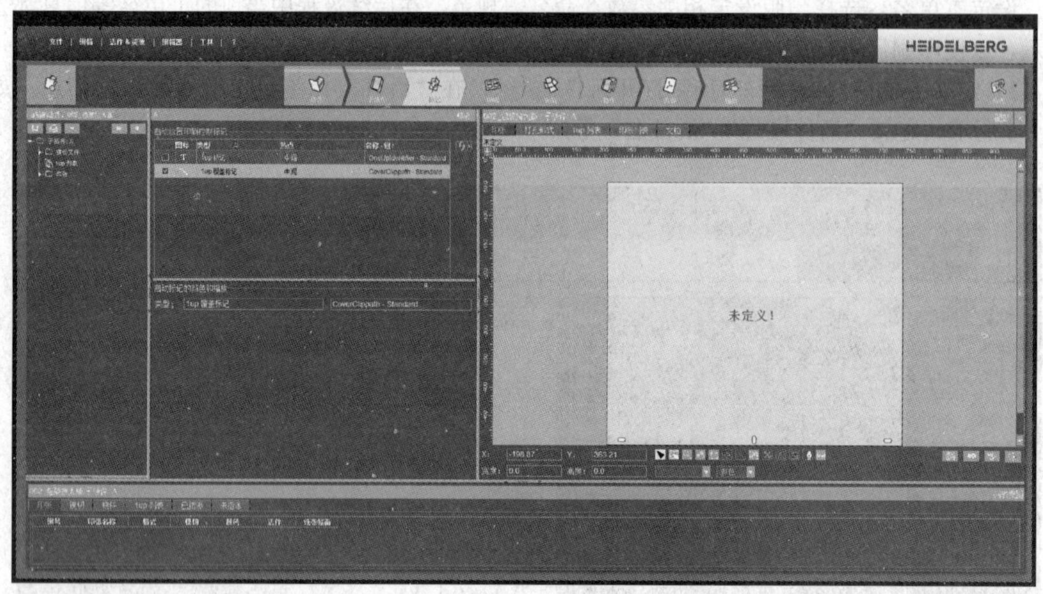

图 8-7 定义标记参数

4）定义印版参数。单击“印版”标签页，如图 8-8 所示，然后进入到印版界面选择对应的印版模板，并设定对应的纸张尺寸等。如：“SM102 印版模板”“放置模式—单面印刷”“纸张尺寸—1020×720mm”。

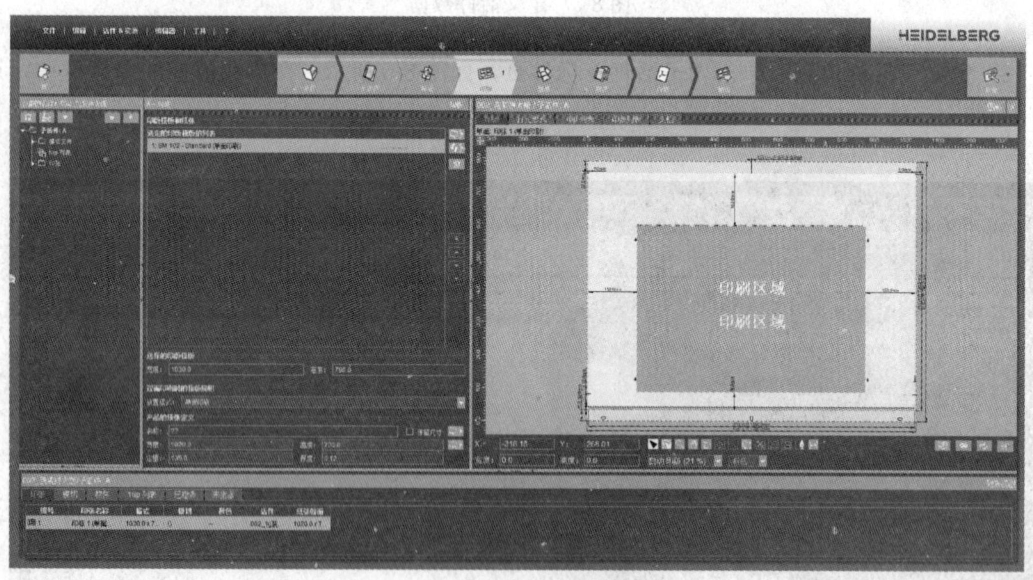

图 8-8 定义印版参数

5）定义包装拼版。单击“包装”标签页，如图 8-9 所示，选择刀版文件进行编辑。使用默认选项，或者可以自定义选项对文件进行过滤。此功能可以预先识别不同矢量制作软件所产生的刀线文件的特点，根据不同的特点进行筛选修改，达到符合拼版的刀线要求。

6）设定剪切路径。文件置入后需要对刀线再次识别编辑，使有些无法使用过滤器过滤的刀线，符合拼版要求，如图 8-10 所示。

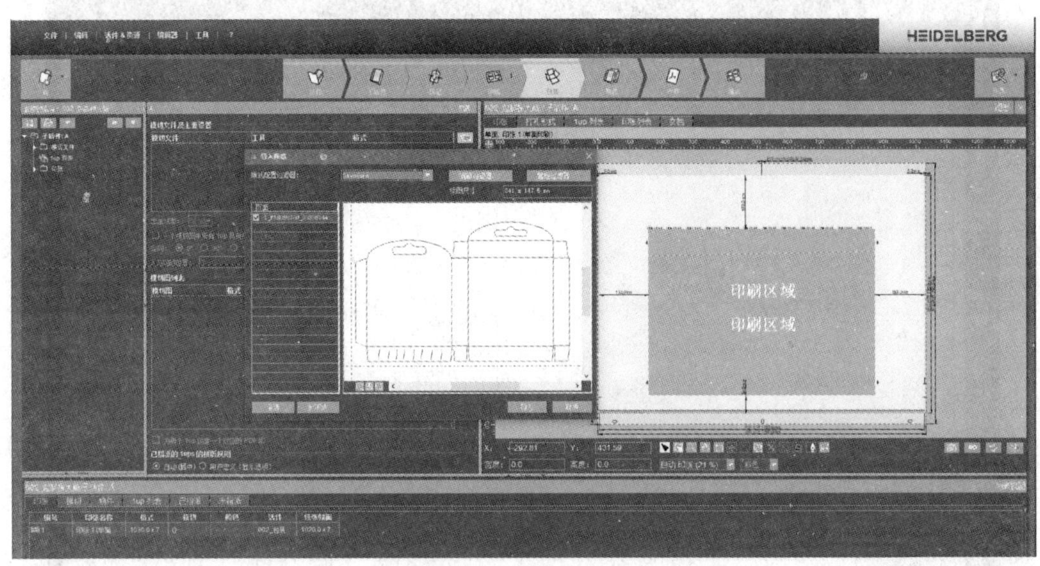

图 8-9　选择刀模板文件

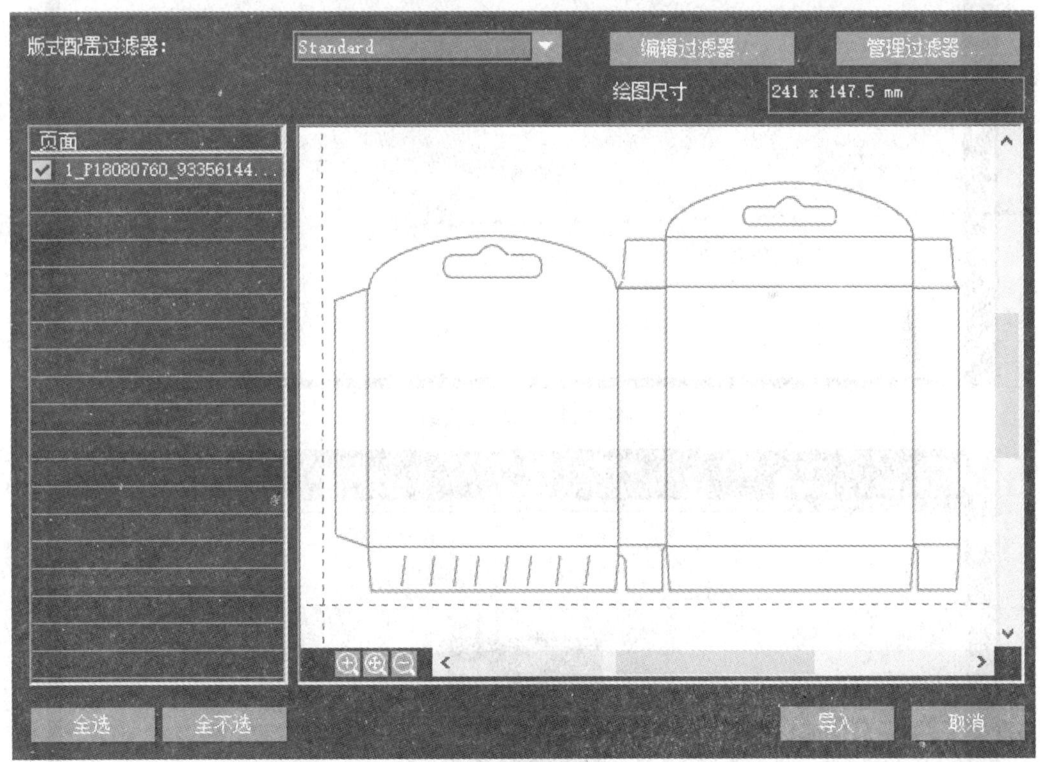

图 8-10　编辑刀模线

7）设定区域。刀线无问题后需要对包装盒定义重要的印刷区域或者不重要的印刷区域。如图 8-11 所示，盒身属于重要的图文信息范围，定义为重要区域，防尘盖有些盒型设计就属于不重要区域，糊盒粘口位也属于无图文信息的不重要区域，使用软件选择区域性的出血设定。

8）设定出血范围。出血量一般设为 3mm，如图 8-12 所示。图 8-13 显示了设定出血位后的结果。

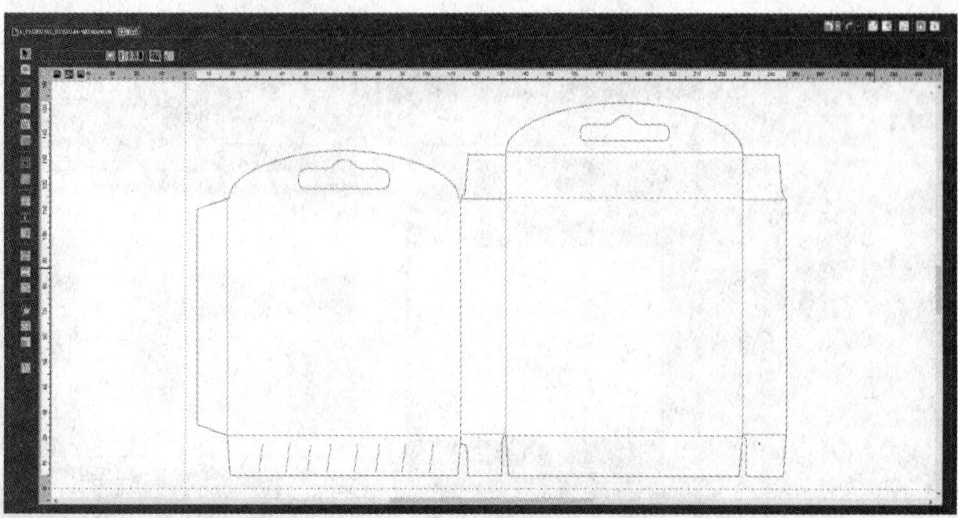

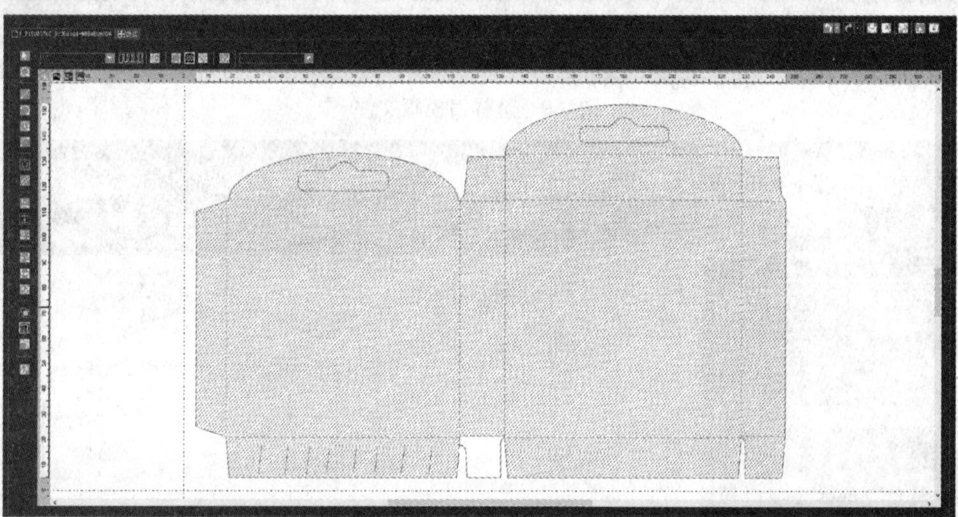

图 8-11 编辑刀模线

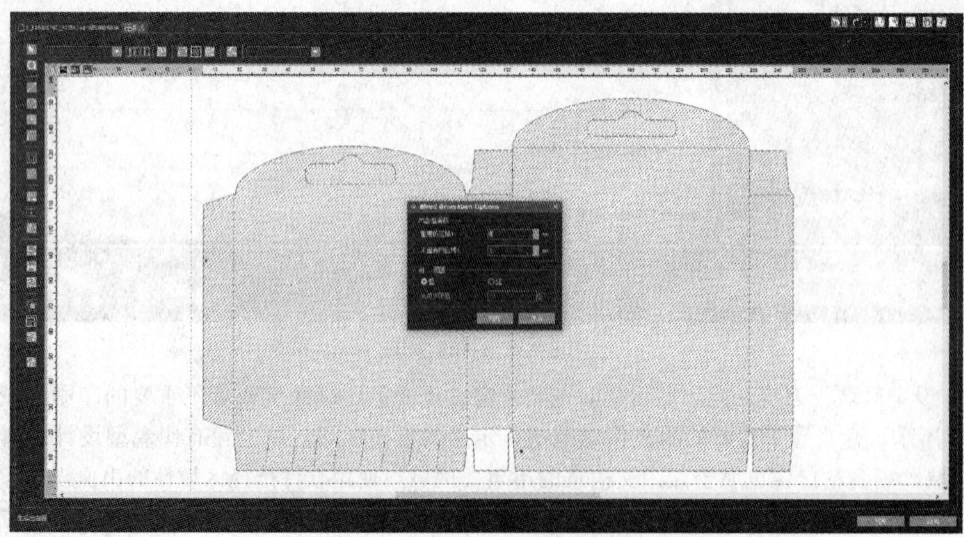

图 8-12 定义出血量

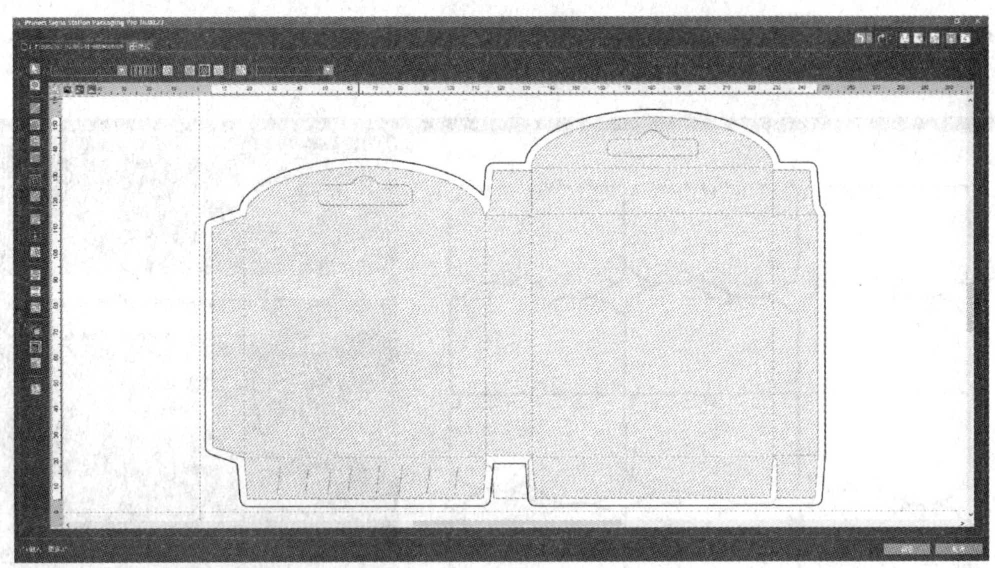

图 8-13　定义出血位

9）定义拼版版式。定义完出血后对盒子进行拼版。单击“版式标签”，单击“自动的版式”工具，打开预定义的版式列表，选择一个版式布局，如图 8-14 所示。

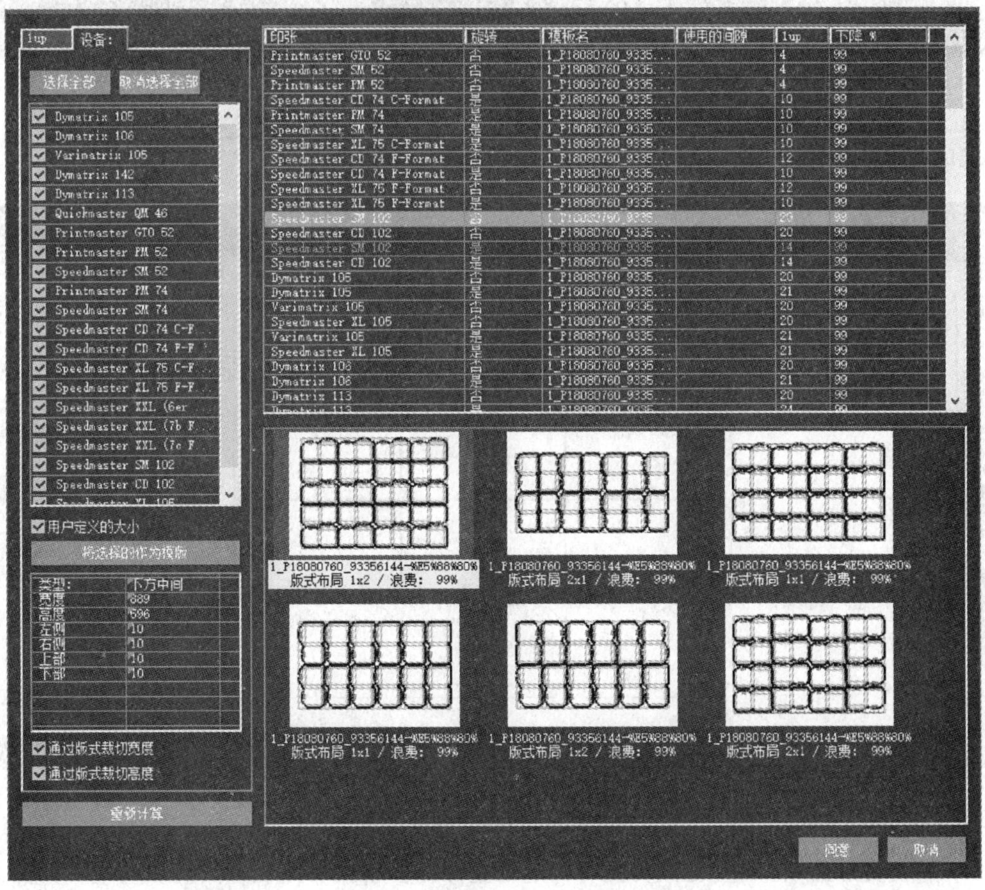

图 8-14　预定义拼版版式

10）纸张计算。拼完后可以进行印张计算，定义纸张上下左右的留空和盒型水平及垂直方向的间距，单击“计算印张”，如图 8-15 所示。

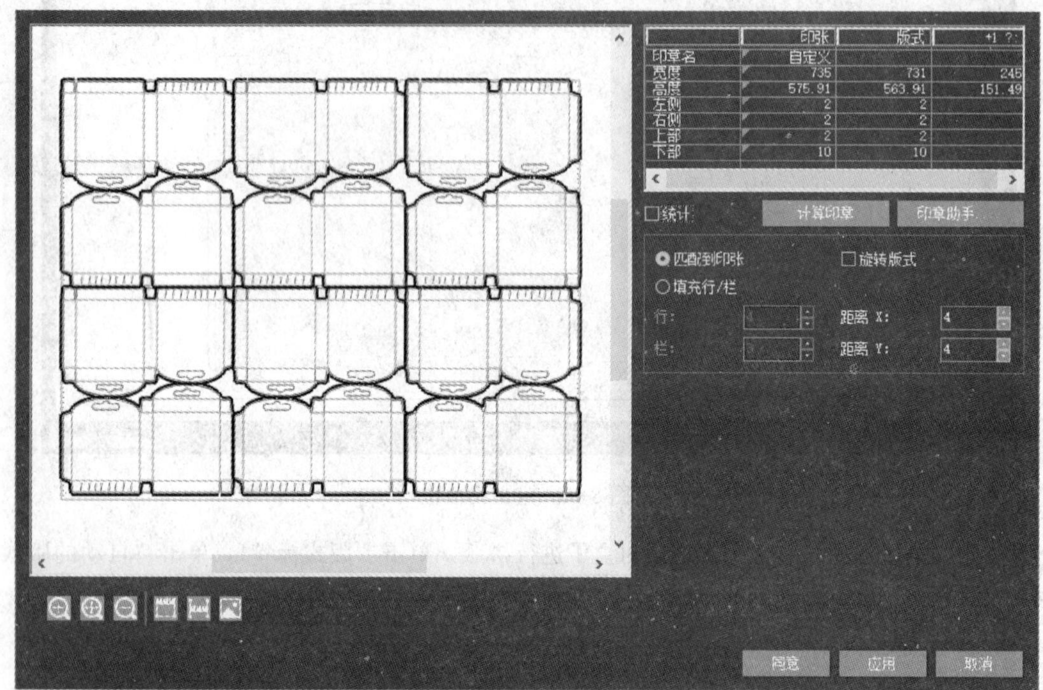

图 8-15　纸张计算

完成纸张计算后，如图 8-16 所示。

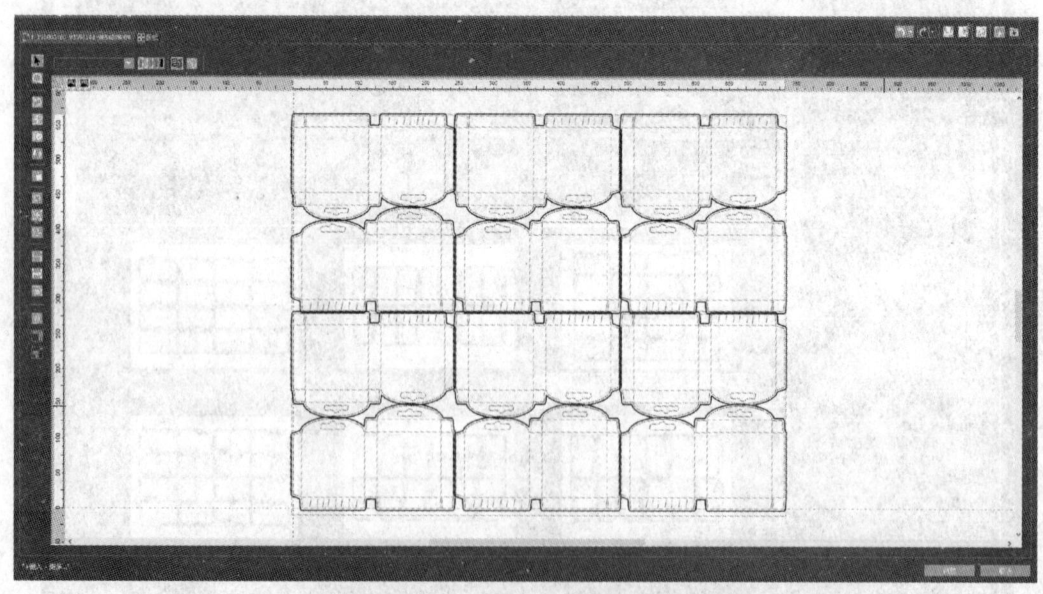

图 8-16　纸张计算结果显示

11）修复叠加区域。盒型之间可能有一定的叠加，使用裁切路径冲突解决功能，如图 8-17 所示，修复盒型之间重叠部位。

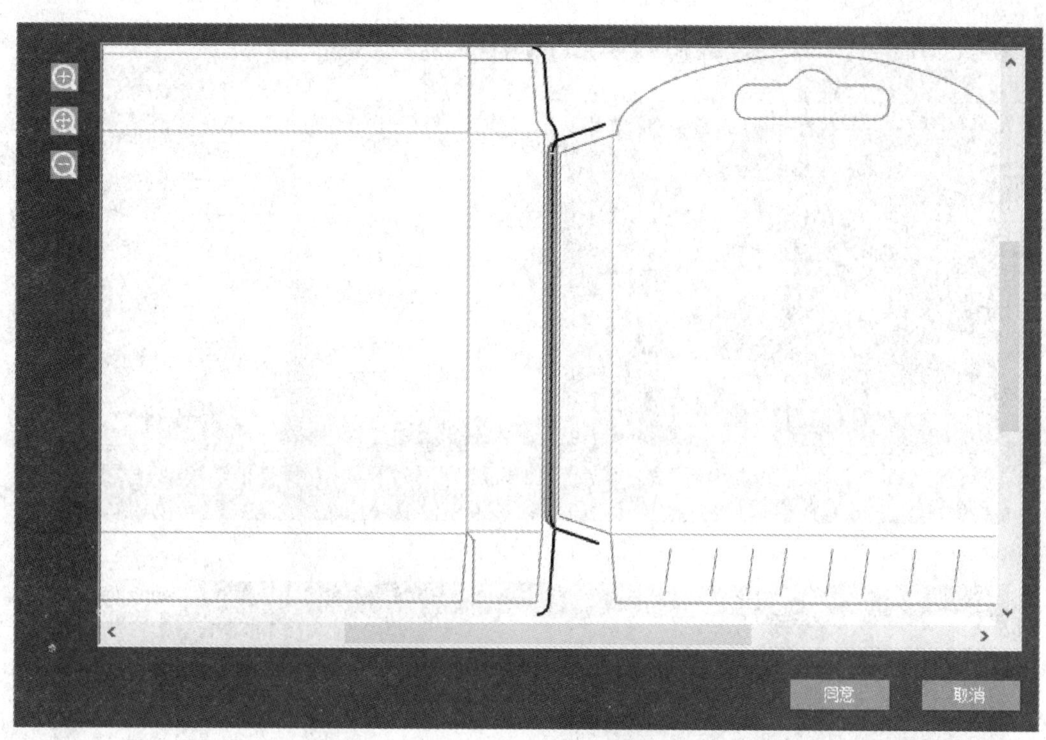

图 8-17 路径冲突设置

12）拼版后置入文件。路经冲突解决后，单击“同意”完成拼版，如图 8-18 所示。在内容标签置入成品文件，将文件指派给刀线版面，如图 8-19 所示。

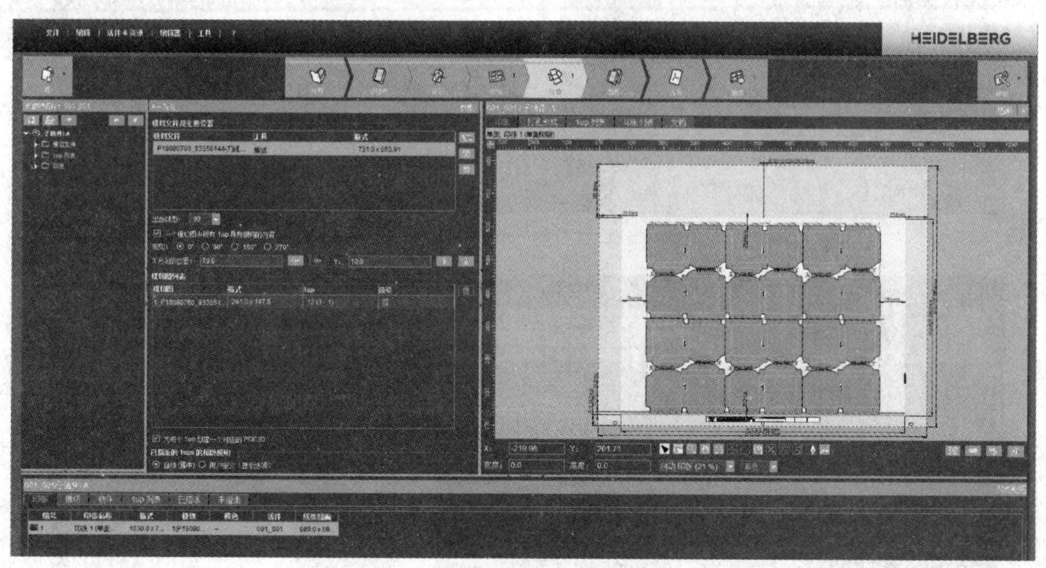

图 8-18 指派刀线文件

(3) 步骤三：添加标记，保存文件。

1）单击“物件”标签，打开标记添加窗口。单击“标记”，如图 8-20 所示，打开添加标记信息窗口。

2）指定 1up 次序。如图 8-21 所示，“第一个位置序号”设定为“1”，如图 8-22 所示序号标记显示效果。

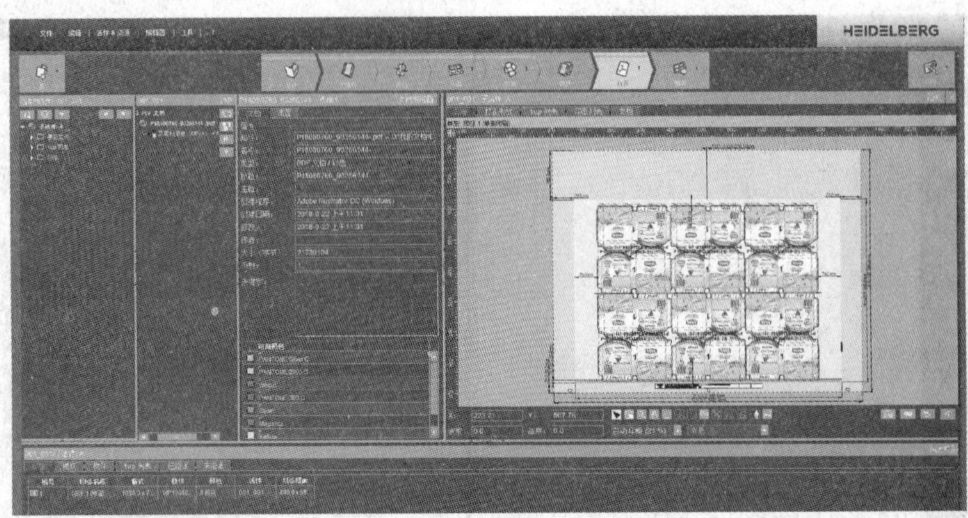

图 8-19　导入内容

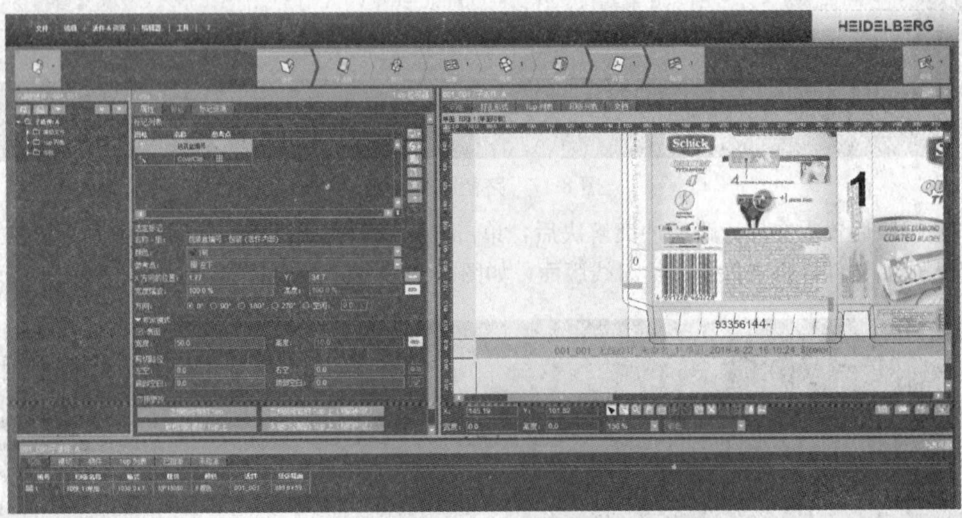

图 8-20　添加标记窗口

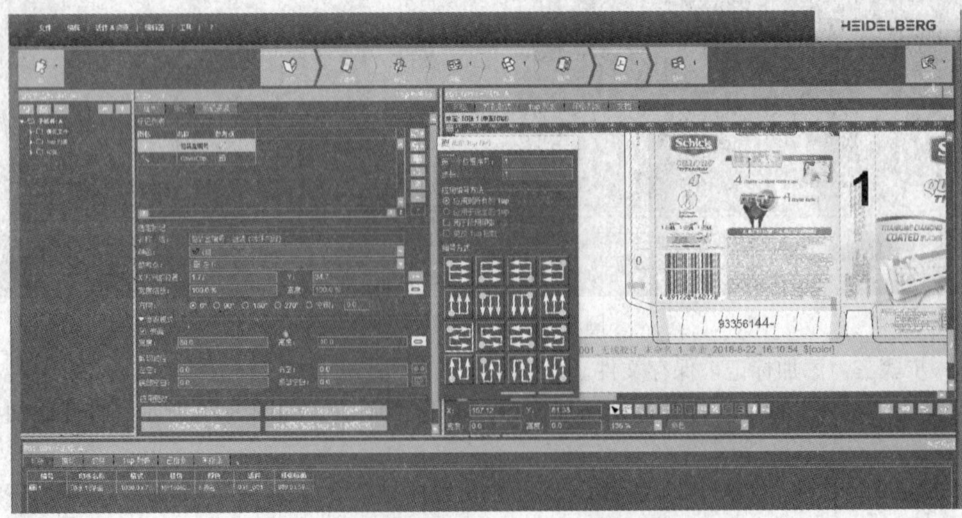

图 8-21　设定 1up 次序

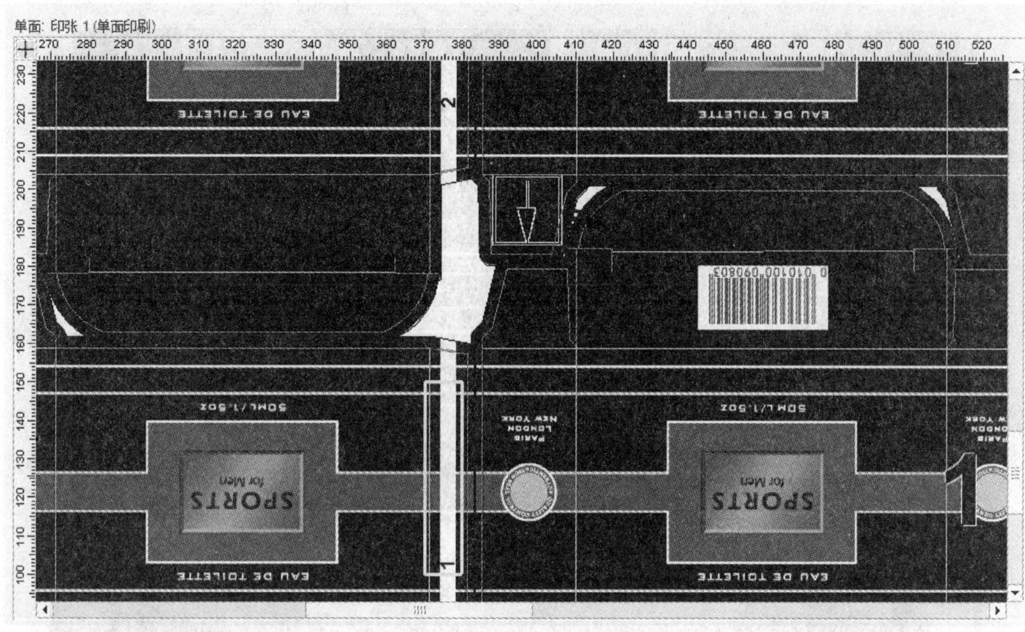

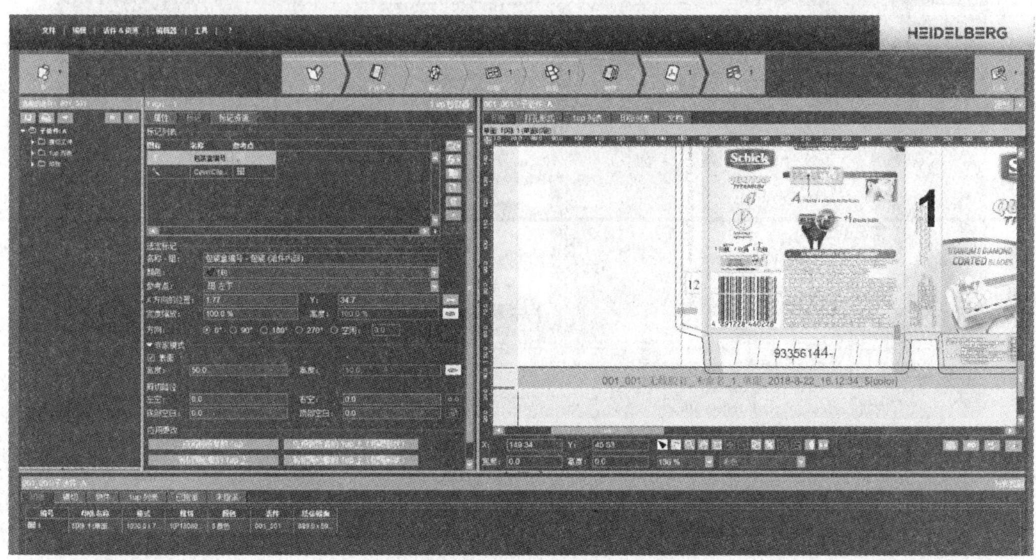

图 8-22　1up 序号标记显示效果

3）添加废料序号标记。如图 8-23 所示。

4）生成大版 PDF 文件。如图 8-24 所示，选择 PDF 输出参数集。

8.4.3 活动三　能力提升

根据所讲述和示范的案例，完成包装拼版测试。

1. 内容

(1) 按照演示范例，检查拼版文件。

(2) 使用拼版软件拼版，添加相应的标记，生成标准的 PDF 文件。

2. 整体要求

(1) 文件检查制作规范。

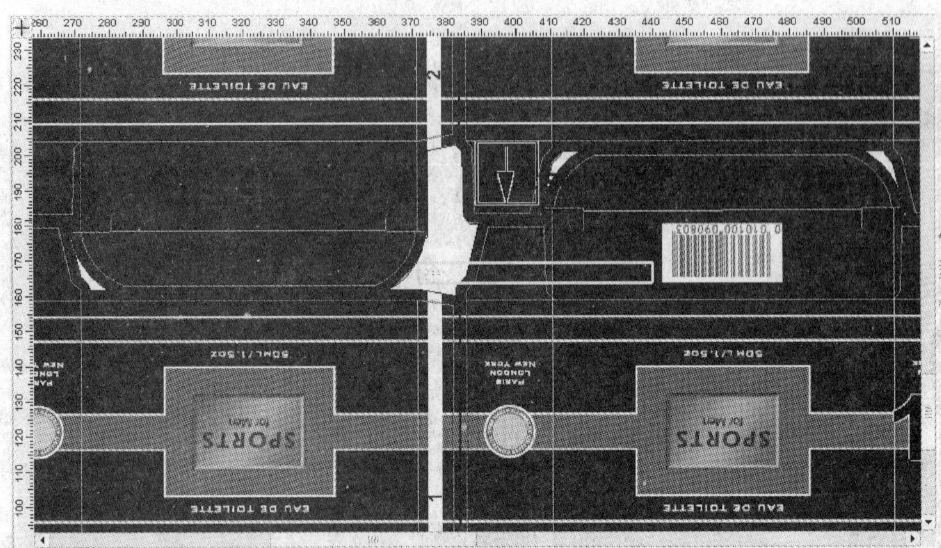

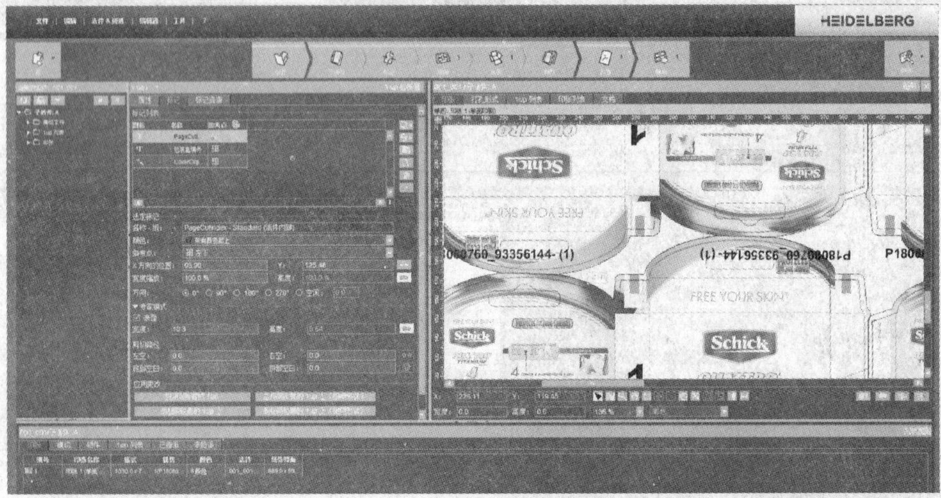

图 8-23 添加废料号标记

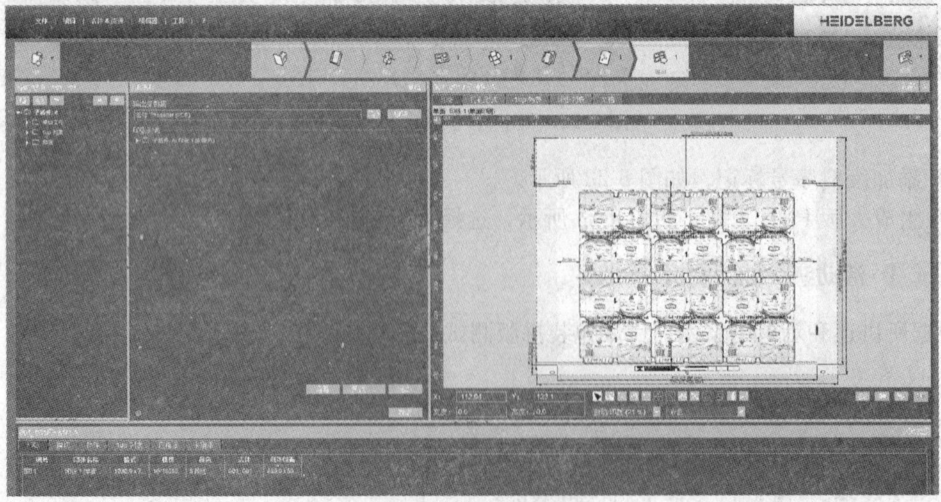

图 8-24 输出大版 PDF

（2）拼版过程操作规范。

（3）相关标记添加完整。

8.5 效果评价

效果评价参见任务 1，评价标准见附录。

8.6 相关知识与技能

1. 包装设计软件的概念

包装设计软件是指采用数字化的设计方式，将传统的包装设计利用计算机辅助工具来完成。包装设计软件涵盖了包装的表面整饰加工工艺和成型加工工艺，与印刷生产流程的印前、印刷与印后加工的关系极其密切。

2. 包装设计软件的特征

（1）功能性：软件的功能性是指软件所能执行与实现的任务与功能。功能性是评价一款软件的核心要素，包装结构设计软件的基本功能主要包括以下内容。

1）盒型库。盒型库是指按特定规则排列分类、已经设计好的盒型结构图系列及其常用零件，可满足用户在烟、酒、药、食品等包装上的结构设计需要。盒型库在包装结构软件中是不可或缺的，也是体现包装结构设计软件人员对包装各种要求的理解与把握的标志。

用户通过盒型库，可以非常方便省时地进行各种包装设计，只需在盒型库中调用符合自己需要的盒型，并根据实际情况更改尺寸。因此，一个完整的盒型库是包装结构设计软件的关键部分和技术水平的标志。

2）盒型 CAD 设计。包装结构设计软件需要采用多种专业绘图工具来实现设计者的创意，特别是当用户在盒型库中找不到自己所需的盒型结构图时，可以自行绘制各类包装盒型结构。即使包装结构设计软件拥有强大的盒型库，但依然不可能包含用户所需的所有盒型。因此，软件具有自行设计盒型的功能十分重要。

3）盒型屏幕 3D 打样。大多数用户在看到实际盒样前，需要对比多种设计，并检查所设计的盒型是否能够满足要求。因此，包装结构设计软件需要提供 3D 屏幕打样功能来使用户方便地比较不同设计效果，检查用户设计盒型的折叠方法是否正确，成型后的效果是否满足实际需求。同时，还能够减少设计周期和样盒制作成本。

4）盒型拼大版。盒型拼大版是指将单个活件或多个活件拼成一个印刷大版的作业。盒型拼大版功能既要考虑到满足印前输出和制版要求，还要考虑如何节省物料以及方便后续加工。因此，专业的包装结构设计软件都会给用户提供不同的拼版方案以供选择。

（2）兼容性：软件的兼容性是衡量包装结构设计软件好坏的一个重要指标，包括操作系统兼容性、数据交换和应用软件兼容性等方面。因此，一套专业的包装结构设计软件必须首先能够在不同的平台上使用，其次由于包装结构设计和包装装潢设计密不可分，包装结构设计软件在数据交换方面必须具有较强的兼容性，可以无差错地在多种软件及其不同版本中应用。

（3）实用性：包装结构设计软件是帮助用户使用计算机完成包装盒型的结构设计，提高自动化程度，促进包装数字化流程的实现。

在实际生产中，软件的实用性不容忽视，根据企业自身的性质，选择既可以与目前生产流程相融合，又可以改善目前生产流程的实用性软件是关键。此外，在能满足自身企业需求功能的原则下，选择便于员工理解和操作的软件是节省专业培训时间，减少实际使用过程时间，提高生产效率的重要因素。

3. 几款常见包装结构设计软件编辑

市场上流行的包装结构设计软件主要有 Esko-Graphics 公司的 ArtiosCAD、Ardensoftware 公司的 ImpactCAD、Cimex Corp 公司的 CIMPACK（森帕克）、邦友公司的 BOX-VELLUM、英国 AG/CAD 公司的 Kasemake 与包装魔术师（packmage）。其技术特点与比较如下。

Esko-Graphics 公司的 ArtiosCAD：Esko-Graphics 公司是拥有几十年产品开发经验及其功能强大系列产品的专业包装设计软件与系统的企业，软件包括 DeskPack、PackEdge、Plato 和 PlatoEdit 等，能够为用户提供多种解决方案，是市场上最优秀的包装结构设计软件，但价格较贵，适合各种专业包装结构设计。

Ardensoftware 公司的 ImpactCAD：ImpactCAD 是一款英国的软件，作为世界一流的包装设计软件，它在融合了参数化包装结构设计的理念，3D 模拟成型以及拼大版等功能的基础上，支持大多数激光切割机器，打样绘图机器，一般和德国的机器捆绑销售。

Cimex Corp 公司的 CIMPACK（森帕克）：CIMPACK（森帕克）是 Cimex Corp 美国著名包装行业的软件开发公司开发的，其强大的功能，适合于包装企业，广告设计公司，包装印刷学院等，公司创建于 1987 年，其产品主要用于包装盒设计及刀模设计。

邦友公司的 BOX-VELLUM：邦友公司的 BOX-VELLUM 专业包装结构设计软件是一款成熟的软件，在日本已经有多年的销售和使用经验，销售数量在 1000 套以上，在日本拥有 CANON，SONY，日本联合等主要用户，适合多种专业包装结构设计。

英国公司设计的软件：有英国 AG/CAD 公司 Kasemake 盒型设计系统软件和 Engview 公司的 Engview Package Designer CAD/CAM 生产系统，这两个软件都属于实用型专业包装结构设计软件，具有使用方便和专业性能好的特点，但国内应用不多。

包装魔术师（packmage）软件：包装魔术师（packmage），包含一个盒型库，盒型设计功能以及 3D 屏幕打样功能。软件的界面很简洁，各个功能按钮一目了然，在价格方面能够满足国内很多企业的需要，适合国内的包装设计公司。3.0 版本有以下优点。

（1）可以从内、外、刀线三种尺寸开始设计，目前市面还没有从外尺寸开始设计的软件。

（2）增加材质库，用户可以自己定义相关材质数据。

（3）增加参数描述，展示各参数之间的相关关系，说明取值原因。

（4）既可以接受程序自动计算的数值，也可以自己调整，自学更加容易。

（5）增强外部导入功能，可以将外面的 dxf 文件导入进来，并进行 3D 编辑。

4. 行业对包装设计软件的需求

据世界包装组织提供的最新消息，全球包装业营业额已逾 5000 亿美元，排在世界前十大行业之列，包装业是个充满发展前景的产业。然而包装设计却是一个极其繁琐的过程。拿最普遍的纸盒包装设计来说，工作量也是极其繁重。以常规 CAD 软件为设计工具，一个熟练员工一天可以画 10～20 个包装结构图。对于设计公司来说，引进一款图形技术、数据库技术和 3D 动画技术为一体包装盒型制作软件，无疑可以减少大量的人力、物力。现在，设计公司已越来越渴求盒型结构绘图、3D 打样、包装盒展开图 以及 3D folding package 的自动和自能。改进包装设计过程，缩短设计和制作的周期、减少重复打样的成本浪费、整个包装印前行业的数字化，急需要一款功能强大，操作便捷的包装盒型设计软件。

5. 包装标记

（1）包装标记的概念。包装标记是由生产方或销售方提供的、在产品或商品外包装上附加的起到标示、提醒信息作用的内容。一般由粘贴性标签或打印的标记等不同方式实现。

（2）包装标记的内容。一般的包装标记都是标示产品的生产以及销售等信息，具体的内容一般包括以下几点。

1）产品名称：生产方所提供产品的名称。

2）产品型号：生产方或销售方给商品赋予的唯一编号。

3）生产方/销售方信息：生产方或者销售方的公司名。

4）生产日期。

5）包装数量及形式，以及包装和搬运途中的注意事项（包装承重、最大叠放层数等）。

6）产品的特殊信息（如防伪标识，法律要求的标志等）。

7）客户信息：主要为客户收货时所要注意的信息（如客户方或使用方的产品编号，客户方的公司名等）。

（3）包装标记的类型。

1）一般描述性标记。一般描述性标记也称包装基本标记，它是用来说明商品实体基本情况的，包括商品名称、规格、型号、计量单位、数量、重量（毛重、净重、皮重）、尺寸、出厂日期、地址等。对于使用实效性较强的商品，还要写明成分、储存期或保质期。

2）表示商品收发货地点和单位的标记。通常也称唛头，这是用来标明商品起运、到达地点和收发货单位等的文字记号。对于进出口商品，这种标记是政府部门统一编制的向国外订货的代号。这种标记主要有3个作用：①加强保密性，有利于物流中商品的安全；②减少签订合同和运输过程中的翻译工作；③作为运输中的导向作用，可以减少错发、错运等事故。

3）牌号标记。它是用来专门说明商品名称的标记。一般牌号标记不提供有关商品的其他信息，只说明名称，牌号标记应写在包装的显著位置。

4）等级标记。它是用来说明商品质量等级的记号，常用“一等品”“二等品”“优质产品”“获××奖产品”等字样。

练习与思考

一、单选题

1. 海德堡拼版软件是（　　）。

   A. Prinect Signa Station　　B. Meta Shooter
   C. GUI　　D. Color Tool Box

2. 在拼版软件中的出血线颜色为（　　）。

   A. 红色　　B. 绿色　　C. 黄色　　D. 黑色

3. 在布局助手中第一步“选择模板”，不属于旋转功能“角度”选项的是（　　）。

   A. 0°　　B. 180°　　C. 270°　　D. 角度修正

4. 对盒型重要区域的定义图案为（　　）。

   A. 空白　　B. 斜线　　C. 网格　　D. 黑色实地

5. 在包装盒中添加“条形码”的标记是（　　）。

   A. PullLay　　B. SheetLay　　C. TillingText　　D. BarcodePlateNo

6. 海德堡 Signa Station PackagingPro 所不包含的功能是（　　）。

   A. 盒型拼大版　　B. 盒型 3D 预览
   C. 盒型尺寸自适应编辑　　D. 盒型优化拼版

7. 若想拼好版后仅输出刀模压痕线制作刀版，下列操作规范的是（　　）。

A. 保存时仅选刀线与压痕线即可

B. 将图文删除然后导出刀线与压痕线

C. 导入刀线与压痕线的 EPS，然后输出即可

D. 导出大版 PDF 后使用 PDFToolBox 删除图文，保留刀线与压痕线

8. PageIndex 的作用是（　　）。

A. 包装盒编号　　B. 废料区域编号

C. 条形码可变数据编号　　D. 页面索引

9. 半刀线与压痕线在制作时必须（　　）。

A. 使用相同的图层　　B. 使用相同的线宽

C. 必须使用不同的专色　　D. 必须应用叠印描边

10. 将包装文件置入时，其对应位置是依据文件的（　　）。

A. ArtBox　　B. TrimBox　　C. BleedBox　　D. CropBox

二、多选题

11. 在设计软件中需要对包装盒型规范的项目有（　　）。

A. 包装成品尺寸　　B. 出血设置

C. 刀模线与压痕线设定　　D. 单个矢量刀线图

E. 带刀线的原文件

12. 在 Signa Station 中新建活件第一步“活件数据”内有的选项是（　　）。

A. 作业模式　　B. 活件序号

C. 活件名　　D. 客户名称

E. 客户编号

13. 在编辑盒型时，当选中线段工具后激活的选项有（　　）。

A. 长度　　B. 角度

C. 宽度　　D. X 坐标

E. Y 坐标

14. 在进行盒型编辑时，软件提供有哪些画圆的方式？（　　）

A. 根据直径画圆　　B. 根据中心画圆

C. 根据半径画圆　　D. 根据 3 点画圆

E. 根据面积画圆

15. 拼版过程中需要规范化的一些正确做法有？（　　）。

A. 留意刀线之间的最小距离　　B. 共刀切勿影响重要图文区域

C. 注意刀线到咬口的最小距离　　D. 注意最小圆点的直径

E. 注意最小斜角的角度

16. 以下属于包装软件中修复工具的有（　　）。

A. 裁切　　B. 延长

C. 断裂　　D. 缩短/延长所选线段直到交点

E. 加锚点

17. 对“制定位置序号”功能描述正确的有（　　）。

A. 第一个位置一定是 1 号　　B. 可以指定步长

C. 编号方式有提供 16 种　　D. 可以针对选中的单位进行制定

E. 只能应用与正面

18. 在刀线过滤器的格式规章中存在的选项有（　　）。

A. 颜色　　B. 宽度
C. 点绘　　D. 样式
E. 效果

19. 对线段的“偏移”中，哪些是属性的选项（　　）。

A. 内部　　B. 样式
C. 双方　　D. 外部
E. 弧线

20. 在使用 Prinect Signa Station 导入 EPS 刀线图时，在过滤器中出现的“标准过滤器”有（　　）。

A. AutocardDXF　　B. ClipboardMetafiles
C. AdobeIllustrator　　D. Coral DRAW
E. AutocardDWG

三、判断题

21. 在 Ai 里无需对盒型做出血，在海德堡流程中可以设置文件出血。（　　）
22. 包装拼版的印版模板与书刊拼版的印版模板有差别，包装会有特殊标签功能。（　　）
23. 包装拼版中不可以使用“双面印刷”放置模式进行拼版。（　　）
24. 通常包装拼版的纸张纹路方向应该与包装盒涂胶粘合口垂直。（　　）
25. 包装拼版编辑盒型时，当选择线段“偏移”时会有偏移和轮廓两个类型供选择。（　　）
26. 3D 预览盒型时只能使用海德堡拼大版软件浏览，客户只需要安装拼版客户端即可查看。（　　）
27. 使用拼版助手拼好的大版不可以再修改，只能再次重新拼。（　　）
28. 编辑盒型时，此软件不具备倒圆角功能。（　　）
29. 当无法在 3D 中出现折盒动画时，一定是刀线或者压痕线未做标准。（　　）
30. 在布局助手中拼好大版后，可以根据印章助手帮您计算出当前拼版所需最佳纸张尺寸。（　　）

练习与思考参考答案

1. A	2. D	3. D	4. C	5. D	6. C	7. A	8. B	9. D	10. B
11. ABCDE	12. BCDE	13. ABDE	14. ABCD	15. ABCDE	16. ABCD	17. BCD	18. ABCD	19. ABCD	20. ABCE
21. N	22. N	23. N	24. Y	25. Y	26. N	27. N	28. N	29. Y	30. Y

任务 9

合版产品数字拼大版版式设计

该训练任务建议用 4 个学时完成学习。

9.1 任务来源

在实际生产过程中，印刷生产商经常会将不同客户相同纸张、相同克重、相同色数、印量接近的印件组合成一个个大版，充分利用胶印机有效印刷面积，形成批量和规模印刷的优势，共同分摊印刷成本，达到节约制版及印刷费用的目的。类似这样的活件印刷，称为合版印刷。

9.2 任务描述

根据作业要求，使用 Prinect Signa Station 软件将 8 页的 16K 文档、8 页 A5 文档和 16 页 A6 文档搭拼在一起，形成一个完成的版式。

9.3 能力目标

9.3.1 技能目标

完成本训练任务后，读者应当能（够）掌握以下技能。

1. 关键技能

（1）能够正确设定合版印刷不同尺寸的页面。

（2）能够正确设定合版印刷的装订方式。

（3）能够正确设定合版印刷所需要的折页方式。

2. 基本技能

（1）熟悉 PC 操作系统和 Prinect Signa Station 软件的基本操作。

（2）熟悉拼大版过程中使用的各种标记资源及其功能。

（3）熟悉 Prinect Signa Station 软件拼版方式及特点。

9.3.2 知识目标

完成本训练任务后，读者应当能（够）学会以下知识。

（1）了解合版印刷工艺特征。

(2) 掌握合版印刷拼版折页特征。

(3) 了解合版印刷拼版页面的开本尺寸。

9.3.3 职业素质目标

完成本训练任务后，读者应当能（够）具备以下职业素质。

(1) 按照作业目标完成合版印刷拼版过程。

(2) 正确设定合版印刷拼版过程中页面尺寸及折页方案。

(3) 养成良好的作业习惯。

9.4 任务实施

9.4.1 活动一 知识准备

(1) 合版印刷的特征。

(2) 主页的定义及作用。

(3) 合版印刷覆盖的产品类别有哪些。

9.4.2 活动二 示范操作

1. 活动内容

根据作业要求，使用 Prinect Signa Station 软件将 8 页的 16K 文档、8 页 A5 文档和 16 页 A6 文档搭拼在一起，形成一个完成的版式。

2. 操作步骤

(1) 步骤一：活件数据及子活件定义的设定，执行“文件菜单-新建”命令，如图 9-1 所示。

图 9-1 新建活件

打开 Prinect Signa Station 软件，选择文件菜单下的“新建”功能，打开活件助手向导。在“活件”标签页，定义“活件序号”“活件名”等信息，如图 9-2 所示。

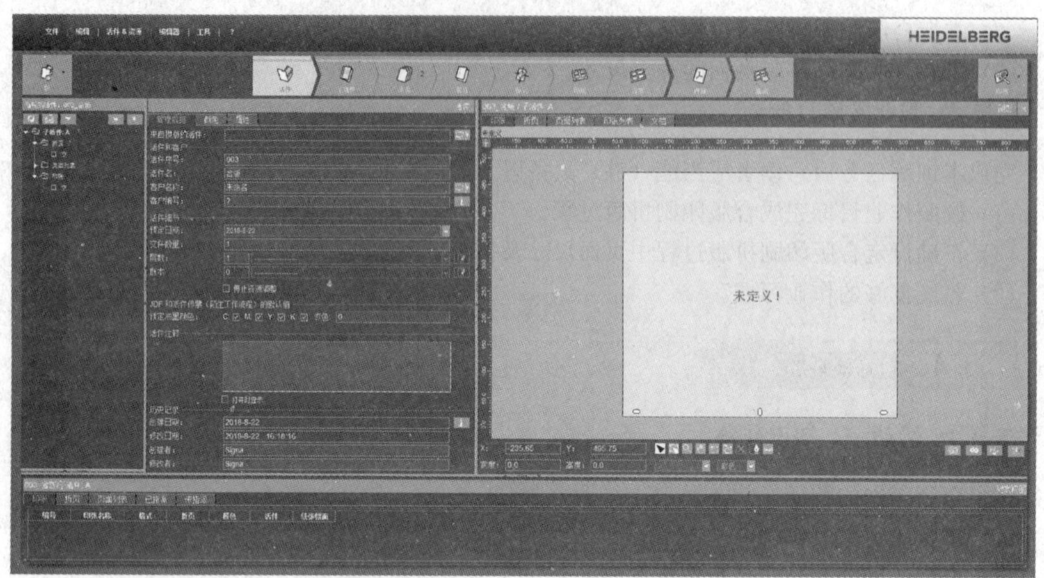

图 9-2　活件助手

单击“下一步”，在“子活件”标签页定义“作业模式—(拼版时）排好页码”“页面总数—32”。如图 9-3 所示。

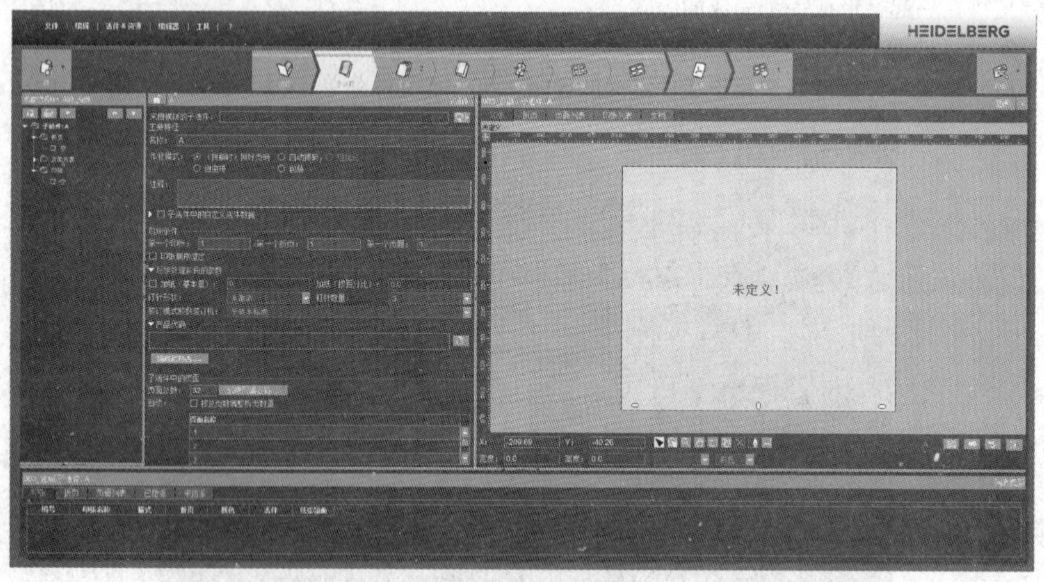

图 9-3　子活件信息定义

(2）步骤二：主页的设定，单击“主页”，在主页标签页定义“主页类型和实际尺寸”等参数，如图 9-4 所示。

“类型→多个主页”“当前类型→自定义”，单击“创建新的自定义主页（给定名称)”工具，分别创建 A5 和 A6 尺寸的主页，如图 9-5 所示。

(3）步骤三：装订方式及标记的设定，在“装订”标签页，“装订方式→无规则”“头部最大空隙”设定为“3mm”“最大空隙”设定为“3mm”，如图 9-6 所示。

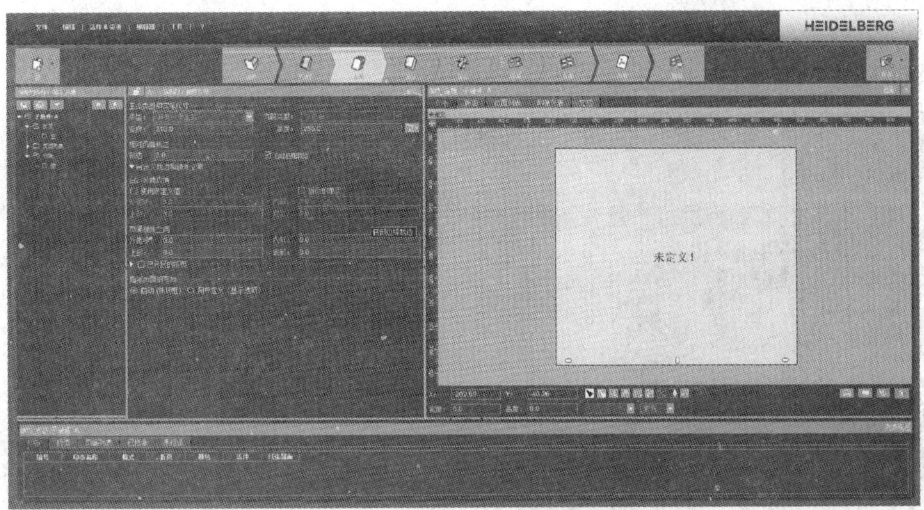

图 9-4 主页数据设定

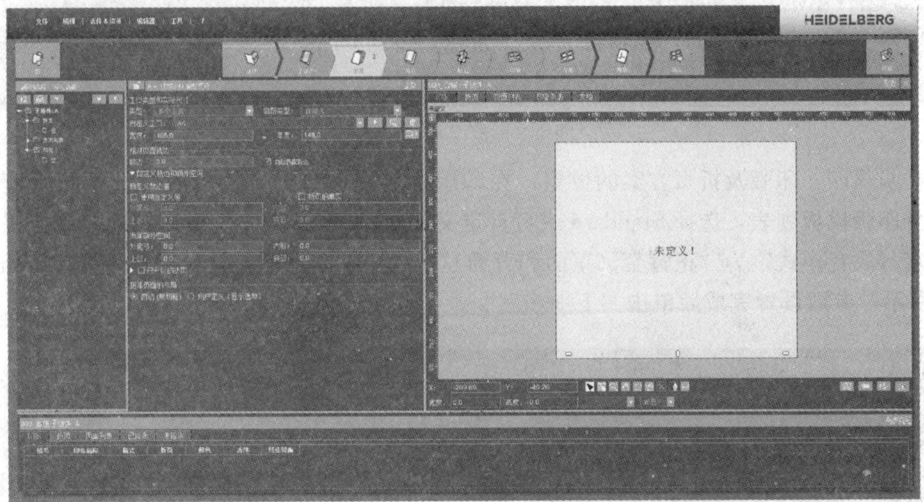

图 9-5 自定义主页尺寸

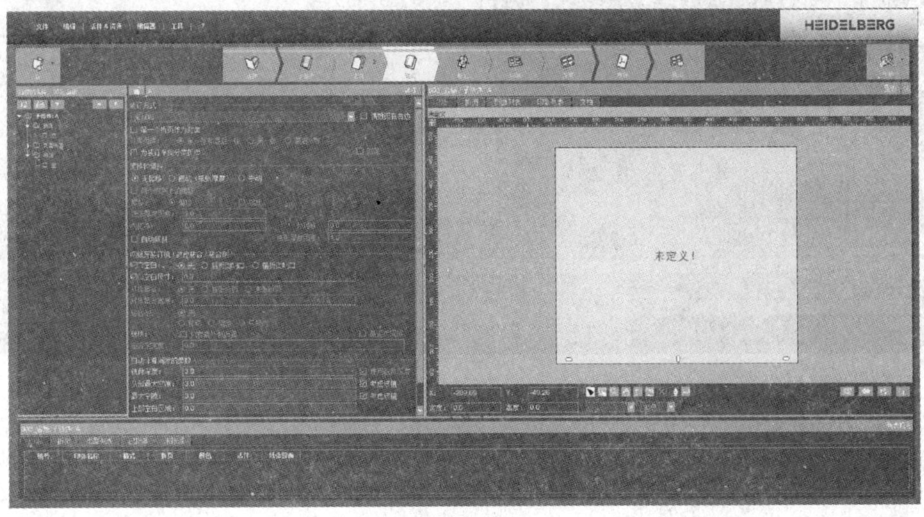

图 9-6 定义装订方式

在标记标签页，选择“裁切标记”“折页标记”等。参数设置完成后单击下一步，如图 9-7 所示。

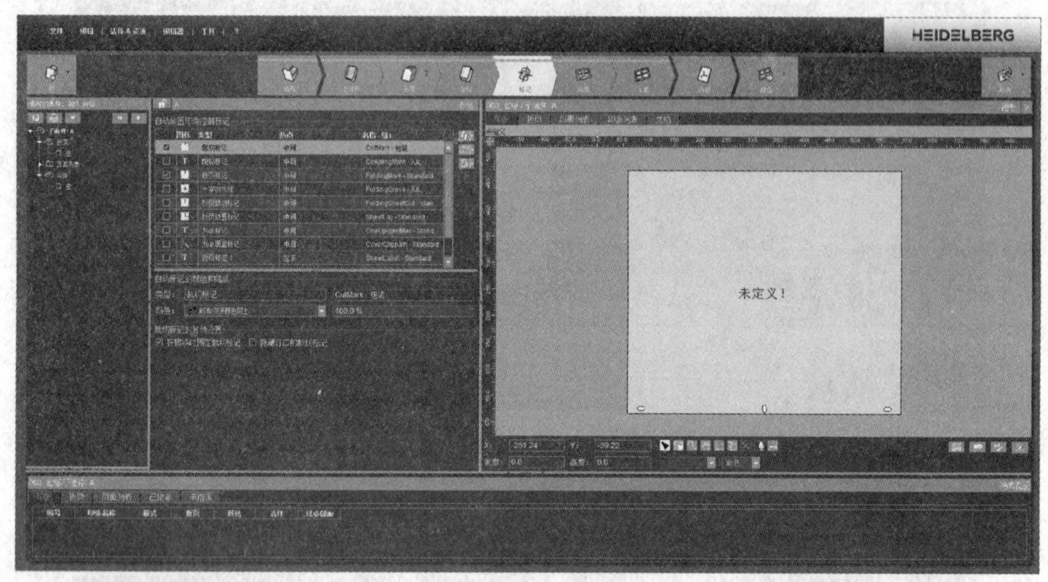

图 9-7　定义标记信息

（4）步骤四：印版及折页方案的设定，在印版标签页，单击“从资源中选择印版模板”功能，打开印版模板列表，选择 Standard 或者自定义的组中的 SM102 模板；勾选“混合拼版”选项，设定“放置模式”为“正背套（正面和背面）”，“产品的纸张定义”为“889×615mm”，如图 9-8 所示，参数设置完成后单击“下一步”。

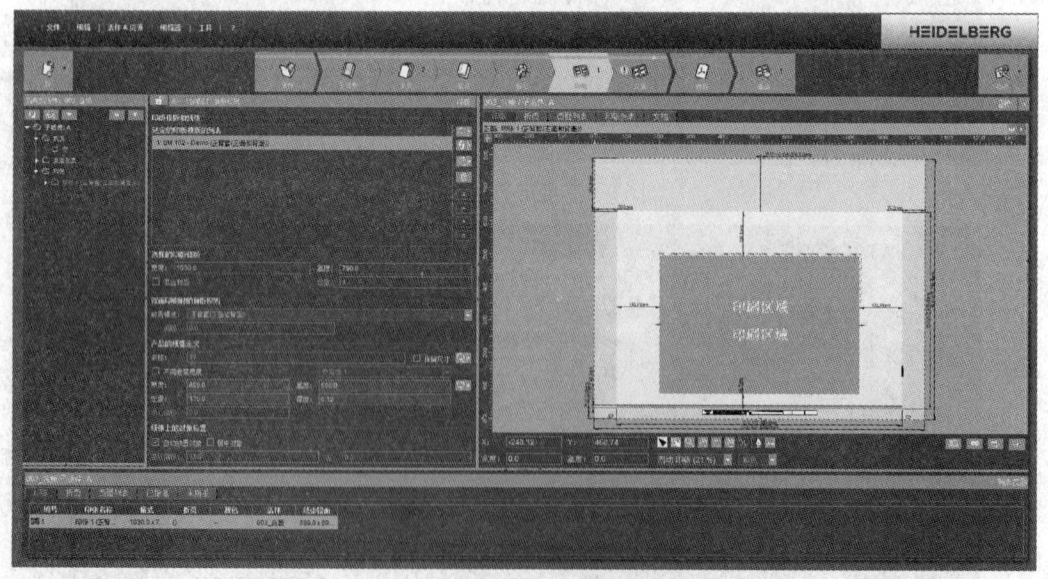

图 9-8　定义印版参数

在“方案”标签页中，使用“从资源中选择方案添加到方案列表中”功能，分别添加“F08-07_li_2x2”“F08-07_li_2x2”和“F16-06_dd_4x2”，并分别单击间隙和主页标签下的“自动留空”功能，如图 9-9 所示。

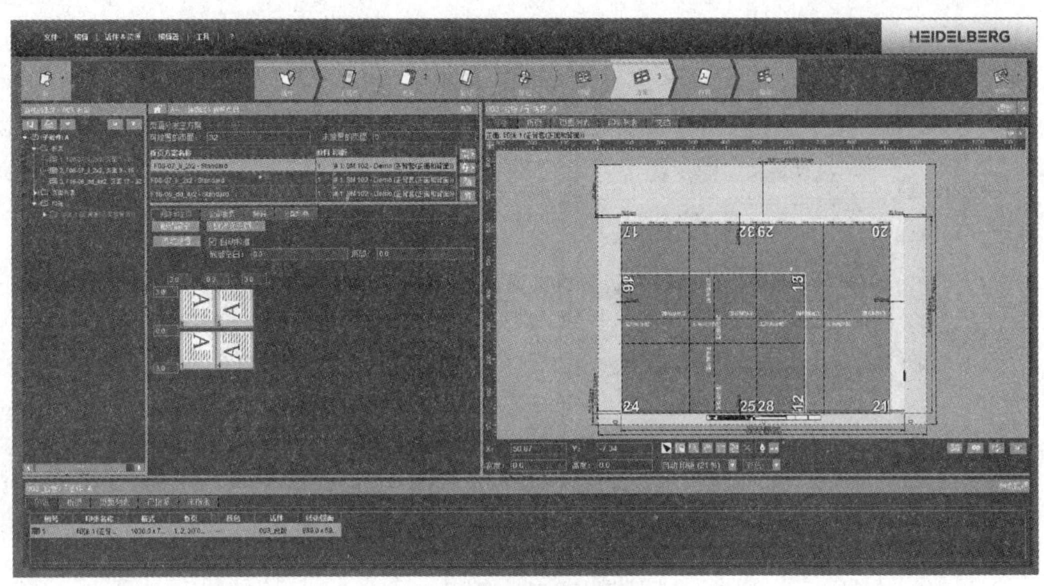

图 9-9　印版参数定义

选择方案列表中的第二个“F08-07_li_2x2”，单击间隙和主页标签下的“自定义主页”功能，在“从列表中指派主页”面板中，将所有指定的主页由“自动”更改为“A5”。同理，将“F16-06_dd_4x2”方案的主页更改为“A6”，如图 9-10 所示。主页参数设定完毕，关闭该窗口。回到“方案参数窗口”。

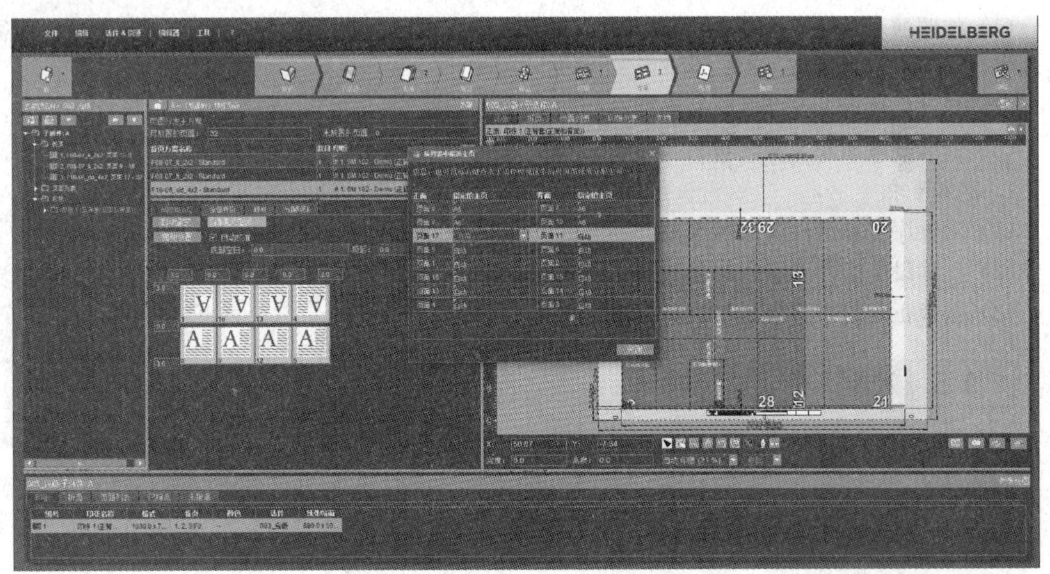

图 9-10　方案定义

在“方案”窗口，单击“间隙和主页”标签页中的“自动放置”功能，设定折页在印版上的位置，如图 9-11 所示。设定完成后，完成活件助手。

最后，将需要合版印刷的“PDF”文件添加到软件中，指派不同尺寸的文件到对应折手位置，完成页面指派，保存拼大版版式文件，等待印版输出时候调用。

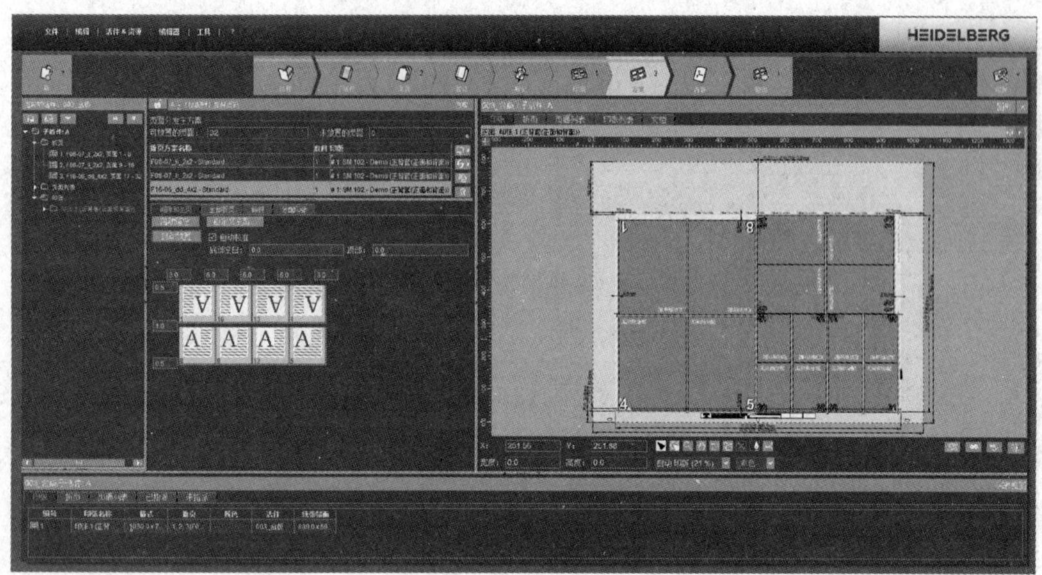

图 9-11 设定折页位置

9.4.3 活动三 能力提升

根据所讲述和示范的案例，独立使用 Prinect Signa Station 软件将 8 页的 16K 文档、8 页 A5 文档和 16 页 A6 文档搭拼在一起，形成一个完整的版式。

1. 内容

（1）按照演示范例，打开 Prinect Signa Station 软件的活件助手向导，分别设定向导中所需要的参数，完成搭版拼版过程。

（2）活动完成后，保存拼版结果到自己的文件夹。

（3）命名规范如“\考试号××××”。

2. 整体要求

（1）活件序号和活件名命名规范。

（2）正确设定活件助手中的参数。

（3）选择正确的拼版模板和折页方案。

9.5 效果评价

效果评价参见任务 1，评价标准见附录。

9.6 相关知识与技能

合版印刷又叫拼版印刷，就是将不同客户相同纸张、相同克重、相同色数、印量相近或相同的印件组合成一个大版，充分利用胶印机有效印刷面积，形成批量和规模印刷的优势，共同分摊印刷成本，达到节约制版及印刷费用的目的。传统专版印刷方式或数码快印的报价是合版印刷价格的几倍甚至几十倍。

合版印刷起源于台湾，是一种结合网络和印刷的服务模式，将许多不同客户小印量的印件组合成一个大版，不但分摊了制版的费用，又能满足商业印刷的质量，在台湾这种服务模式已经成为短版印刷的经典。

合版印刷促进了印刷工业与信息网络化融合，报价单一透明，印刷快捷高效。一般合版印刷企业采用全自动工艺流程，任何标准文件上传至合版印刷系统后，自动被移入生产流程中，依照客户的需求，直接转成 PDF 的格式进入自动拼版的工序，和其他的印件拼成一大版，直接输出 CTP 版后即可上机印刷。

1. 合版印刷的优势

由于合版印刷采用网络传版，集中印制，分摊费用的方式，因而印刷费用大大降低。以金印集团为例，采用合版印刷 10 盒双面标准名片报价只有 18 元，而传统专版印刷方式或者数码快印的报价是合版印刷价格的几倍甚至几十倍。合版印刷的优点是单价低，少量可制作，可满足一般的品牌传播商业印刷质量和印量需求。

2. 合版印刷的缺点

合版印刷的主要缺点之一是合版印刷难免会造成色差的问题。

建议：

（1）建立统一色彩管理流程，客户所来文件要先经过调图再拼版印刷。

（2）相同色调的印件依纵向拼列。

（3）如果客户对颜色极为严格，要求要依纵向同版或采取传统印刷方式独立开版印制。为避免合版印刷发生色偏问题，制作时务必采用 CMYK 模式的颜色设计，不建议采用 RGB 模式以免发生合版印刷后的色偏争议。如果对颜色要求极高，建议采用传统印刷方式独立开版印刷。

一、单选题

1. 在 Prinect Signa Station 软件中，合版印刷拼版选择的装订方式是（　　）。
   A. 骑马订　　B. 无规则　　C. 线装　　D. 无线胶订
2. 在 Prinect Signa Station 软件中，合版印刷拼版选择的主页类型是（　　）。
   A. 多个主页　　B. 只有一个主页
   C. 主页个数取决于页面尺寸　　D. 以上说法都不对
3. 下列软件中，具备印刷拼版功能的是（　　）。
   A. Heidelberg Prinect Render　　B. Heidelberg Prinect Prepress Manager
   C. Heidelberg PDF Toolbox　　D. Heidelberg Pressroom Manager
4. 在 Prinect Signa Station 中，所有拼版文件以（　　）格式为通用格式。
   A. EPS　　B. PS　　C. JDF　　D. PDF
5. 以下关于 Prinect Signa Station 的说法，正确的是（　　）。
   A. 该软件必须与 Heidelberg 其他软件搭配使用
   B. 该软件只能在 Windows 平台上运行
   C. 该软件支持拼版结果 3D 展示功能
   D. 该软件只适合 CTP 工作流程，不能用于传统的 CTF 流程
6. 使用 Prinect Signa Station 软件做搭版拼版时，以下说法错误的是（　　）。
   A. 拼版时主页类型须设定为多个主页　　B. 装订方式一般为无规则
   C. 折页方案必须单独新建，无法通用　　D. 以上答案都不对
7. 如果在多台电脑上装 Prinect Signa Station 软件，则为了方便软件之间资源的实时共享，

需要激活（　　）。

A. 工作区　　B. 活件

C. 使用统一预置数据　　D. JDF 输出的自动报告

8. 在 Prinect Prepress Manager 和 Prinect Signa Station 软件交互使用过程中，版式文件存放在（　　）下。

A. PTConfig　　B. PTJobs　　C. 工作区　　D. 文档

9. 关于装订方式和折页方式，以下说法正确的是（　　）。

A. 装订方式决定折页方式　　B. 折页方式与装订方式无关

C. 折页方式决定装订方式　　D. 以下说法都不对

10. 在 Prinect Signa Station 打印输出版式时，为了提高输出速度，可以采取的措施是（　　）。

A. 更改工作去路径　　B. 更改活件存储路径

C. 更改文件存储路径　　D. 关闭 JDF 输出的自动报告

二、多选题

11. 关于 Prinect Signa Station 软件，以下说法正确的是（　　）。

A. 该软件支持书刊拼版　　B. 该软件支持包装拼版

C. 该软件支持 Tiff 文件　　D. 该软件支持拼版 3D 翻页

E. 该软件支持 3D 贴标展示

12. 关于 Prinect Signa Station 搭版拼版时，以下说法正确的是（　　）。

A. 拼版时须设定多主页

B. 拼版时须设定印张顺序恒定

C. 拼版时须设定混合拼版

D. 拼版时如果装订方式未知，可设定为无规则

E. 可以选择多个折页方案

13. 关于拼版软件，以下说法正确的是（　　）。

A. 可以自动放置各种印刷标记　　B. 可以自动放置折手

C. 可以实现加网功能　　D. 可以实现拼贴功能

E. 可以进行颜色的转换

14. 在拼大版过程中，常见的印刷标记有（　　）。

A. 中线　　B. 裁切标记　　C. 文本标记　　D. 颜色控制条

E. 印刷咬口

15. 排版软件处理的对象是（　　）。

A. 文字　　B. 图形　　C. 图像　　D. 页面

E. 以上说法都包括

16. 关于合版印刷，以下说法正确的是（　　）。

A. 印刷成本低　　B. 产品类型多种多样　　C. 印刷效率低下　　D. 以短单为主

E. 印刷色彩单一

17. 在 Prinect Signa Station 软件中，贴标可以添加的位置有（　　）。

A. 订口　　B. 地脚　　C. 切口　　D. 天头

E. 最后一页

18. 关于 Prinect Signa Station 拼版页面之间的间隙设定，以下说法正确的是（　　）。

A. 该设定与装订方式有关　　B. 该设定与印刷机有关

C. 该设定与头部最大空隙有关　　D. 该设定与最大空隙有关
E. 该设定一经设定，无法更改

19. 在 Prinect Signa Station 软件中，印刷时需要一个咬口的是（　　）。
A. 单面印刷　B. 单面侧翻　C. 单面滚翻　D. 双面印刷
E. 正背套

20. 在 Prinect Signa Station 软件中，拼版时需要选择双面折页的是（　　）。
A. 单面印刷　B. 单面侧翻　C. 单面滚翻　D. 双面印刷
E. 正背套

三、判断题

21. 在实际印刷过程中，合版印刷可以最大限度利用纸张，降低成本。（　　）
22. Prinect Signa Station 软件支持不同印量产品的自动优化。（　　）
23. Prinect Signa Station 软件既可以单印张优化，又可以多印张优化。（　　）
24. 在 Prinect Signa Station 软件中，一个版面只能放置一个折页方案。（　　）
25. 在 Prinect Signa Station 软件中，搭版拼版时需要设置多主页和激活混合拼版功能。（　　）
26. Prinect Signa Station 软件标准版既可以做书刊拼版，又可以做包装拼版。（　　）
27. Prinect Signa Station 软件如果做多语言版本拼版，需要申请单独的许可证。（　　）
28. 在 Prinect Signa Station 软件中，可以通过度量框功能添加颜色控制条标记。（　　）
29. 在 Prinect Signa Station 软件中，如果要更改咬口，需要在拼版前编辑印版模板。（　　）
30. 在 Prinect Signa Station 软件中，可以通过度量框功能在版面自定义位置添加标记。（　　）

练习与思考参考答案

1. B	2. A	3. C	4. D	5. C	6. C	7. C	8. B	9. B	10. D
11. ABDE	12. ACDE	13. ABD	14. ABCD	15. ABC	16. ABD	17. ABCDE	18. ACD	19. ABE	20. BCDE
21. Y	22. Y	23. Y	24. N	25. Y	26. N	27. N	28. Y	29. N	30. Y

任务 10 印前工作流程设定

该训练任务建议用 4 个学时完成学习。

10.1 任务来源

计算机直接制版的数字化工作流程是调用各种处理模板来处理文件的，这些模板通常包括文件的规范化、文件的检查以及拼版后的各种输出模板等。因此，为保证文件处理的畅通，使用数字化工作流程软件之前或者中间，建立一个工艺流程或者文件处理中间调整模板中的相关参数是一项最基本、最重要的工作，是从业人员应具备的技能。

10.2 任务描述

根据作业要求，在 Prinect Cockpit 软件中根据印刷工程单建立活件，完成文件的输入、文件检查、颜色转换、拼版和加网输出以及生成印刷油墨数据等一系列过程，从而达到掌握活件的建立和文档处理及输出。

10.3 能力目标

10.3.1 技能目标

完成本训练任务后，读者应当能（够）掌握以下技能。

1. 关键技能

(1) 能够在 Prinect Cockpit 中建立活件。

(2) 能够在 Prinect Cockpit 中查看文件预飞报告。

(3) 能够在 Prinect Cockpit 和调用 Prinect Signa Station 模版。

(4) 能够掌握 Prinect Cockpit 文件处理的基本操作。

2. 基本技能

(1) 熟练使用 Acrobat 软件。

(2) 熟练使用 Prinect Signa Station 软件。

(3) 能够安装 Prinect Cockpit 客户端。

10.3.2 知识目标

完成本训练任务后，读者应当能（够）学会以下知识。

（1）理解数字化工程的文件处理流程。
（2）理解数字化工作流程中 PDF 文件规范化的含义。
（3）理解数字化工作流程中 PDF 文件预飞的含义。

10.3.3 职业素质目标

完成本训练任务后，读者应当能（够）具备以下职业素质。
（1）按照作业工程单的要求建立活件。
（2）熟练掌握活件处理的操作步骤。
（3）养成作业记录的良好习惯。

10.4 任务实施

10.4.1 活动一 知识准备

（1）数字化工作流程的优缺点有哪些。
（2）数字化工作流程中文件处理的基本步骤。
（3）图像栅格处理器的类型有哪些。

10.4.2 活动二 示范操作

1. 活动内容

根据作业要求，在 Prinect Cockpit 软件中根据印刷工程单建立活件，完成文件的输入、文件检查、颜色转换、拼版和加网输出以及生成印刷油墨数据等一系列过程，从而达到掌握活件的建立和文档处理输出。

2. 操作步骤

（1）步骤一：Prinect Cockpit 新建活件。

1）打开 Prinect Cockpit 软件，切换到活件标签，选择新建活件。使用鼠标双击“Prinect Cockpit”图标，如图 10-1 所示，启动软件。

打开软件登录界面，如图 10-2 所示。在软件登录界面中，输入用户名和密码，如用户名和密码为“prinect”，域一般为空，单击“OK”登录。打开软件主窗口，如图 10-3 所示。

图 10-1 Prinect Cockpit

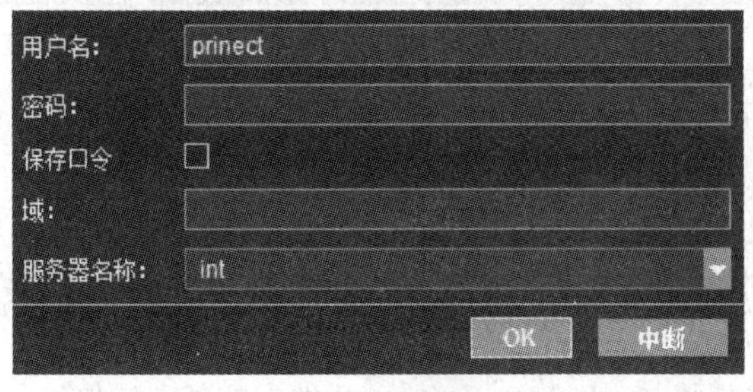

图 10-2 软件登录

2）在新建活件面板中输入活件序号和活件名，并添加文件处理组模板。选择“文件→新建”，创建新活件，在“任务基本数据”中输入“活件序号”和“活件名称”，如图 10-4 图所示。

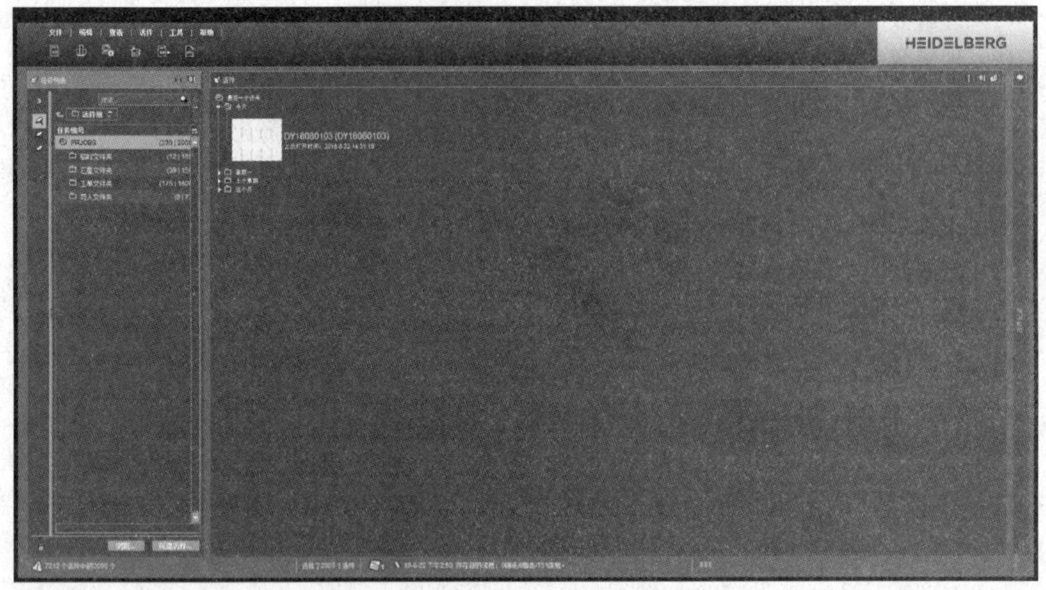

图 10-3 软件主窗口

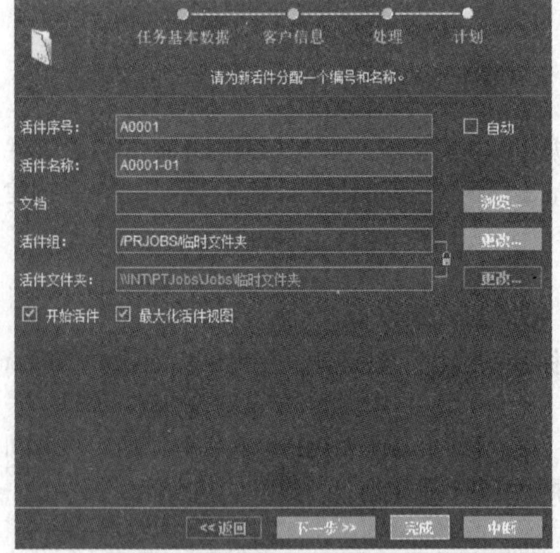

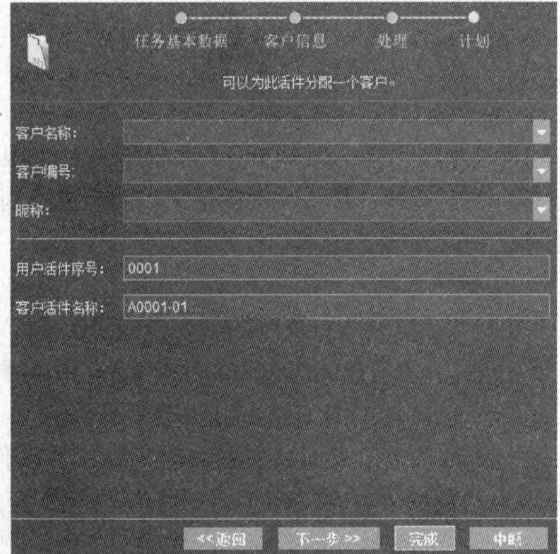

图 10-4 定义活件信息

单击“下一步”，进入“客户信息”页面，输入客户信息。单击“下一步”，进入“处理”信息面板，如图 10-5 所示。

在处理标签，单击“添加”，打开“添加模板”窗口。该窗口内包含有预定义的“组模板”和“序列模板”。如本例，在组模板中选择预定义的“Prinect”模板，单击“添加”，如图 10-6 所示。

（2）步骤二：Prinect Cockpit 活件中的基本操作。

1）打开活件处理流程界面。完成组模板添加后，则完成了活件的创建，同时打开了活件操作界面，如图 10-7 所示。

2）添加文档。在“文档”标签，输入 PDF，如图 10-8 所示。文件添加方式有两种：一种是直接把文件拖入该页面主窗口，另一种是使用“添加文件”功能。添加文件后，软件开始处理文件。

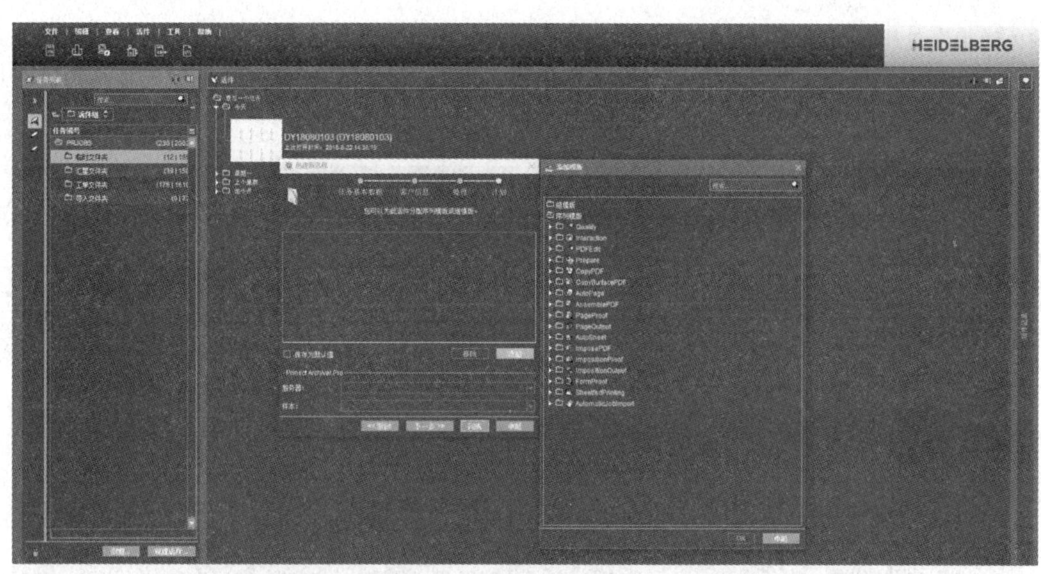

图 10-5　添加处理模板

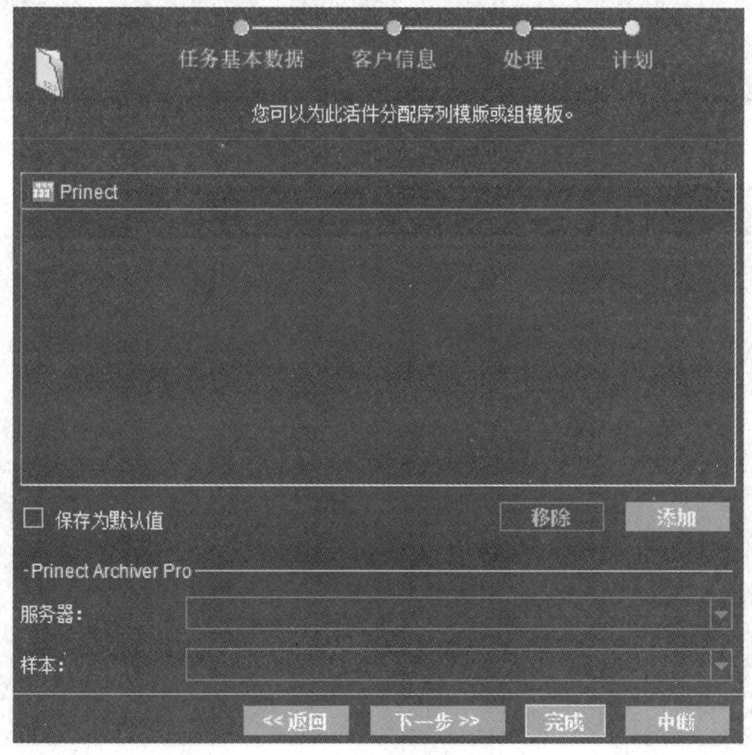

图 10-6　添加组模板

3）文档规范化处理。处理完成，查看文档处理结果，如图 10-9 所示。文件处理完成后，“状态”栏进度条显示 100%。可以双击“最近的信息”栏，打开“预飞品质管理”，查看文件预飞报告，可以发现文件潜在的输出问题，如需更改，可返回至制作软件，修改后再放入软件中。

4）颜色转换。切换至“页面”标签中，“添加文档”处理之后的第二步就是“Prepare”→

“颜色转换”处理。如果需要更改颜色转换方式，可在这个页面更改预定义的“颜色转换”处理模板。如图 10-10 所示，单击“提交给”子窗口的下方的“+”号，可打开处理模板窗口，可以更改所需要的颜色转换处理模板。

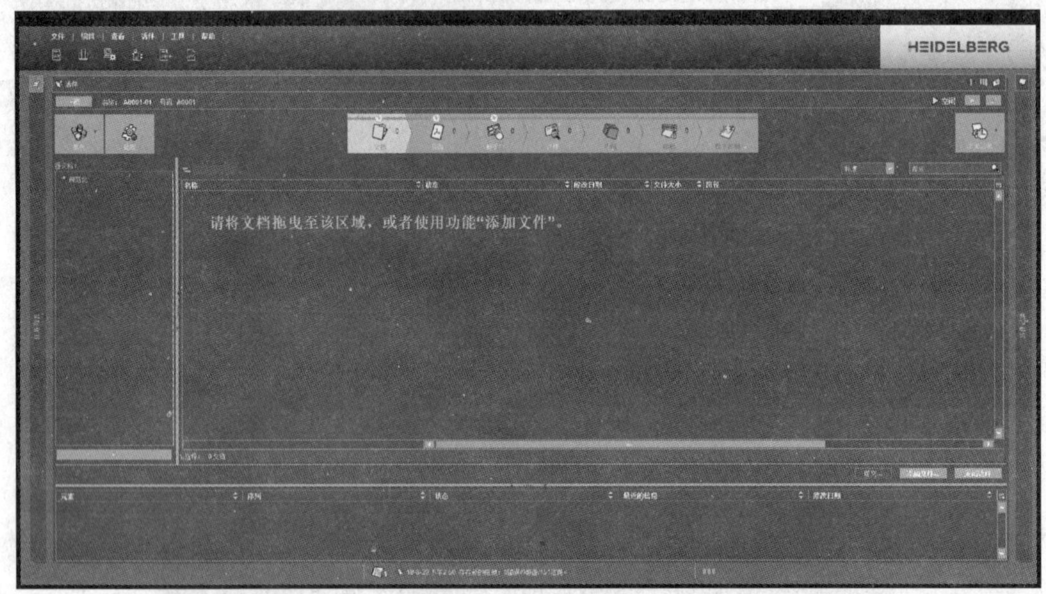

图 10-7 活件操作界面

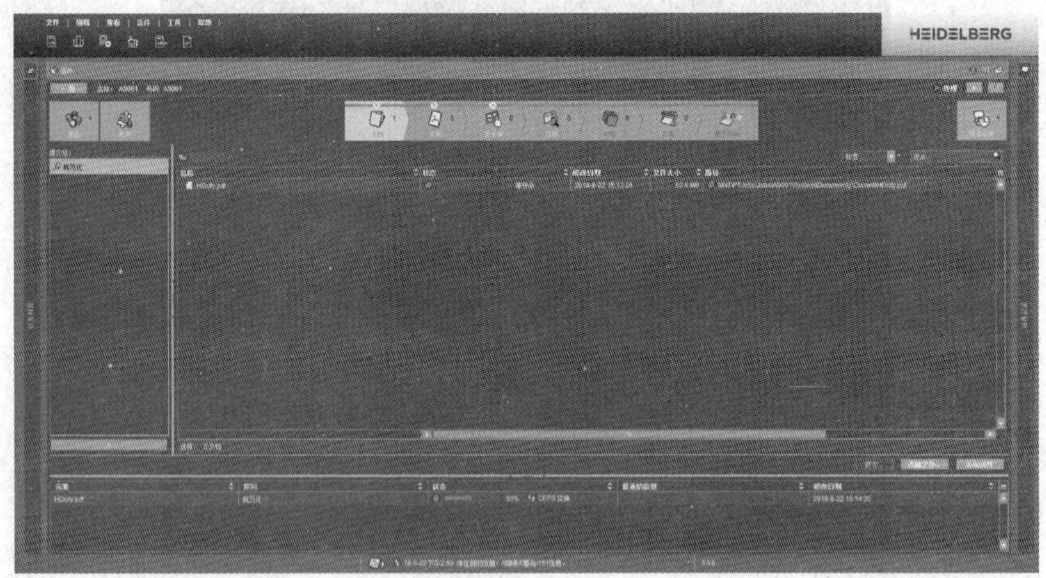

图 10-8 文档输入

文档“规范化处理”和“颜色转换处理”可以设定为联动状态，即规范化后自动进行颜色转换处理。如果未设置为连动，切换到“页面”窗口，选中规范化处理后的文件，右键单击“提交”，提交给 Prepare 模板进行处理，如图 10-11 所示。

在本页面可以针对文档页面进行“色彩转换”，可依据输出目的不同，选择四色输出、单色输出、保留专色输出、陷印输出等。本例中只有一个颜色转换输出，直接单击“OK”即可。

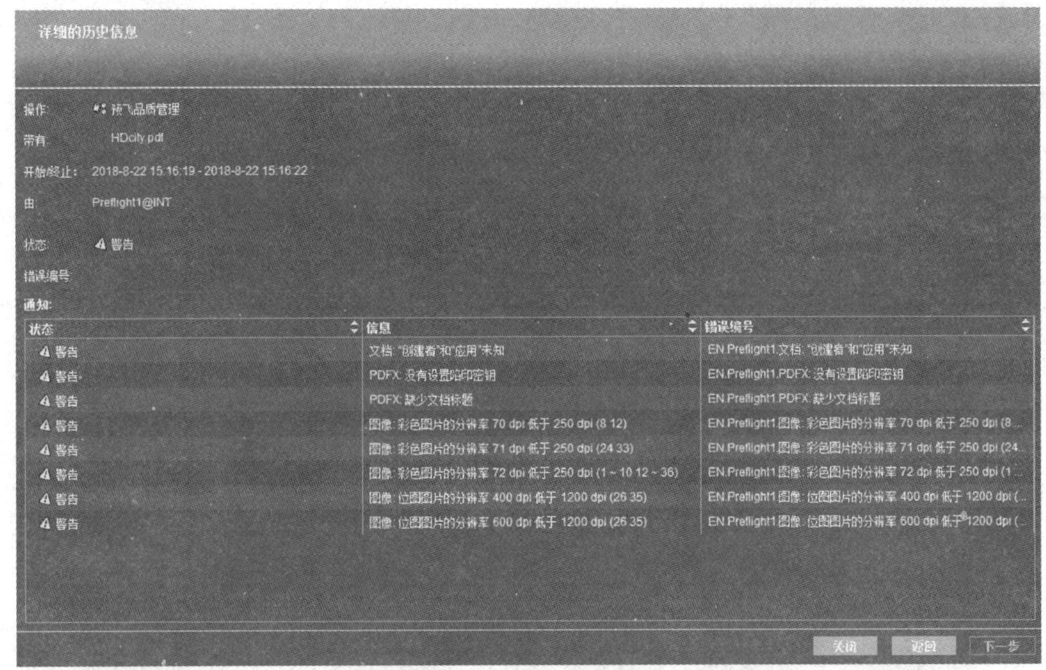

图 10-9　文档处理结果检查

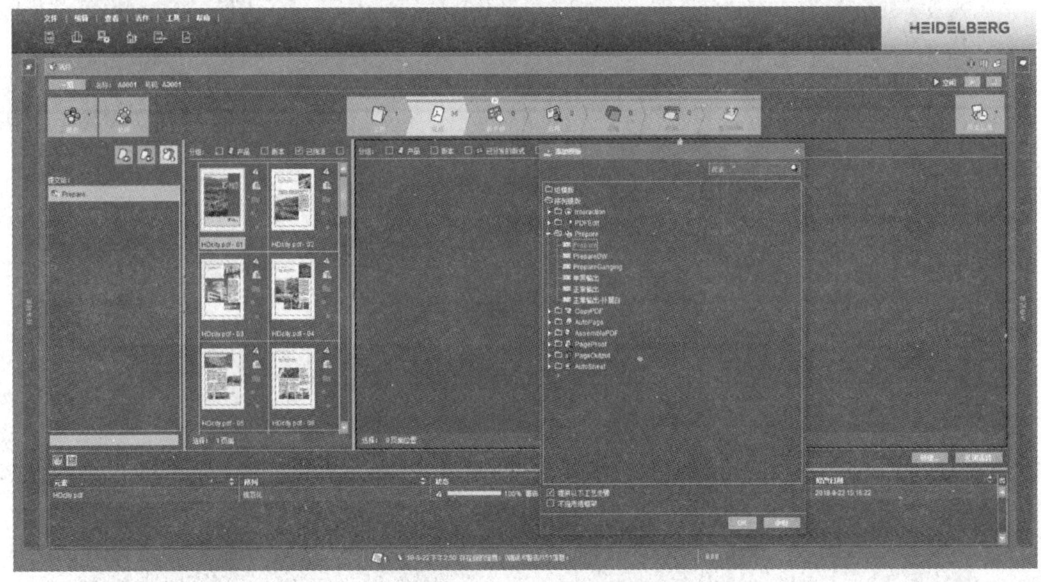

图 10-10　更换处理模板

颜色转换处理之后，“状态”栏显示处理进度为 100%。与“文档”处理完成一样，也可双击“最近的信息”栏，打开预飞报告查看预飞结果，如图 10-12 所示。

5）添加版式。颜色转换完成后，需要进行的第三步处理是创建或者导入拼大版版式文件。鼠标单击“版式”，切换到版式标签页窗口，如图 10-13 所示。

a）连接拼大版软件。在“版式”标签窗口，选择“创建版式”，打开新版式面板，输出“版式名”，如图 10-14 所示，单击“OK”。

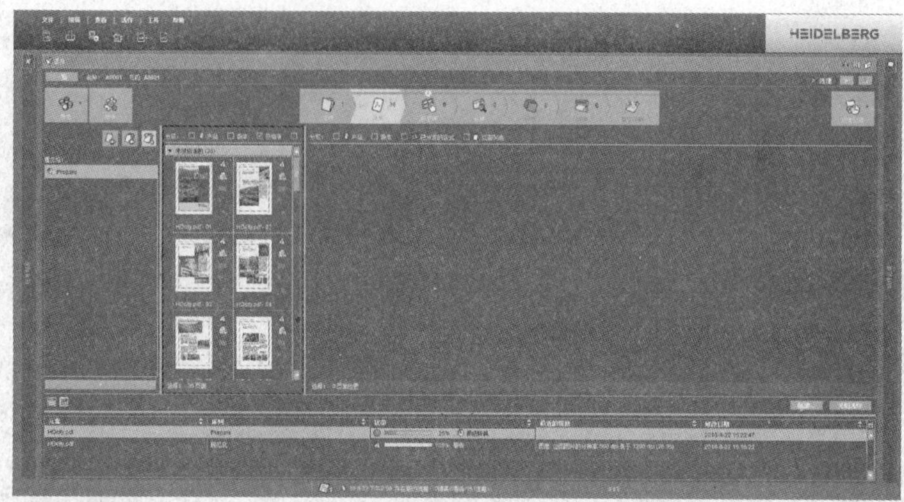

图 10-11　颜色转换处理

图 10-12　颜色转换处理结果

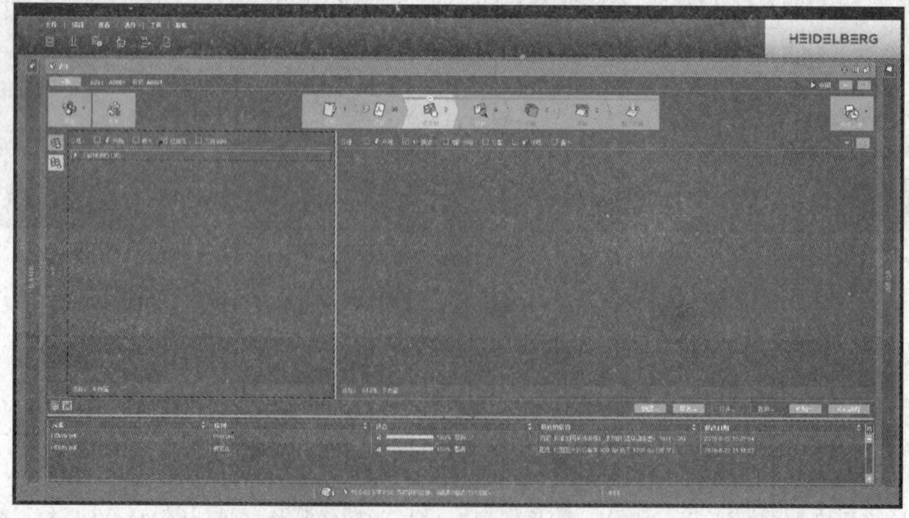

图 10-13　添加版式

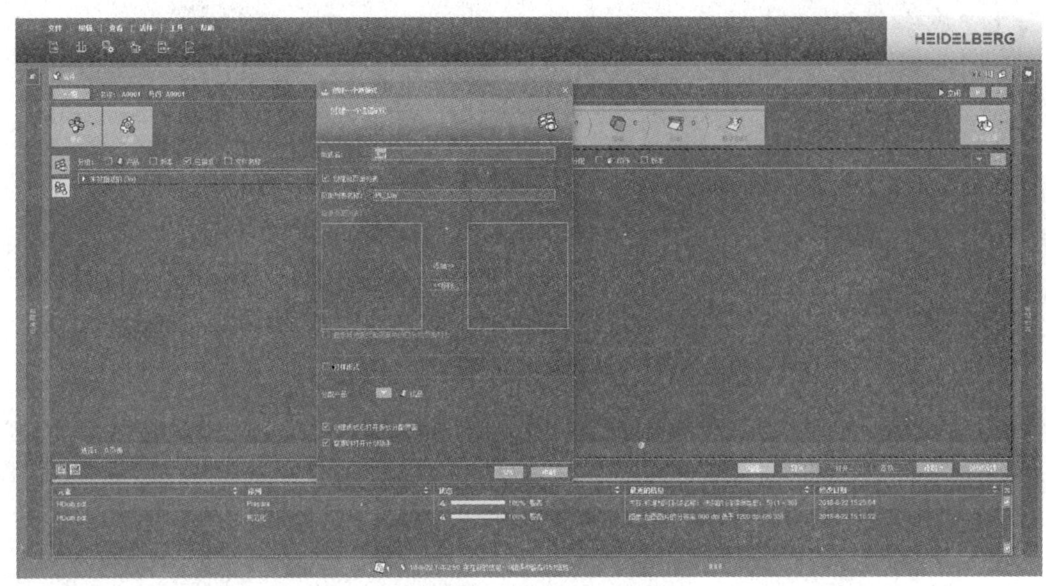

图 10-14　设定版式文件信息

数字化工程流程软件，在“版式”处理步骤，可以实现与 Prinect Signa Station 拼大版软件进行通信，能够直接打开该软件，或者可以在此位置导入已经设计好的拼大版版式文件，如图 10-15 所示。

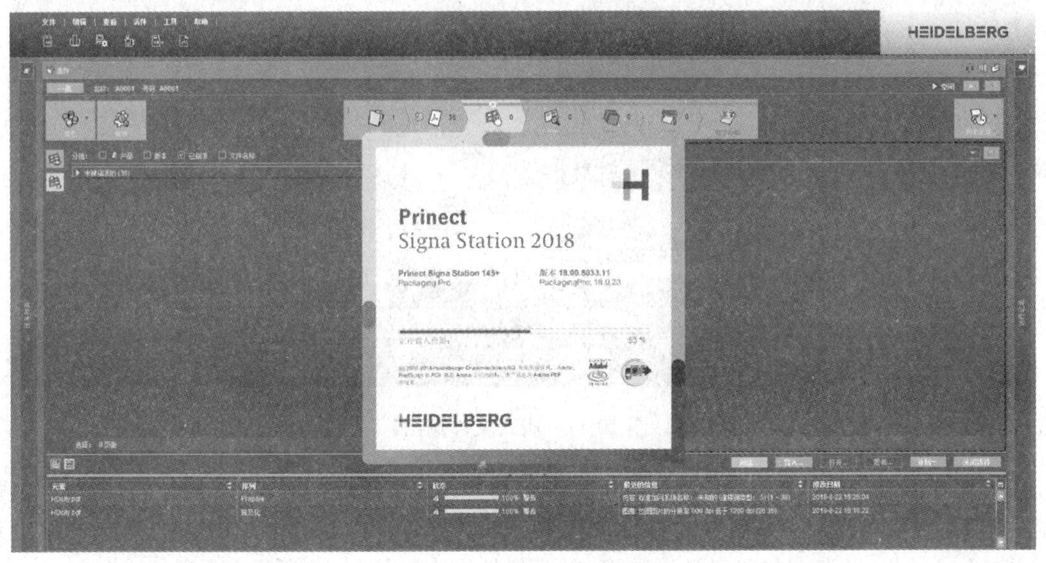

图 10-15　调用 Prinect Signa Station

b）拼大版版式设计。这里调用 Prinect Signa Station 软件，同时打开了“活件助手”，操作过程与单独运行拼大版软件的过程是一样的，一步一步完成拼大版版式文件的创建。新建的版式结果，如图 10-16 所示。

c）版式输出。Prinect Signa Station 软件的具体操作可以参见其他相关示例，此处省略具体拼版过程。所不同的是这里建立的活件是交互活件，需要将创建的拼大版文件通过预定义的“输出参数集”参数，如图 10-17 所示，将版式文件输出到 Prinect Cockpit 中。

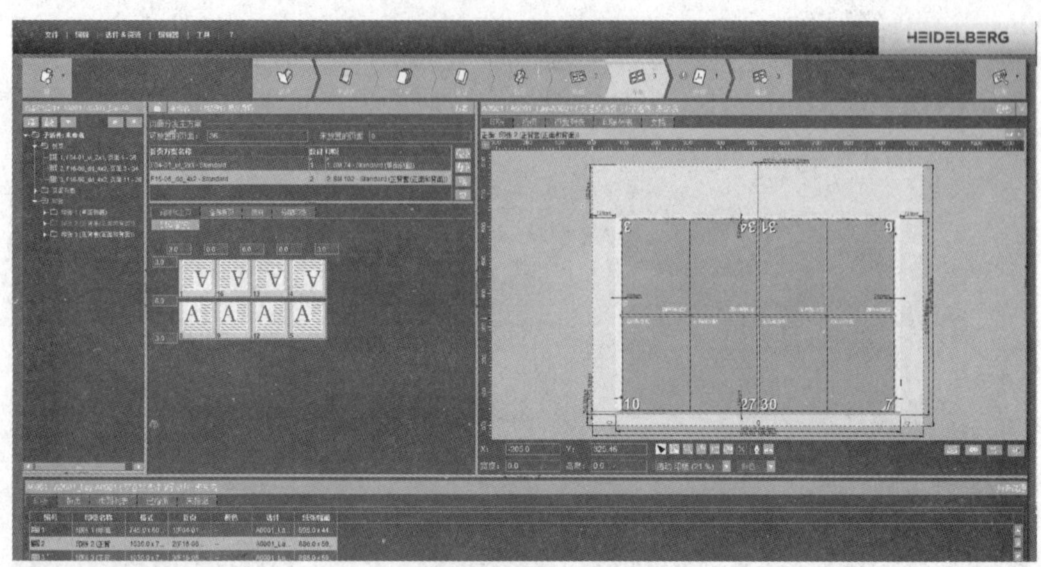

图 10-16　设计拼大版版式

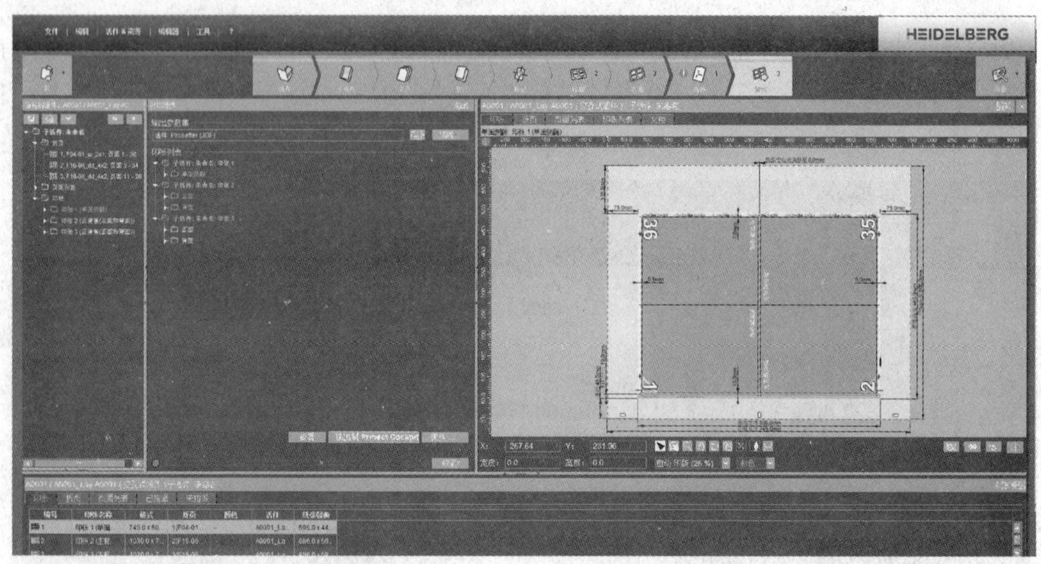

图 10-17　版式文件输出

d）完成版式创建。Prinect Signa Station 软件拼版结束后，选择“文件”→“打印活件”，弹出“打印活件”窗口，选择预置的输出参数集，如“预置：Prosetter（JDF）”，选择“输出到 Prinect Cockpit”，将版式打印到 Prinect Cockpit 软件中，如图 10-18 所示。

6）指派页面。版式文件输入进来之后，紧接着是要把文档输入的页面放置到大版版式对应的页面码处，如图 10-19 所示。

在“版式”标签页面选中的情况下，在该窗口的左侧小窗口中，可以看到目前的文档页面状态是“未被指派的”状态。在这里可以完成文档“页面”到大版版式文件“位置”的指派。可以全部选中所用页面，用鼠标拖拽到大版版式“页码 1”的位置，松开鼠标完成一次性指派。也可以单独选择某个页面指派到对应的位置等。图 10-20 所示为页面指派完成后的结果预览。

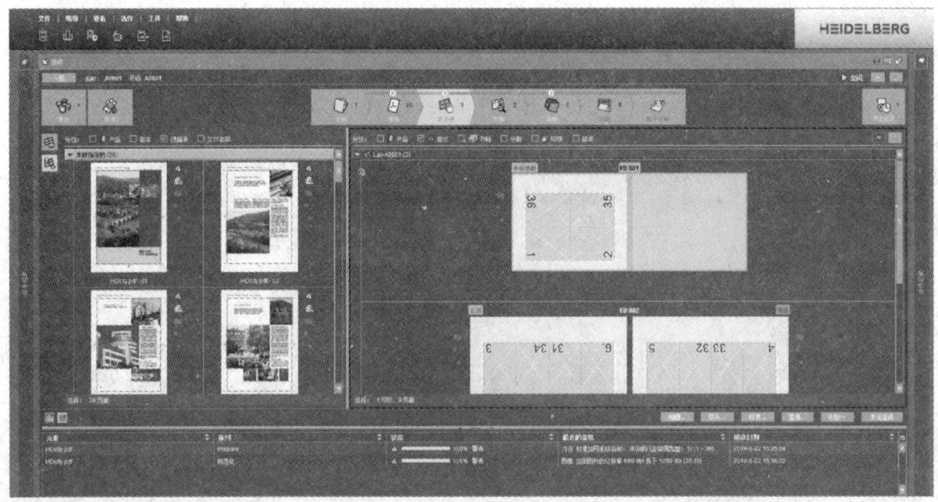

图 10-18　版式文件预览

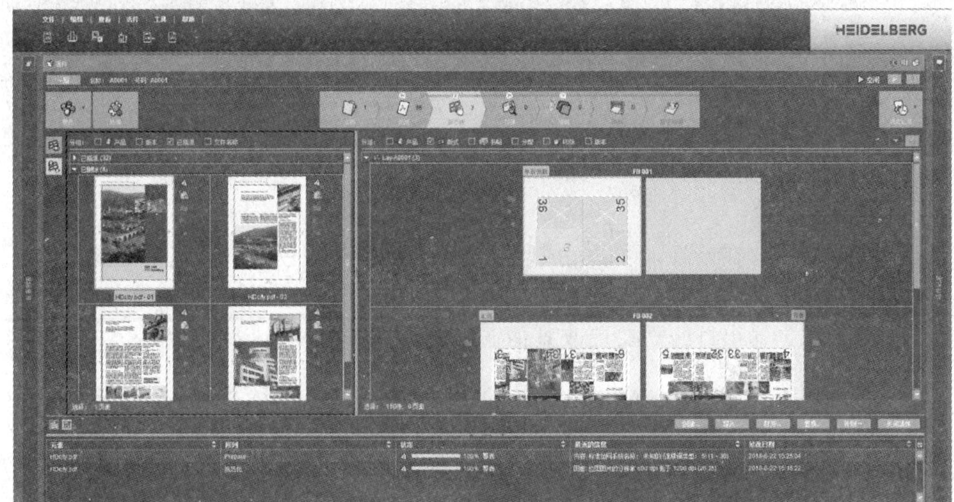

图 10-19　页面分配

图 10-20　完成页面指派

完成页面分配之后，可以进行数码打样，也可以进行印版输出。本例着重讲解印刷输出环节，不对数码打样进行阐述。

7）提交印版输出模板。单击“印版”标签，切换到印版页面，如图 10-21 所示。

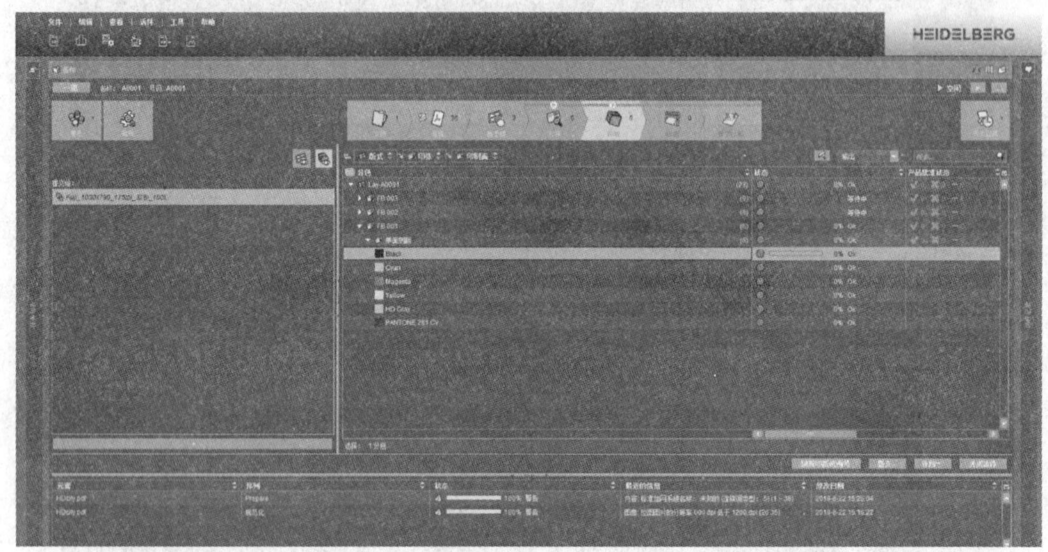

图 10-21 印版输出

切换至印版标签后，在该窗口可以完成印版输出。选中某一色印版，直接拖拽给“提交给”窗口内的印版输出模板即可。需要说明的是，在“提交给”子窗口可以选择预定义的“加网输出”模板，也可以根据输出目的需要更改其他输出模板，如，大版 PDF 输出等。图 10-22 所示为更换输出预定义的输出模板。

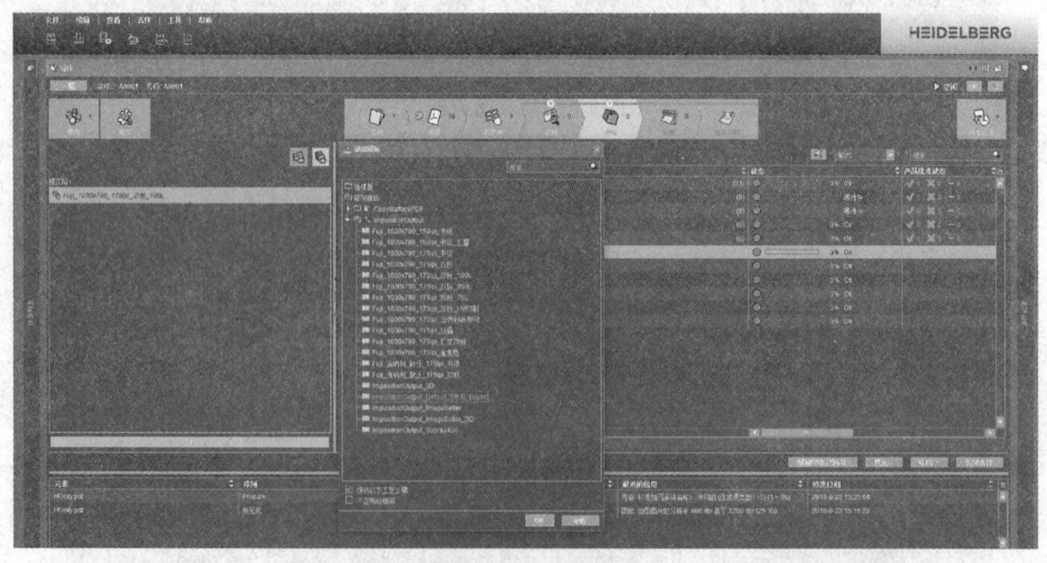

图 10-22 添加加网输出模板

添加“加网输出”模板之后，数字化工作流程软件对拼大版的文件进行处理，执行分色和加网计算。如图 10-23 显示文件处理的进度，可以在“状态”栏查看文件处理进度及文件处理状态。

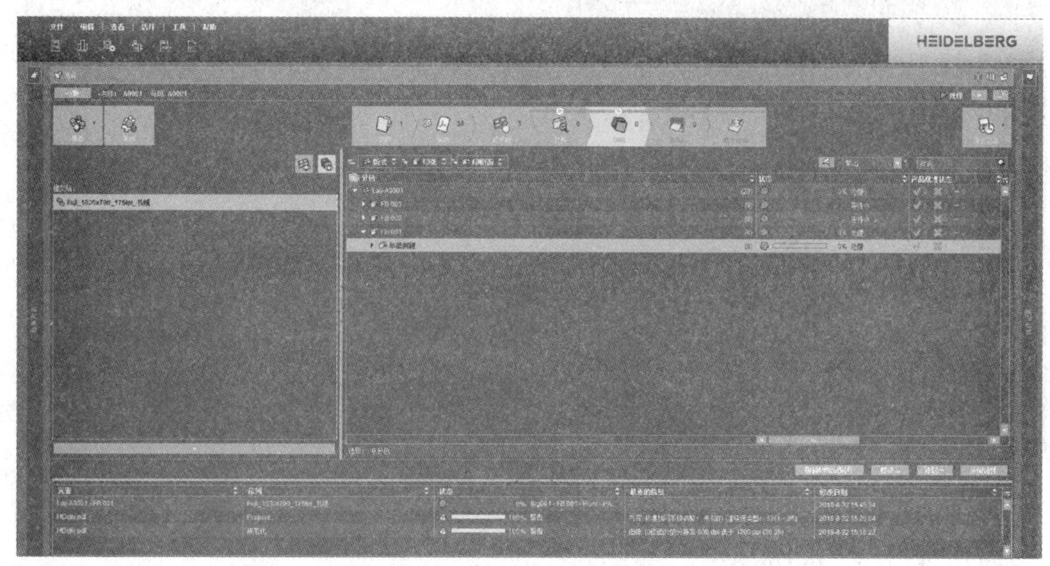

图 10-23　加网处理

8）印刷数据查看。完成文件的加网计算之后，可以查看印张属性、墨色风格以及预上机印刷的油墨数据等。鼠标单击“印刷”标签，切换至印刷标签中，选择“印张”，单击“属性”按钮，选择“墨色风格”，即可查看印刷机油墨数据，如图 10-24 所示。

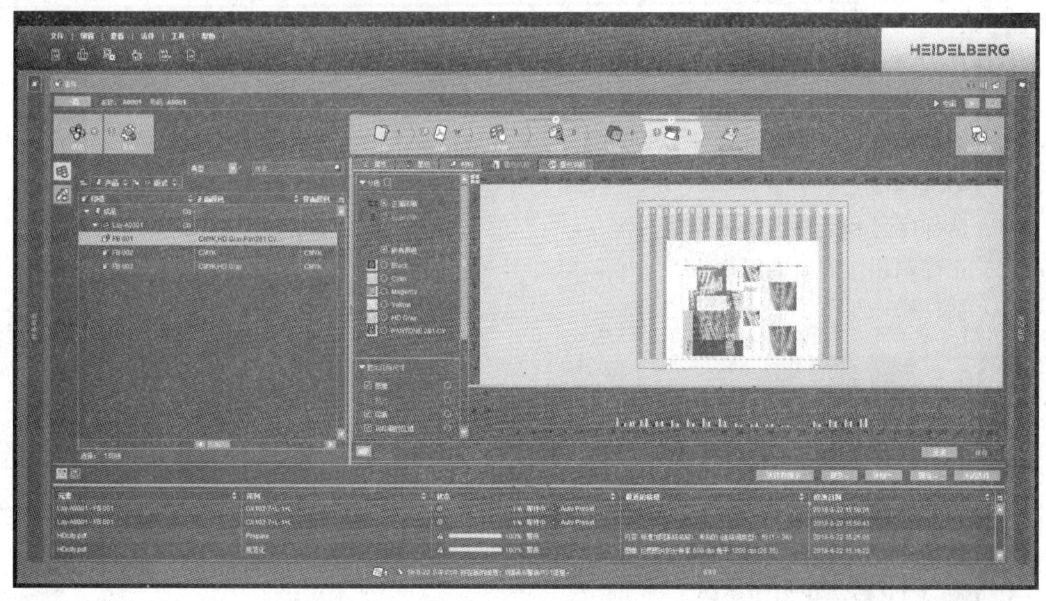

图 10-24　印刷属性查看

完成“文档→页面→版式→印版→印刷”过程的处理之后。在“印刷”标签窗口，单击“关闭”，关闭印张属性查看窗口。单击“关闭活件”，结束活件操作，返回至活件列表中，如图 10-25 所示。

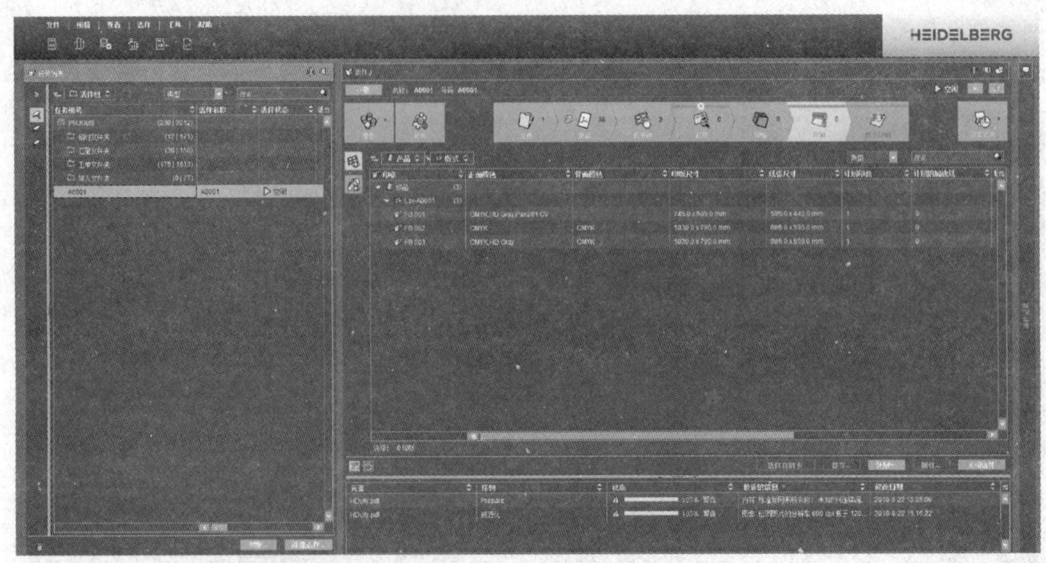

图 10-25　活件管理窗口

10.4.3 活动三　能力提升

根据所讲述和示范的案例，在 Prinect Cockpit 软件中新建活件，完成文件的输入、文件的检查、颜色转换、拼版和加网输出以及生成印刷油墨数据等过程。

1. 内容

按照演示范例，根据作业要求，在 Prinect Cockpit 软件中根据印刷工程单建立活件，完成文件的输入、文件检查、颜色转换、拼版和加网输出以及生成印刷油墨数据等一系列过程，从而达到掌握活件的建立和文档处理输出。

（1）活动完成后，保存设定结果到文件夹。

（2）命名规范如“\ 考试号××××”。

2. 整体要求

（1）活件序号和活件名命名规范。

（2）正确调用所需要的组模板。

（3）活件操作规范。

10.5 效果评价

效果评价参见任务 1，评分标准见附录。

10.6 相关知识与技能

10.6.1 CTP 数字化工作流程

目前尚未有正式的 CTP 系统数字化工作流程的工业标准。在工作流程设计中，主要问题在于客户和印刷商如何相互协商，确认双方认同的设备和将要印刷的产品类型。尽管还没有统一的标准，但任何 CTP 工作流程的设计都需要一些明确的环节和步骤，从而制订的工作流程能够为特定印活提供指导。

这些步骤主要是：

（1）客户文件输入。

（2）图像准备（如果需要时）。

（3）预检。

（4）拼版和套色。

（5）页面语言转换和输出。

（6）制版与质量控制。

（7）印刷。

10.6.2 数字化工作流的优点

CTP 技术有着十分明显的优点，如图像质量的改善，因为图像是经由第一手数字数据获得的，避免了中间转换环节对质量造成的损失。在印版上直接成像降低了多色印刷中易于出现的套色问题，并且改善了阶调复制质量，更好地控制了网点增大。

其第二个优点就是节省了开支。此外，污染材料的处理和废弃等问题也大为减少。由于劳动力成本的降低和更少的转换程序必然带来更少的浪费，提高了印刷收益。并且由于取消了印刷胶片处理设备，也节省了生产占用空间。总之，数字化工作流程比传统方法在图像的编排方面更方便。

但如同任何技术都会有其局限性，CTP 系统也是如此。目前应用 CTP 技术最主要的障碍就是 CTP 系统设备和耗材的投资成本，其次就是需要精心地设计数字化工作流程，以使印刷进程快捷和正确无误，同时，在完善的 CTP 系统还要求采用数字打样方法。虽然表面上来看 CTP 系统与员工的培训无关，但实际上 CTP 系统是否能够广泛推广与操作人员培训密切相关，因为培训数字化数据处理方面的熟练工人也需较高的投资成本。

10.6.3 图像栅格处理器的类型

图像栅格处理器 RIP 通常分为硬件 RIP 和软件 RIP 两种，也有软硬结合的 RIP。硬件 RIP 实际上是一台专用的计算机，专门用来解释页面的信息。通常情况下页面解释和加网的计算量非常大，因此过去通常采用硬件 RIP 来提高运算速度。软件 RIP 是通过软件来进行页面的计算，将解释好的记录信息通过特定的接口卡传送给输出设备，因此软件 RIP 要安装在一台计算机上。目前计算机的计算速度已经有了很大的提高，RIP 的解释算法和加网算法也不断改进，所以软件 RIP 的解释速度已不再落后于硬件 RIP，甚至超过了硬件 RIP。加上软件 RIP 升级容易，可以随着计算机运算速度的提高而提高，因此软件 RIP 应用更加普遍。

RIP 的主要技术指标有：PostScript 兼容性、解释速度、加网质量、支持汉字、操作界面和功能、支持网络打印功能、预视功能、拼版输出功能。

硬件 RIP 的工作方式一般比较简单，通常采用网络打印方式，没有预视功能。而软件 RIP 接收页面数据的方式比较灵活，可以有网络打印方式，也可以直接解释由组版软件形成的 PS 文件，还可以采用批处理的方式解释 PS 文件。网络打印方式是 RIP 设置成一台网络打印机，在各台工作站上可以按照选择网络打印机的方法来连接，如 EFI Fiery 数字印刷机流程，由组版软件打印的数据直接通过网络送给 RIP 进行解释，然后送数字印刷机输出。这种方式是最简单方便的输出方式，只要是连接在网络上的工作站，都可以直接进行打印。这种输出方式的缺点是占用工作站的时间较长，可以采用后台打印的方式加快脱机速度。

练习与思考

一、单选题

1. 在 Prinect Prepress Manager 软件中，处理 Tiff 文件的处理模块是（　　）。
   A. CEPS 变换　B. 规范化　C. 重组器　D. 预飞
2. 在 Prinect Prepress Manager 软件中，处理 PS、EPS 文件的处理模块是（　　）。
   A. CEPS 变换　B. 规范化　C. 重组器　D. 预飞
3. 在 Prinect Prepress Manager 软件中，关于组模板和序列模板，以下说法正确的是（　　）。
   A. 组模板包含序列模板　B. 序列模板包含组模板
   C. 序列模板和组模板互补包含　D. 以上说法都不正确
4. 关于规范化模块，以下说法错误的是（　　）。
   A. 支持 EPS、PS 文件转换为 PDF　B. 支持字体潜入功能
   C. 支持图片的压缩采样　D. 支持颜色的叠印功能
5. 关于预飞模块，以下说法错误的是（　　）。
   A. 可以检查文件是否加密　B. 可以检查页面是否含有裁切框
   C. 可以检查图片的分辨率　D. 可以将透明原稿压平
6. 关于颜色转换模块，以下说法错误的是（　　）。
   A. 支持将 RGB 转换为 CMYK　B. 支持将部分专色转换为 CMYK
   C. 支持将白色叠印设定为镂空　D. 支持将黑色设定为叠印
7. 以下选项中，不属于颜色映射目的的是（　　）。
   A. 饱和度匹配　B. 知觉色匹配　C. 黑点补偿匹配　D. 相对色度匹配
8. 在颜色转换模块中，关于叠印说法错误的是（　　）。
   A. 支持将颜色设置为镂空　B. 支持将 CMYK 白色设置为镂空
   C. 支持将专色白色设置为镂空　D. 支持将套印设备灰转换为 K
9. 在颜色转换模块中，关于叠印模式说法错误的是（　　）。
   A. 不允许更改 CMYK 叠印模式
   B. 在没有确定其他情况下激活 CMYK 叠印模式（OPM＝0）
   C. 始终激活 CMYK 叠印模式（OPM＝1）
   D. 始终激活 CMYK 叠印模式（OPM＝0）
10. 在 Prinect Prepress Manager 软件中，可以执行数码色稿输出功能的是（　　）。
    A. Qualify　B. Prepare　C. ImpositionProof　D. ImpositionOutput

二、多选题

11. 在 Prinect Prepress Manager 软件中，支持的调频加网有（　　）。
    A. IS Classic　B. IS CMYK＋7.5
    C. Stochastic Screening medium　D. Stochastic Screening fine
    E. IS Y30
12. 在规范化模块中，支持的图像采样方式有（　　）。
    A. 平均　B. 加权平均　C. 双立方　D. 二次抽样
    E. 以上答案都不正确
13. 在规范化模块中，支持的图像压缩方式有（　　）。

A. JPEG　　B. ZIP　　C. CCITT 组 3　　D. CCITT 组 4
E. RLE

14. 在规范化模块中，支持的文字处理方式有（　　）。
A. 嵌入所有字体　　B. 嵌入部分字体
C. 输出前替换　　D. 文字转换为曲线
E. 定义文字搜索文件夹

15. 在 Prinect Prepress Manager 软件中，可以拼合透明度的序列模板有（　　）。
A. Qualify　　B. Prepare　　C. ImpositionProof　　D. ImpositionOutput
E. Sheetfed Printing

16. 在 Prinect Prepress Manager 软件中，存在调频加网信息的加网系统有（　　）。
A. IS Classic　　B. IS CMYK+7.5
C. Stochastic Screening medium　　D. Stochastic Screening fine
E. Hybrid Screening

17. 在 Prinect Prepress Manager 软件中，Qualify 序列模板包含的处理模块有（　　）。
A. CEPS 转换　　B. 规范化　　C. 重组器　　D. 颜色转换
E. 预飞

18. 在 Prinect Prepress Manager 软件中，支持 300lpi 的加网系统有（　　）。
A. IS Classic　　B. IS CMYK+7.5
C. Stochastic Screening medium　　D. Stochastic Screening fine
E. Hybrid Screening

19. 在 ImpositionProof 序列模板中，SoftProof 支持的分辨率有（　　）。
A. 72×72　　B. 150×150　　C. 300×300　　D. 450×450
E. 600×600

20. 在 Prinect Prepress Manager 软件中，支持的专色处理方式有（　　）。
A. 忽略　　B. 输出　　C. 转换为 CMYK　　D. 透明
E. 不透明

三、判断题

21. CEPS 模块的主要作用是将 PS、EPS 文件转换为 PDF 文件。（　　）

22. 在 Prinect Prepress Manager 软件中，存在组模板、Smart 模板和序列模板三种模板。（　　）

23. 在 Prinect Prepress Manager 软件中，规范化模块包含在 Prepare 序列模板中。（　　）

24. 在 Prinect Prepress Manager 软件中，预飞模块在 Qualify 和 Prepare 序列模板中都存在。（　　）

25. 在 Prinect Prepress Manager 软件中，组模板通常包含一个或者多个序列模板。（　　）

26. 在 Prinect Prepress Manager 软件中，可以通过修改规范化模块的设定，将 PDF 文件转换为 PS，然后再转换为 PDF 文件。（　　）

27. 在 Prinect Prepress Manager 软件中，可以通过修改设定，保留 PS 文件中的透明度。（　　）

28. 在 Prinect Prepress Manager 软件中，加网系统不含有混合加网系统。（　　）

29. 在 Prinect Prepress Manager 软件中，部分调幅加网系统的加网线数最高到 250lpi。（　　）

30. 在 Prinect Prepress Manager 软件中，混合加网系统中，调幅加网应用于文件的极高光和

极暗调区域，调频加网应用于文件的其他区域。（　　）

练习与思考参考答案

1. A	2. B	3. A	4. D	5. D	6. B	7. C	8. C	9. B	10. C
11. CD	12. ACD	13. ABCDE	14. ABE	15. AB	16. CDE	17. ABCE	18. BE	19. ABC	20. ABC
21. N	22. Y	23. N	24. Y	25. Y	26. Y	27. N	28. N	29. N	30. N

任务 11

输出1-Tiff

该训练任务建议用 2 个学时完成学习。

11.1 任务来源

数字化工作流程软件输出了 1-Tiff 文件，在海德堡印版输出系统中，Shooter 是印前版房必不可少的一个软件，起到承上启下的作用，也是将 RIP 后的文件准确无误的传递给 CTP 的重要过程。掌握 Shooter 就可以在印版输出之前做最后一次的文件检查，是版房工作人员确保印版准确、安全输出的重点和关键。

11.2 任务描述

连接流程与 CTP，使印前流程贯通，检查输出文件，最后对文件备份。规范流程的管理，标准化的操作会使印前版房的工作有条不紊，井然有序。

11.3 能力目标

11.3.1 技能目标

完成本训练任务后，读者应当能（够）掌握以下技能。

1. 关键技能

（1）能够完成 Shooter 与 GUI 及 RIP 的连接。

（2）能够完成 Shooter 的设定。

（3）能够使用 Shooter 对文件进行输出。

（4）能够对文件进行备份和再版输出。

2. 基本技能

（1）熟悉 CTP 界面软件。

（2）熟悉 Meta 或者 Cockpit 流程。

（3）熟悉 CTP 相关基本参数。

11.3.2 知识目标

完成本训练任务后，读者应当能（够）学会以下知识。

（1）掌握 1-Tiff 文档的特征。
（2）掌握印前加网方式。
（3）理解线性化及印刷补偿的含义。

11.3.3 职业素质目标

完成本训练任务后，读者应当能（够）具备以下职业素质。
（1）按照输出指令单的指示输出印版。
（2）注意文件资料和输出文件的备份管理。
（3）养成作业记录的良好习惯。

11.4 任务实施

11.4.1 活动一　知识准备

（1）什么是 RIP，可以生成哪些数据？
（2）Shooter 软件有哪些功能？
（3）1-Tiff 文件输出前需要进行哪些检查？

11.4.2 活动二　示范操作

1. 活动内容

使用 Shooter 输出 1-Tiff 文件，要求如下。
（1）查看数字化工作流程中印版模板参数。
（2）查看 CTP 用户界面中的材料参数。
（3）在 Shooter 中建立虚拟打印机。
（4）输出 1-Tiff 文件并查看。
（5）备份 1-Tiff 文件。

2. 操作步骤

（1）步骤一：查看流程设定，查看 GUI 材料参数。

1）查看材料参数。打开流程软件 Cockpit，打开印版模板，选择“映射”，查看材料参数，如图 11-1 所示。

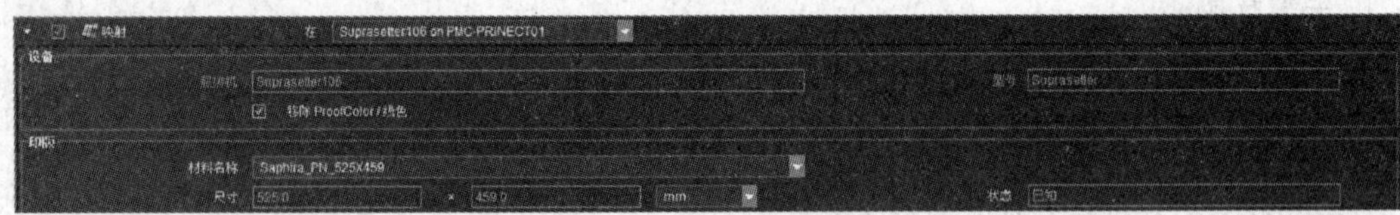

图 11-1　输出材料参数

2）查看 1-Tiff 文件输出路径。在印版模板界面中选择“目标”，查看输出文件路径的位置，如图 11-2 所示。

图 11-2　输出材料参数

3）查看 GUI 材料参数。打开 CTP 用户界面软件，查看软件界面中是否有符合前端软件流程设定的匹配材料，如图 11-3 所示。

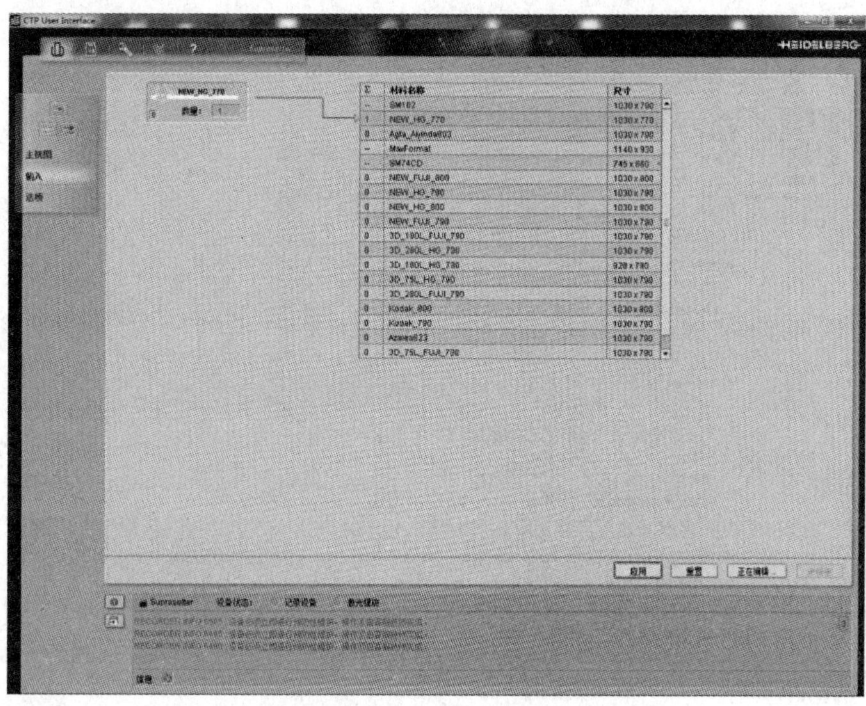

图 11-3　CTP User Interface

（2）步骤二：根据参数在 Shooter 中建立虚拟印刷机。

1）启动 Shooter 软件，如图 11-4 所示为 Shooter 界面。

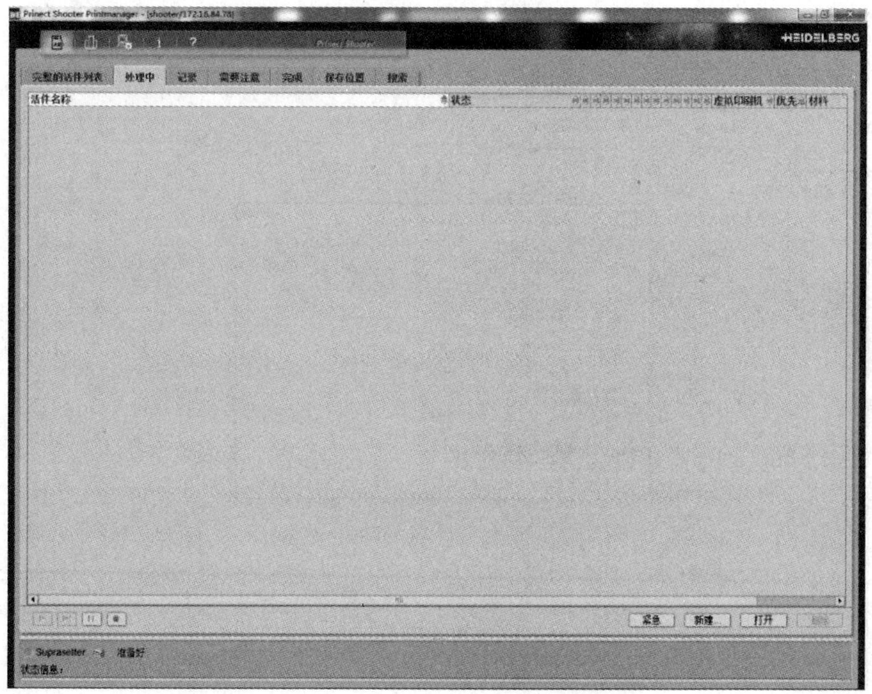

图 11-4　Shooter 界面

2）新建虚拟打印机。单击“管理”工具，选择“配置”标签，新建虚拟打印机，如图 11-5 所示。

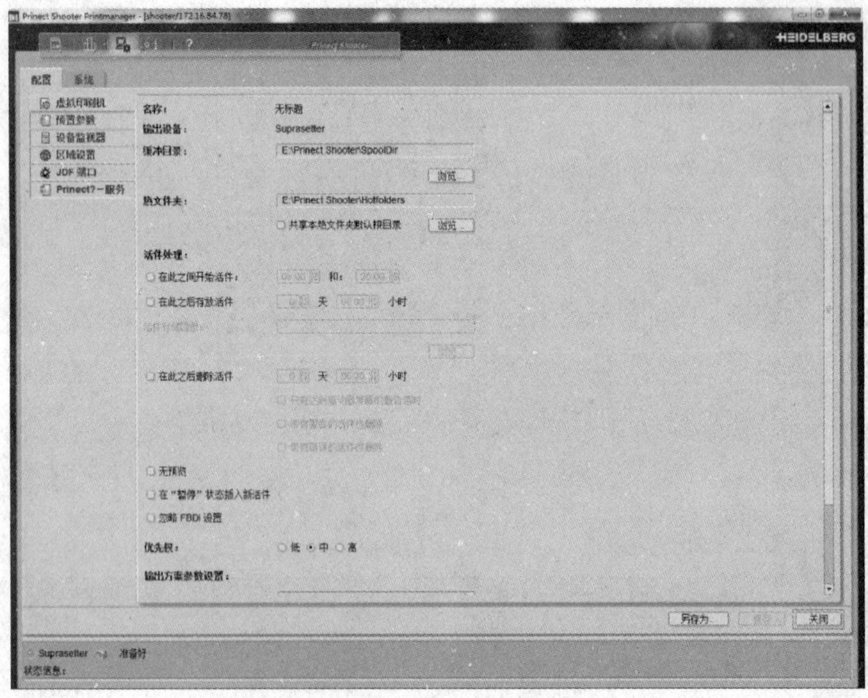

图 11-5 虚拟打印机界面

3）建立热文件夹。在图 11-5 窗口中单击“热文件夹”右侧的“浏览”，浏览到设定热文件夹的位置，选择已定义好的文件夹或者新建一个文件夹，用来接收 Cockpit 输出的文件，如图 11-6 所示。

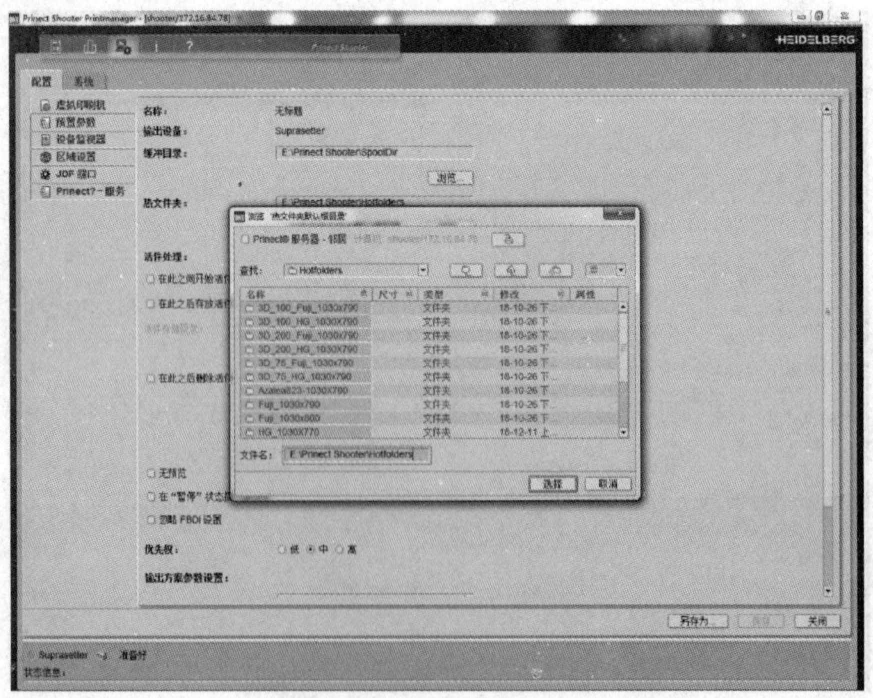

图 11-6 虚拟打印机热文件夹

4）保存虚拟打印机。设定完成热文件后，保存虚拟打印机，如图 11-7 所示。虚拟打印机将输入到热文件夹的文件转换成输出信号，将输出信号传送给 GUI，然后选中 GUI 中对应的输出材料方案，如图 11-8 所示。

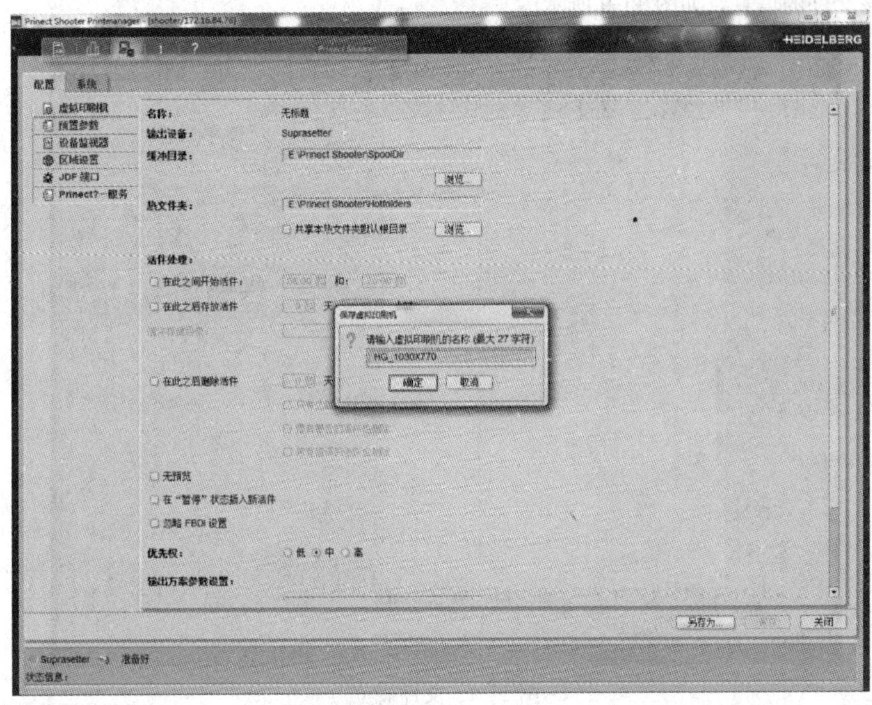

图 11-7　保存虚拟打印机

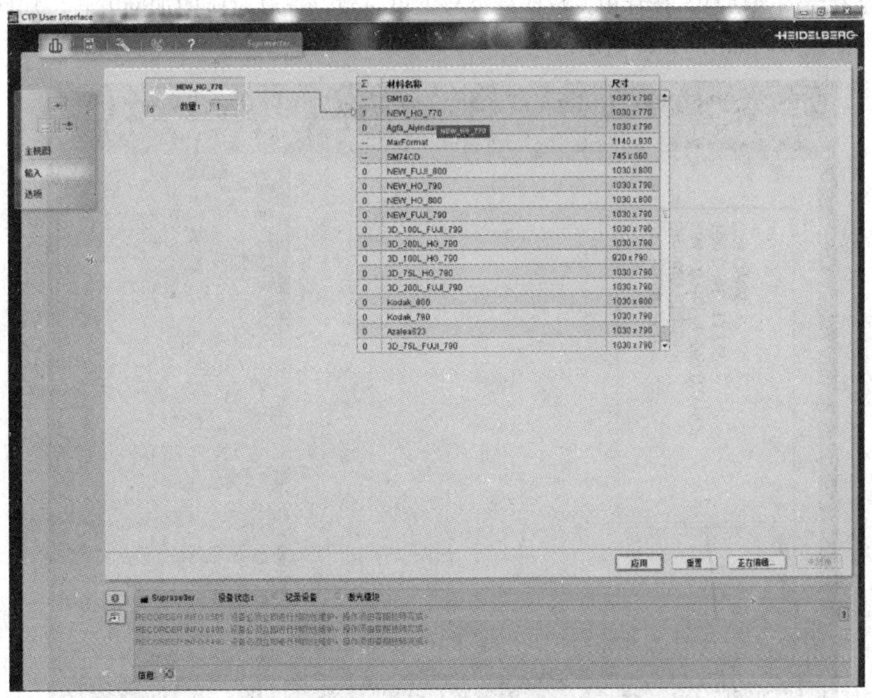

图 11-8　GUI 材料名称

（3）步骤三：接收输出文件，核对与检查文件。

1）预览 1-Tiff 文件。传送到 Shooter 的文件，首先进入“文件管理”的“处理中”状态，处理完成后，进入到“完成的活件列表中”。在“处理中”状态，可以选中该文件，单击“打开”，可以查看该文件的信息，如图 11-9 所示。

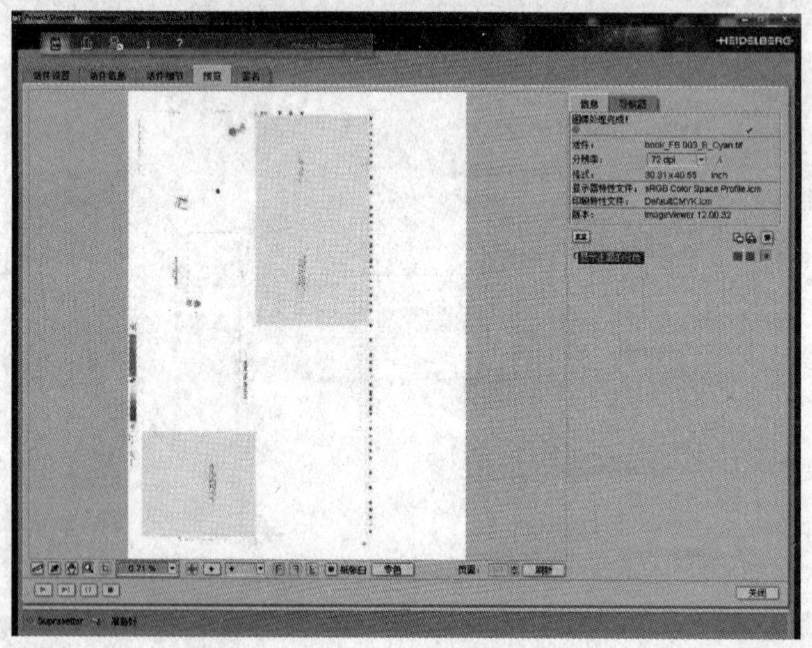

图 11-9 文件概览

2）查看文件信息。在预览标签下查看 1-Tiff 文件，使用“放大镜”，放大图像，然后调整分辨率，直至看清图像信息。查看相关数据是否与工单一致，查看对应的加网方式，加网分辨率，及相关加网曲线等，如图 11-10 所示。

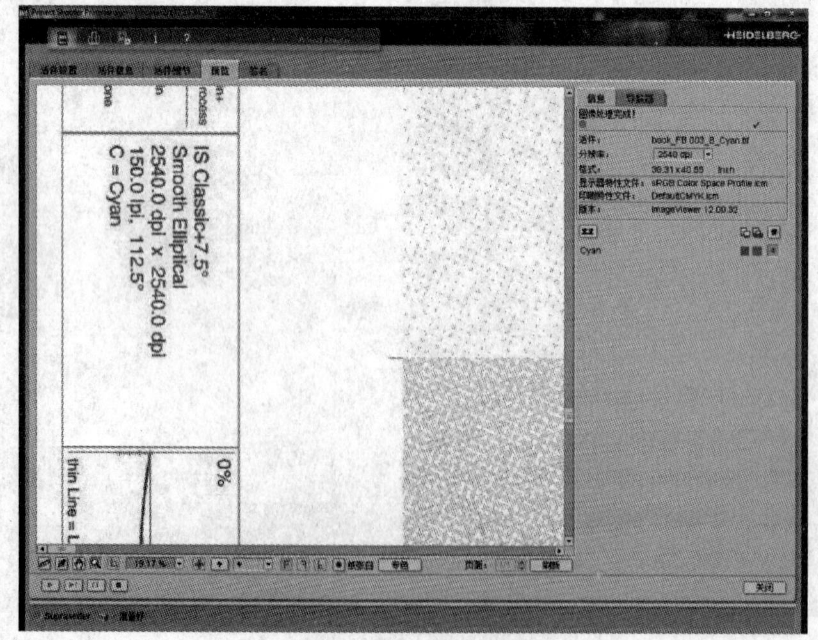

图 11-10 网点信息预览

3）输出印版。检查 1-Tiff 文件之后，关闭预览窗口。返回到“处理中”状态，选中某色印版，单击如图 11-11 右下角的“绿色三角”，进行文件处理，处理完成后，文件的处理状态显示 100%。文件被传输到 GUI，等待出版，如图 11-11 所示。

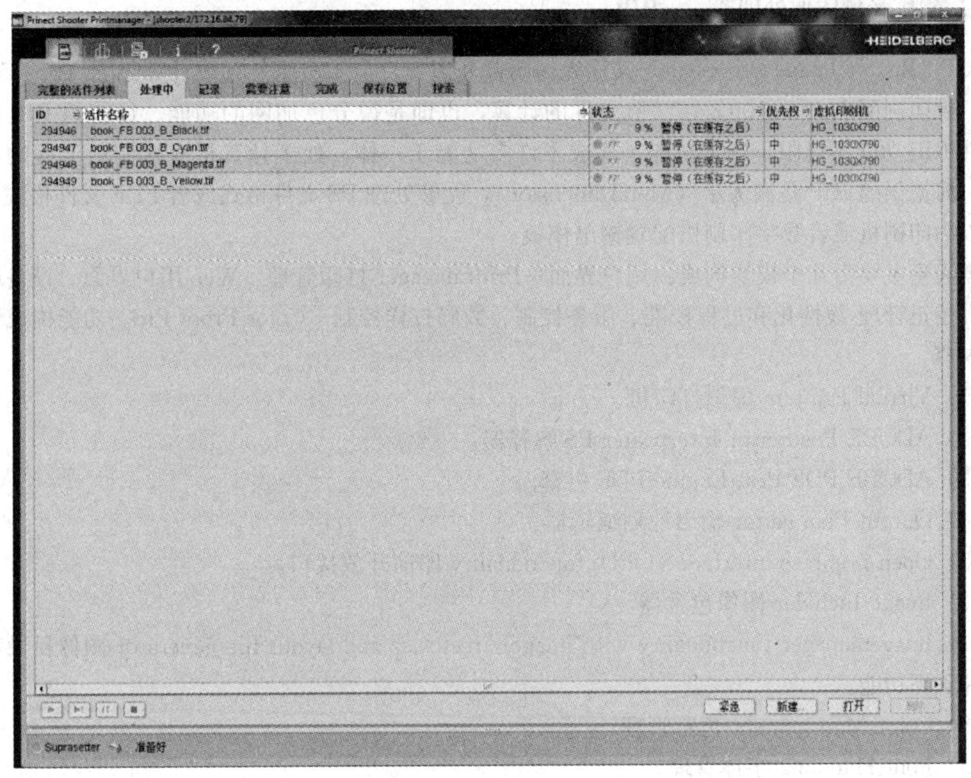

图 11-11　文件处理

（4）步骤四：对输出后文件进行备份。

在软件中选择已完成活件，针对需要保存的文件，可以采用存储的方式将文件保留下来，以便翻单。将文件备份到指定位置，后续再次需要出版时，可在 Shooter 中通过导入文件的方式完成印版输出，同时也可以检验备份文件是否可以再次使用等。

11.4.3 活动三　能力提升

1. 内容

按照演示范例，设定软件，使用测试文件，使用 Shooter 输出文件。

2. 整体要求

（1）充分了解工作流程。

（2）命名规范。

（3）明确文件检查项目。

（4）规范化的文件输出及备份。

11.5 效果评价

效果评价参见任务 1，评分标准见附录。

11.6 相关知识与技能

11.6.1 光栅图像处理器——RIP

RIP（Raster Image Processor）又称光栅图像处理器，主要功能是完成计算像素（0～255 灰度值）到印刷网点（0～100%）二值文件的计算，也即是说分色加网的功能。目前的 RIP 主要是软件 RIP 功能不局限于这个功能，集成了许多功能于一体，处于计算机直接制版流程的核心位置。海德堡的 RIP 是满天星（MetaDimension），能够处理 PS 文件格式或者 PDF 文件格式，并且可以为印刷机或者数字印刷机配置输出模板。

满天星主要由几个模块构成：用户界面—Printmanager 打印管理、Web 用户界面、设备引擎管理、校正管理-线性化和过程校准、服务控制、数码打样控制—Color Proof Pro。功能构成包括以下内容。

（1）Virtual Printers-虚拟打印机。

（2）ADOBE PostScript Interpreter-PS 解释器。

（3）ADOBE PDF PrintEngine-PDF 引擎。

（4）Output Plan editor-输出计划编辑器。

（5）Open prepress interface（OPI）functionality-印前开放接口。

（6）Image Includer-图像包含器。

（7）Imagemanager functionality with image directories and layout file generator-图像目录和版式文件管理功能。

（8）Color Management-色彩管理。

（9）Font Handling-字体管理。

（10）Trapping functionality-陷印功能。

（11）Definition of Page Positioning Schemes-页面放置方案定义。

（12）Drive Monitor-设备监视器。

（13）ROOM Proof（"RIP Once Output Many"）-RIP 一次多次输出。

（14）Contone preview-连续调预览。

（15）Halftone preview-半色调预览。

（16）Paper stretch compensation-纸张延展补偿。

11.6.2 Shooter 软件的主要功能

Shooter 是一个输出工作站，主要功能是将加网后的图像数据传递给高分辨率的输出设备。将数字化工作流程与 RIP 进行连接，如将印通集成管理器与满天星连接等。加网后的 Tiff-B 格式通过热文件夹的方式传给 Shooter。活件数据转换成输出设备可以读取的格式，通过集成卡将数据传送给输出设备，完成后续的曝光工作。这个方式意味着，此流程必须有上工作流的 RIP 可以创建 Tiff-B 格式。安装 Shooter 的计算机能够快速发送输出数据给所连接的输出设备。CTP 工作结构如图 11-12 所示。

11.6.3 1-Tiff 文件输出前的检查

（1）活件细节查看：Tiff-B 数据包含的信息有，分色名称、TIFF-B 名称、分辨率、格式、材料等。有关材料的信息是很重要的。

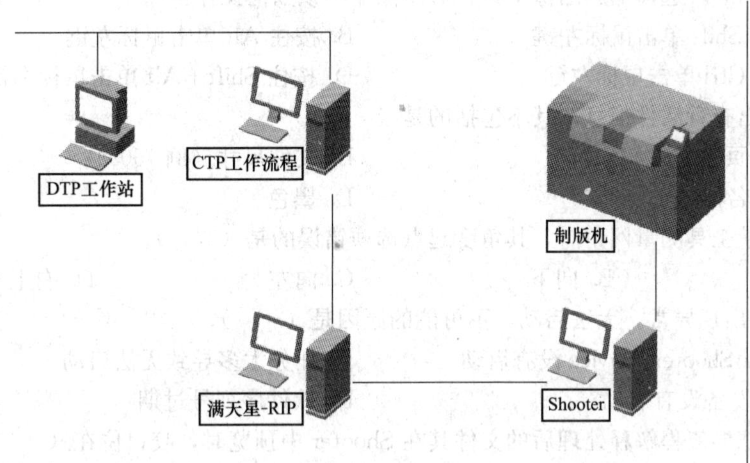

图 11-12　CTP 工作结构

（2）预览 Tiff-B 文件：输出前可以再次检查一下文件，查看有无错误的地方。可以在屏幕上进行版式检查、质量检查等。

1）查看是否所有的内容都与相应的页面对应。

2）查看分色数量与分色版是否一致（印刷色和专色）。

3）检查分色版的信息是否有正确。

4）通过高分辨率预览，查看网点信息，如：加网的角度、网点形状等。

5）检查页面尺寸和分辨率。

6）选择分色或者组合检查颜色叠印与镂空情况。

7）测量相关几何尺寸，如：文件长宽、印版咬口的尺寸等。

8）测量颜色数据。

9）改变颜色预览，在屏幕上检查专色效果等。

一、单选题

1. 海德堡软件中用于接收 1-Tiff 然后输出给 CTP 设备的软件的是（　　）。

   A. Signastation　　B. Meta Shooter　　C. GUI　　D. Color Tool Box

2. 对于已完成的活件，Shooter 的处理方式是（　　）。

   A. 手动删除文件

   B. 自动将完成活件保存到指定位置

   C. 需要手动将文件存储

   D. 单击鼠标右键，将活件另存为即可

3. 当 Shooter 软件标签中仅显示了图标，请问如何恢复？（　　）

   A. 在设备监视器中不选择仅显示图标　　B. 在区域设置中不选择仅显示图标

   C. 在预置参数中选择仅显示图标和提示　　D. 在虚拟印刷机中选择仅显示图标和提示

4. 在“完成的活件列表”中，活件无法依据（　　）排序。

A. 活件名称　B. ID　C. 色序　D. 优先权

5. 预览位图时，选择缩放图像工具，对图像缩小该如何操作？（　　）

A. 按住 Shift 单击鼠标左键　B. 按住 Alt 单击鼠标左键

C. 按住 Ctrl 单击鼠标左键　D. 按住 Shift＋Alt 单击鼠标左键

6. 活件输出查看活件信息，其不包括的是（　　）。

A. 文件页数　B. 文件尺寸（例 150M）

C. 活件名称　D. 墨色

7. 选择测量工具测量网角时，其角度起点选项错误的是（　　）。

A. 向上　B. 向下　C. 向左　D. 右上

8. Shooter 出现异常，无法启动，不可能的原因是（　　）。

A. Meta Shooter Service 没有启动　B. 任务太多导致无法启动

C. CtP 设备没有启动　D. 软件序列号过期

9. 使用海德堡流程解释处理后的文件其在 Shooter 中预览时，咬口位在（　　）。

A. 上边　B. 下边　C. 左边　D. 右边

10. 下列属于"客户"权限可以只读的选项是（　　）。

A. 改变活件优先权　B. 活件信息

C. 活件预览/颜色　D. 活件启动/停止/暂停

二、多选题

11. 预览位图时使用测量工具后，其单位有（　　）。

A. Pt　B. Inch　C. mm　D. 像素

E. cm

12. 在活件细节中可以得到当前位图的信息有（　　）。

A. 墨色　B. 文档名称　C. 输出介质材料　D. 输出分辨率

E. 加网角度

13. 想要对已完成的活件再次输出，较快速的方法有（　　）。

A. 在完成的活件列表中选择，然后启动

B. 若 Shooter 已删除，可将位图文件再次拷贝到热文件夹内

C. 若无位图文件保存，可在前端软件中再次解释输出

D. 可将大版 PDF 直接放入 Shooter 热文件夹内

E. 需要重新拼版再输出

14. 在规定的时间内自动删除活件的附加选项是（　　）。

A. 只有达到驱动器屏幕警告值　B. 带有警告的活件也删除

C. 暂停的活件也删除　D. 带有错误的活件也删除

E. 预览中的活件也删除

15. 选择吸管工具计算区域网点覆盖时，其测量点的选项有（　　）。

A. 8×8 像素　B. 16×16 像素　C. 光标框　D. 光标框闪动

E. 可见范围

16. 1-Tiff 文件预览时，可以使用的工具有（　　）。

A. 测量工具　B. 计算区域覆盖率　C. 移动图像　D. 缩放图像

E. 参考线工具

17. 下列属于"活件"的项目有（　　）。

A. 完成的活件列表　　B. 处理中
C. 需要注意　　D. 记录
E. 完成

18.“设备监视器”的作用为（　　）。
A. 监视电脑盘符的尺寸　　B. 监视电脑盘符使用比例
C. 监视电脑盘符的剩余量　　D. 监视电脑盘符的报警值
E. 监视活件输出的实时比例

19. 处理活件优先权级别分为（　　）。
A. 低　　B. 中　　C. 高　　D. 紧急
E. 立即

20. 下列属于“用户”无权访问的项目有（　　）。
A. 虚拟印刷机的创建/删除　　B. 虚拟印刷机的更改
C. 虚拟印刷机的启动/停止　　D. 预置参数
E. 活件删除

三、判断题

21. 在海德堡 Shooter 中不可以对多个位图进行叠色预览。（　　）
22. 输出后的文件只能在“完成”标签栏下才可以导出。（　　）
23. 当文件已经在虚拟印刷机的热文件夹中，但没有在 Shooter 中显示，可能是虚拟印刷机外在暂停状态。（　　）
24. 接收到 1-Tiff 文件后将会有高清显示、一般显示和低清显示三种选项。（　　）
25. 预览专色位图图像时，可以更改其预览颜色。（　　）
26. 新建虚拟印刷机中，选择的材料即 GUI 软件中所测试的材料。（　　）
27. 图像预览过程中只有两个预览分辨率 72dpi 和 2540dpi。（　　）
28. 可以在“处理”标签栏下将活件删除。（　　）
29. Shooter 的热文件夹必须在默认目录下，否则无法识别。（　　）
30. Shooter 软件具备自动定时开启工作的功能。（　　）

练习与思考参考答案

1. B	2. B	3. C	4. C	5. B	6. D	7. D	8. B	9. C	10. B
11. BCD	12. ABCD	13. ABC	14. ABD	15. ABCDE	16. ABCD	17. ABCDE	18. ABCD	19. ABCD	20. ABCDE
21. N	22. N	23. Y	24. N	25. Y	26. Y	27. Y	28. N	29. N	30. Y

任务 12

数码打样系统的线性化

该训练任务建议用 3 个学时完成学习。

12.1 任务来源

数码打样是计算机直接制版系统的需求，也是为印刷提供样张的有效手段。数码打样实施的关键技术是色彩管理，色彩管理的实现包括“3C”。本任务是实现色彩管理的第一“C”：设备校准，对于数码打样系统而言就是数码打样设备线性化。数码打样设备的线性化，反映了打样机色彩的固有状态，也决定纸张与油墨共同作用下的特性，优化了喷墨的总量和每个通道的总量，用尽可能小的墨量获得尽可能大的颜色色域，为数码打印纸的 Profile 的创建提供了基础和优化特性。

12.2 任务描述

本项目的任务，按照要求完成数码打样系统的线性化，包括：网络状况，检查墨头的状况，设定好纸张类型，打印机设备类型，然后创建基础线性化并提供报告。

12.3 能力目标

12.3.1 技能目标

完成本训练任务后，读者应当能（够）掌握以下技能。

1. 关键技能

（1）能够完成 EPSON9910 打样机检查和参数预设。

（2）能够完成 Heidelberg Color Proof Pro 打印机设置。

（3）能够使用 Heidelberg Color Proof Pro 创建基础线性化。

2. 基本技能

（1）能熟练操作 EPSON9910 数码打样机，正确安装数码打样纸。

（2）能使用 Eyeone Pro 2 测量颜色。

（3）能熟练使用 Prinect Cockpit。

12.3.2 知识目标

完成本训练任务后，读者应当能（够）学会以下知识。

(1) 了解 EPSON9910 打样机的工作原理。
(2) 了解数码打样的工作原理。
(3) 理解打样设备线性化的含义。

12.3.3 职业素质目标

完成本训练任务后，读者应当能（够）具备以下职业素质。
(1) 每天开机检查和校正 EPSON9910 打印机。
(2) 正确使用和管理打印设备的墨水和纸张。
(3) 能够完成数码打样文件的存档和管理。

12.4 任务实施

12.4.1 活动一　知识准备

(1) 常用的数码打样软件有哪些，各有什么特点？
(2) 数码打样常用的测量仪器有哪些，测量条件是什么？
(3) 数码打样机线性化的目的是什么？

12.4.2 活动二　示范操作

1. 活动内容
(1) EPSON9910 打样机喷嘴检查、IP 地址设定、纸张选择。
(2) 分光光度仪 Eyeone Pro 2+iO 安装连接。
(3) Heidelberg Color Proof Pro 打印机设置。
(4) Heidelberg Color Proof Pro 创建基础线性化。
2. 操作步骤
(1) 步骤一：EPSON9910 打样机喷嘴检查、IP 地址设定、纸张选择。

1) EPSON9910 打样机喷嘴检查，检查界面如图 12-1 所示。按“Menu”按键，进入 EPSON9910 主菜单。在“打印测试菜单”列项中选择“喷墨检查”，单击“打印”，如图 12-1 所示。待打印结束后，查看是否存在断线，如图 12-2 所示。

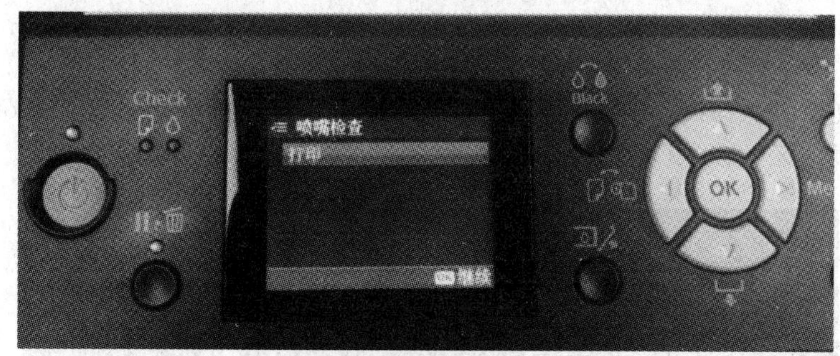

图 12-1　EPSON9910 喷嘴检查界面

检查如不存在断线或其他的歪线，可认为 EPSON9910 打样机是好的。如存在断线或歪线，要选择“维护菜单”列项中选择“清洁”，可选择“正常清洗”“逐色清洗”“强力清洗”，如断线仅是某一颜色，可以选择“逐色清洗”。

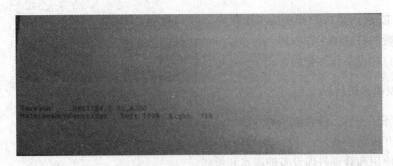

图 12-2 各颜色通道喷嘴检查

2）IP 地址设定。按“Menu”按键，进入 EPSON9910 主菜单。选择“网络设置菜单”列项中选择“IP、SM、DG 设置”，如图 12-3 所示。

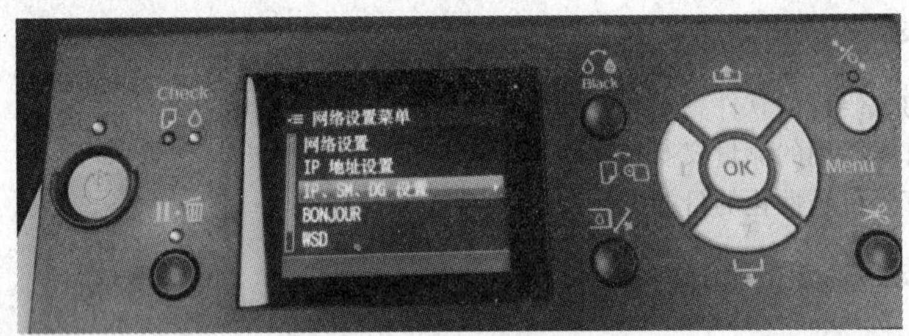

图 12-3 IP 地址设定选项

设定“IP 地址”为：“192.168.001.022”，如图 12-4 所示。

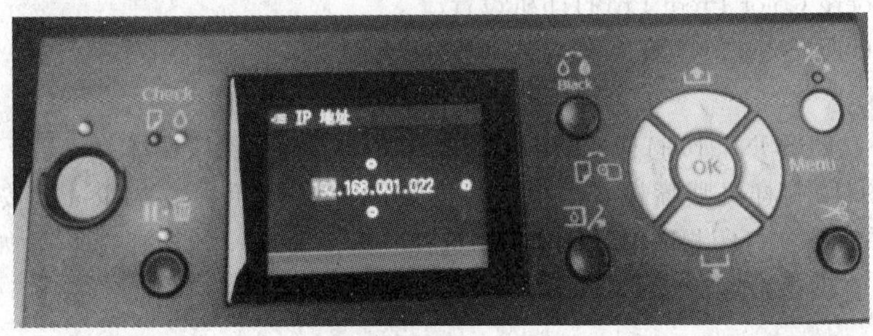

图 12-4 设定 IP 地址

3）纸张设定。进入 EPSON9910 主菜单。在“纸张类型”列项中选择“Photo Paper”，如图 12-5 所示。

图 12-5 纸张类型选择

注明：在 EPSON9910 中选择的纸张类型与购买的 EPSON Premium SemiGloss PhotoPaper 170 数码打印纸要一致，如图 12-6 所示。

图 12-6　设定纸张类型

(2) 步骤二：分光光度仪 Eyeone Pro 2＋iO 安装连接。

Eyeone Pro 2 与 iO 的连接，如图 12-7 所示。Eyeone Pro 2 是分光光度计，可实现颜色的光谱或者色度测量。iO 是机械手臂和测量平台，可驱动测量头完成色表的自动测量。

iO 使用 USB 线连接到 Prinect Server 服务器。

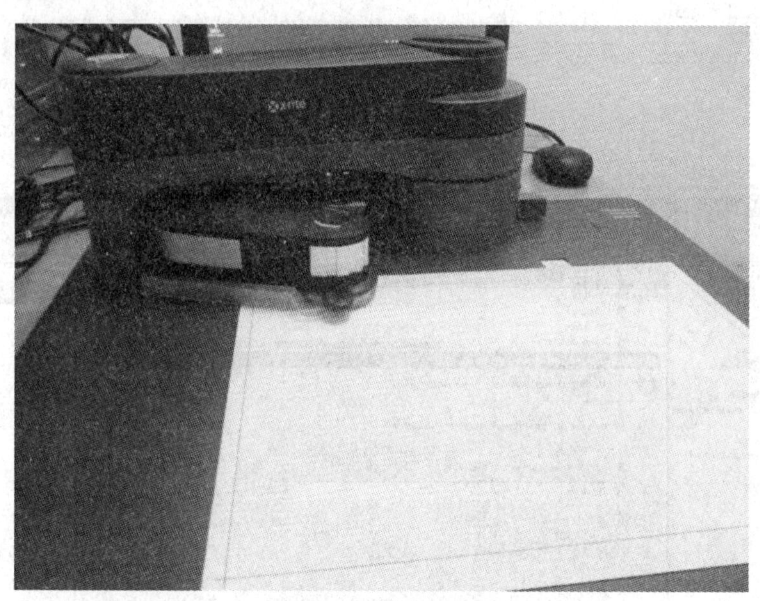

图 12-7　Eyeone Pro 2＋iO

在“Server Manager”列项中的“Device Manager”单击“eye-one”，对其单击右键，然后单击“Properties”，在“Driver”中选择“Update Driver…”，如图 12-8 所示。

选择“D:\il2 driver”（驱动程序事先放在 D 盘的根目录下面）安装 Eyeone Pro 2 的驱动，如图 12-9 所示。同样的方式安装 iO 的驱动，如图 12-10 所示。

在“X-rite Devices”，会显出 iliO 和 ilPro 的正确图标。

(3) 步骤三：Heidelberg Color Proof Pro 打印机设置。

1) 打开 Heidelberg Color Proof Pro 软件，在该窗口选择“打印机设置”，打开打印机设备界面，如图 12-11 所示。

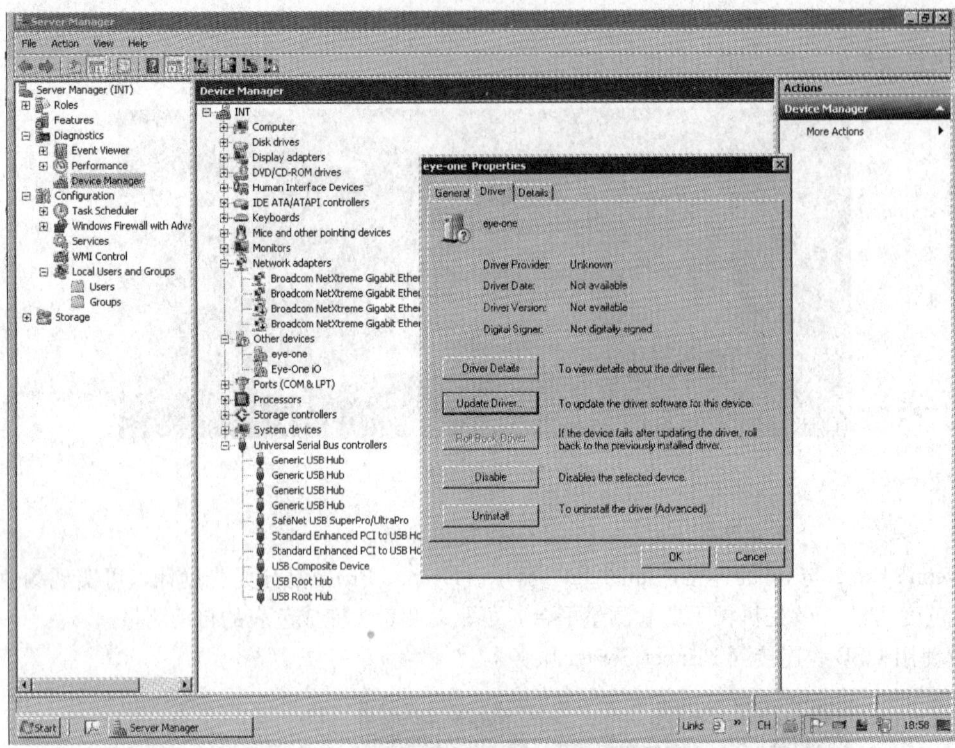

图 12-8 检查测量设备的连接

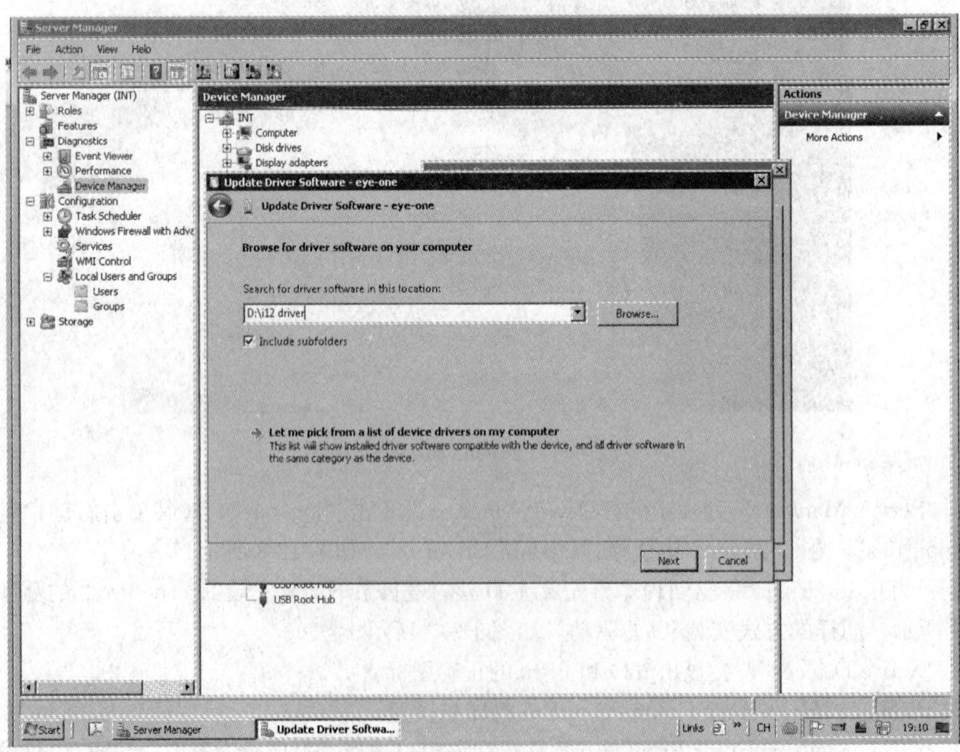

图 12-9 更新 Eyeone Pro 2 驱动

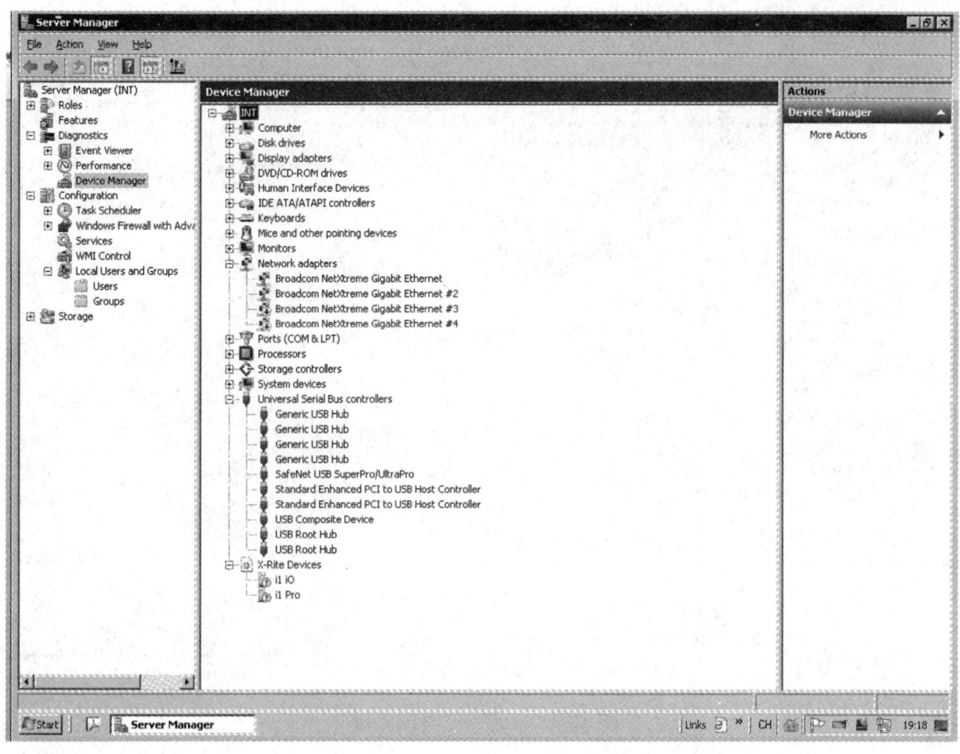

图 12-10　更新 iO 驱动

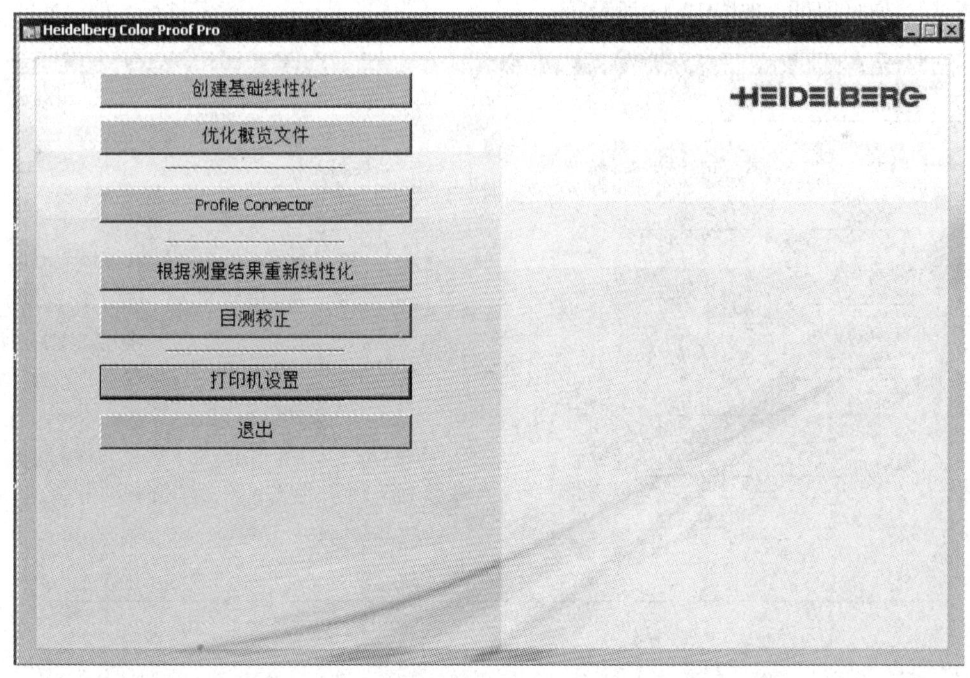

图 12-11　Color Proof Pro 软件界面

2）单击“打印机”标签，在打印机设置界面中，在“添加…”菜单里，输入打印机的名称“EPSON9910”。在“设备类型”：中选择“EPSON Stylus Pro9900/9910（PX-H10000）Contone”在该窗口选择“打样机设置”，打开打印机设备界面，如图 12-12 所示。

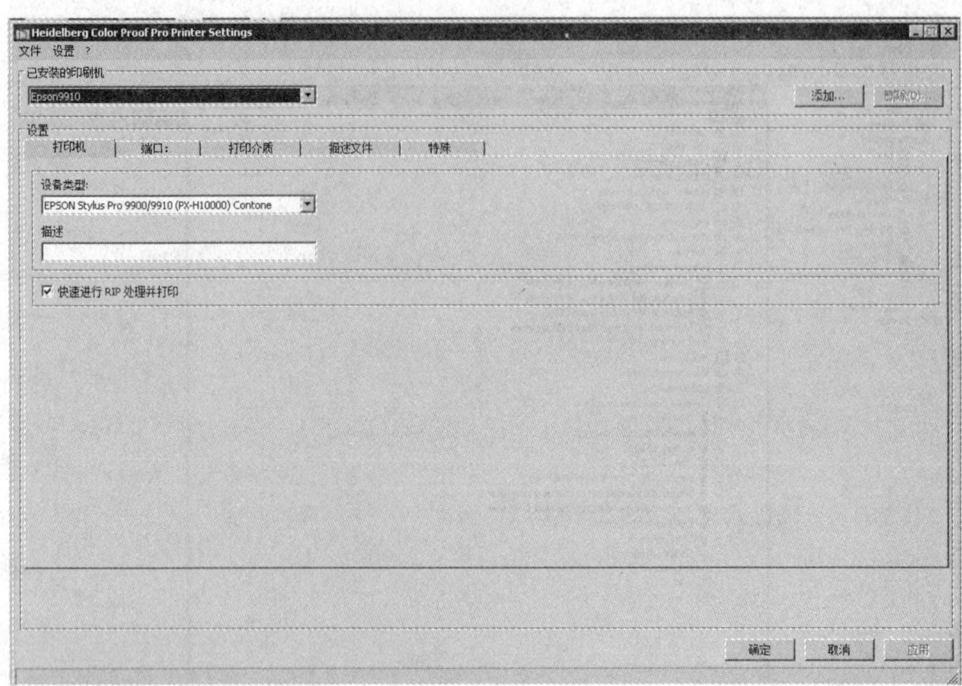

图 12-12 定义打印机名称

3）选择端口标签。“IP 地址：192.168.1.22”，单击“测试”，“端口上的 RAW：9100”，单击“测试”，通过即可，如图 12-13 所示。

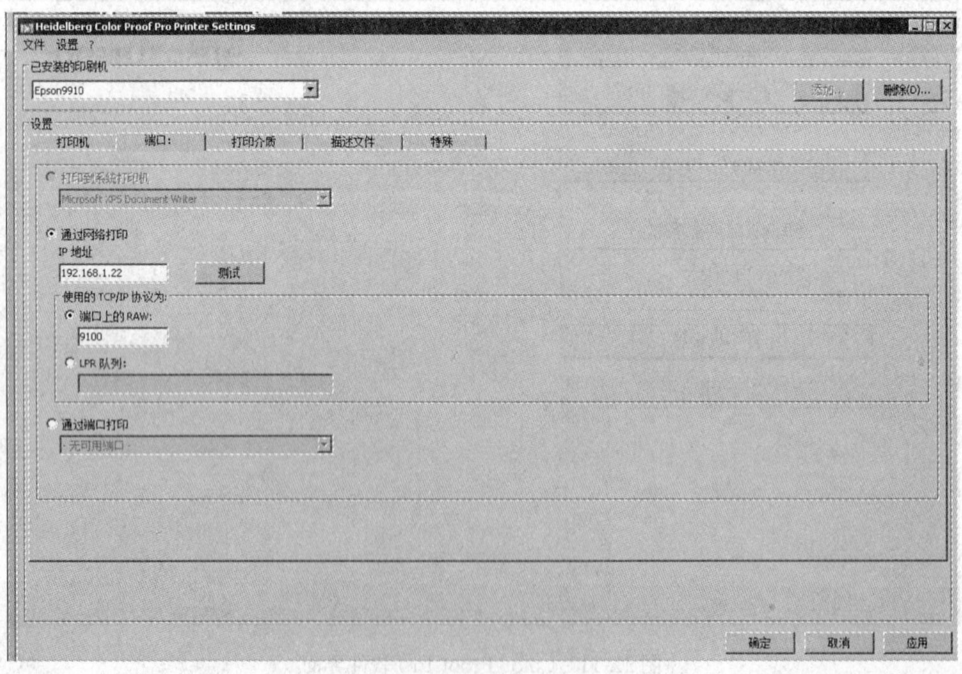

图 12-13 定义打印机端口

4）选择“打印介质”标签，“源：卷筒”，“格式：24inch”，如图 12-14 所示。需要说明的是幅面与安装在数码打样机上的纸张一致。

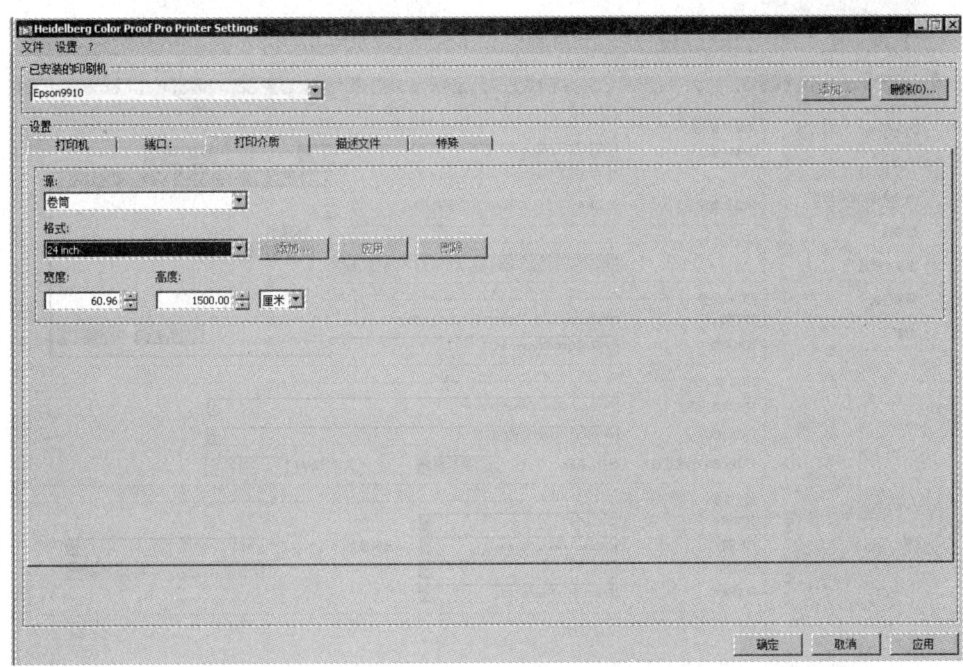

图 12-14　定义打印介质

5）选择“描述文件”标签，在“描述文件”中单击“安装概览文件”，然后单击“应用”“确定”，如图 12-15 所示。打印机设置定义完成后，单击“确定”按钮，返回“Color Proof Pro 软件界面”。

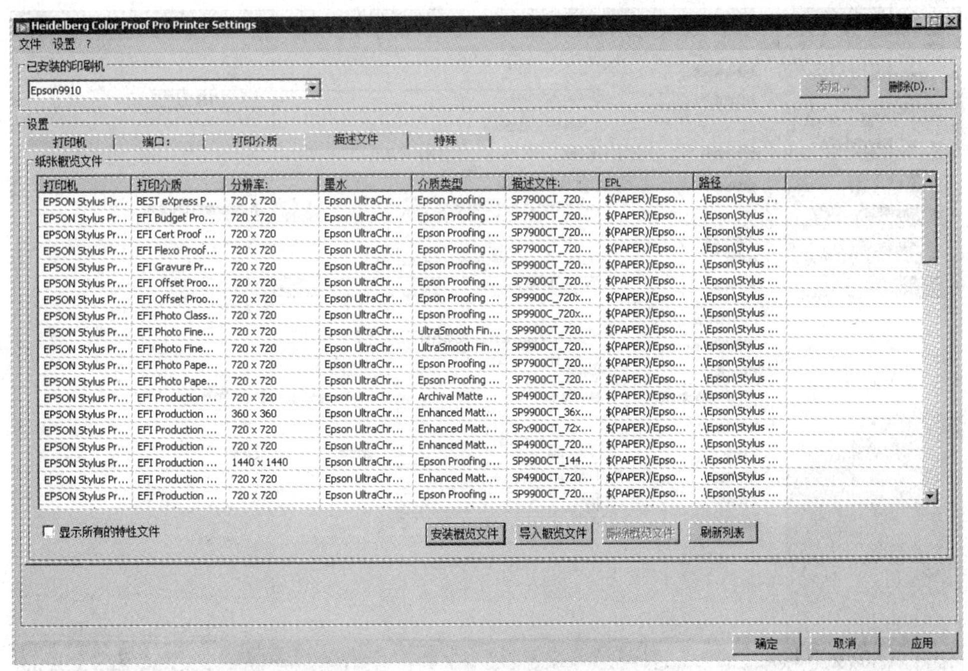

图 12-15　安装特性文件

（4）步骤四：Heidelberg Color Proof Pro 创建基础线性化。

1）设置基础参数。在设置界面中完成初始参数的定义。测量设备选择“X-Rite iliO/ iliO2”，单击“设置”：“设备模型式：M0-UV 包括在内”，单击“确定”，如图 12-16 所示。

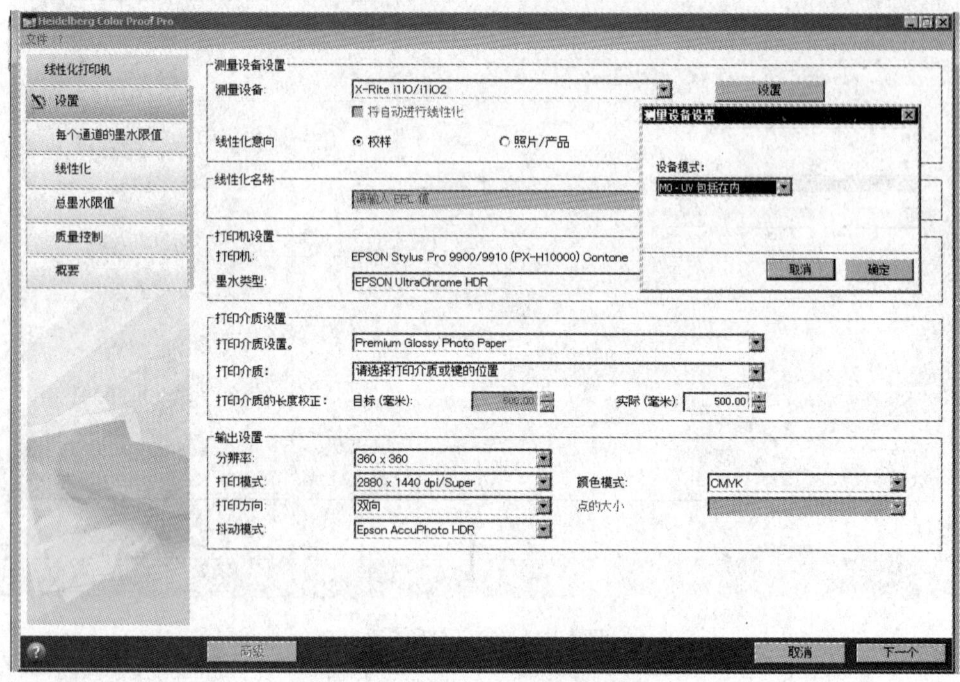

图 12-16 设置界面

在图 12-17“设置”中，定义的参数如下。

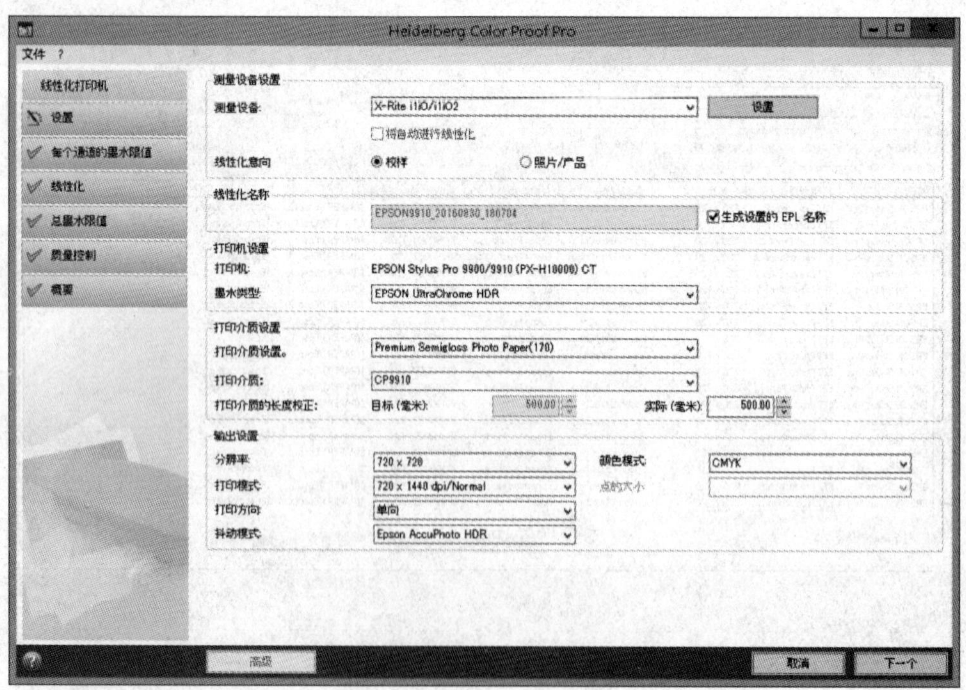

图 12-17 设置参数定义

a）墨水类型：EPSON UltraChrome HDR。

b）打印介质设置：Premium Semigloss Photo Paper（170）。

c）打印介质：Epson9910_170gsm_201401203（名称自定义）。

d）输出设置：分辨率：720×720。

e）打印模式：720×1440dpi/Normal。

f）颜色模式：CMYK。

g）打印方向：单向。

h）抖动模式：Epson AccuPhoto HDR。

2）每个通道的墨水限值。

a）设置参数完成后，选择“每个通道的墨水限值”，单击“打印”，打印相应的图表，如图 12-18 所示。然后，单击“测量”，连接已定义的测量设备。

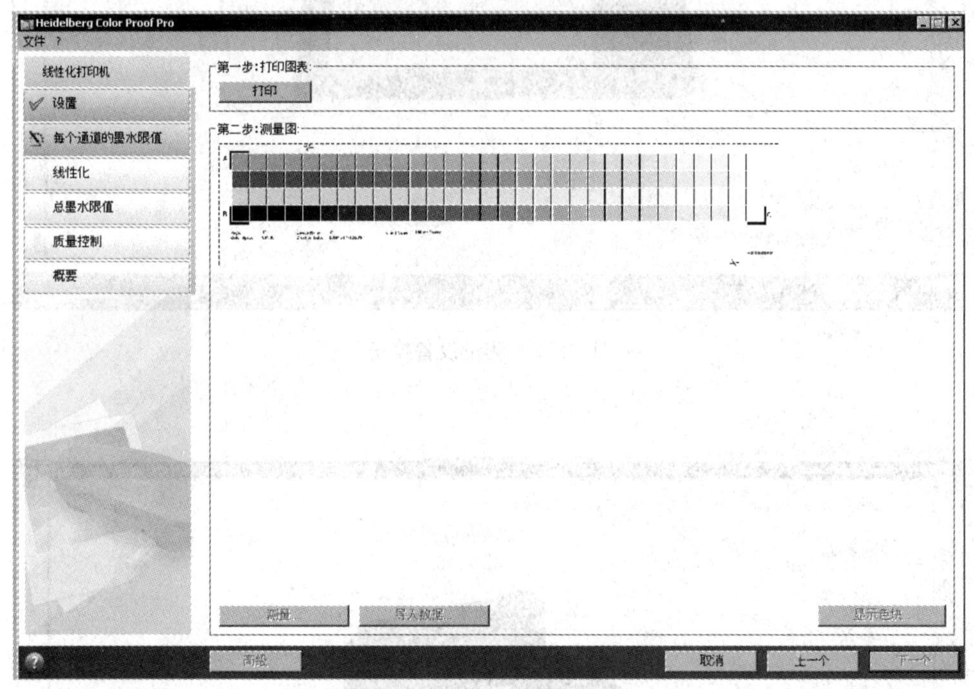

图 12-18 单通道墨水限值

b）图表打印完成后，在“单通道墨水限值”界面，单击“测量”按钮，连接测量仪器，仪器开始校正，如图 12-19 所示。将打印的图表吸附于测量仪器的平台上，完成三个点的定位，仪器自动完成打印图表的测量。

把测试页平整放置到 iO 的测量台上，单击“下一个”，如图 12-20、图 12-21 所示。

定位：“左上”“左下”“右下”，如图 12-22 所示。

三个点定位完成后，单击“下一个”，iO 就开始测量。

测量结束，测量图打“√”，如图 12-23 所示，单击“高级”。在高级选项界面中，可以查看单通道墨水限值的网点面积与色度值，如图 12-24 所示。也可以与即将模拟的印刷特性文件色域进行比较，如图 12-25 所示。这里需要说明的是，单通道墨水的限值要大于所模拟印刷特性文件的色域。

3）线性化。单击“选择”，使用“ISOcoated_v2_eci.icc”查看是否包含印刷的色域范围。单击“确定”，返回“创建基本线性化”界面。在“创建基本线性化”界面，选择“线性化”，打印线性化图表，如图 12-26 所示，完成线性化图表的测量。

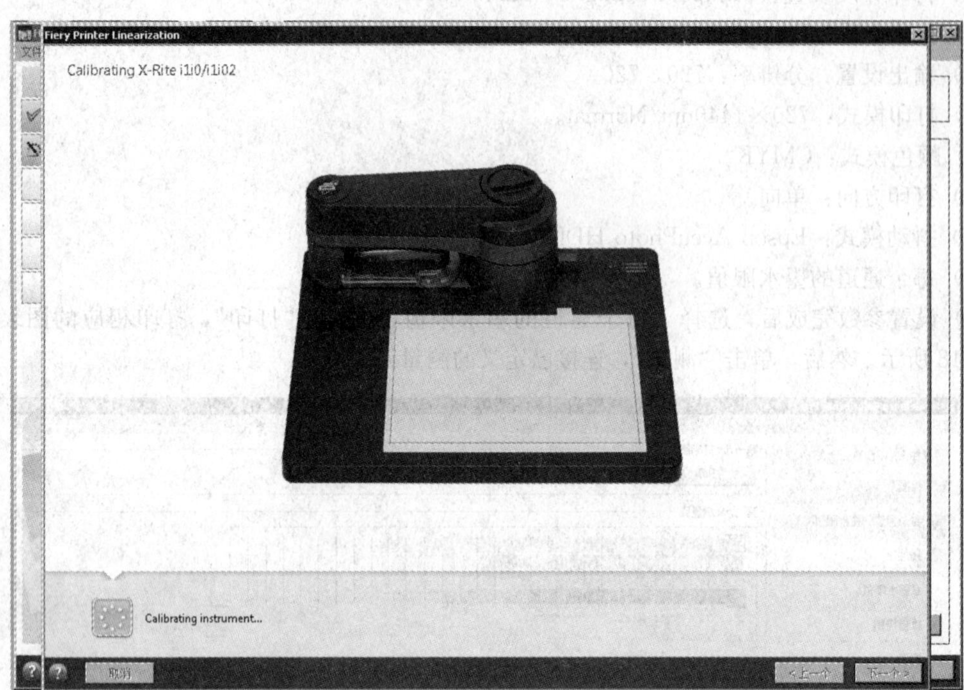

图 12-19　测量设备校正

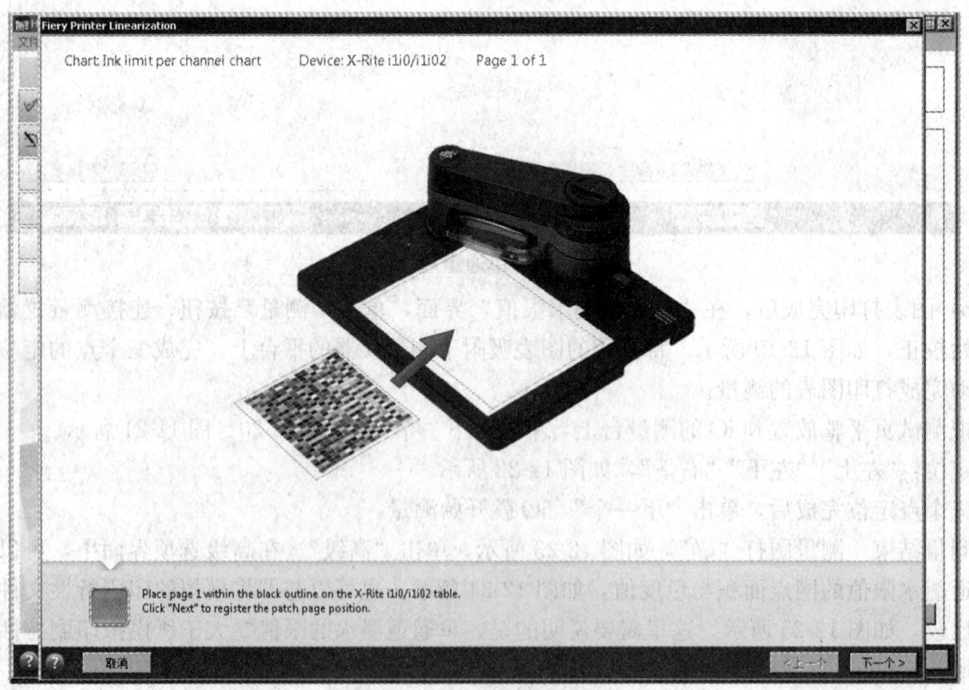

图 12-20　测量图表放置

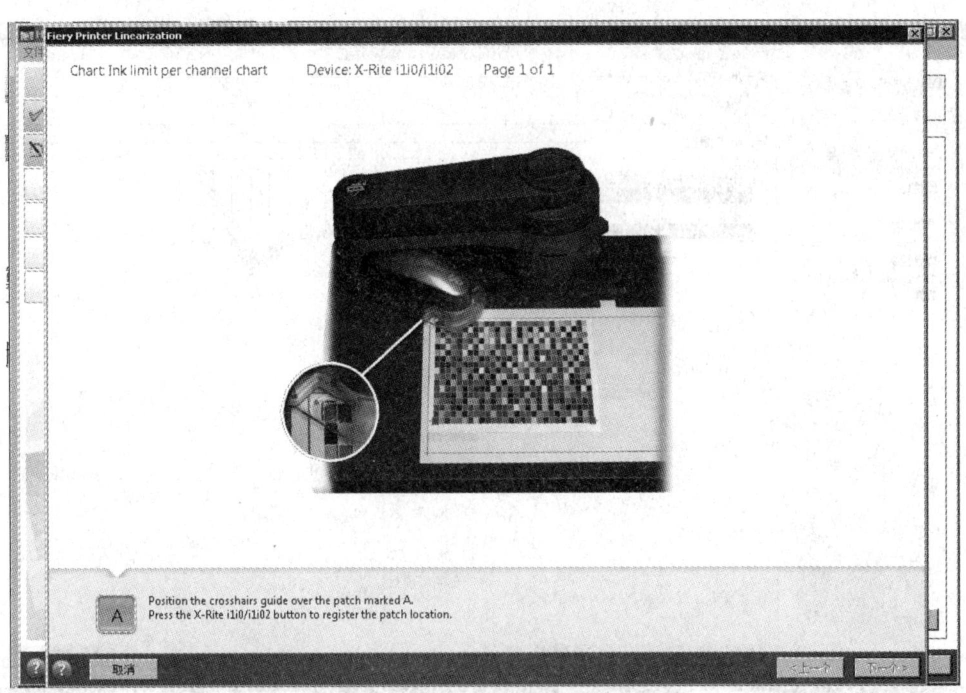

图 12-21 测量图表吸附

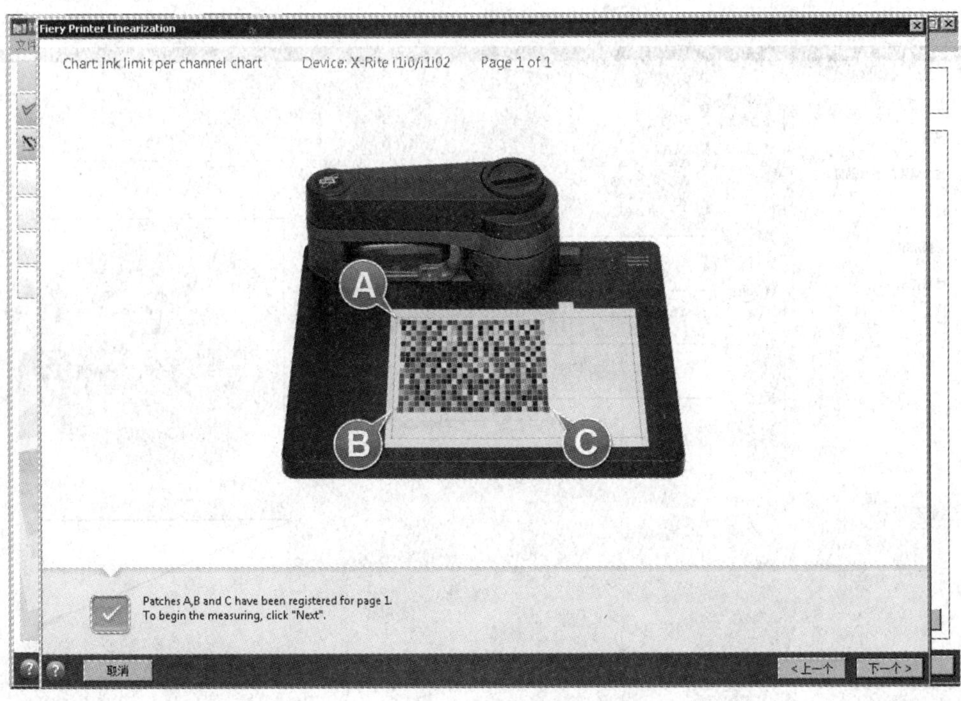

图 12-22 测量图表定位

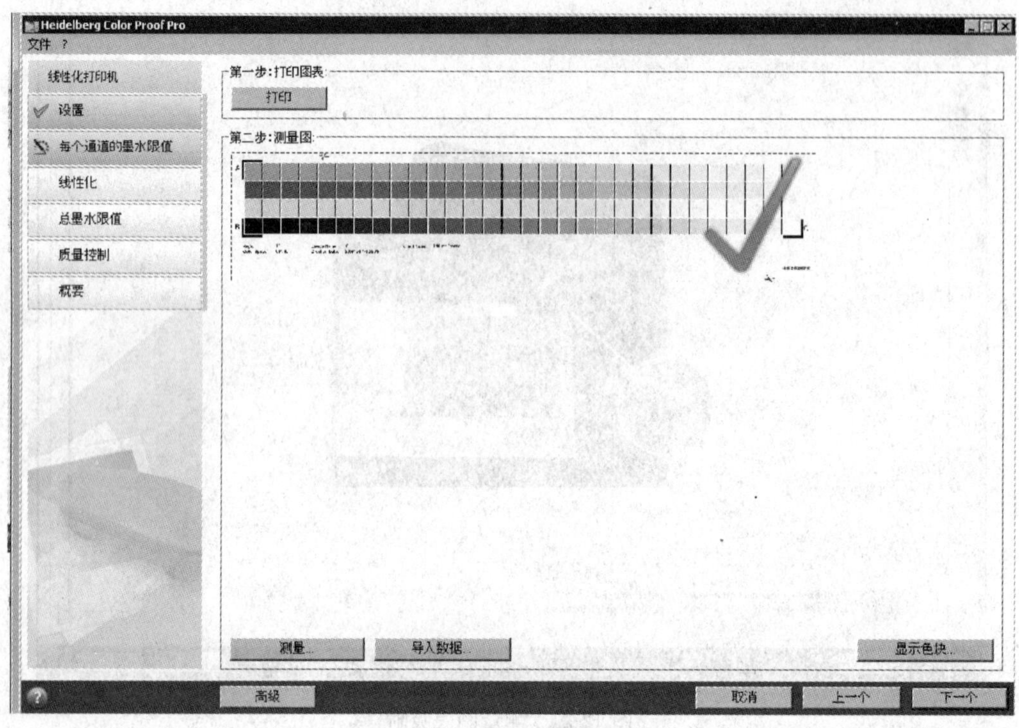

图 12-23 测量完成

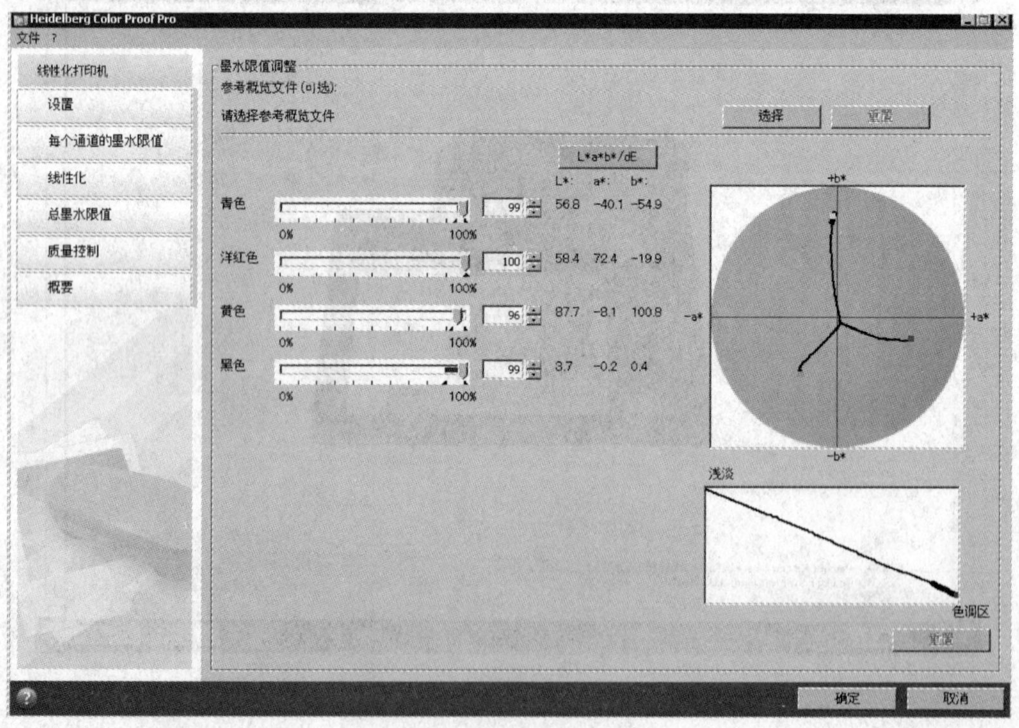

图 12-24 单通道墨水限值

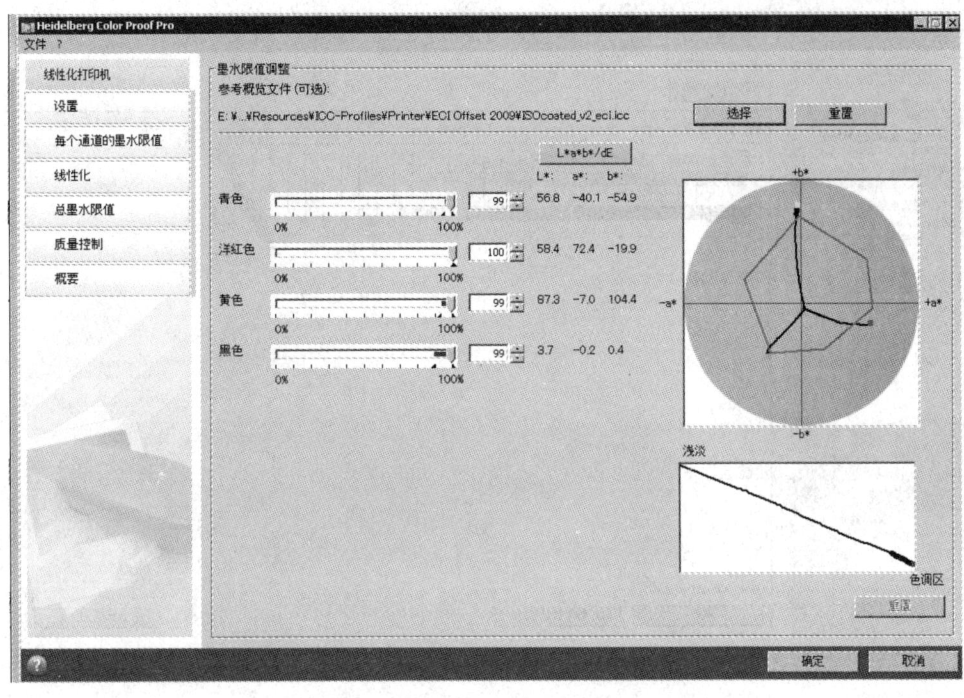

图 12-25 单通道墨水与模拟色域比较

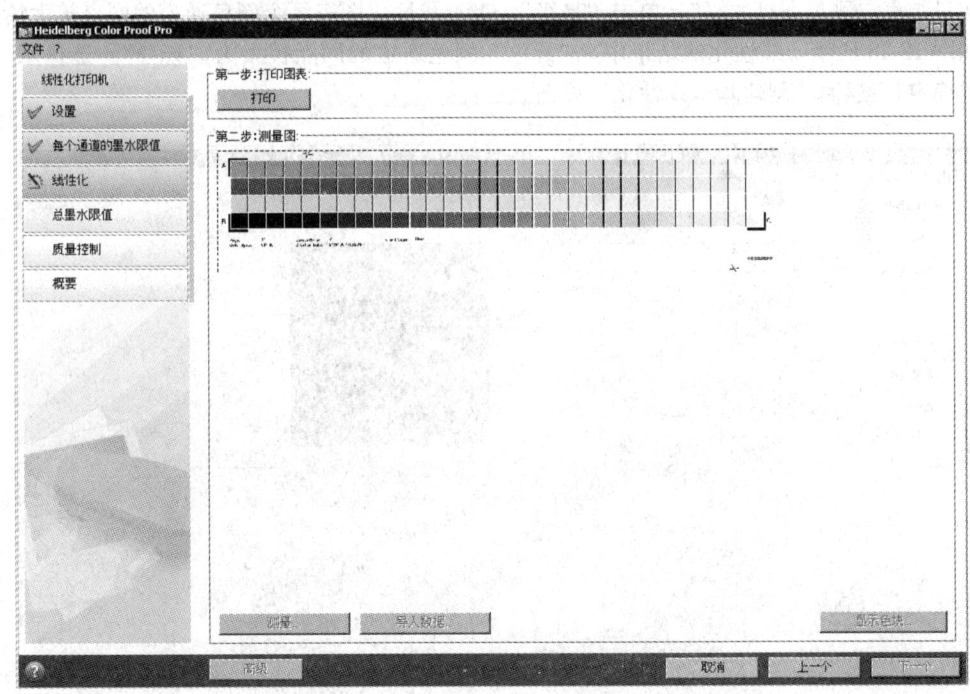

图 12-26 打印线性化图表

在“线性化”界面，单击“打印”，然后单击“测量”（其测量过程和前面的测量方式一样），如图 12-27 所示。

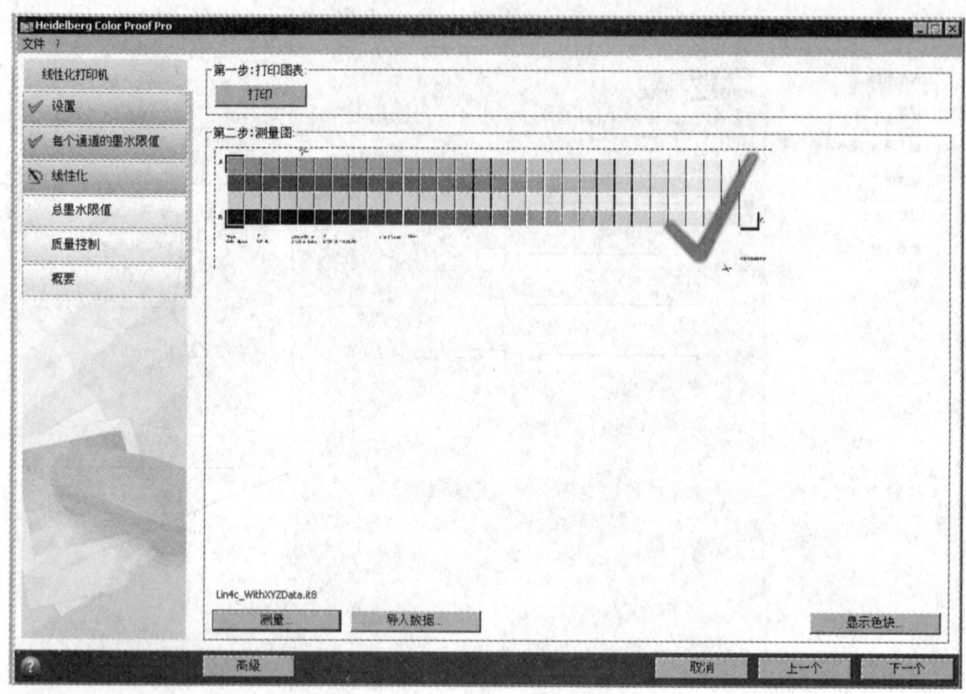

图 12-27 测量完成线性化图表

测量结束，测量图打“√”，单击“高级”，查看线性化图表每个颜色通道的网点扩大情况。

如图 12-28 所示，线性化的结果中，“青色”颜色通道的网点扩大为“13%”。选择默认值，单击“确定”，返回“创建基本线性化”界面。

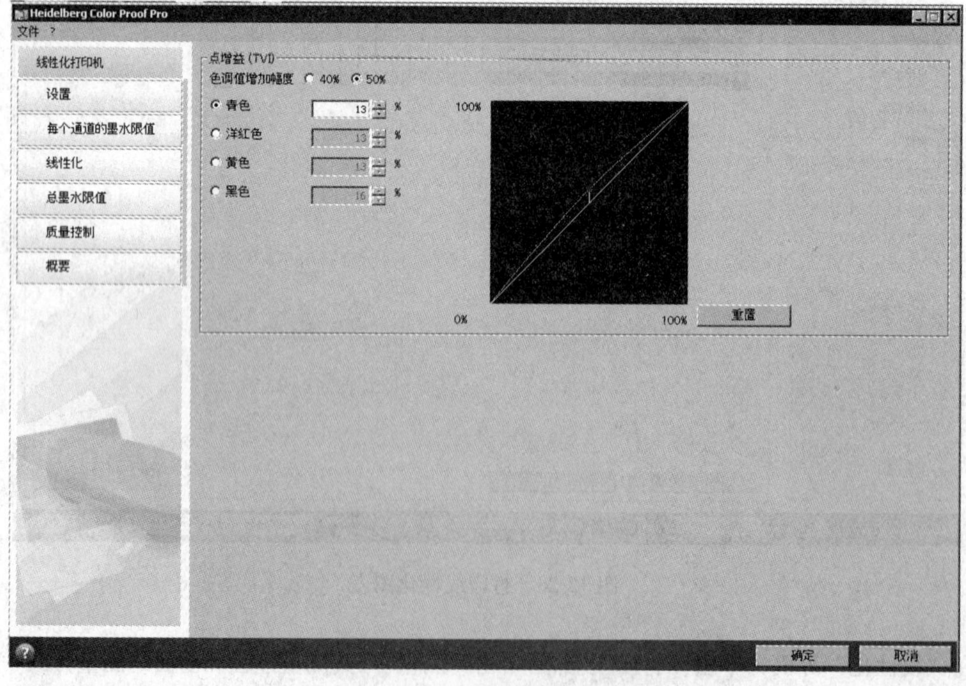

图 12-28 单通道的网点扩大

4）总墨水限值。

在“创建基本线性化”界面，选择“总墨水限值”，设定“总墨水限值”，初始 TL 的默认值为“400%”，单击“打印”，然后单击“测量”（其测量过程和前面的测量方式一样），如图 12-29 所示。

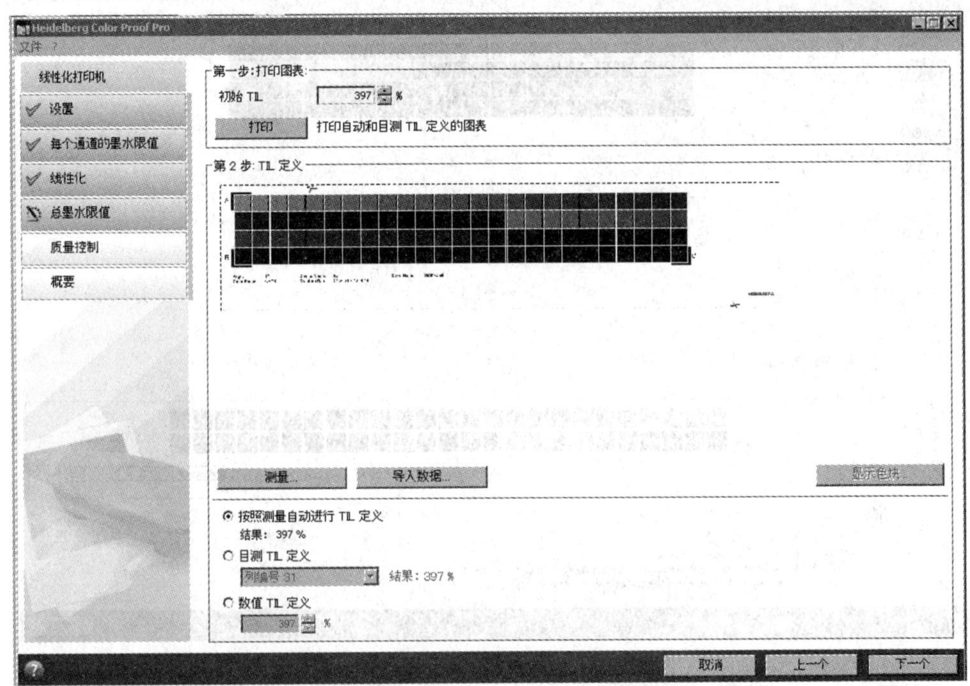

图 12-29 打印总墨水限值图表

测量结束，测量图打“√”，如图 12-30 所示。其总墨量“结果”为：“377%”。

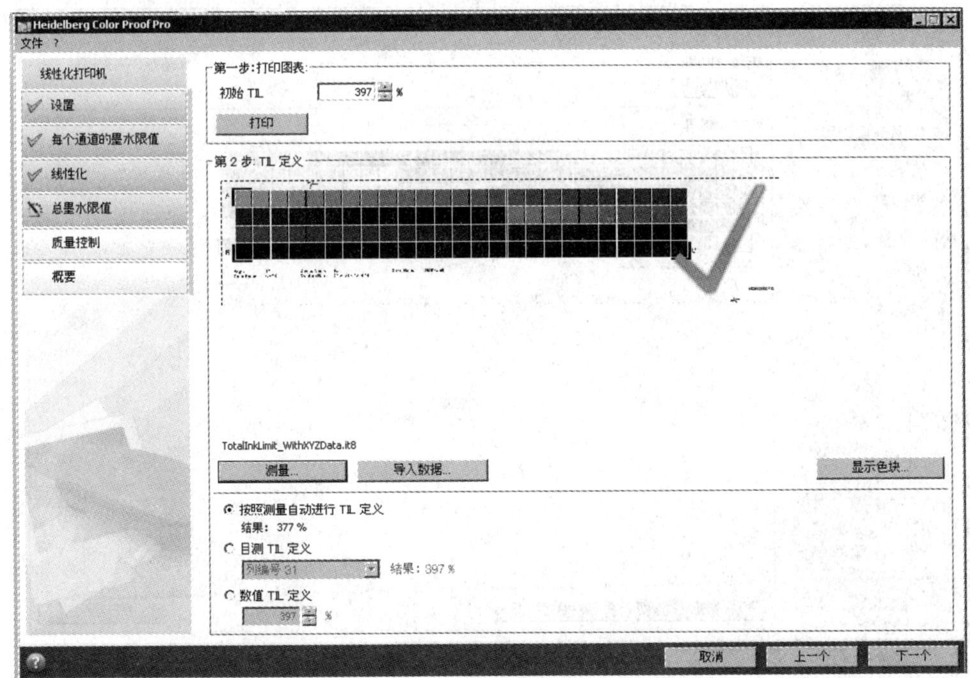

图 12-30 测量总墨水限值图表

总墨量限值是“377%”，根据目测的结果是第 29 条，该色块的 L：3.8、a：0.2、b：0.3。单击“关闭”，返回“创建基本线性化”界面，如图 12-31 所示。

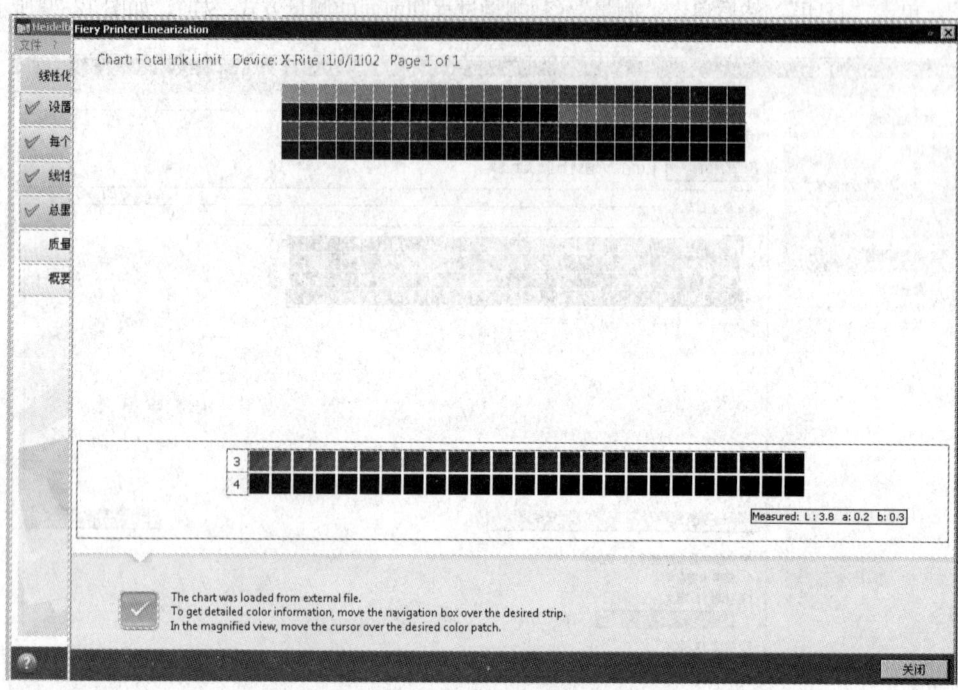

图 12-31 目视检查总墨水限值图表

5）质量控制。在“创建基本线性化”界面，选择“质量控制”，单击“打印”，然后单击“测量”（其测量过程和前面的测量方式一样），如图 12-32 所示。

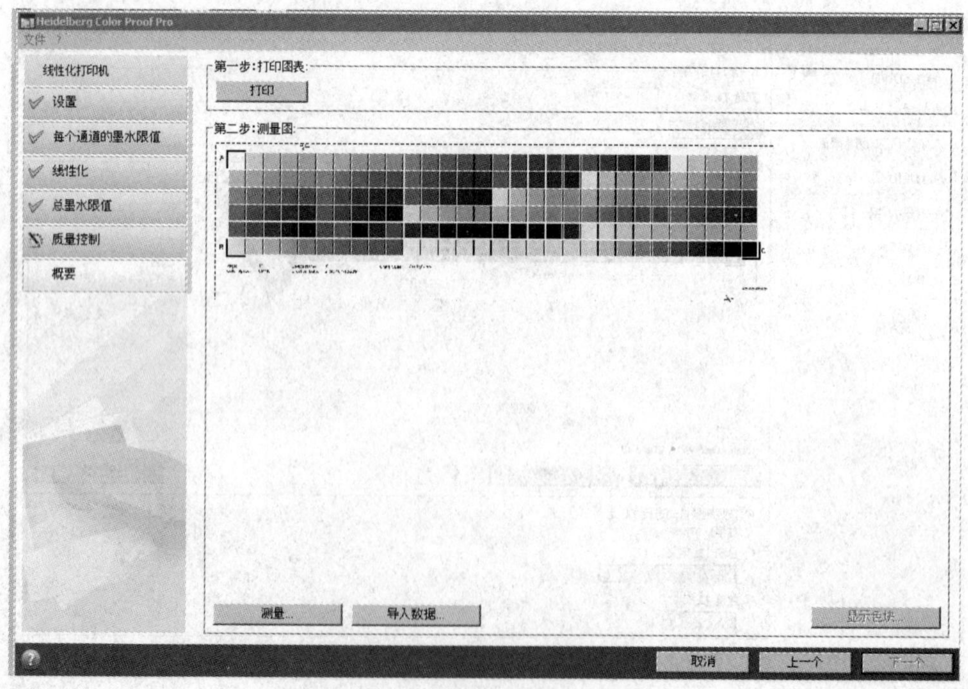

图 12-32 质量控制图表打印

质量控制图表测量完成后，单击“下一个”，可以查看线性化的测试结果，如图 12-33 所示。

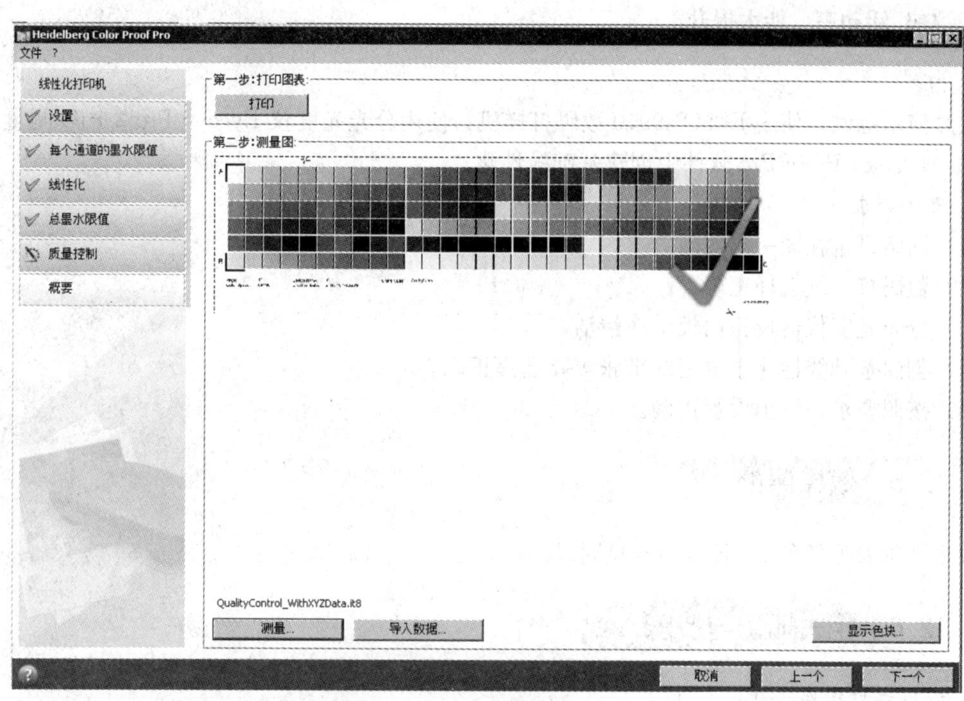

图 12-33　测量质量控制图表

在“质量控制”图 12-34 中可以看到所定义的打印设备介质的参数信息、墨水限值、单通道墨水达到线性化时的网点增益值和单通道颜色达到最佳密度时的色度值信息等。单击“创建报告”，单击“保存并完成”，完成线性化文件的创建，等候色彩管理的“第二 C”使用。

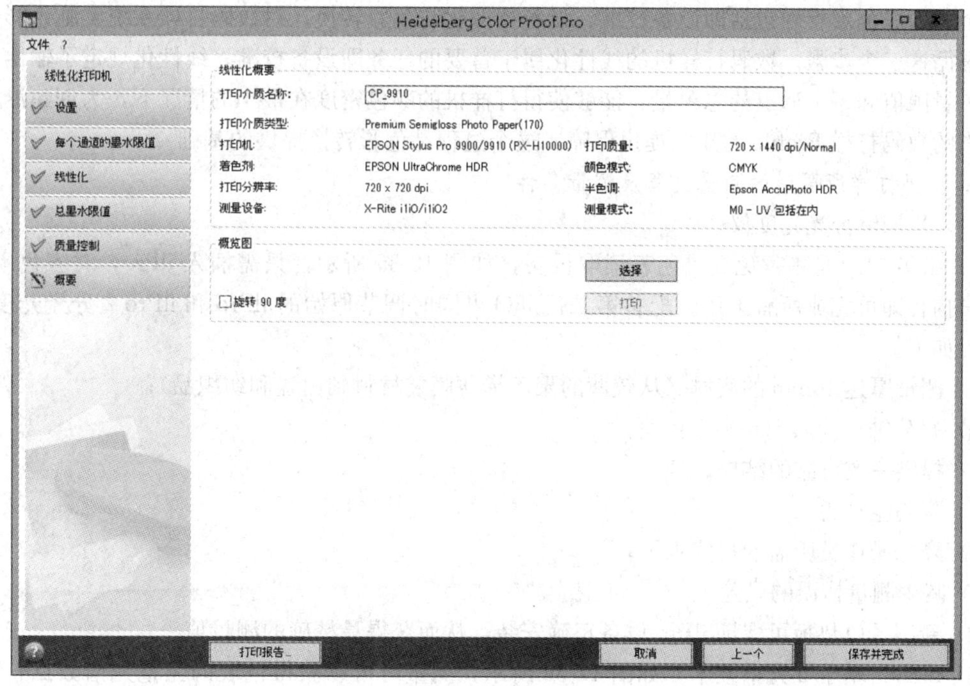

图 12-34　质量控制检测

12.4.3 活动三 能力提升

1. 内容

按照演示范例，使用 EPSON9910 数码打样机，使用分光光度仪 Eyeone Pro 2＋iO 测量，在 Heidelberg Color Proof Pro 软件中创建基础线性化。

2. 整体要求

（1）网络设定在同一局域网。

（2）数码打印纸选择正确。

（3）分光光度仪器校正白板干净清洁。

（4）创建基础线性化中设定的纸张集要选择正确。

（5）按照要求，输出设置正确。

12.5 效果评价

效果评价参见任务 1，评分标准见附录。

12.6 相关知识与技能

1. 数码打样机线性化的目的

数码打样的目的是在于模拟和预测印刷品的最终表现效果，实现纸张、油墨以及印刷适性等多方面的匹配。而数码打样机与印刷所采用的成像方式以及印刷耗材的不同，会导致色彩存在较大的差异，因此需要建立色彩管理系统，实现打样与印刷色彩的匹配。

色彩管理系统的构成：PCS 连接空间、ICC 特性文件、CMM 色彩管理转换引擎、再现意图这四个方面。色彩管理包括即设备校准、设备特征化与色彩转换。对数码打样系统实施色彩管理也要遵循这三个步骤。数码打样机的线性化属于首要的任务即设备校准，线性化规定了输出设备的总墨量限值和每个通道的总墨量，能够使得打样机的颜色密度在最小的情况下，为创建涵盖印刷色彩的数码打样 Profile 的建立提供保障。这个过程是色彩转换提供的基础。

2. 数码打样所要用的测量仪器及测量条件

（1）X-Rite 分光光度仪。

1）iliO：iliO 是一款免提式色表读取设备，如图 12-35 所示，只需插入 ilPro，对齐色卡表，然后扫描台即可完成所有工作。配备第二代 iliO 可同时调节原始的 ilPro 和 ilPro 2 分光光度仪。其优点如下。

a）测量厚达 10mm 的底材（从较薄的聚乙烯薄膜袋材料到白瓷和纺织品）；

b）每分钟可读取 500 多个色块；

c）提供一致可靠的结果；

d）提高生产力；

e）降低操作员所需的技能水平；

f）减少测量错误的风险；

g）新型 iliO 垫板可保证 ilPro 设备正确安装，从而获得最精确的测量值。

2）iliSis：基于 il 光谱技术，如图 12-36 所示，测量时可以获得色表的完整光谱数据，确保得到最准确的测量结果和色彩配置文件。在单个色表测量周期中，可以同时读取到无滤镜以及带紫外光滤镜的测量数据。iliSis 适用于专业摄影和印刷打样等对仪器之间测量一致性有极高要求的应用领域。通过色彩管理，将有效运用各种油墨，各种纸张和底材以及开展基于这些材料的全新应用。其优点如下。

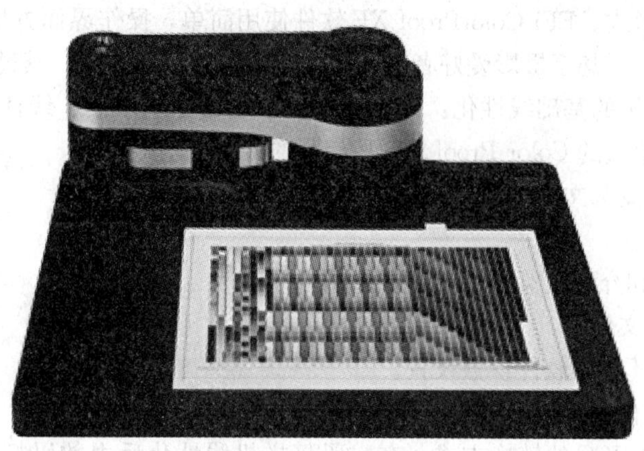

图 12-35 iliO

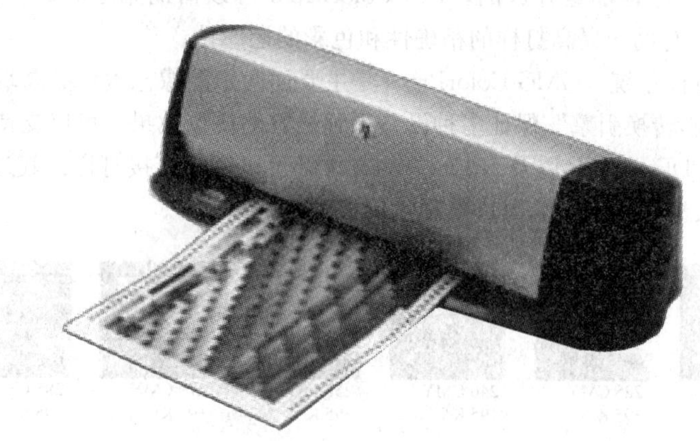

图 12-36 iliSis

a）可切换 UV 光源，在单个测量周期中可以同时获取无滤镜和带紫外光滤镜的测量数据。

b）提供有两种配置。iliSis 允许测量 A4 以上的色表，并可读取多达 1100 个色块。扫描 A4 和信纸大小的色表，并可在 8 分钟内读取 1500 个色块。iliSis XL 允许测量 A3 以上的试表，并可读取 2500 个色块，扫描 A3 以上和 tabloid 大小的色表，并可在 10min 内读取数千个色块。

c）提供的荧光增白补偿（OBC）解决方案，有助于补偿纸张中由荧光增白剂引起的色彩变化。

d）内置的视觉系统提供较高的容差量，允许色表根据输入系统时的方式进行对齐并自动纠正对齐错误。

e）条形码读取，色表的识别让使用更加方便的同时也避免出现错误。

（2）分光光度仪的测量条件（遵循 ISO 13655：2009）。

M0：使用 A 光源测量出的反射率，以前被称为无滤镜，包含紫外线。

M1：使用 D50 光源测量出的反射率，以前被称为日光或 D65-滤镜。

M2：使用不含紫外线组件的 A 光源测量出的反射率，以前被称为去 UV 滤镜，排除紫外线。

M3：使用不含紫外线组件的横向偏振 A 光源测量出的反射率，以前被称为偏振光滤镜。

3. 市场上常见的数码打样系统

（1）EFI 数码打样系统。EFI ColorProof XF 是目前最为通用的数码打样软件，它同时适用于喷墨、激光的输出形式。EFI ColorProof XF 软件使用简单，操作界面方便，能够满足出版商、广告公司、印刷制版公司甚至摄影爱好者对图像色彩准确复制的需要。其过程如下。

1）创建数码打样机的基础线性化：设置参数、单通道墨水限制、线性化、总墨量限制、质量控制，其过程和海德堡的 Color Proof Pro 是相同的。

2）创建打印介质概览文件。

3）优化概览文件。

4）绑定 epl 文件和介质概览文件。

5）应用介质概览文件。

6）EFI ColorProof 打样软件参数设置。

7）目测重新线性化校正。

上述过程都是基于 ICC 的转换方式，在数码打样机线性化后由数码打印机的色空间转换到印刷机的色空间，整个过程都是开放的，EFI ColorProof 可以借助第三方软件生成数码打样的 ICC 与印刷机的 ICC，有助于提高打样的精确性和色彩的还原性。

（2）GMG 数码打样系统。GMG ColorProof 是主要面向于图像艺术作品高端的打样软件，其拥有独特的“四维色彩转换引擎”保证多种设备得到最好的质量效果。可以支持很多打样文件档案格式，PS、EPS、PDF、TIFF 以及 JPEG 等的文件都可以用于直接打样。其过程如下。

1）打印机的最大墨量限定。总墨量限制色标如图 12-37 所示。

图 12-37 总墨量限制色标

2）打印出总墨量测试图案，观察打印试图，以不溢墨、线条清晰为标准选择合适的打印总墨量。

3）最大色域空间。

4）受限色域空间的列印和测量—285ink. csc，同时包括生成最新的受限的 285. MX3（使用 GMG _ TC4 色表）。

5）生成受限色域空间的印刷机的 MX4（或者是 MX5）。

6）使用最新的打印机色域空间文件 285. MX3 和受限印刷机的 MX4（或者是 MX5），打印出色彩测试靶并测量，出现生成新的 MX4（或者是 MX5）。

7）闭环校准。

上述过程都是基于 GMG 定义的 MX3 和 MX4，利用四维色彩转换实现从 CMYK 到 CMYK 的色彩转换，避免实地四色转换时存在不实的现象，也避免 ICC 转换时丢失色彩程度过大的问题。

GMG ColorProof 的优点是对操作者而言比较简单易用，不容易因犯错而导致颜色丢失（ICC 对很多操作者而言理解会比较困难）。GMG ColorProof 支持针对打样机的校正，让打样机在使用前先到达标准。它的缺点是除了相对封闭以外，比较依赖 MX3 的好坏和纸张的特性，最好是使用

GMG 认证过的或者是测试过的纸张以及这种纸张的 MX3 文件，才有可能做好数码打样的色彩管理。

练习与思考

一、单选题

1. 海德堡使用数码打样的软件名称为（　　）。

   A. CGS　　B. GMG

   C. Prinect Color Proof Pro　　D. EFI

2. 数码打样机使用的纸张类型是（　　）。

   A. 铜版纸　　B. 专用数码打印纸　　C. 胶版纸　　D. 哑光纸

3. 海德堡数码打样机对于 EPSON9910 的设备类型一般选择的打印模式是（　　）。

   A. CT 模式　　B. HT 模式　　C. RGB 模式　　D. CMYK 模式

4. 数码打样机的线性化所使用的测量仪器是（　　）。

   A. 密度仪　　B. 色度仪　　C. 分光光度仪　　D. 光谱仪

5. 海德堡数码打样系统与 EPSON 大幅面打样机的连接方式是（　　）。

   A. 网络　　B. USB　　C. 蓝牙　　D. 以上答案都不对

6. 关于数码打样机使用前必须做的工作，以下不属于在打样机上设定的是（　　）。

   A. 喷嘴检查　　B. IP 地址设定

   C. 打印模式如 CT 模式的设定　　D. 纸张的选择

7. 关于 EPSON9910 打样机在 CT 模式下选择打印模式，以下错误的是（　　）。

   A. 360×720dpi/Normal　　B. 720×720dpi/Normal

   C. 720×1440dpi/Super　　D. 1440×2880dpi/Super

8. EPSON9910 在检查墨水状态时不停地闪烁红灯，其表示的意思是（　　）。

   A. 提示某一或多个墨水快用完，但还能使用

   B. 提示某一或多个墨水已经用完，须更换

   C. 须更换全部墨水

   D. 以上答案都不对

9. 海德堡数码打样系统生成线性化数据的文件后缀格式是（　　）。

   A. PPF　　B. icc　　C. epl　　D. PDF

10. 数码打样机的线性化数据与纸张色域参数绑定的文件后缀格式是（　　）。

    A. PPF　　B. icc　　C. epl　　D. PDF

二、多选题

11. 以下哪种仪器可以做数码打样机线性化的测量？（　　）

    A. ilPro　　B. iliO　　C. ilISis　　D. SpectroScan

    E. Xrite 528

12. 数码打样机线性化过程包括以下哪些步骤？（　　）

    A. 打样机安装　　B. 每通道墨水限量　　C. 线性化　　D. 总墨水限制

    E. 质量控制

13. 海德堡使用 EPSON9910 可以支持的打印模式有（　　）。

    A. CT 模式　　B. CMYK 模式　　C. HT 模式　　D. LAB 模式

    E. RGB 模式

14. 使用 ilPro 测量线性化数据时，需要多次重复测量甚至无法通过测量，其主要原因是（　　）。

A. 白板无校准　B. USB 口供电不足　C. 仪器光源老化　D. 驱动错误

E. 测量速度不均

15. 数码打样机线性化中所使用的测量仪器测量以下哪些相关内容？（　　）

A. LAB　B. 色域　C. 光谱反射率　D. 密度

16. 影响数码打样机线性化的因素有（　　）。

A. 打印介质设置　B. 打样机喷嘴校准　C. 仪器的校准　D. 数码打样纸

E. 测量数据的平滑

17. 数码打样机的线性化要模拟胶版纸时应注意的因素有（　　）。

A. 系统中纸张集的选择　B. 打样机面板中纸张的选择

C. 选购粗面纸打印　D. 打印模式的分辨率

18. 爱普生大幅面打样机 9910 的黑色是以下哪几个？（　　）

A. 粗面黑　B. 照片黑　C. 淡黑　D. 淡淡黑

E. 中黑

19. 使用 iliO 测量线性化色靶时应注意的有（　　）。

A. 校准白板的清洁　B. 测量三点定位的准确

C. 纸张静电吸附　D. 多次测量求平均值

E. 手动多次校准

20. 数码打样机线性化对于纸张使用的要求需考虑的有（　　）。

A. 价格　B. 是否通过认证　C. 纸张的光泽度　D. 纸张白度

E. 克重

三、判断题

21. 数码打样机线性化的目的是扩大打样机的色域。（　　）
22. 更换了纸张之后要重新做打样机的线性化。（　　）
23. 数码打样线性化所对应的 RGB 打样模式是不能使用在模拟胶印标准的规格。（　　）
24. 使用手动测量线性化的仪器比自动测量的仪器要精确。（　　）
25. 数码打样纸须选择与印刷机所使用的纸张相同。（　　）
26. 海德堡打样系统中的纸张集和 EPSON9910 面板上的纸张设定无关系。（　　）
27. 海德堡打样系统中打印模式的分辨率越高其打样速度越慢。（　　）
28. 分光光度仪的类型不同对线性化测量的结果影响不大。（　　）
29. 选择数码打样纸时应考虑纸张的荧光增白剂。（　　）
30. 海德堡打样系统中关于打印介质的校正长度不一致不影响打样效果。（　　）

练习与思考参考答案

1. C	2. B	3. A	4. C	5. A	6. C	7. A	8. A	9. C	10. B
11. ABCD	12. BCDE	13. ACE	14. ABC	15. ABC	16. ABCD	17. ABCD	18. ABCD	19. ABC	20. BCDE
21. N	22. Y	23. N	24. N	25. N	26. N	27. Y	28. N	29. Y	30. N

任务 13

建立数码打样系统的ICC

该训练任务建议用3个学时完成学习。

13.1 任务来源

数码打样是计算机直接制版系统的需求，也是为印刷提供样张的有效手段。数码打样实施的关键技术是色彩管理，色彩管理的实现包括“3C”。本任务是实现色彩管理的第二“C”：建立设备的ICC特性文档。数码打样的目的是在于模拟和预测印刷品的最终表现效果，实现纸张、油墨以及印刷适性的等多方面的匹配。而数码打样机的ICC的建立就是要采集打样机的纸张与油墨在线性化校正之后能表现的最大色域，为模拟印刷提供了色彩转换的源空间。

13.2 任务描述

按照要求打印IT8.7/4色彩测试靶，然后使用色彩管理软件和仪器测量该色靶，再对比、平滑数据，生成符合要求的ICC特性文档。

13.3 能力目标

13.3.1 技能目标

完成本训练任务后，读者应当能(够)掌握以下技能。

1. 关键技能

(1) 能够正确使用IT8.7/4色彩测试靶。

(2) 能够设定Heidelberg Color Tool软件的预置参数。

(3) 能够使用Heidelberg Color Tool软件完成色彩测试靶的测量。

(4) 能够使用Heidelberg Color Tool建立纸张ICC。

2. 基本技能

(1) 能熟练操作EPSON9910数码打样机，正确安装数码打样纸。

(2) 能熟练使用Eyeone Pro 2测量颜色。

(3) 能熟练使用Prinect Cockpit。

13.3.2 知识目标

完成本训练任务后，读者应当能(够)学会以下知识。

（1）理解标准测试靶的结构与数据特征。

（2）理解 Fogra39L 的标准。

（3）理解 ICC 分色参数的意义。

13.3.3 职业素质目标

完成本训练任务后，读者应当能（够）具备以下职业素质。

（1）对色彩测试靶的认识。

（2）对测量 IT8.7/4 色彩测试靶生成的数据运用。

（3）建立符合要求的 ICC 特性文档。

13.4 任务实施

13.4.1 活动一　知识准备

（1）ICC 色彩管理的组成部分有哪些，各有什么特点？

（2）ICC 中的色彩匹配方式有哪些，各有什么特点？

（3）GCR 和 UCR 的区别是什么，各有什么优缺点？

13.4.2 活动二　示范操作

1. 活动内容

（1）IT8.7/4 色彩测试靶的选择、打印。

（2）设置 Heidelberg Color Tool 软件的预置参数。

（3）Heidelberg Color Tool 软件测量色彩测试靶数据的运用。

（4）Heidelberg Color Tool 建立纸张 ICC。

2. 操作步骤

（1）步骤一：IT8.7/4 色彩测试靶的选择、打印。本步骤是紧接着线性化之后操作。建立 ICC 特性文件需要在线性化的基础上打印标准色靶。本例中使用的标准色靶是 IT8.7/4。

1）打开 Heidelberg Color Proof Pro，如图 13-1 所示。

2）在该窗口，显示了线性化后的数据记录。单击“选择”，打开文件浏览窗口，如图 13-2 所示。

3）浏览到“IT8.7-4 CMYK il_iO_1_2.tif”存储的位置，选择该文件，单击“打开”，返回到 Color Proof Pro 界面，这时候“打印”按钮激活，如图 13-3 所示。

单击“打印”，完成“IT8.7-4 CMYK il_iO_1_2.tif”文件打印。同样再选择打印“IT8.7-4 CMYK il_iO_2_2.tif”。

（2）步骤二：设置 Heidelberg Color Tool 软件的预置参数。

1）连接好 Eyeone Pro 2 与 iO，如图 13-4 所示。

2）打开 Heidelberg Color Tool 软件，如图 13-5 所示，选择“文件”→“预置参数”。

a）打开“预置参数”窗口，选择“测量”标签页，如图 13-6 所示。

b）在“测量”中设定以下参数。过滤器：没有（M0：ISO-13655）。密度状态：ISO 5-3 Status E。测量基础：白。显示密度：相对。

Metameric light：A。

设定完成测量条件后，单击“确定”，返回 Color Tool 界面。

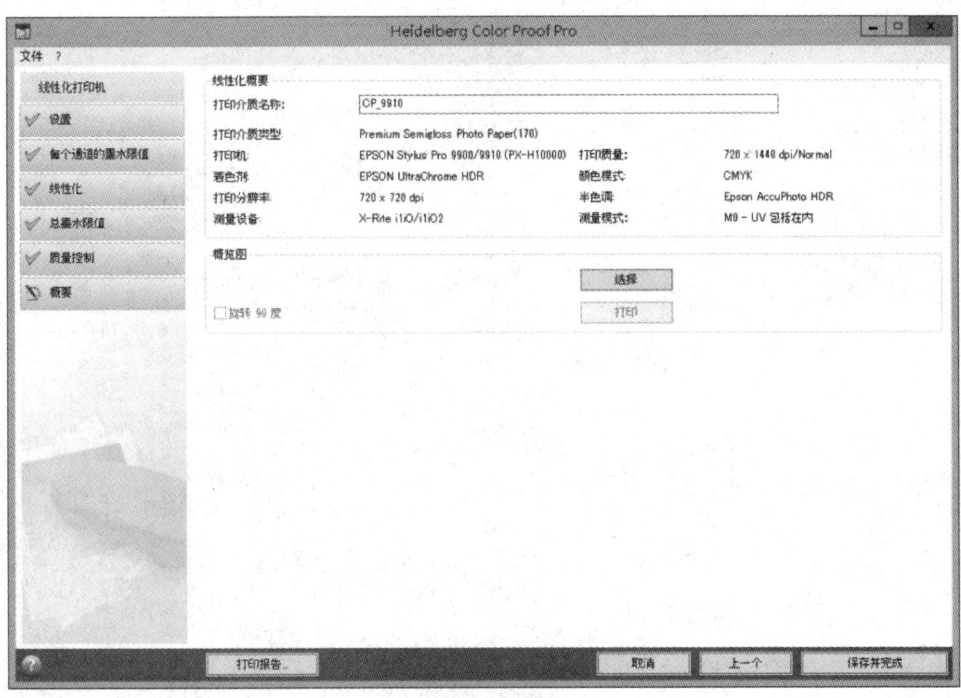

图 13-1 Color Proof Pro 界面

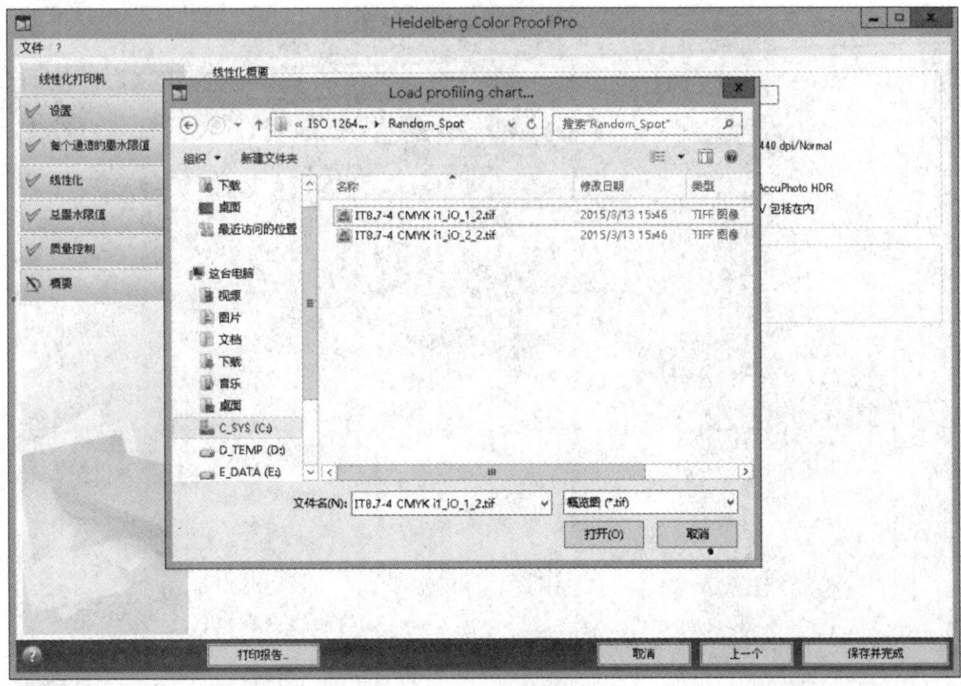

图 13-2 文件浏览窗口

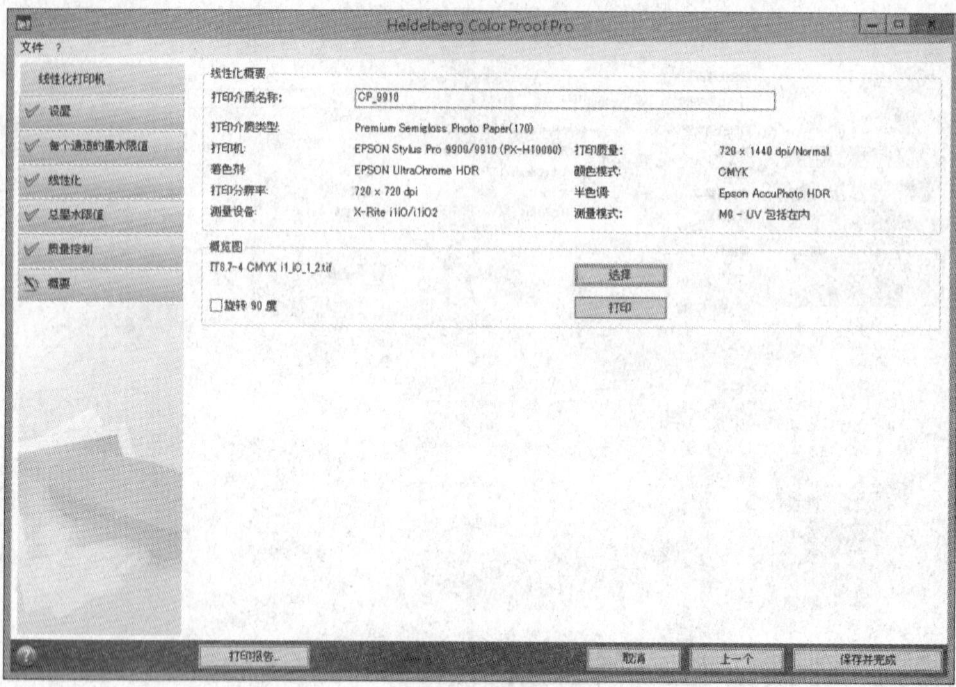

图 13-3 文件打印

图 13-4 测量设备连接

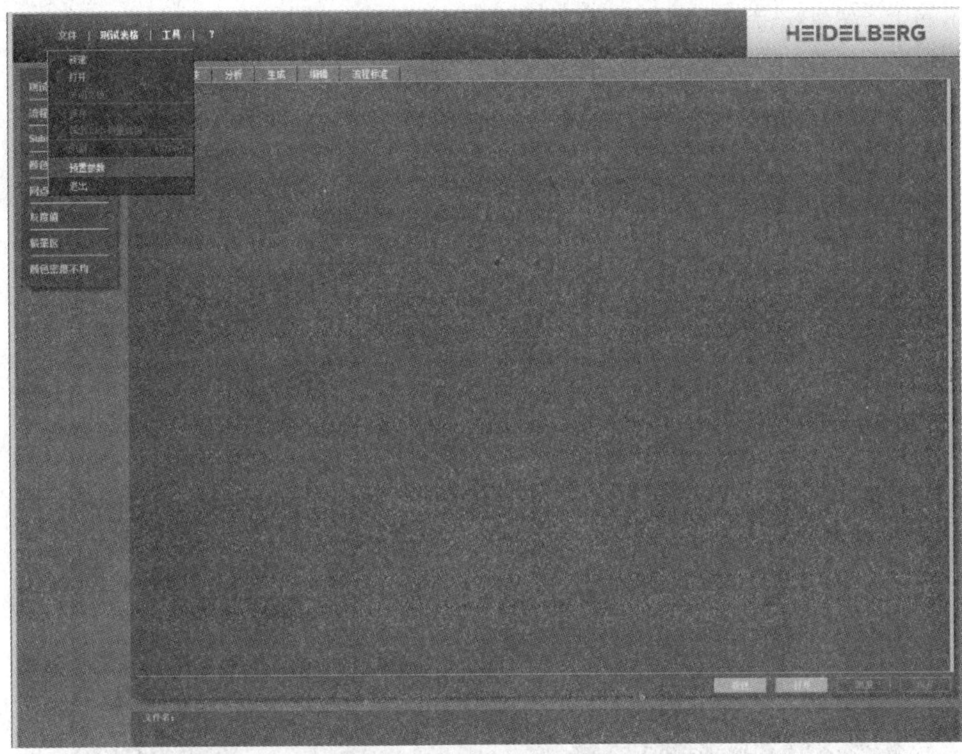

图 13-5　Color Tool 界面

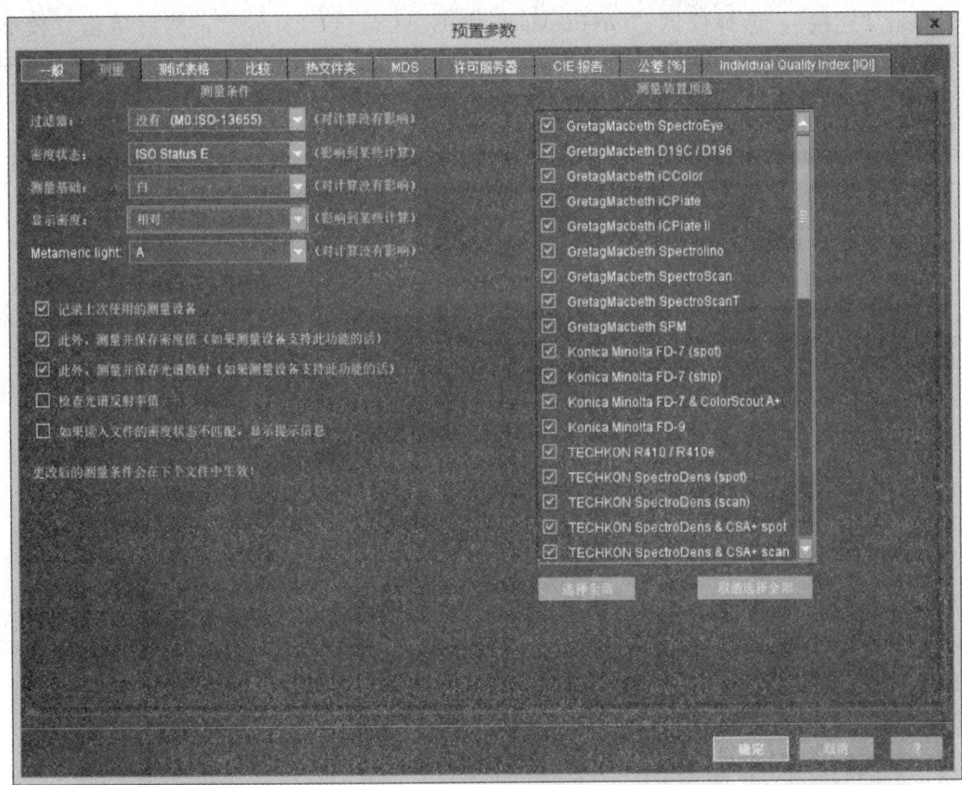

图 13-6　测量参数设定

3）单击“新建”，选择“测试表格：ISO 12642-2/ANSI IT8.7/4”“类型：Random”，然后单击“确定”，如图 13-7 所示。

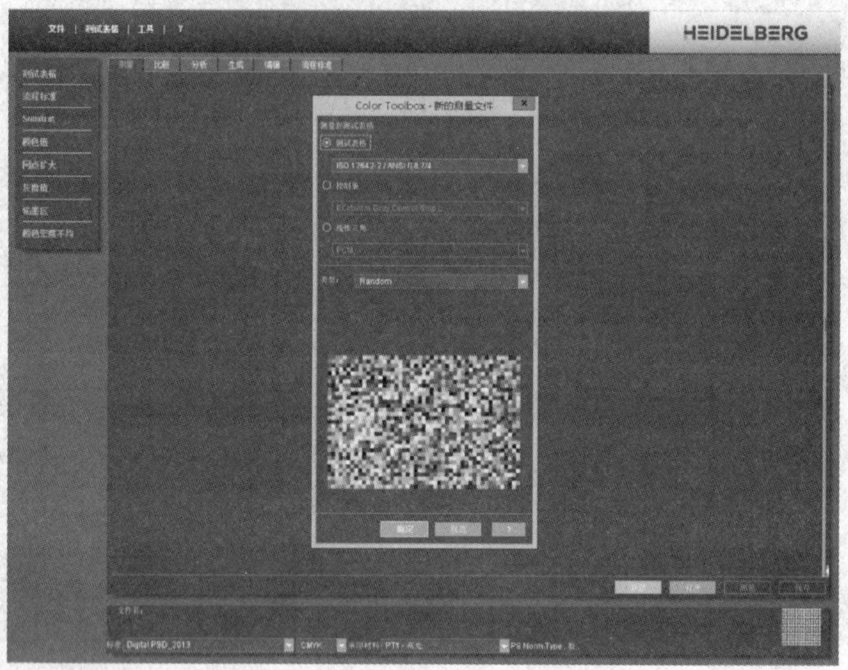

图 13-7 测量色靶设定

4）单击“连接”，选择仪器“GretagMacbeth Eye-One iO（strip）”，然后单击“校准”如图 13-8 所示。校准完成后，软件自动会弹出色靶定位窗口，提示测量仪器定位信息。根据窗口位置的提示，分别完成“左上”“左下”“右下”的定位。

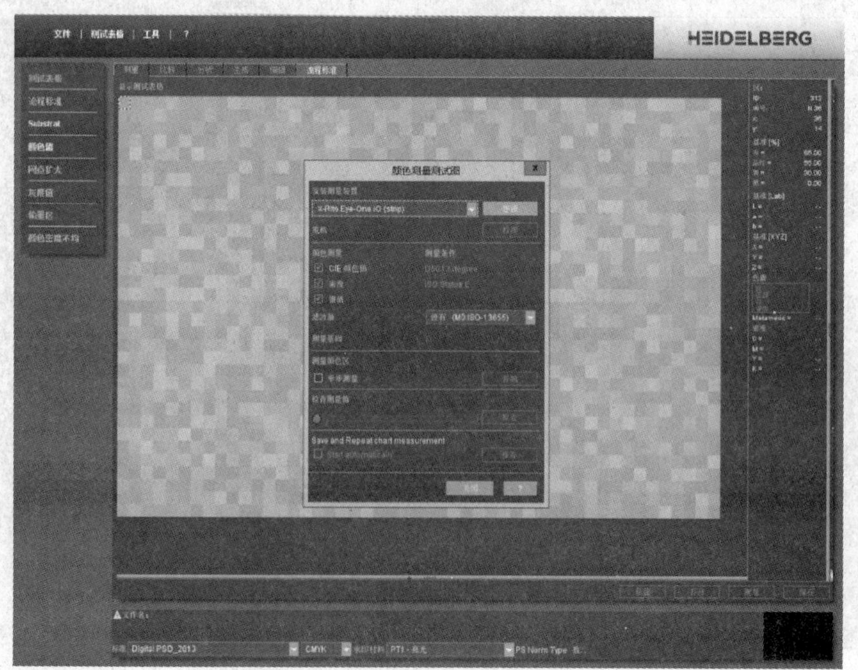

图 13-8 测量仪器设定

测量的十字标要对准色块的中心，如图 13-9 所示。测量完成第一张，再测量第二张。测量完成后，显示如图 13-10 所示 Color Tool 界面，界面显示了“ISO 12642-2/ANSI IT8.7/4”色靶全貌。

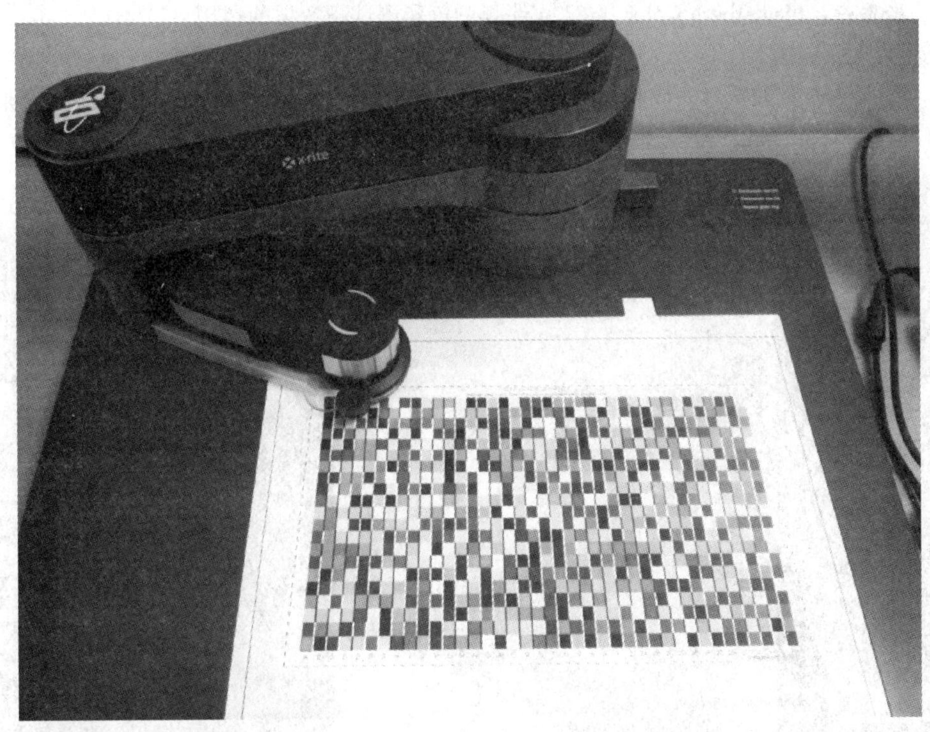

图 13-9　仪器定位点定位

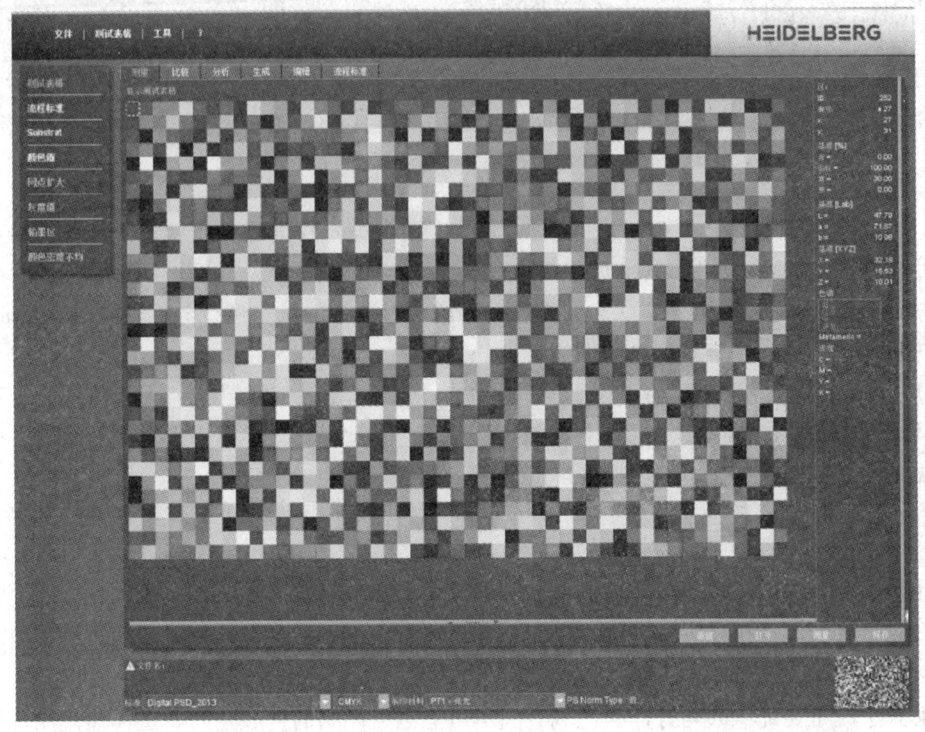

图 13-10　色靶测量数据

执行“文件”→“保存”命令，保存数据，名称：“EPSON9910_170gsm_Paper_IT8.7-4.txt”。

（3）步骤三：Heidelberg Color Tool 软件测量色彩测试靶数据的运用。

1）生成数据查看。

在“xy 图”查看数据。完成测量数据保存之后，可以在 xy 色品图中查看数据的分布状态。在该窗口的左侧栏窗口中选择“xy 图”，如图 13-11 所示。

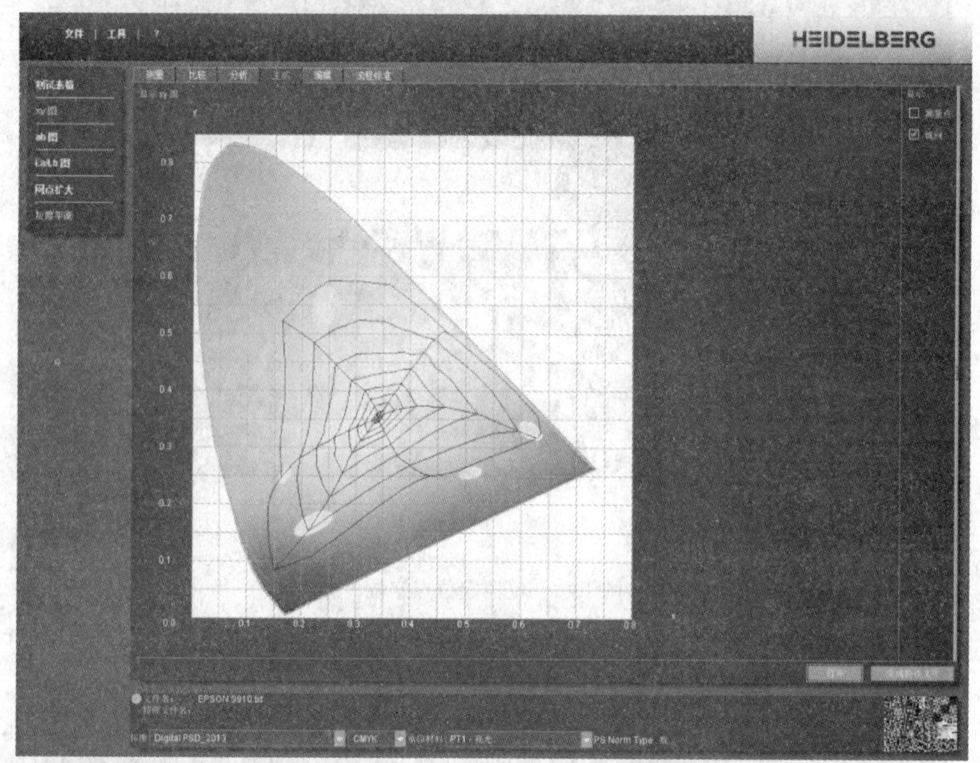

图 13-11 xy 色品图

在“ab 图”查看数据。同理，也可以在 ab 色度图中查看数据的分布状态。在该窗口的左侧栏窗口中选择“ab 图”，如图 13-12 所示。

2）数据比较。完成数据分布状态的查看后，需要对数据的状态进行分析，可与 Fogra39L 标准数据进行对比，进一步查看测量数据的特征。

a）在“xy 图”比较数据。单击“比较”，单击“打开基准数据”选择“EPSON9910_170gsm_Paper_IT8.7-4.txt”，再单击“打开对比数据”选择“Fogra39L.txt”，在“xy 色品图”中对比两组数据的分布状态，如图 13-13 所示。

b）在“ab 图”比较数据。同理，也可在“ab 色度图”中核对该两组数据，如图 13-14 所示。

对比数据的目的就是看数码打样的色域空间是否包含印刷的色域空间，如有比较大的差异，请回到数码打样的线性化检查是否存在错误。如果没有错误，还是存在比较大的色域误差，请更换数码打样的纸张。

以上方法就是要确保数码打样的色域空间尽可能涵盖印刷的色域空间，这样通过闭环校正数据时才有可能到达 Fogra39L 的印刷数据的要求。

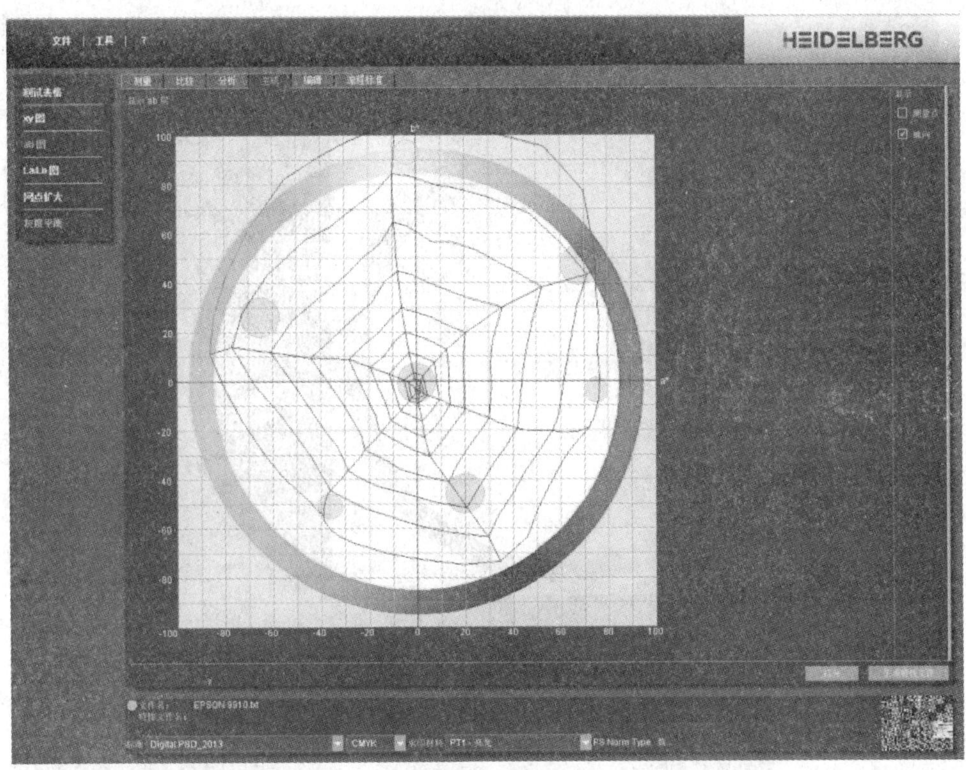

图 13-12　ab 色度图

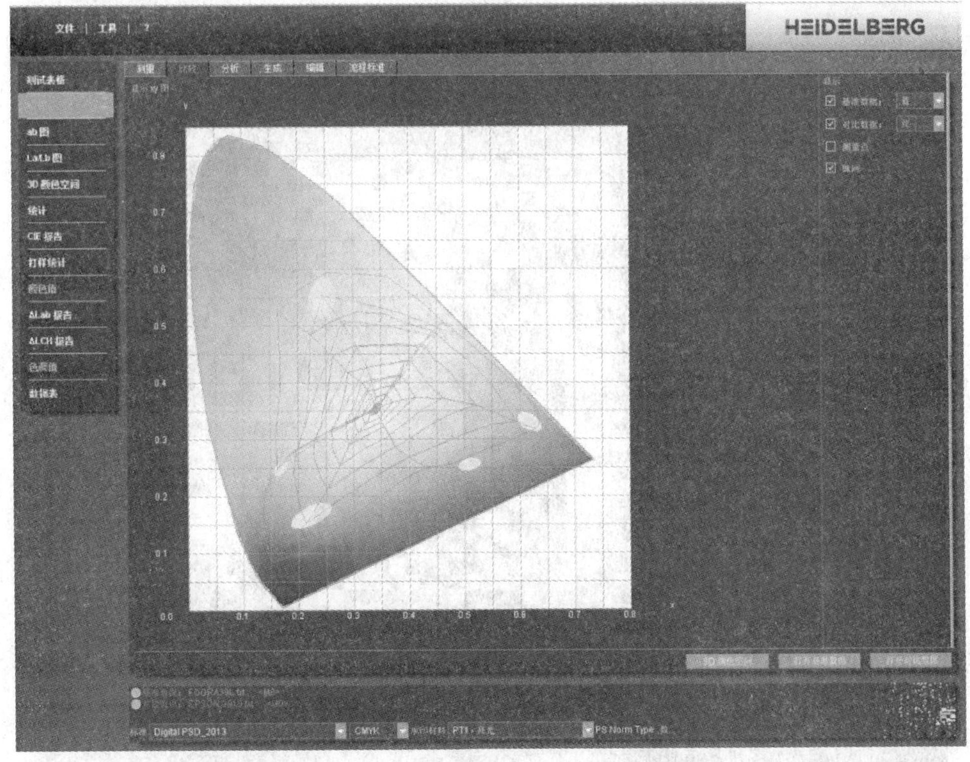

图 13-13　在 xy 色品图中对比 Fogra39L 数据

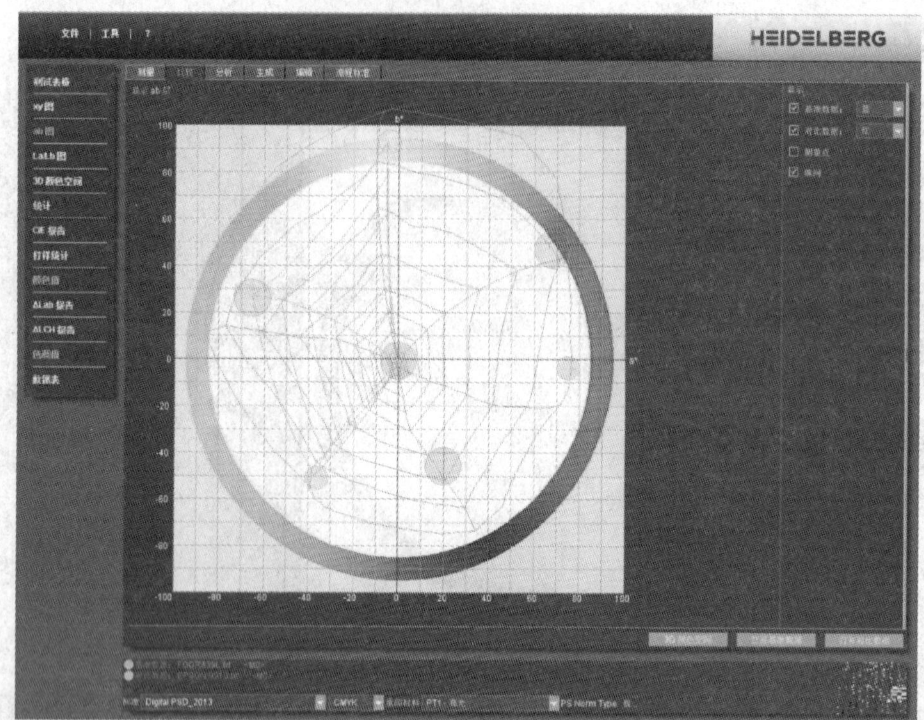

图 13-14 在 ab 色度图中对比 Fogra39L 数据

3）数据平滑处理。在确认测量数据的范围明显包围 Fogra39L 数据之后，对测量数据进行平滑处理。

回到“测量”界面，单击“指定的”列项中的“修正测量数据→平滑”，如图 13-15 所示。

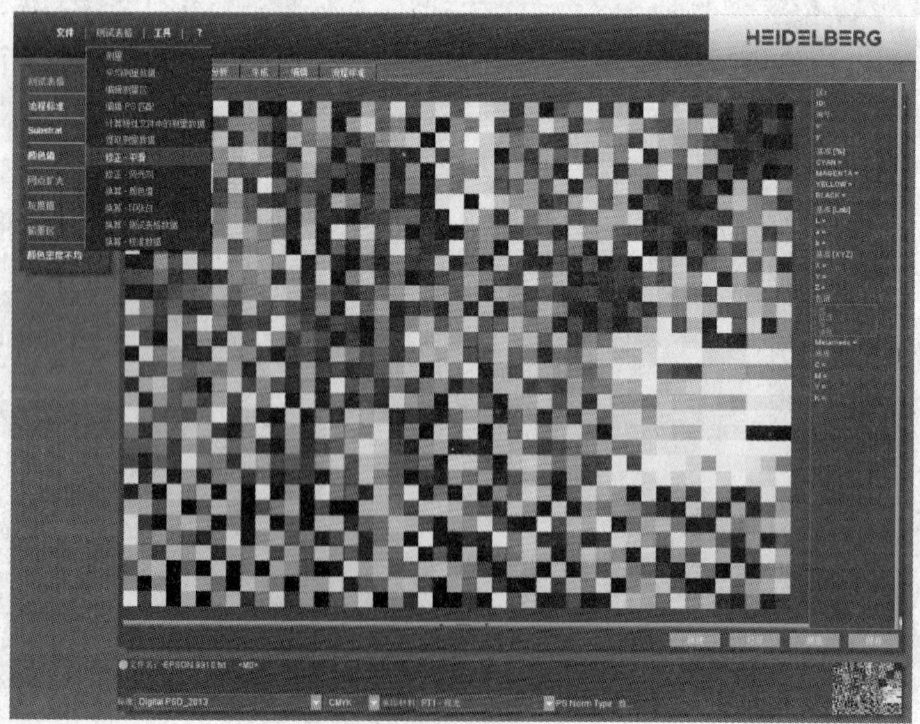

图 13-15 测量数据平滑

上述两项全勾选，其平滑的强度为“5”，单击“确定”，然后保存数据，如图 13-16 所示。

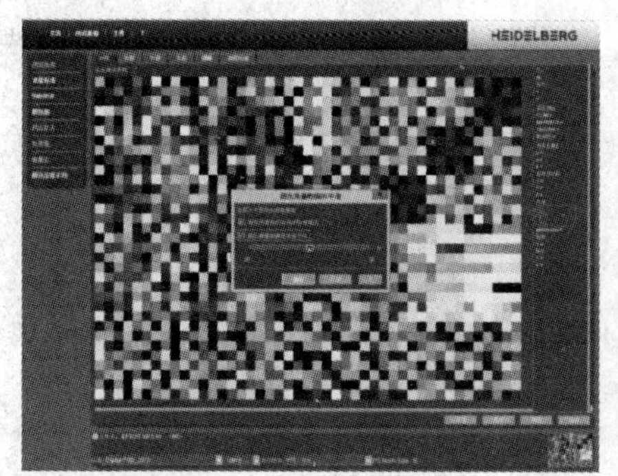

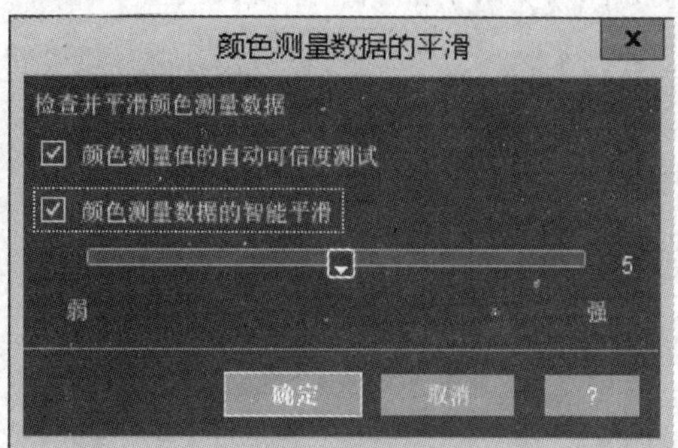

图 13-16　测量数据平滑参数设定

（4）步骤四：在 Heidelberg Color Tool 建立纸张 ICC。

1）设定纸张 ICC 参数。在 Color Tool 界面，单击“生成”标签，如图 13-17 所示。

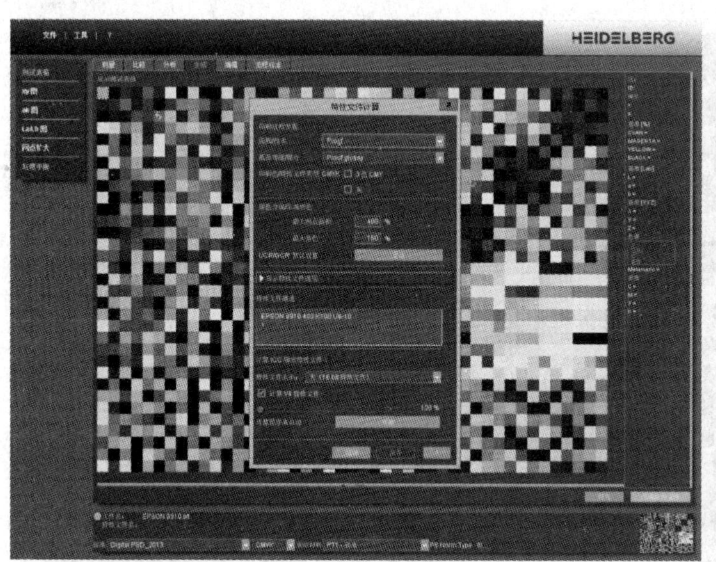

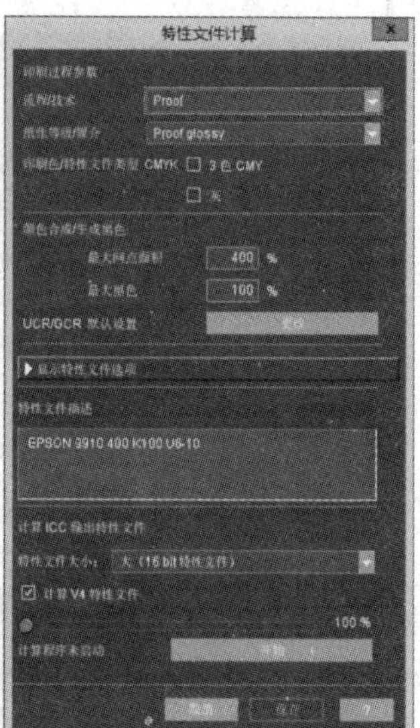

图 13-17　ICC 参数设定

在该窗口，单击“特性文件参数”按钮，设定纸张 ICC 的参数如下：流程/技术：Color Ink Jet Printer；纸张等级媒介：gloss coated；最大网点面积：400%；最大黑色：100。

2）设定 GCR 和 UCR 参数。在图 13-18 右侧图中，单击第一个“更改”（设置 GCR 和 UCR）按钮。设定参数如下：黑色长度：9；起始点 K（%）：10；黑色宽度：8；单击“确定”，返回 ICC 参数设定界面，继续单击“确定”，返回“生成”标签界面。

3）计算 ICC。在生成标签窗口，单击“计算”，计算生成 ICC。

单击“计算”，勾选“计算 V4 特性文件”，选择“开始”，计算结束后，保存 ICC，如图 13-19 所示。

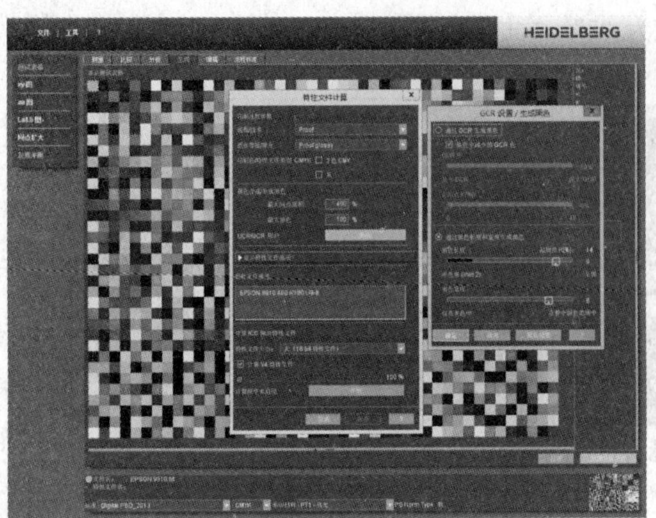

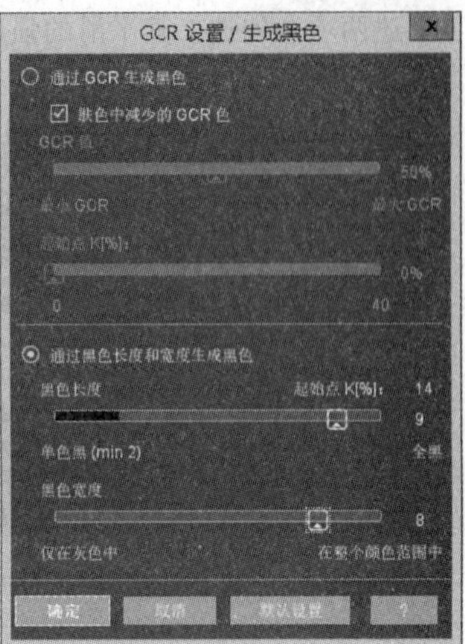

图 13-18 分色参数设定

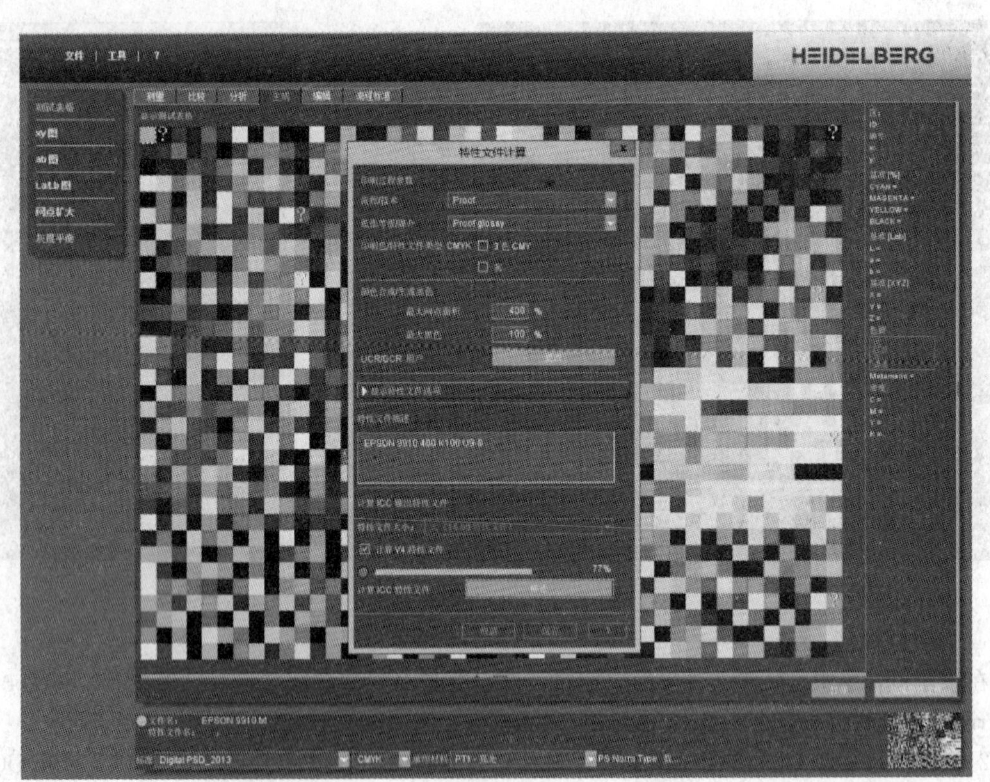

图 13-19 计算 ICC

4）保存 ICC。生成 ICC 的名称："EPSON9910_170gsm_Paper_IT8.7-4_U400_K100_9-8.icc"。文件保存界面如图 13-20 所示。这里需要提醒的是 ICC 名称必须不含中文名字和空格。

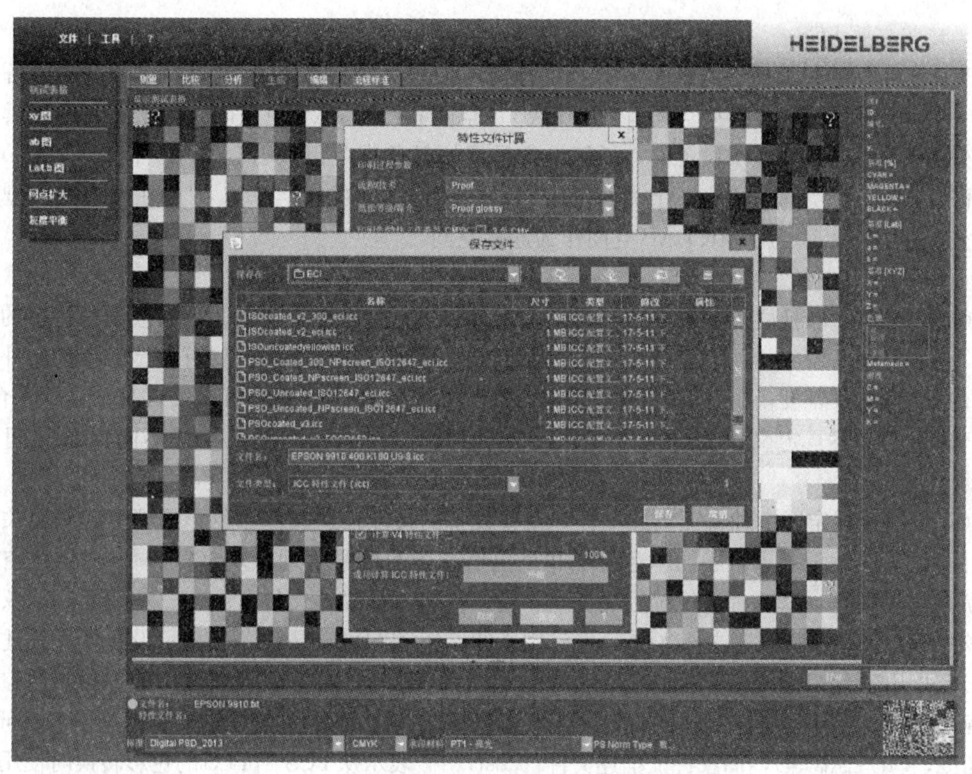

图 13-20　保存 ICC

13.4.3 活动三　能力提升

1. 内容

按照演示范例，打印 IT8.7/4 色彩测试靶，然后使用色彩管理软件和仪器测量该色靶，对比、平滑数据，生成符合要求的 ICC 特性文档。

2. 整体要求

（1）分光光度仪测量标准为“M0”。

（2）平滑数据，强度为“5”。

（3）选择 UCR 分色模式。

（4）黑版起始点“10”。

（5）ICC 名称必须不含中文名字和空格。

13.5 效果评价

效果评价参见任务 1，评分标准见附录。

13.6 相关知识与技能

13.6.1 ICC 色彩管理的重要组成

ICC 色彩管理主要包括：特性文件连接空间 PCS、设备特征描述文件 Profile、色彩管理模块 CMM 这三个重要部分。

1. 连接空间 PCS

PCS 是 ICC 色彩管理中的核心部分，也称为与设备无关的参考色空间，它是不同设备色空间进行转换的桥梁。PCS 连接空间有 CIE LAB 色空间和 CIE XYZ 色空间，由于 CIE 系统具有最大的色域空间而且是独立于设备的，任何设备呈现的颜色都可以映射到其中。但是 CIE XYZ 色空间不是均匀的色空间，CIE LAB 是由 CIE XYZ 转换来的均匀色空间，因此在做查找类型的特征描述文件时一般都选用 CIE LAB 空间作为连接空间。

2. 设备特征描述文件（Profile 文件）

颜色信息进行转换之前要首先对各输入输出设备进行特征化，也就是要建立设备特征的描述文件。颜色复制系统中的所有设备（如扫描仪、显示器、打印机等）都要有自己的特性文件。这些设备的特性文件都要由 ICC Profile 来描述，基于 ICC 标准的设备 Profile 文件是独立于平台的，ICC Profile 的描述：定义设备颜色空间、用于交流和交换颜色空间、支持不同设备之间颜色通讯。

ICC 标准总规定了 7 种特征描述文件，这些设备的特征描述文件在色彩管理中起到至关重要的作用，它真实地记录了设备的呈色特征和呈色信息，为色彩管理模块（CMM）提供色空间转换所需的必要数据。这 7 种特征描述文件是：输入设备特征描述文件（scnr）——用于扫描仪和数字相机，输出设备特征描述文件（prnr）——用于印刷机和图像记录设备，显示设备特征描述文件（mntr）——用于 CRT 和 LCD，设备连接特征描述文件（link）——表示设备之间的连接，色空间转换特征描述文件（space）——提供非设备空间与 PCS 空间之间颜色空间转换的相关信息（sRGB，CIE XYZ，CIE LAB 等），抽象特征描述文件（abst）——表示从 PCS 到 PCS 的色彩转换时使用的属性文件，被命名色特征描述文件（nmcl）——它提供多个命名色的颜色属性（如：Pantone 等）。

3. 色彩管理模块 CMM（Color Management Module）

色彩管理模块根据源设备的特征文件所提供的色彩信息，把源设备的色彩空间转换到连接空间（PCS），色彩管理模块再根据目标设备的特征描述文件所提供的色彩信息，把参考色空间即源空间转换到目标设备的色彩空间，从而完成色彩在不同设备间的传递的一致性。

色彩管理模块 CMM 在色彩管理中起着一个在颜色空间“翻译”的作用。其工作原理：CMM 先把源设备的色域空间转换到连接空间（PCS），再根据目标设备的颜色信息，把源空间转换到目标设备的色彩空间。也就是说 CMM 的首要任务就是要保证根据目标空间的色域情况，将源图像数据最好的转换过去。那么就会出现这种情况：使用不同的 CMM，颜色肯定不一样，相同的 ICC 数据在使用了不同的 CMM 之后，其结果可能不同。

不同的公司有自己的转换算法，如柯达、海德堡、格灵达、APPLE、ADOBE、AGFA、IMATION、PANTONE。其转换模块（CMM）是他们的核心：

CMM 转换中包含四种转换意图：可感知、相对比色、饱和度、绝对比色。

可感知（Perceptual）：在对应的过程中，保持色彩之间的相对关系。也就是根据输出设备的色域范围，调整影像输出的色度值，以求取原稿与复制影像色彩在视觉的近似。常使用连续调摄影图像的复制。

相对比色（Relative Colorimetric）：色彩转换时，采用输出设备的参考白，当两个媒体都能显示时，对应的色度值维持不变。落在输出媒体色域之外的颜色，则改以同样亮度，但彩度不同的颜色取代，适合特别色复制。

饱和度（Saturation）：落在色域外的颜色，尽量映射到饱和度相当的色彩上，以维持色彩鲜艳度。影像亮度无可避免地有相当大的改变，适合商业图表的色彩复制（对商业图表而言，色彩的相对关系较不重要）。

绝对比色（Absolute Colorimetric）：色彩转换时，采用来源特性档的参考白。当两个媒体都能显示时，对应的色度值维持不变。落在输出媒体色域之外的颜色，则改以输出媒体色域最接近的边缘值替代。

13.6.2 GCR、UCR和UCA

1. 灰色成分替代（GCR）

（1）GCR工艺要点。

1）充分利用黑版，做长阶调黑版，从0～100%。

2）图像中的灰色、黑色部分主要由黑墨来再现，去除C、M、Y三原色版构成的灰色成分。也就是说用黑墨来替代传统工艺中由三原色平衡所组成的灰色和黑色，以达到光学和视觉效应的一致性。

3）用黑墨来替代图像中含灰的复色，也就是说用黑墨来替代互补色油墨。

（2）GCR的优点。

1）减少四色叠加油墨的总量，有利于油墨干燥，便于高速多色印刷。

2）有利于达到印刷灰平衡，能保证灰色调的再现和稳定。

3）以低价的黑墨替代昂贵的彩色油墨，可降低油墨成本。

（3）GCR的不足。

1）由于用黑墨替代含灰色彩的最小原色时，会使该色彩的基本色也随之减浅，因而造成深度原色饱和度不足。当20%K替代最小原色C20%时，该色相的基本色Y、M也随之减浅20%，因此，分色人员在遇到原稿中重要的深原色时，要用Photoshop工具加深这部分减浅了的深原色，以达到足够的饱和度。

2）由于长阶调黑版用黑色来替代色彩中的互补色，其透明度比互补色差，因此对色彩的鲜明度有影响，应对黑版作适当减浅调整。

2. 底色去除（UCR）

（1）底色去除：用单色黑油墨在图像暗调区域部分代替彩色油墨印刷的灰色，对应着短调的黑版。

（2）UCR的优点。

1）改善印制适性。

2）缩短油墨干燥时间。

3）降低油墨成本。

4）有助于暗部之色彩调整。

5）增加原色墨灰色平衡的宽容度，不易产生偏色。

3. GCR与UCR的区别

灰成分替代（GCR）和底色去除（UCR）复制技术均用黑墨代替彩色油墨，因此容易误解为GCR是UCR幅度的扩展，但两者却有本质上的区别。

彩墨的去除方式不同：底色去除是针对图像暗调部分的彩色（底色）用黑墨来代替，而灰成分替代则不仅用黑墨取代底色，且对任何复合颜色的整个彩色区域都有替代。

彩墨去除范围不同：底色去除复制技术用黑墨代替彩墨局限于暗调的中性灰区域，它作用在彩色空间灰轴线附近的一个狭小范围内。灰成分替代复制方法则将对彩色油墨的替代扩展到整个含有灰色成分的彩色区域，其作用范围将沿饱和度增加的方向延伸。

彩色油墨的去除量不同：底色去除用黑墨代替彩墨的量一般在30%～40%之间，而灰成分替代的黑色油墨量可以在0～100%的范围内变动。

黑版作用不同：底色去除的黑版主要用于加强图像的密度反差、稳定中间调至暗调颜色，灰成分替代复制技术的黑版不仅要承担画面阶调的再现，也参与复合颜色的彩色再现，即黑墨还具有组色作用。

4. 底色增益（UCA）

底色增益（Under Color Addition，UCA）是又一种制版工艺，它与底色去除功能相反，是增加暗调区域的彩色油墨量。

底色增益沿着颜色空间的灰色轴线进行，因此对中性灰的作用最大且仅限于中性灰成分。底色增益由底色增益强度和底色增益起始点（从原稿哪一级密度上进行底色增益）共同控制，它既能用于调整图像暗调区域灰平衡，又能适应暗调区域色彩的特殊要求，起到了增加中性灰区域黑版层次的作用。

练习与思考

一、单选题

1. 色彩管理 ICC 的连接空间是（　　）。

A. PCS　　B. CMM　　C. PPF　　D. CDR

2. 以下不是使用 ICC 软件生成 CMYK 色空间所使用的色表是（　　）。

A. IT8. 7/3　　B. IT8. 7/4　　C. ECI2002　　D. TC9. 18

3. Fogra39L 和 Fogra39 两个数据组是所使用的色表不一样，Fogra39L 使用的是（　　）色表。

A. IT8. 7/3　　B. IT8. 7/4　　C. ECI2002　　D. TC9. 18

4. GCR 的中文名称是（　　）。

A. 底色去除　　B. 灰成分替代　　C. 底色增益　　D. 灰成分去除

5. 以下哪种仪器不是用来测量色表生成 ICC 特性文档的？（　　）

A. 528　　B. i1　　C. i1ISis　　D. SpectroScan

6. 底色去除主要针对彩色图像的（　　）起作用。

A. 高光中性灰区域　B. 中间调灰色区域　　C. 暗调中性灰区域　　D. 以上答案都不对

7. ISOcoated_v2_eci. icc 生成条件为 U330_K95_9-10，330 表示的意思是（　　）。

A. 底色去除量为 330　　B. 灰成分替代量为 330

C. 油墨总量为 330　　D. 灰色比例为 330

8. 海德堡色彩管理软件支持 ISO 13655：2009 的测量条件，其中 M0 指的是（　　）。

A. A 光源测量　　B. D50 光源测量　　C. UV 滤镜测量　　D. 偏振光滤镜测量

9. 海德堡色彩管理软件在铜版纸的 ICC 生成时，默认使用（　　）的分色方式。

A. GCR　　B. UCR　　C. UCA　　D. PSD

10. 在色彩管理中通常 3C 指的是（　　）。

A. 校正 Calibration、特征化 Characterization、转换 Conversion

B. 校正 Calibration、特征化 Characterization、色度 Colorimetric

C. 校正 Calibration、特征化 Characterization、合作 Cooperation

D. 转换 Conversion、特征化 Characterization、合作 Cooperation

二、多选题

11. 以下属于色彩管理转换意图的是（　　）。

A. 相对比色　B. 可感知　C. 彩度　D. 绝对比色

E. 鲜艳度

12. 以下哪些公司或机构属于国际色彩联盟ICC的创始成员？（　　）

A. Adobe　B. 爱克发　C. 苹果　D. 微软

E. FOGRA

13. ICC定义了多种设备的颜色空间，以下属于印刷设备色空间类型的是（　　）。

A. CIE LCH　B. CMYK　C. CIE LAB　D. CIE XYZ

E. CIE Yxy

14. 色彩管理中有多种转换意图，以下属于胶印常用的色彩转换意图的是（　　）。

A. 相对比色　B. 可感知　C. 绝对比色　D. 彩度优先

E. 灰度优先

15. 使用分光光度仪扫描色表IT8.7/4在ICC软件生成的txt数据组文档，其主要包含哪些内容？（　　）

A. 光谱反射率　B. CMYK　C. CIE LAB　D. CIEXYZ

E. 以上答案都不对

16. 以下哪些属于GCR和UCR的区别？（　　）

A. 彩色墨去除的方式不同　B. 彩色墨去除的范围不同

C. 黑版的替代量相同　D. 灰色成分替代的量相同

E. 前者准对CMYK的图像，后者针对RGB图像

17. 以下属于GCR分色的优点是（　　）。

A. 减少四色油墨总量　B. 有利于灰平衡的实现

C. 提高了叠色的饱和度　D. 降低单色油墨的墨层厚度

E. 使用黑墨替代更多的彩色墨，降低油墨成本

18. 以下属于制作数码打样机的ICC所使用的色表的是（　　）。

A. IT8.7/3　B. IT8.7/4　C. 柯达Q60　D. ECI2002

E. 以上答案都对

19. 以下与设备空间有关的颜色空间是（　　）。

A. CMYK　B. RGB　C. LAB　D. XYZ

E. Yxy

20. ISOcoated_v2_eci.icc与ISOcoated_v2_300_eci.icc的区别是（　　）。

A. 总墨量　B. 承印物

C. 黑色最大网点面积　D. 分色模式

E. 以上答案都对

三、判断题

21. 测量色表时选择Random和Visual类型所包含的色块是不同的。（　　）

22. 密度计不能用来做色彩管理的ICC特性文档。（　　）

23. GCR和UCR都是针对灰色成分使用黑色墨替代。（　　）

24. GCR比UCR使用黑墨替代的灰色成分大得多。（　　）

25. 数码打样机的ICC属于输出设备类型的特性文档。（　　）

26. 使用 iliO 测量 IT8. 7/4 的色表必须选择 Random 的类型。（　　）
27. 饱和度转换意图一般使用在商业图表色彩复制。（　）
28. 数码打样机的测量数据平滑过大不利于色彩的还原。（　　）
29. 色表所包含的色块越多其生成的 ICC 越好。（　　）
30. 不同的 CMM 转换引擎生成的 ICC 特性文档会不一样。（　　）

练习与思考参考答案

1. A	2. D	3. B	4. B	5. A	6. C	7. C	8. A	9. B	10. A
11. ABD	12. ABCDE	13. AC	14. AB	15. ABCD	16. AB	17. ABE	18. ABD	19. AB	20. AB
21. N	22. Y	23. Y	24. N	25. Y	26. Y	27. Y	28. Y	29. N	30. Y

任务 14

建立数码打样工作流程

该训练任务建议用 2 个学时完成学习。

14.1 任务来源

数码打样是计算机直接制版系统的需求，也是为印刷提供样张的有效手段。数码打样实施的关键技术是色彩管理，色彩管理的实现包括“3C”。本任务是实现色彩管理的第三“C”：颜色转换，也即是数码打样流程的建立。在数码打印机的线性化校正和建立数码打印机的 ICC 之后，就要捆绑线性化的 epl 文档和数码打样机的 ICC 特性文档，随后数字化工作流程中建立数码打样流程模板和工作流程，能够完成以数码打样为目的的颜色转换。

14.2 任务描述

按照要求绑定线性化文档 epl 和 ICC 文档，建立序列模板和数码打样模板，调用绑定的 epl 文档，在组模板中添加数码打样模板，完成数码打样流程的设定，并打印出一张测试样。

14.3 能力目标

14.3.1 技能目标

完成本训练任务后，读者应当能（够）掌握以下技能。

1. 关键技能

（1）能够完成数码打样机的线性化文档 epl 与 ICC 绑定。

（2）能够使用 Prinect Color Proof Pro 设定 EPSON9910（参考线性化过程）。

（3）能够在 Prinect Cockpit 序列模板中建立 EPSON9910 数码打样模板。

（4）能够在 Prinect Cockpit 组模板中建立数码打样流程。

2. 基本技能

（1）能熟练操作 EPSON9910 数码打样机，正确安装数码打样纸。

（2）能熟练使用 Eyeone Pro 2 测量颜色。

（3）能熟练使用 Prinect Cockpit。

（4）能熟练使用 Heidelberg Color Tool 软件。

14.3.2 知识目标

完成本训练任务后，读者应当能（够）学会以下知识。

（1）理解数码打样机的线性化文档 epl 与 ICC 绑定的含义。

（2）理解数码打样的原理。

（3）掌握色彩管理中映射意图的含义和应用范围。

14.3.3 职业素质目标

完成本训练任务后，读者应当能（够）具备以下职业素质。

（1）数码打样机的线性化文档 epl 与 ICC 绑定。

（2）建立数码打样工作流程。

（3）使用数码打样工作流程打印出样张。

14.4 任务实施

14.4.1 活动一 知识准备

（1）什么是复合色？

（2）epl 文件特征是什么？

（3）印刷机的 ICC 标准所使用 Fogra39L 数据包含的内容有哪些，所生成 ICC 的条件是什么？

14.4.2 活动二 示范操作

1. 活动内容

（1）数码打样机的线性化文档 cpl 与 ICC 绑定。

（2）在 Prinect Color Proof Pro 设定 EPSON9910（参考线性化过程）。

（3）在 Prinect Cockpit 序列模板中建立 EPSON9910 数码打样模板。

（4）在 Prinect Cockpit 组模板中建立数码打样流程。

2. 操作步骤

（1）步骤一：线性化文档 epl 与 ICC 绑定。

1）打开 Color Proof Pro，如图 14-1 所示。

2）在该界面中，单击“连接概览文件”，打开线性化与 ICC 绑定的界面，如图 14-2 所示。

3）单击连接概览文件界面的 EFI 线性化（EPL）右侧“选择”按钮，选择已制作的 epl 文件“SP9900CT_720x720_041214_204451_20141204.epl”。单击“连接到概览文件”右侧的“选择”按钮，选择已制作的打印介质概览文件“EPSON9910_170gsm_Paper_IT8.7-4_U400_K100_9-8.icc”。单击确定，返回连接概览文件界面。执行文件菜单“保存”命令，保存已绑定的文件，如图 14-3 所示。

在目录“C:\ProgramData\Heidelberg\Color Proof Pro\Profiles\My Profiles\EPSON_170gsm”中，保存“SP9900CT_720x720_041214_204451_20141204.epl”，确定更新概览文件成功。

（2）步骤二：在 Prinect Color Proof Pro 设定 EPSON9910（参考线性化过程）。

1）打开 Heidelberg Color Proof Pro 软件，选择“打印机设置”，如图 14-4 所示。

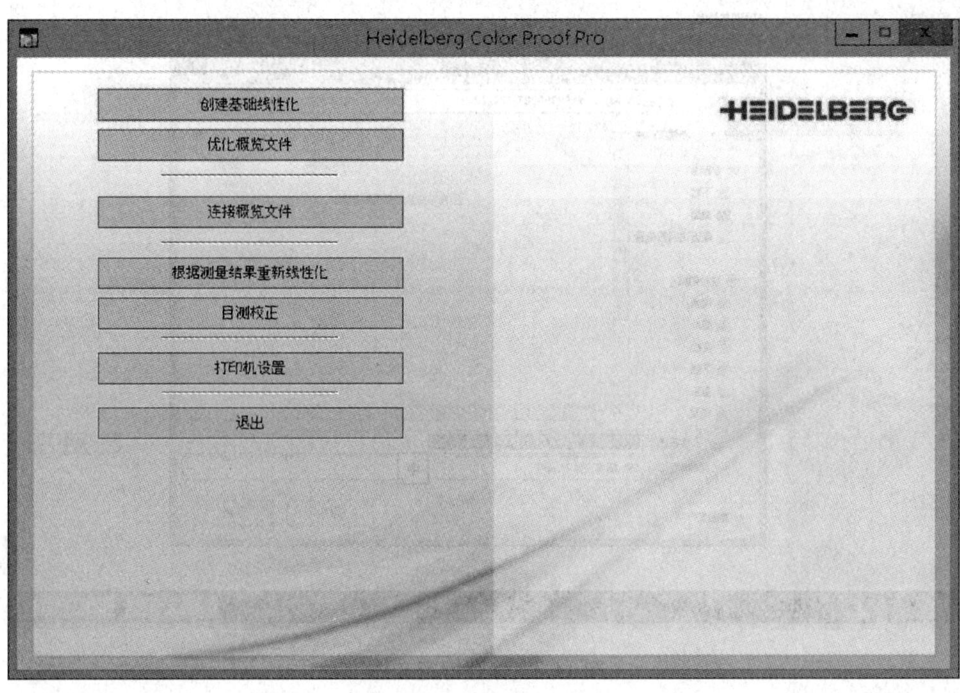

图 14-1　Color Proof Pro 界面

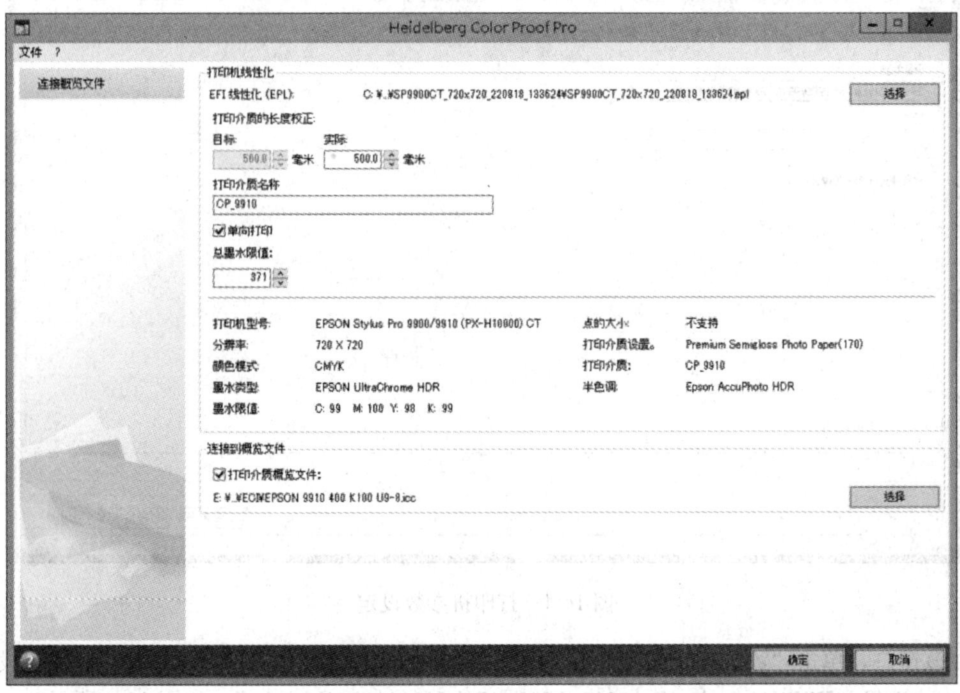

图 14-2　Profile Connector 界面

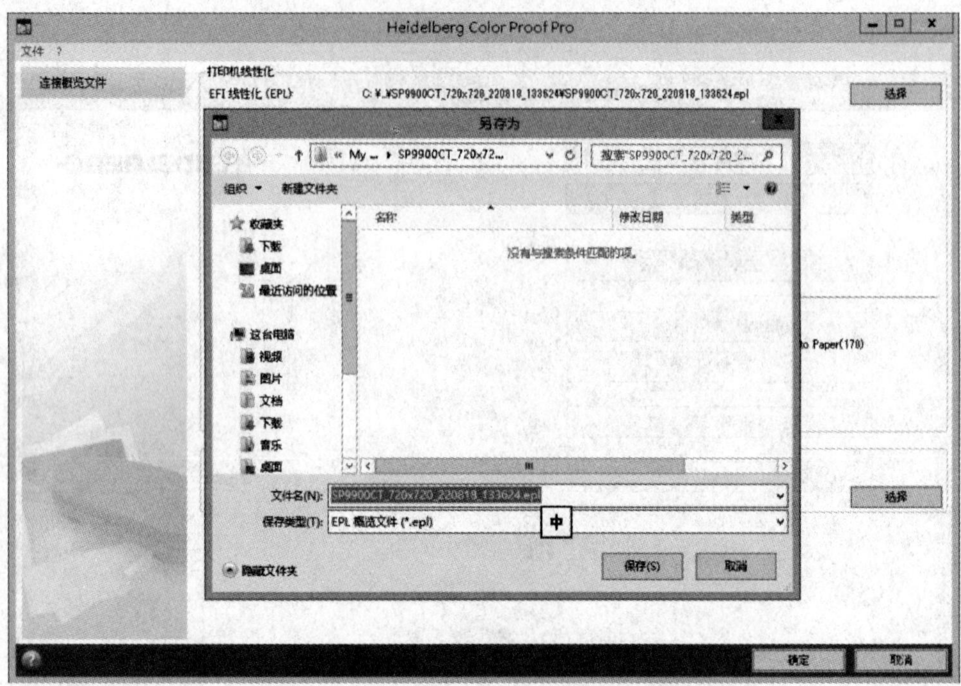

图 14-3 保存绑定文件

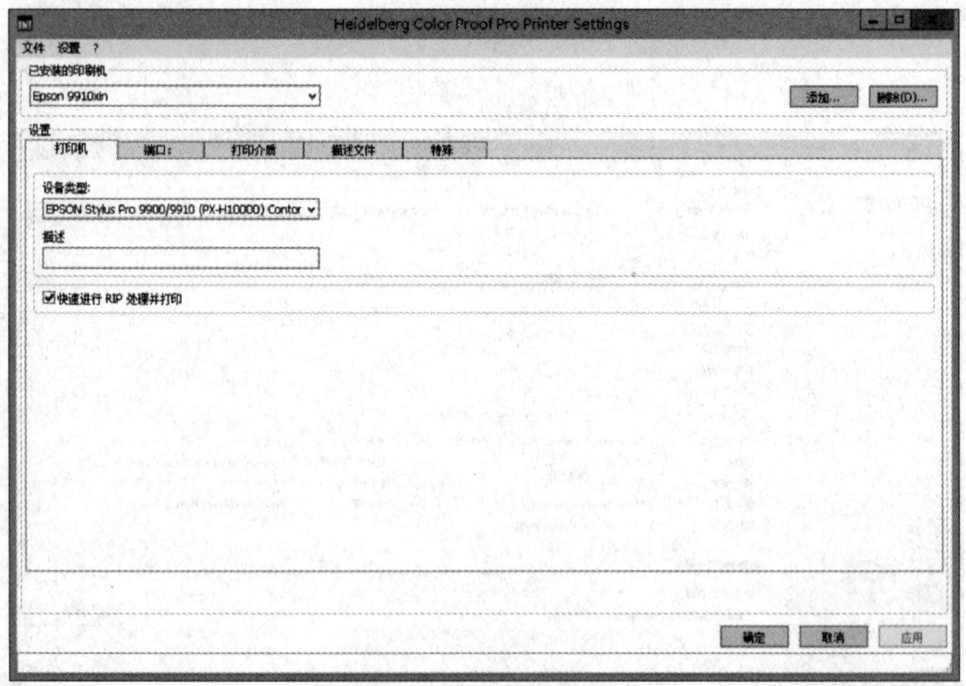

图 14-4 打印机参数设定

在该窗口，单击“添加…”按钮，在列表中敲入打印机的名称“EPSON9910”，在“设备类型”：中，选择“EPSON Stylus Pro9900/9910（PX-H10000）Contone”，如图 14-4 所示。

选择“端口”标签页面，设定打印记得 IP 地址。本例中设定“IP 地址：192.168.1.22”。单击“测试”，如图 14-5 所示，通过即可。

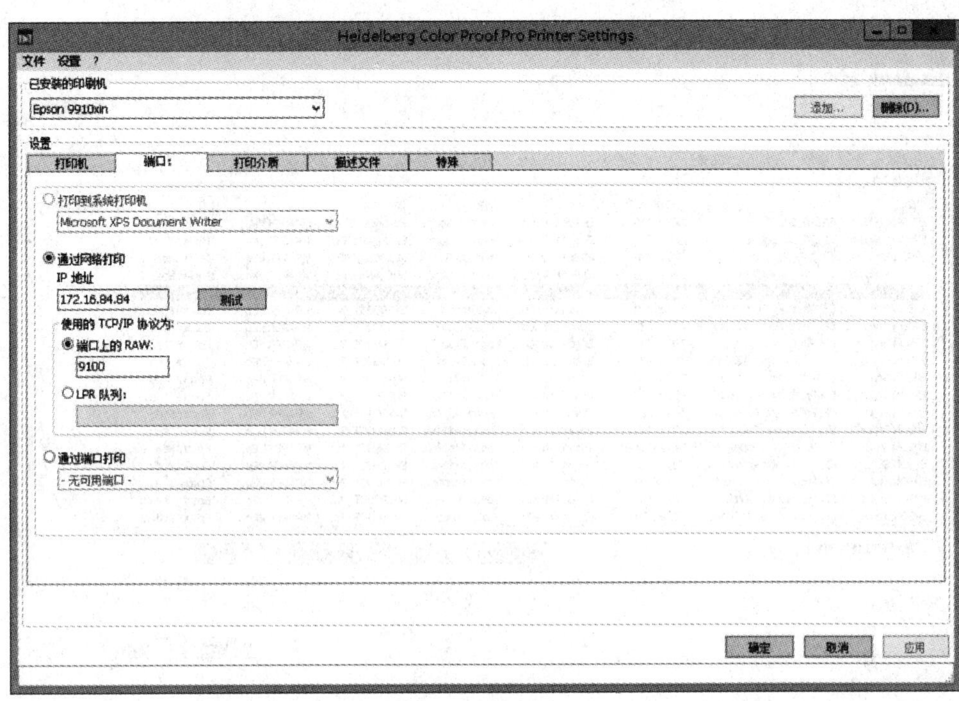

图 14-5　打印机端口设定

选择“打印介质”标签页面，定义打印纸张的类型和幅面等参数，如图 14-6 所示。本例中在“源”中选择“卷筒”，在“格式”中选择“44inch”，幅面与安装在数码打样机上的纸张一致。

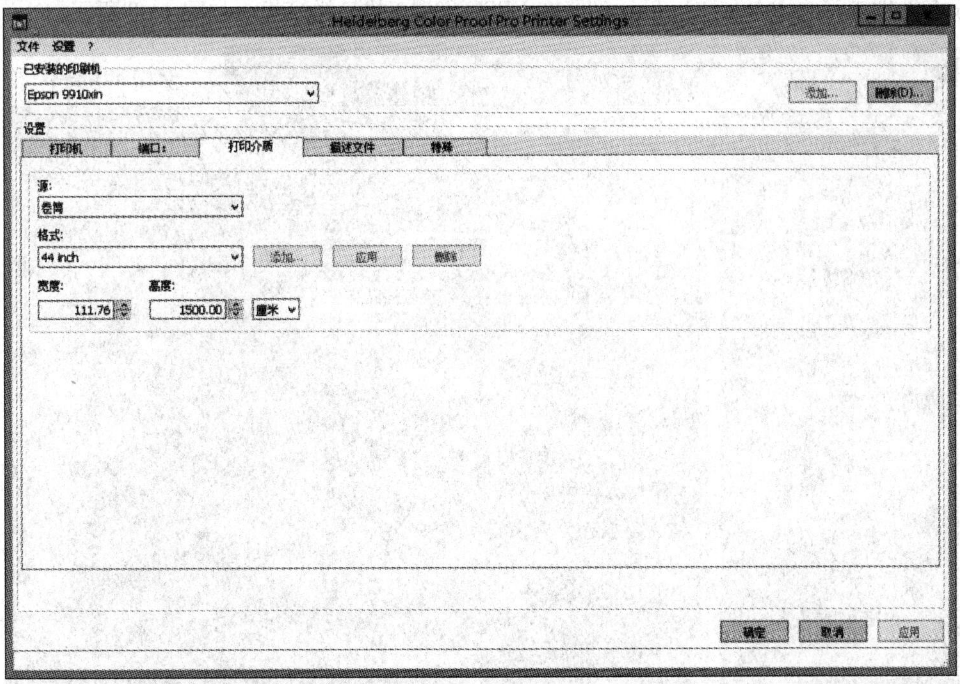

图 14-6　打印介质设定

选择“打印介质”标签页面，安装纸张的概览文件。在“描述文件”中单击“安装概览文件”，然后单击“应用”“确定”，如图 14-7 所示。

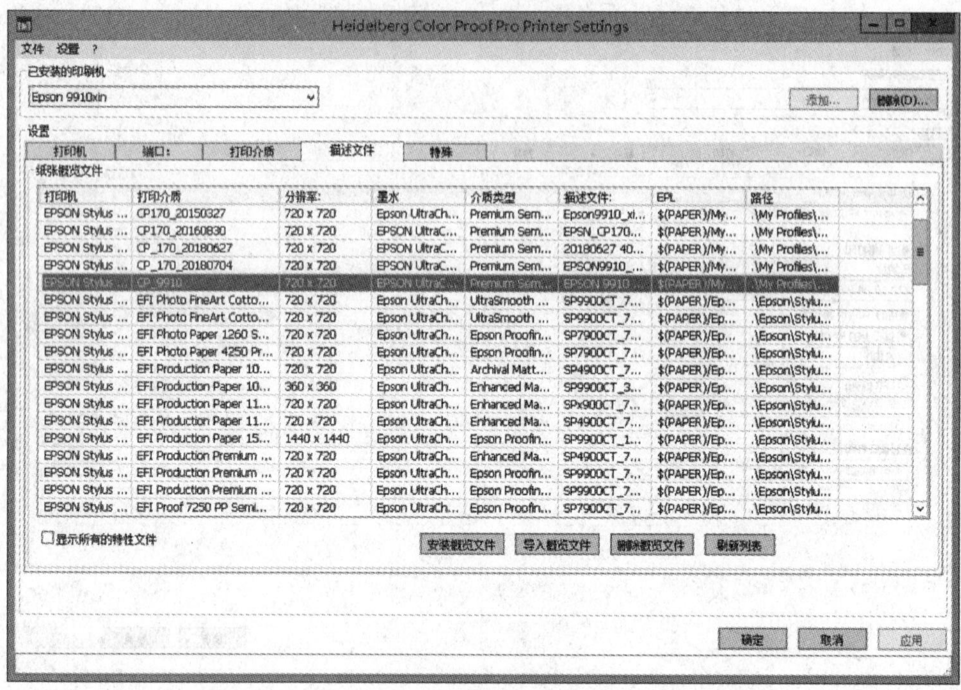

图 14-7 安装概览文件

2）定义好打印机之后，可在数字化工作流程软件中，查看定义的虚拟设备。在 Prinect Cockpit 中单击“管理—系统—一览”，单击“Renderer”，按 F5 更新，会出现“EPSON9910”打样机设备，即表示在 Prinect Cockpit 已存在 EPSON9910 的打样模板，如图 14-8 所示。

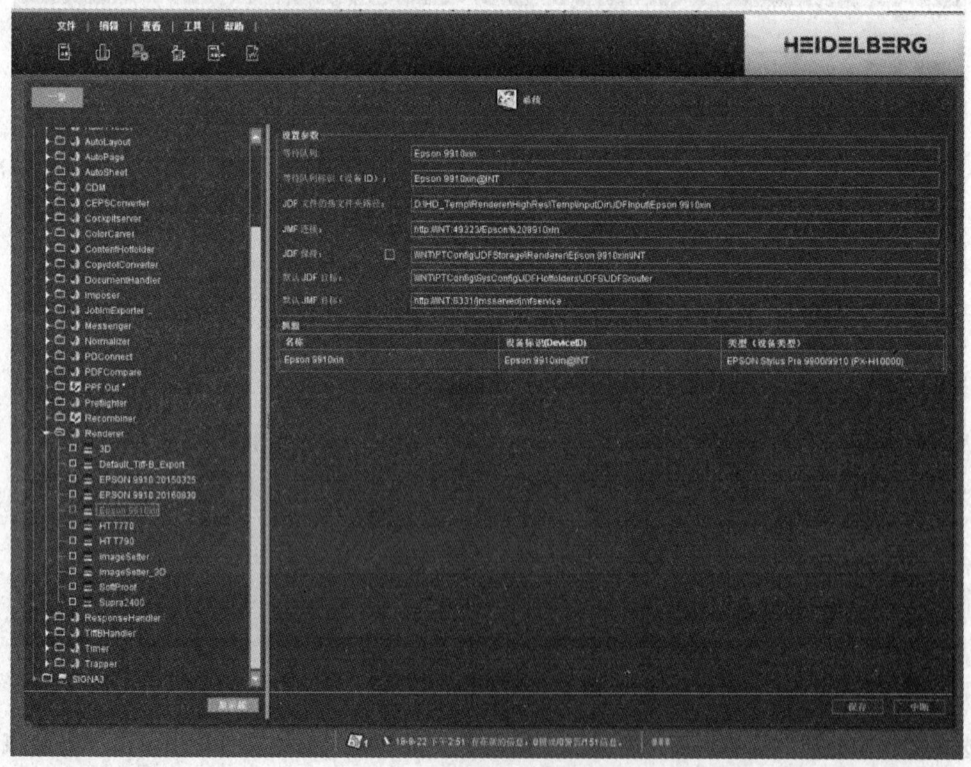

图 14-8 数码打样虚拟设备

（3）步骤三：在 Prinect Cockpit 序列模板建立 EPSON9910 数码打样模板。

1）打开 Prinect Cockpit 资源中的模板，在列项中的序列模板中找到“Imposition Proof”模板。

a）在序列模板列表中选择“ImpositionProof”，单击“新建”，如图 14-9 所示。

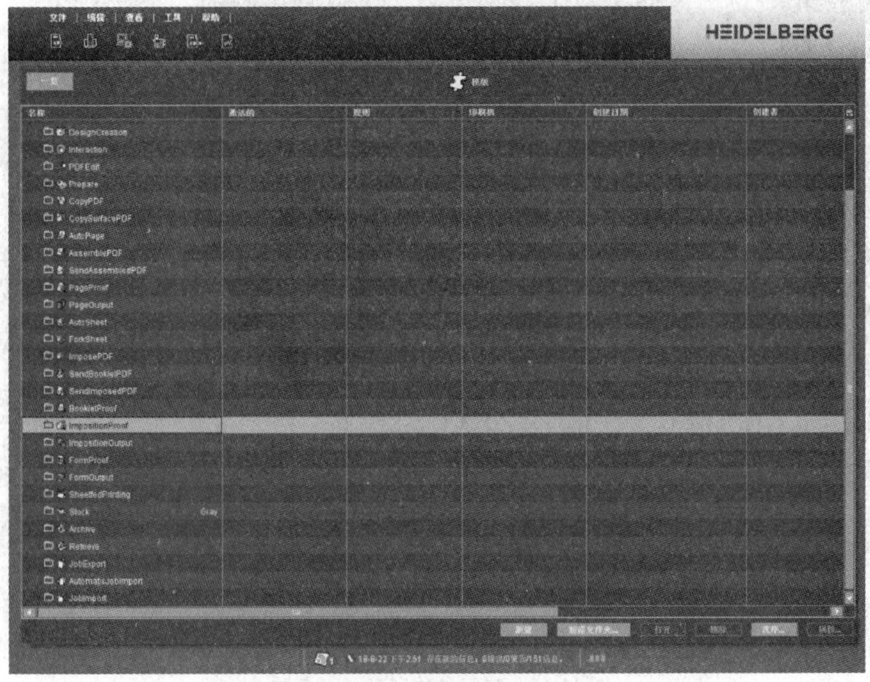

图 14-9　序列模板列表

b）在“ImpositionProof”模板的页面中，选择“映射”，打开“映射”参数的定义界面，在该界面完成设备介质参数的定义，如图 14-10 所示。

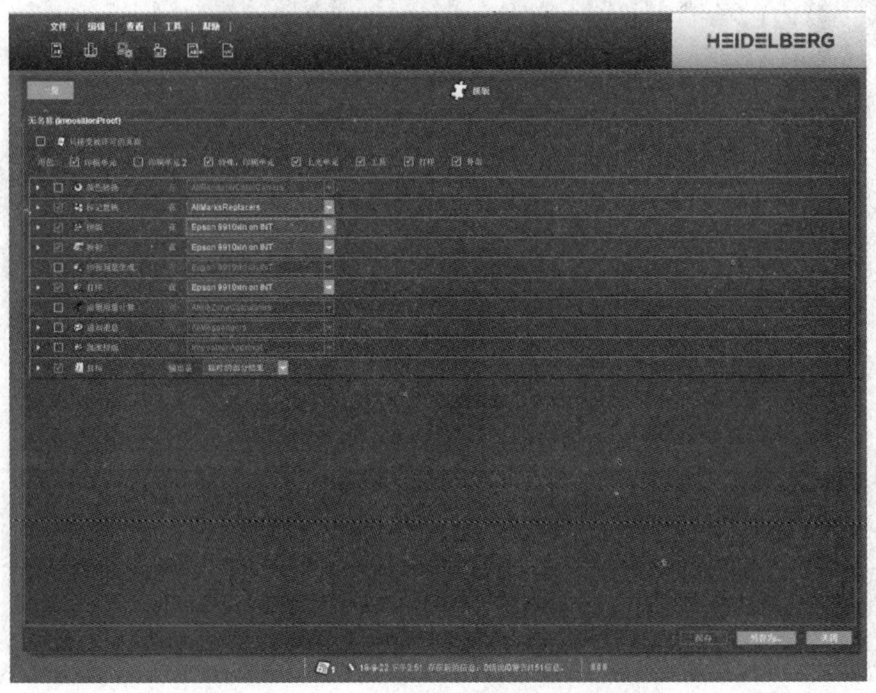

图 14-10　ImpositionProof 模板

c）在“映射”界面，完成设备、材料等参数的定义，如图 14-11 所示。如本例中定义“材料尺寸：24inch”，“材料：Epson9910_170gsm_201401203”，“分辨率：720×720”等。

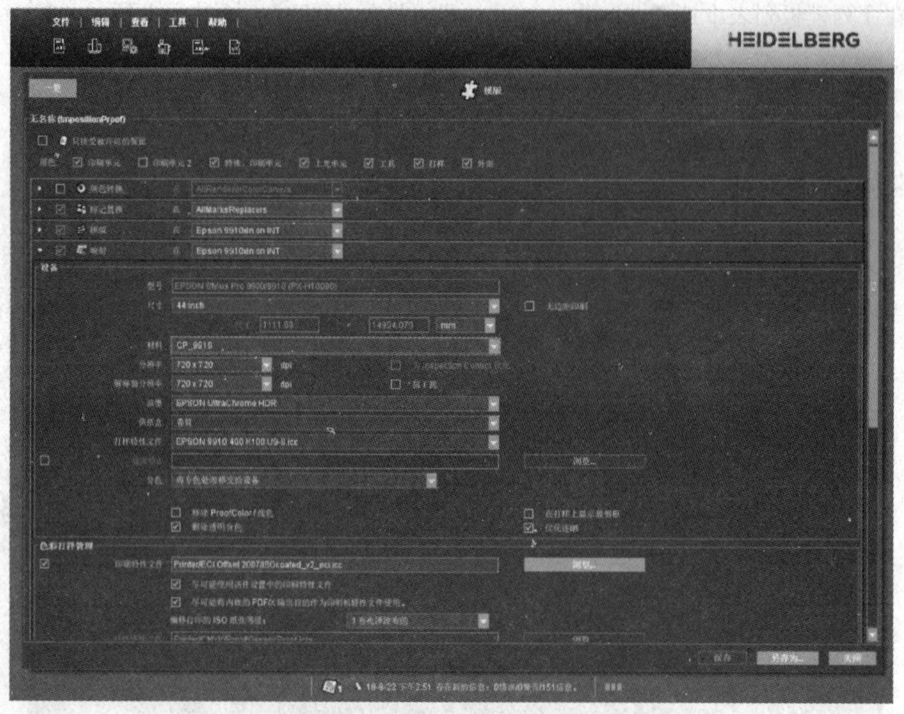

图 14-11　映射参数定义——介质

d）拖动滚动条，在色彩打样管理页面，印刷特性文件，选择“ISOcoated_v2_eci.icc”。映射目的选择“绝对色度匹配（纸张白度模拟）”，如图 14-12 所示。

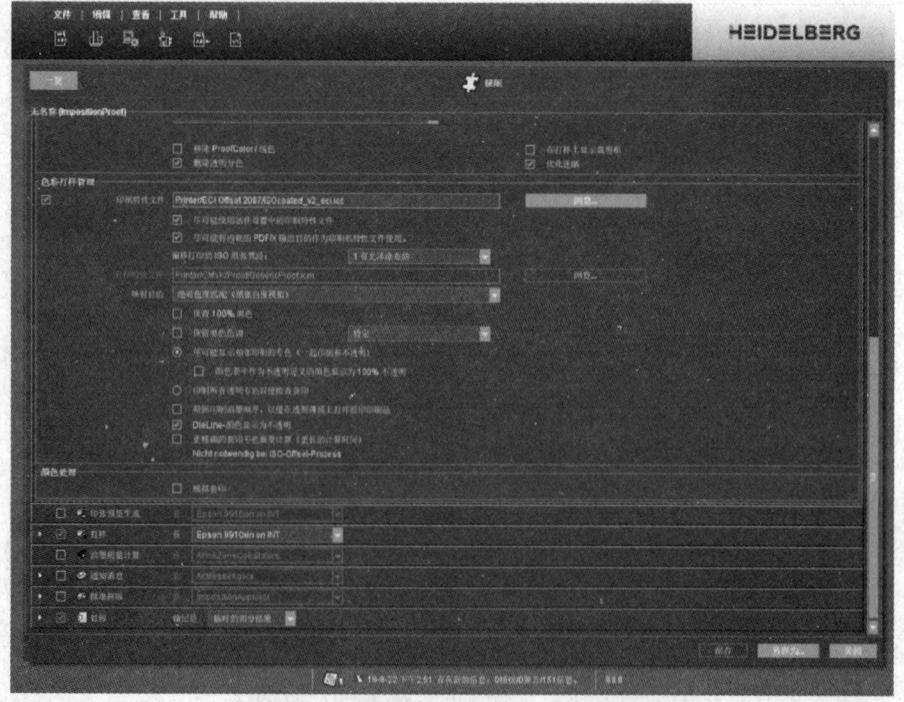

图 14-12　映射参数定义——色彩管理

2）定义“拼版参数”。

a）在“拼版”的列项中单击“色控条控制”，单击“用户自定义的标记”，选择文件“Ugra Fogra-MediaWedge v3. PDF”作为数码打样的检测标准，如图 14-13 所示。

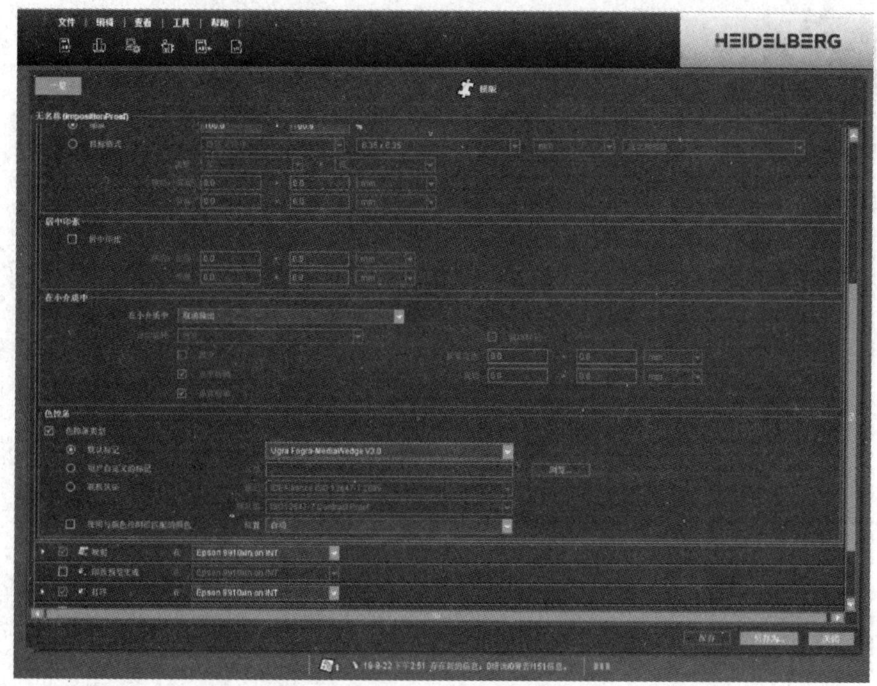

图 14-13　拼版参数定义

b）单击保存，模板名称“EPSON9910 数码打样”，在序列模板中就完成了数码打样模板的建立，如图 14-14 所示。

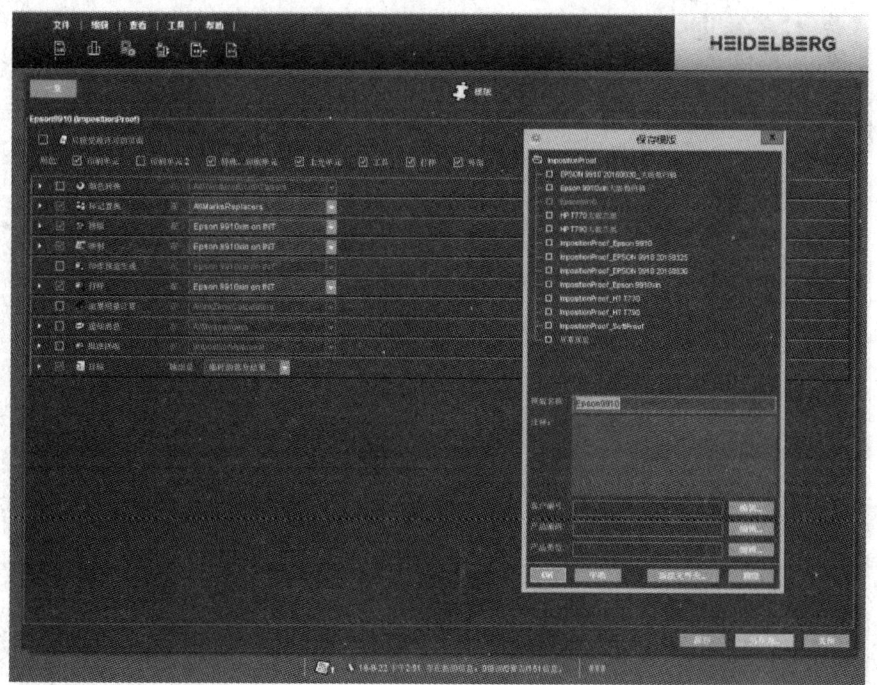

图 14-14　保存模板

（4）步骤四：建立数码打样流程。

在 Prinect Cockpit 组模板中，新建组模板“CTP 出版”。

1）在组模板中单击“新建”，添加模板，如图 14-15 所示。

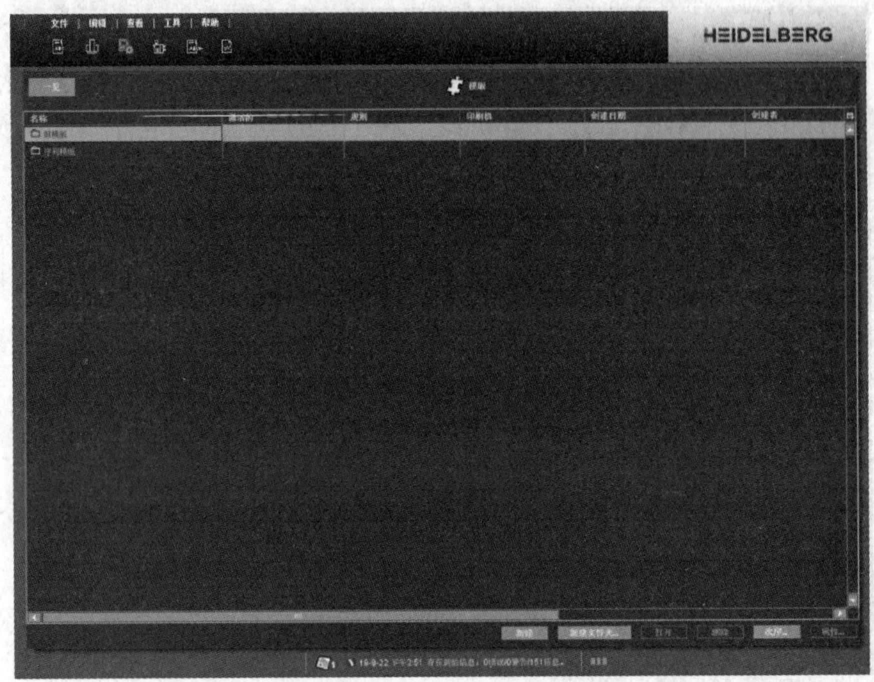

图 14-15　Prinect Cockpit 组模板

2）在添加模板界面，单击“指派模板”，如图 14-16 所示。如本例中的模板定义，在序列模板中选择“规范化”模板、“色彩转换”模板、“大版 PDF”模板、“EPSON9910 数码打样模板”等。

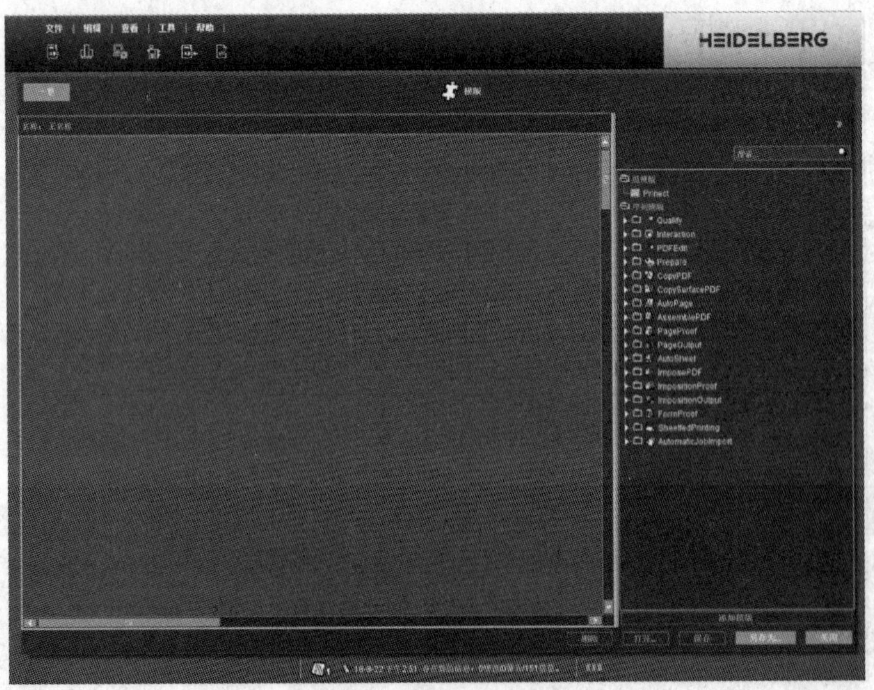

图 14-16　添加序列模板

单击“另存为”，建立新的组模板名称“CTP 出版”，如图 14-17 所示。

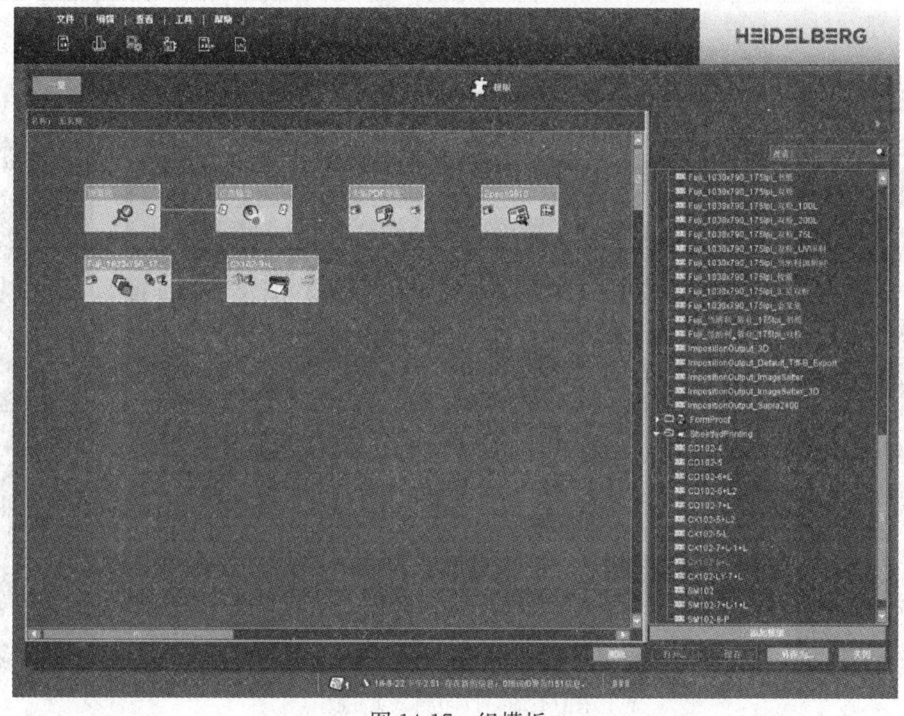

图 14-17　组模板

返回 Prinect Cockpit 组模板界面，选中已建立的组模板，单击鼠标右键，选择“激活 JDF 输入”，如图 14-18 所示。使用 Prinect Cockpit 数字化工程流程，输入文件，打印测试页，如图 14-19 所示（可选择不同的测试页）。

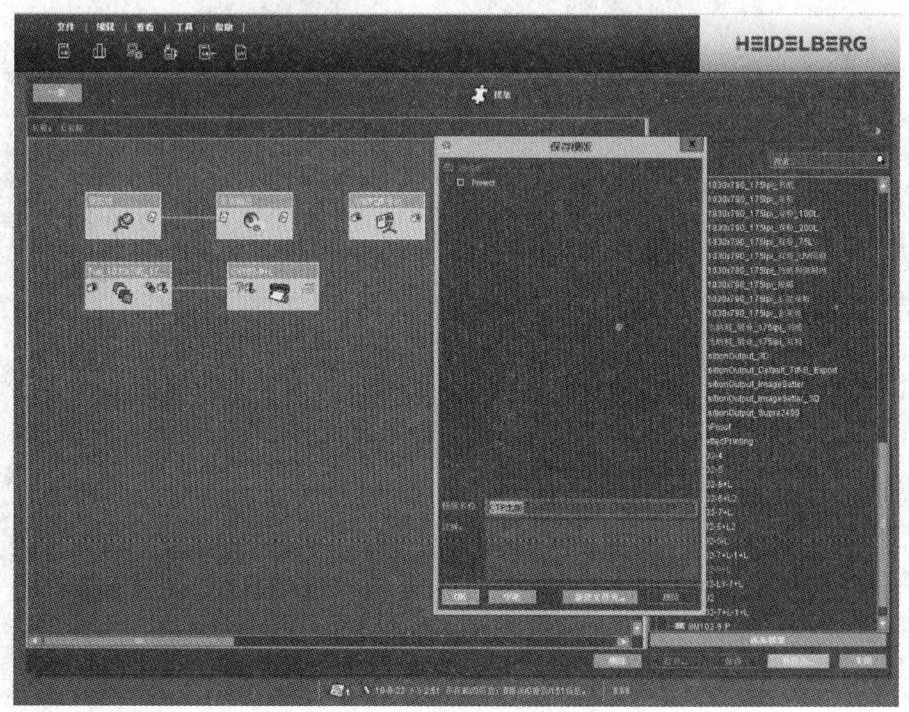

图 14-18　激活 JDF 输入

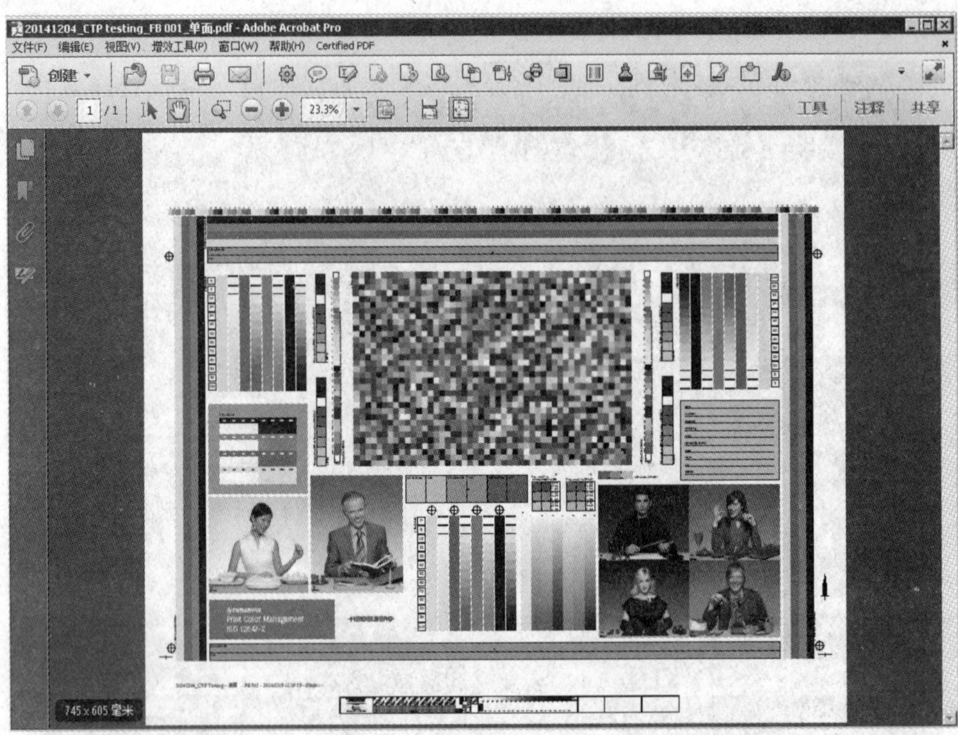

图 14-19 打印测试页示例

打印完测试页，查看“Ugra Fogra-MediaWedge v3. PDF”是否打印，如以上没有问题，即数码打样流程设定完成，如图 14-20 所示。

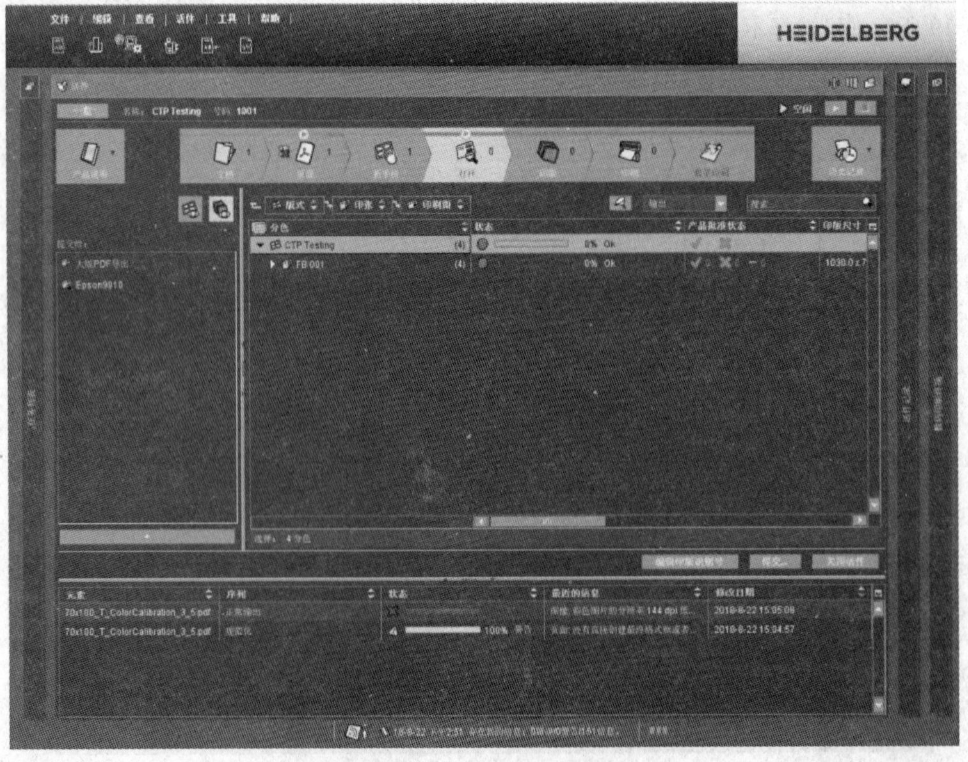

图 14-20 数码打样流程测试

14.4.3 活动三 能力提升

1. 内容

按照要求绑定线性化文档 epl 和 ICC 文档，建立序列模板和数码打样模板，调用绑定的 epl 文档，在组模板中添加数码打样模板，完成数码打样流程的设定，并打印出一张测试样。

2. 整体要求

（1）在 ImpositionProof 建立数码打样模板时不能选择“颜色转换”。

（2）选择纸张映射为“绝对色度匹配”（即纸张白度模拟）。

（3）选择 ISOcoated_v2_eci. icc 作为印刷的标准。

（4）选择“Ugra Fogra-MediaWedge v3”色控条作为检测数码打样的标准。

14.5 效果评价

效果评价参见任务 1，评分标准见附录。

14.6 相关知识与技能

14.6.1 印刷机的 ICC 标准 Fogra39L

所谓的印刷标准中的 Fogra，即是 Fogra（德国印艺技术研究协会）、ECI（欧洲色彩委员会）、bvdm（德国印刷媒体工业联盟）等协会所推行的一系列能够代表标准印刷状态的特性文件。Fogra 标准的特性文件主要被欧洲客户所采纳，其使用的方法是将目标特性文件作为数码打样、屏幕软打样以及印前输出的色彩标准，而印刷方面则需要测试以匹配目标色彩特性文件的色彩范围，以满足追色的要求。而 Fogra39L 其数据符合 ISO 12647—2 的标准。

（1）标准特性文件（见表 14-1）。

表 14-1 标准特性文件

名称	印刷方式	加网线数	承印物	CMY 的 TVI	K 的 TVI	备注
Fogra50	光泽 OPP 的单张纸胶印	60-80/CM	PT1/2	A	B	印刷基于 Fogra39
Fogra49	亚光 OPP 的单张纸胶印	60-80/CM	PT1/2	A	B	印刷基于 Fogra39
Fogra48	热固型轮转胶印	60/CM	精致新闻纸	C	D	
Fogra47	单张纸胶印	60-80/CM	PT4	C	D	替代 Fogra29
Fogra46	热固型轮转胶印	60-80/CM	PT3	B	C	
Fogra45	热固型轮转胶印	60-80/CM	轻涂纸	B	C	替代 Fogra28
Fogra44	单张纸胶印	NP	PT4	F	F	
Fogra43	单张纸胶印	NP	PT1/2	F	F	
Fogra42	热固型轮转胶印	60-80/CM	标准新闻纸	C	D	
Fogra41	热固型轮转胶印	60-80/CM	机内整饰涂布纸	B	C	
Fogra40	热固型轮转胶印	60-80/CM	超级压光纸	B	C	
Fogra39	单张纸胶印	60-80/CM	PT1/2	A	B	替代 Fogra27

（2）常用的 ICC 标准特性文件。表 14-2 中是一些常用的 ICC 特性文件（L 代表的是 IT8. 7-4 色靶的 1617 个色块）。

表 14-2 常用的 ICC 标准特性文件

特性文件名称	承印物类型	标准
ISOcoated_v2_eci. icc	PT1/2	Fogra39L
PSO_LWC_Standard_eci. icc	PT3	Fogra46L
PSO_uncoated_ISO12647_eci. icc	PT4	Fogra47L
ISOuncoatedyellowish. icc	PT5	Fogra30L

（3）Fogra39L 和 ISOcoated_v2_eci. icc 所包含的内容如下。

1）Fogra39L 的内容。

测量条件：D50 光源、2°视场、无偏振光滤镜、垫白测量、符合 ISO 13655 要求；

印刷条件：商业单张纸胶印、一类光面铜版纸/二类亚面铜版纸、115 克/m²、网点扩大曲线使用 A(CMY)＋B(K)、符合 ISO 12647-2：2004/Amd 1；

色彩测试靶：IT8. 7-4、1617 个色块、符合 ISO 12642-2；

数据内容包括：CMYK 数据、XYZ 数据、LAB 数据。

2）ISOcoated_v2_eci. icc 的内容。

使用的数据组：Fogra39L；

网点扩大曲线：A(CMY)＋B(K)；

黑板长度：9；

起始点：10％；

分色模式：UCR（底色去除）；

总墨量限定：330；

最大黑板网点面积：95％；

最大黑板宽度：10。

14.6.2 复合色

（1）复合色的概念融合了全部技术和工艺方法，可以借此生产出比传统的四色版印刷品质量更好的印刷品。这些技术和工艺方法包括：

1）用五种、六种或者七种印刷色的印刷；

2）特殊颜色以及专色的使用；

3）单色器的使用；

4）特殊加网方法的使用；

5）高品质的承印材料的使用；

6）印刷完成品表面的处理。

（2）复合色通过其高质量、精准的颜色以及广色域在影印市场中占有一席之地。七色印刷通过特殊的纯色以及彩色的印刷油墨扩展了颜色空间，除了青、品红和黄之外还有红、绿和蓝。

由此可以与真实的颜色取得更好的一致性。可以以更高的色度进行重复生产。这点对翻印油画，印刷日历和广告画或高品质传单非常重要。

像单色器这种特殊的分类技术，会使中性色调稳定，因为这种单色器只使用黑色的印刷油墨。在使用此项技术的时候，除了深拉伸效果更好之外，颜色漂移以及湿对湿问题也有所减轻。

调节频率加网像玫瑰花环形状那样压印摩尔纹，印刷质量有一种如同相片般的真实感。此工艺尤其适用于超过四种印刷色的印刷。

（3）用复合色对印刷过程进行标记，在此过程中通过额外的彩色印刷色对印刷颜色空间进行扩展。此外图形数据和图表除了通过一般的印刷色青、品红、黄和黑之外也通过额外的彩色印刷色（HiFi 色、六色系统、五色、六色或者七色印刷）进行分类。

14.6.3 epl 文件特征

数码打样设备、墨水、纸张以及打印工作模式等组合，需要对打印系统的特性进行测试，在这个测试过程中需要预设一系列参数，并且经过系统线性化计算后会生成一个计算机文件，称之为 epl 文件。该文件记录了打印机名称、油墨类型、打印分辨率、打印模式、打印方向、半色调类型等初始信息，并且记录了线性化计算过程中总墨量墨水限制、单通道墨水限制、质量控制等过程的计算结果，该文件主要用于与 ICC 特性文件绑定用于数码打样流程中的颜色转换。

一、单选题

1. 将线性化文件连接到相应的打印介质概览文件的软件功能是（　　）。
   A. Profile Net　　B. Profile Connector　　C. Color Tool　　D. Color proof
2. 在海德堡印前流程 Prinect 的系列模板中建立数码打样流程的名称是（　　）。
   A. ImpositionProof　　B. Color Proof
   C. ImpositionOutput　　D. PageOutput
3. 数码打样系统模拟胶印承印物底色时需选择的映射目的是（　　）。
   A. 绝对色度匹配　　B. 相对色度匹配　　C. 饱和度优先　　D. 以上答案都不对
4. 以下哪些是监控数码打样标准所使用的测控条？（　　）
   A. IT8.7/3　　B. IT8.7/4
   C. ECI2002　　D. Ugra/Fogra-MediaWedge V3.0
5. 数码打样系统中不选择纸张白度模拟的转换方式是（　　）。
   A. 相对色度匹配　　B. 灰成分替代　　C. 底色增益　　D. 灰成分去除
6. 国际印刷标准的数据组主要由（　　）组织（或公司）建立。
   A. ISO　　B. Fogra　　C. BVDM　　D. Heidelberg
7. 色彩管理中的色彩测试靶测量时选择 Random 分布的原因是（　　）。
   A. 避免各项同性　　B. 避免各项异性　　C. 提高测量精度　　D. 提高测量稳定性
8. T8.7/4 比 ECI2002 的色彩测试靶多出的色块其作用是（　　）。
   A. 针对铜版纸　　B. 针对数码印刷机
   C. 针对包装行业人物肤色　　D. 以上答案都不对
9. （　　）icc 是海德堡数码打样流程模拟铜版纸胶印的标准。
   A. ISOcoated_v2_eci　　B. ISOuncoated
   C. ISOwebcoated　　D. 以上答案都不对
10. Fogra39L 的数据是描述胶印（　　）承印物的标准规格。
   A. 超级压光纸　　B. 胶版纸　　C. 轻涂纸　　D. 铜版纸

二、多选题

11. 色彩管理中的 3C 包括（　　）。
   A. 特征化　　B. 转换　　C. 校正　　D. 闭环修正

E. 对比

12. 色彩管理中的 4 种转换意图使用了哪几个标准从一个色空间映射到另外一色空间？（ ）

A. 色域压缩　　B. 阶调转换　　C. 白点映射　　D. 阶调压缩

E. 色域转换

13. ICC 定义了多种设备的颜色空间，以下属于显示器空间类型的是（ ）。

A. CIE LCH　　B. RGB　　C. CIE LAB　　D. CIE XYZ

E. CIE Yxy

14. 海德堡系统中可使用数码打样的软件是（ ）。

A. MetaDimension　　B. Shooter

C. PPI　　D. Prinect Cockpit

E. PDF toolbox

15. 在数码打样中放置 Ugra/Fogra-MediaWedge v3.0 的目的是（ ）。

A. 监控数码打样的质量

B. 符合 ISO 12647-7 的标准

C. 检测数码打样模拟胶印底灰是否准确

D. 检测数码打样中观色所使用的标准光源是否合格

E. 以上答案都对

16. 以下哪些属于对饱和度转换意图的正确解释？（ ）

A. 适合商业票据印刷

B. 色域外的颜色在转换时尽可能往饱和度高的颜色

C. 色空间上的最大亮度重叠，其图亮度均匀压缩

D. 颜色的相似性要求低

E. 以上答案都对

17. Fogra 数据组中数据涵盖的内容包括（ ）。

A. CMYK 数据　　B. LAB 数据

C. RGB 数据　　D. XYZ 数据

E. 以上答案都对

18. 以下不属于数码打样色彩控制条的是（ ）。

A. IT8.7/1　　B. IT8.7/2

C. Ugra/Fogra-MediaWedge v3.0　　D. ECI_GrayConM_il_FOGRA39_v2

E. IDEAlliance ISO 12647-7_Control Strip 2009

19. ICC 对黑版的定义包括哪些内容？（ ）

A. 生成黑版的长度　　B. 生成黑版的宽度

C. 生成黑版的起始点　　D. 黑版的最大网点面积

E. 黑版的起始点的最大范围

20. 测量色彩测试靶的排列方式是（ ）。

A. Random　　B. Visual　　C. Uprigthness　　D. Squareness

E. 以上答案都对

三、判断题

21. ICC 的黑版起始点越高表明黑色替代中性灰出现得越快。（ ）

22. 分光光度仪是用来做色彩管理所必须的测量仪。（ ）

23. GCR 对中性灰分色程度会影响黑色墨替代量。（　　）
24. ICC 使用不同的转换意图不会影响颜色的阶调值。（　　）
25. 数码打样流程的 RIP 和出版系统的 RIP 应是相同引擎。（　　）
26. 油画的色彩复制最好使用 UCR 分色模式。（　　）
27. 数码打样控制条主要是监控数码打样流程的 RIP。（　　）
28. ICC 中的总墨量限制会影响图像的油墨在承印物上的干燥快慢。（　　）
29. 绝对比色转换意图的白点是直接映射到输出空间上。（　　）
30. Fogra39L 定义了承印物的印刷条件和测量条件。（　　）

练习与思考参考答案

1. B	2. A	3. A	4. D	5. A	6. B	7. A	8. C	9. A	10. D
11. ABC	12. ACD	13. DE	14. AD	15. AB	16. ABCDE	17. ABD	18. ABD	19. ABCDE	20. AB
21. N	22. Y	23. Y	24. N	25. Y	26. Y	27. N	28. Y	29. Y	30. Y

任务 15

数码打样质量评估

该训练任务建议用 2 个学时完成学习。

15.1 任务来源

数码打样质量的评价是数码打样过程中的必要环节。依据 ISO 12647-7，该标准是数字印刷和打样的国际标准。简单的方法可在打样中加载色彩控制条，通过采集测控条上的色彩数据，判断数码打样是否符合 ISO 12647-7 的标准，其结果可以作为数码打样色彩质量评估的依据与凭证。

15.2 任务描述

按照要求在打样过程中加载 UgraFogra-MediaWedge v3 测控条，使用 Color Tool 软件与分光光度仪测量该样条，生成数据后对比 Fogra39L 胶印数据标准，生成数码打样质量评估报告，并将打印出的报告贴在数码打样的样张上。

15.3 能力目标

15.3.1 技能目标

完成本训练任务后，读者应当能（够）掌握以下技能。

1. 关键技能

（1）能够在 EPSON9910 数码打样模板设置打印控制条。

（2）能够在 Prinect Color Tool 预置参数中设置打样报告的标准。

（3）能够完成 UgraFogra-MediaWedge v3 控制条的打印和测量。

（4）能够完成与 Fogra39L 数据的对比，生成数码打样质量评估报告。

2. 基本技能

（1）能熟练操作 EPSON9910 数码打样机，正确安装数码打样纸。

（2）能熟练使用 Eyeone Pro 2 测量颜色。

（3）能熟练使用 Prinect Cockpit。

（4）能熟练使用 Heidelberg Color Tool 软件。

15.3.2 知识目标

完成本训练任务后，读者应当能（够）学会以下知识。

（1）了解 ISO 12647-7 数字打样的颜色要求。
（2）理解使用色差 ΔE^* 对数码打样评估。
（3）理解使用色相差 ΔH^* 对原色与灰平衡的评价方法。

15.3.3 职业素质目标

完成本训练任务后，读者应当能（够）具备以下职业素质。
（1）在 Prinect Color Tool 预置参数中设置打样报告的标准。
（2）打印、测量 UgraFogra-MediaWedge v3 控制条。
（3）对比 Fogra39L 生成数码打样质量评估及报告。

15.4 任务实施

15.4.1 活动一 知识准备

（1）ISO 12647-7 数字印刷和打样标准的内容是什么？
（2）ISO 12647-2 胶印的标准规格的内容是什么，铜版纸的胶印网点扩大值曲线是什么？
（3）色差 ΔE^* 与色相差 ΔH^* 的概念是什么，灰平衡的评价标准是什么？

15.4.2 活动二 示范操作

1. 活动内容
（1）在 EPSON9910 数码打样模板设置打印控制条。
（2）在 Prinect Color Tool 预置参数中设置打样报告的标准。
（3）打印、测量 UgraFogra-MediaWedge v3 控制条。
（4）对比 Fogra39L 生成数码打样质量评估报告。
2. 操作步骤
（1）步骤一：在 EPSON9910 数码打样模板设置打印控制条。

1）打开 Prinect Cockpit 软件，在资源中的组模板列项中选择组模板，如本例的组模板为“CTP 出版”，如图 15-1 所示。

2）双击打开选定的组模板，如图 15-2 所示，在组模板中选择已定义的数码打样模板，如果没有可通过指派模板添加已定义的序列模板。

3）选中该界面中的“EPSON9910 数码打样”模板，双击打开。在“拼版”的列项中单击“色控条控制”，单击“用户自定义的标记”，选择文件“Ugra Fogra-MediaWedge v3. PDF”作为数码打样的检测标准，如图 15-3 所示。

4）在映射的列项中选择已定义的“材料”“分辨率”“油墨”“打样特性文件”等参数。如本例中定义“尺寸”为“24inch”，“材料”为“Epson9910_170gsm”，“分辨率”为“720×720dpi”，“打样特性文件”为“EPSON9910_170gsm_Paper_IT8. 7-4_U400_K100_9-8. icc”，如图 15-4 所示。

5）在色彩管理选项中定义“印刷特性文件”“映射目的”等参数，如图 15-5 所示。如本例中“印刷特性文件”为“Printer/ECIOffset 2007/ISOcoated_V2_eci. icc”，“映射目的”为“绝对色度匹配（纸张白度模拟）”。

（2）步骤二：在 Prinect Color Tool 预置参数中设置打样报告的标准。

1）打开 Color Tool 软件。在文件菜单下选择“预制参数”，打开预制参数界面，如图 15-6 所示。

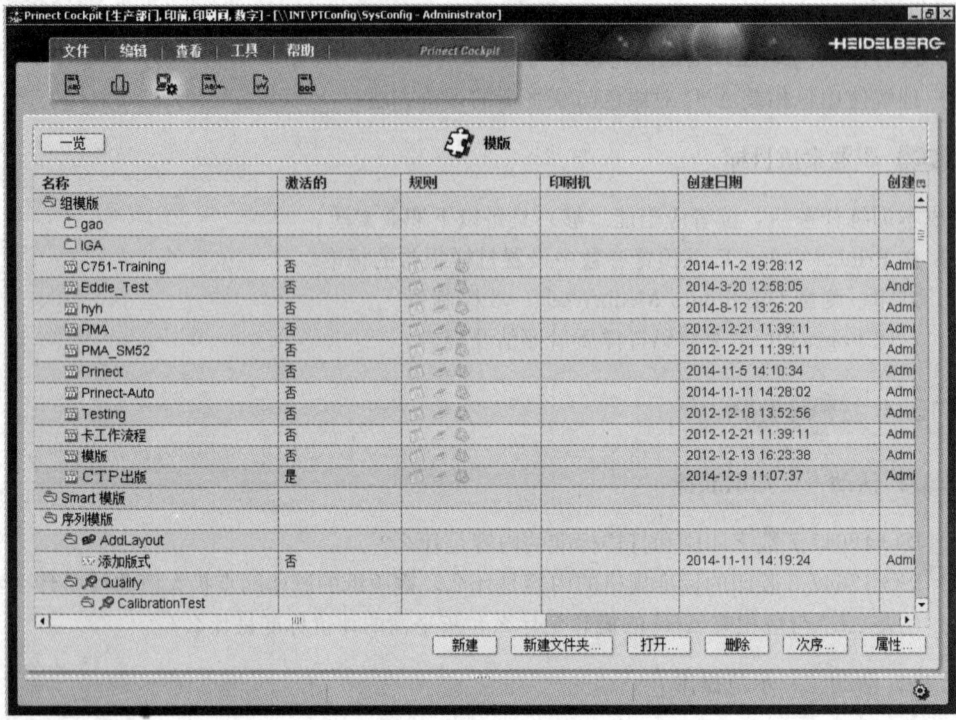

图 15-1 Prinect Cockpit 模板界面

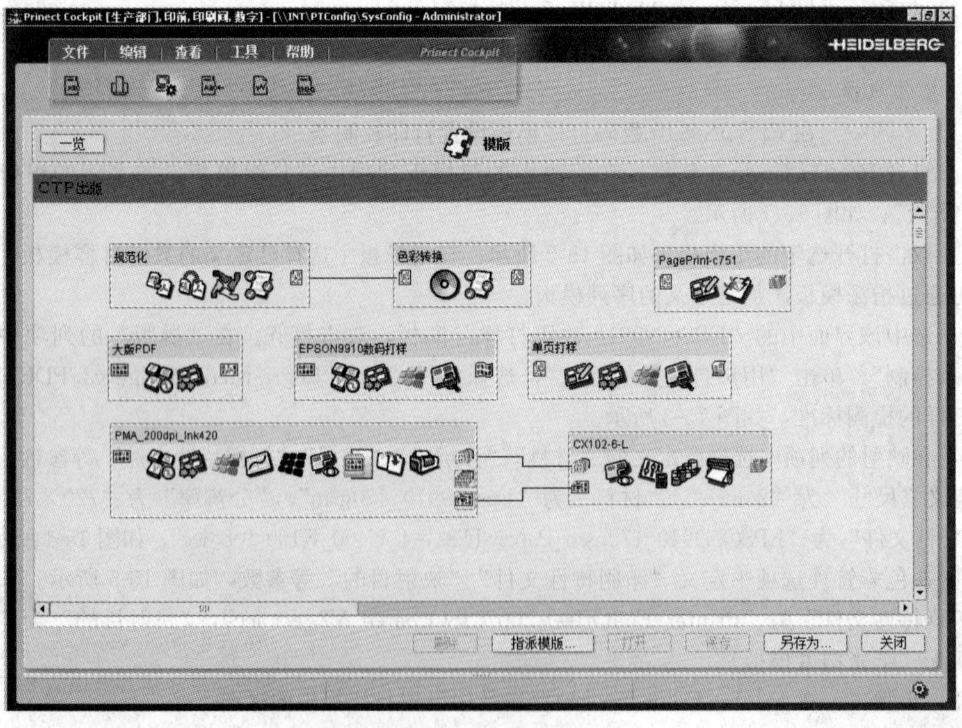

图 15-2 组模板界面

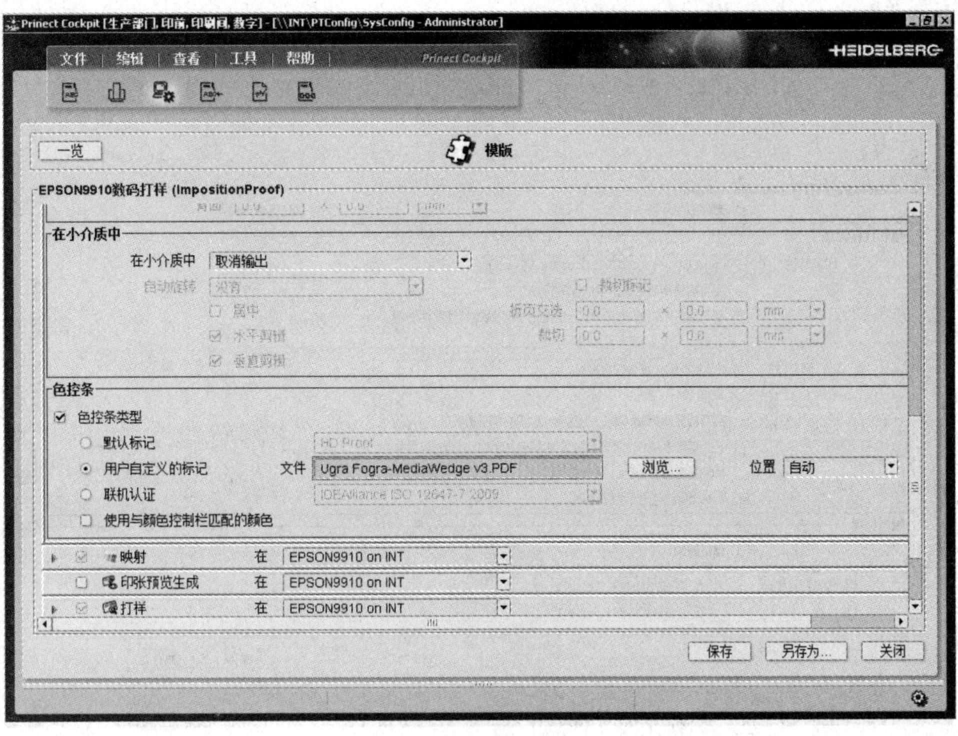

图 15-3　色控条参数定义

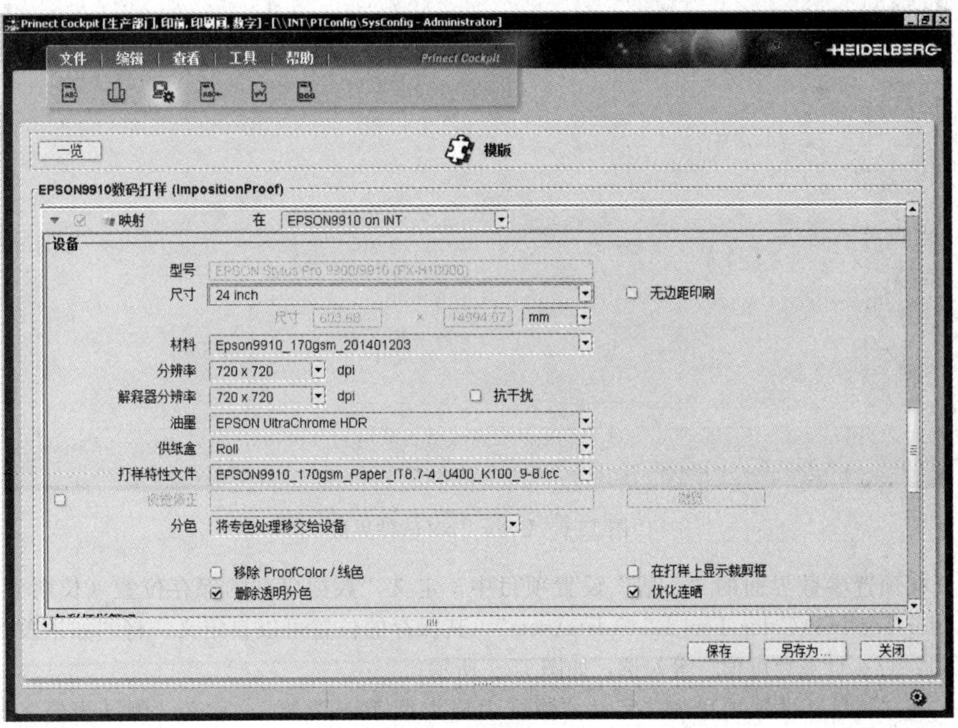

图 15-4　映射参数定义

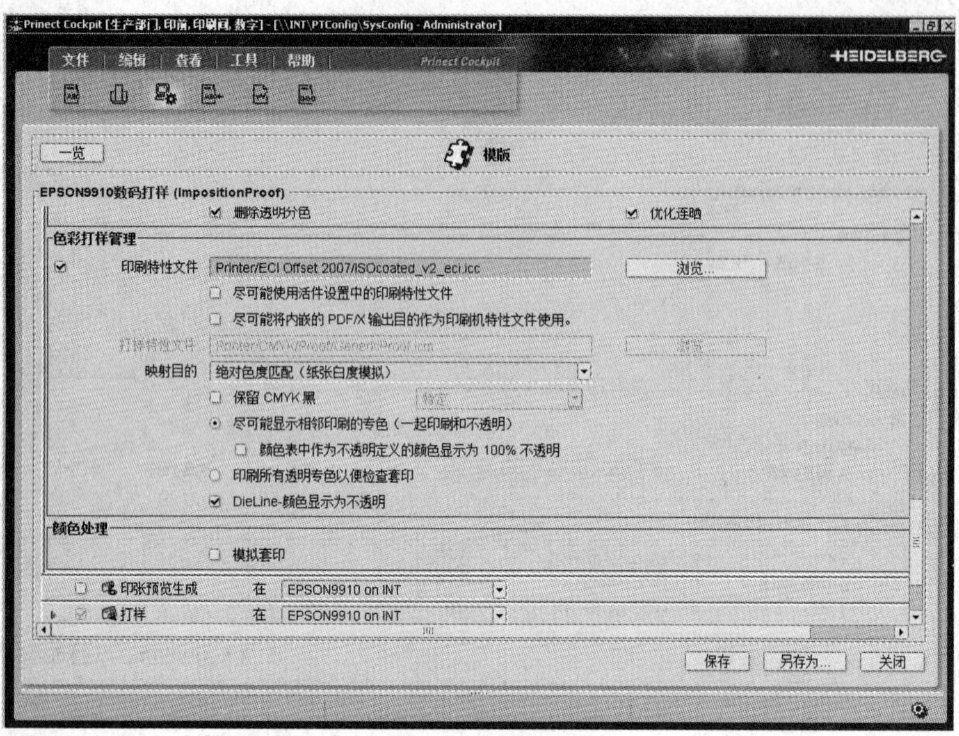

图 15-5 颜色转换参数定义

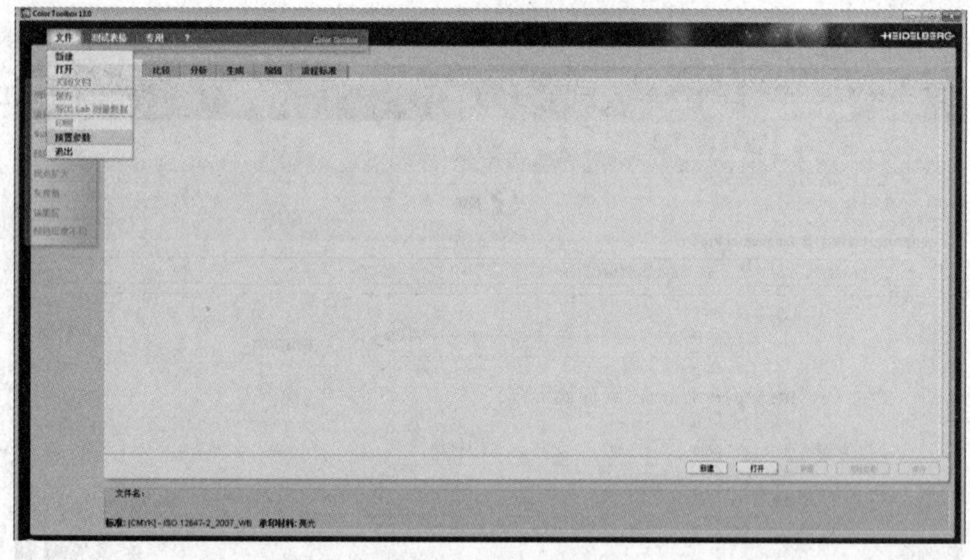

图 15-6 Color Tool 软件界面

a）在预置参数界面的“一般”设置项目中，定义“数据序列的保存位置（长期分析）”：“C:\Color Toolbox\Color Tool 13.0\data\sets”，其保存的位置可以自定义。将“如果没有，根据 ISO 12647-1 计算色度值”等勾选，如图 15-7 所示。

b）在“测量”设置项目中，定义“测试表格类型-测试表格”，定义“测试表格名称-ISO 12642-2/ANSIIT8.7/4”，“密度状态-ISO 5-3 Status E”，“过滤器-没有（M0：ISO-13655）”，“测量基础-白”，“显示密度-相对”等参数，如图 15-8 所示。

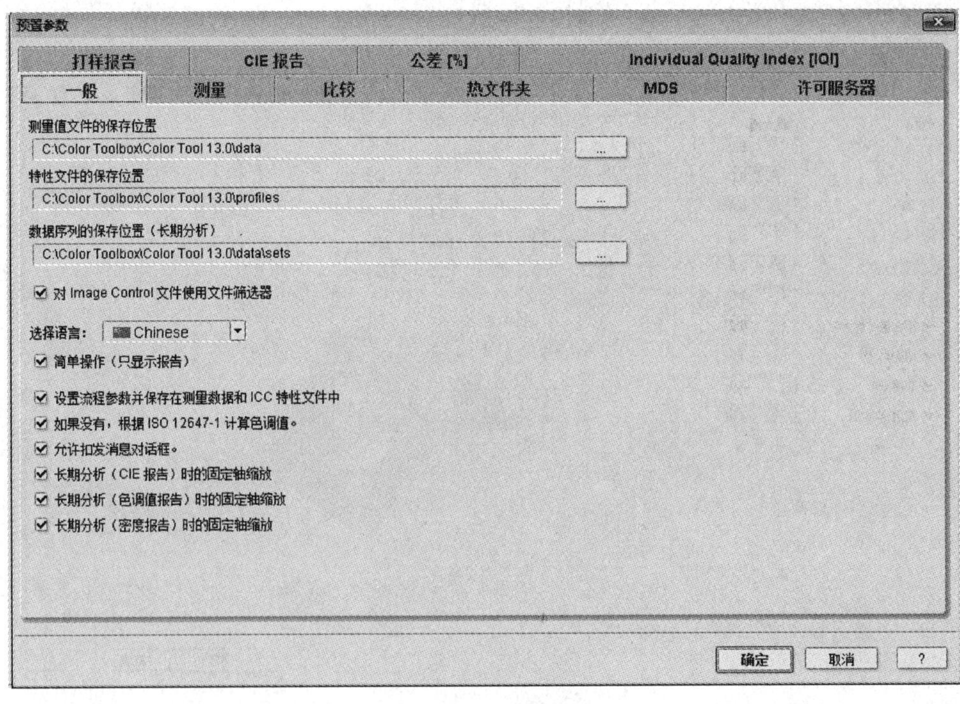

图 15-7　一般选项预置

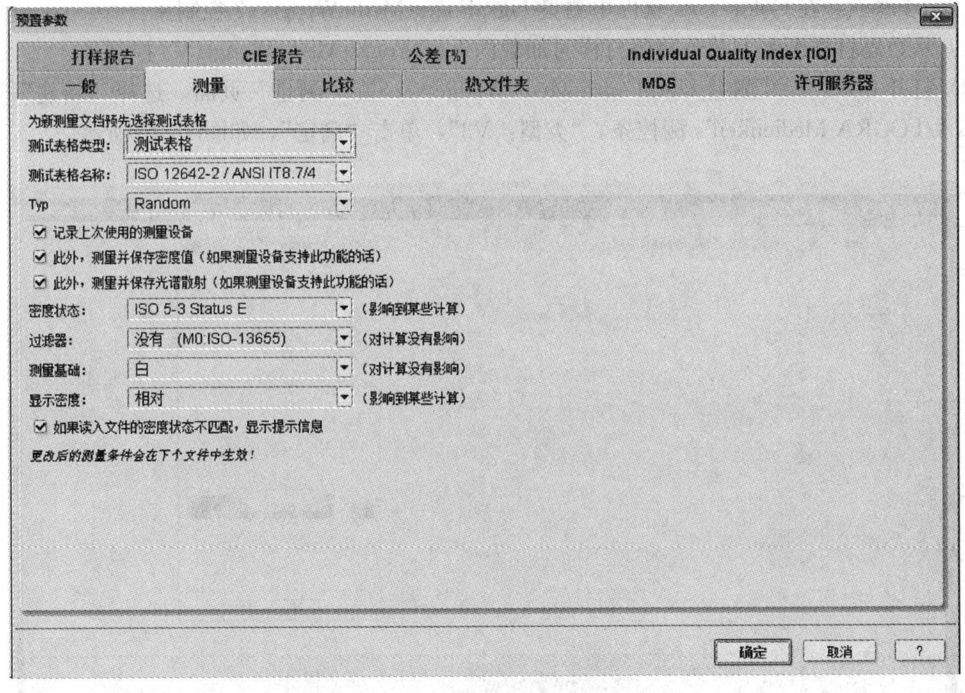

图 15-8　测量选项预置

2）选择打样报告的标准。其分析中的虚项是必选部分，如“纸张最大值 3.0”，表示纸张色差最大偏差允许值是 3.0，该部分必须符合 ISO 12647-7 的标准。实项可选部分不是必选部分，如“混合色（最大）6.0”，表示混色的最大色差阈值是 6.0，如图 15-9 所示。

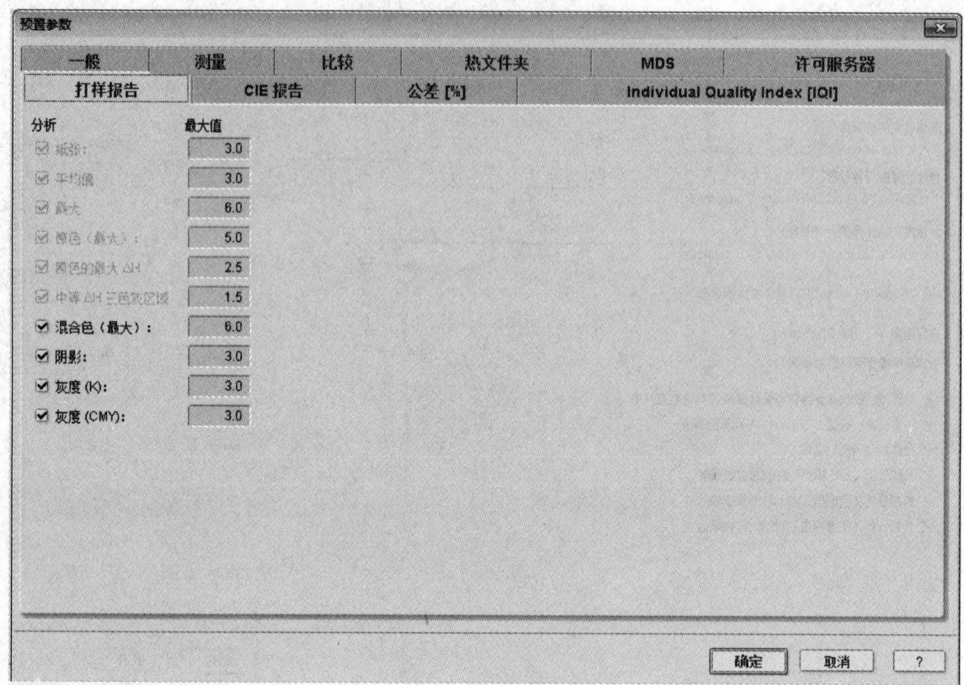

图 15-9 打样报告预制

（3）步骤三：在 Color Tool 软件中测量 UgraFogra-MediaWedge v3 控制条。

1）从数码打样纸张上裁下数码打样时加载的 UgraFogra-MediaWedge V3 控制条。

2）打开 Color Tool 测量 UgraFogra-MediaWedge v3。在“测量”页面，选择“新建”，选择“UGRA/FOGRA Medienkeil”测控条，“类型：V3”，单击“确定”，如图 15-10 所示。

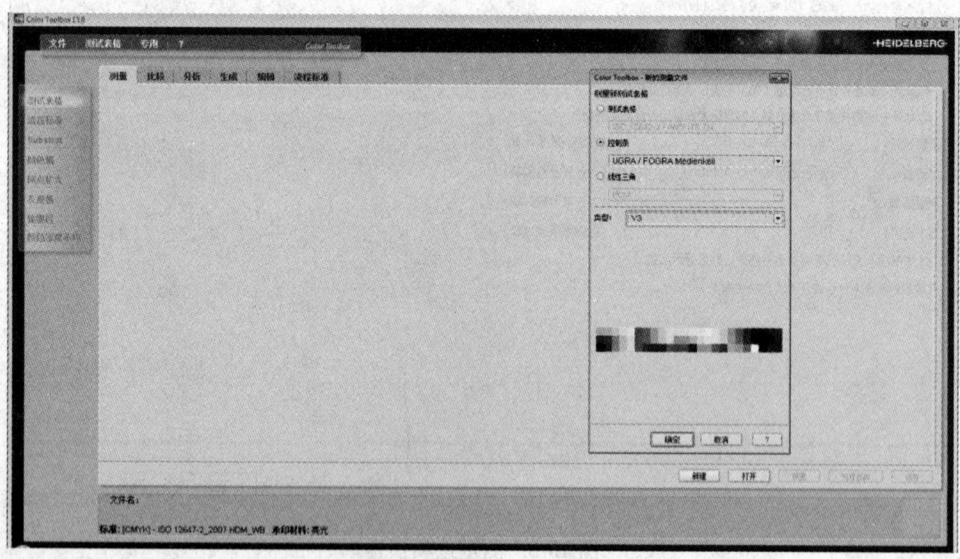

图 15-10 测控条测量设定

3）单击“连接：X-Rite Eye-one iO（Spot）”，然后“校准”，滤波器设置为“没有（M0：ISO-13655）”，单击“开始”，如图 15-11 所示。

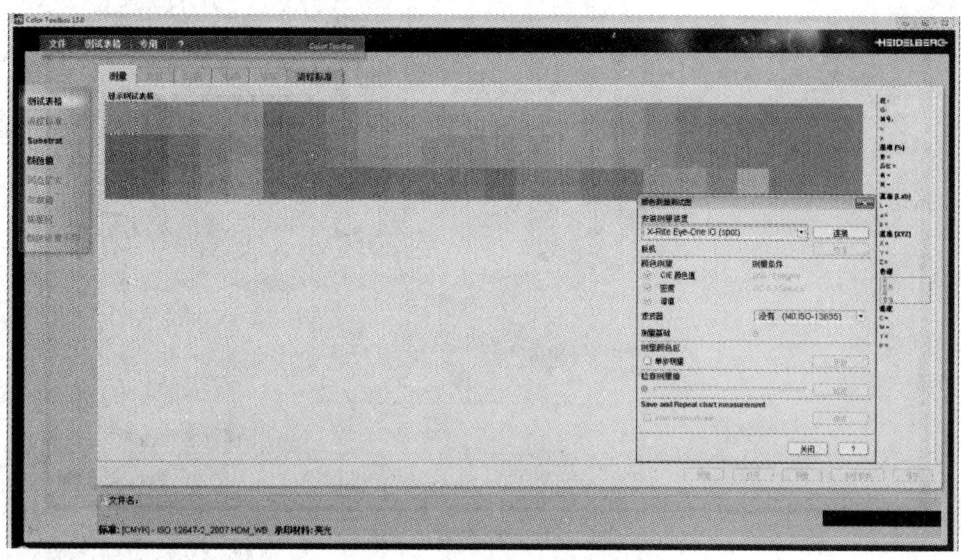

图 15-11　测量仪器设定

4）完成测量仪器的三点定位：“左上”“左下”“右下”。仪器自动完成数据的测量，如图 15-12 所示。

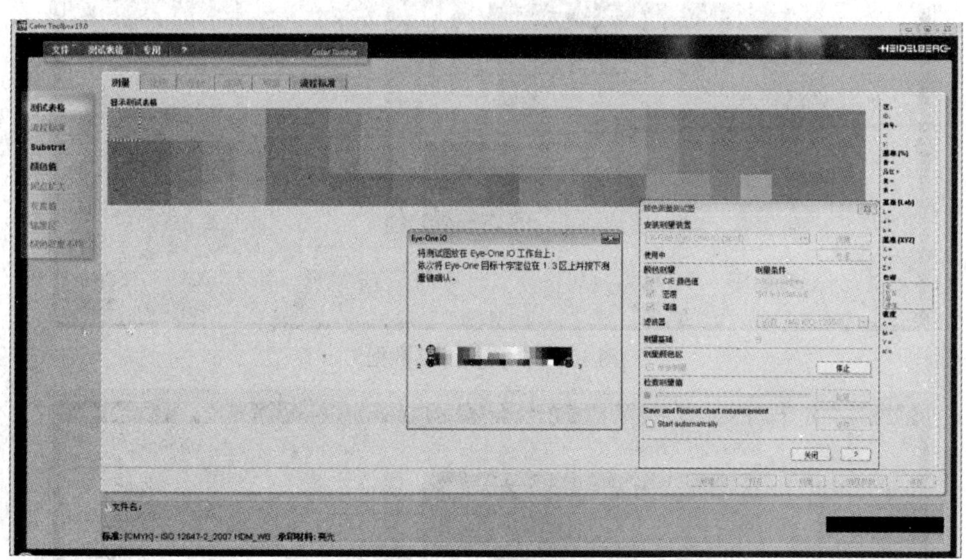

图 15-12　测量仪器定位

5）数据测量完成，单击“保存”，文件名称为“FograV3-M0. txt”，如图 15-13 所示。

（4）步骤四：数据对比。

1）从纸张 ICC 建立时保存的 IT8. 7/4 数据中提取 Fogra39L 的 V3 控制条的数据。

a）在 Color Tool 软件“测量”界面，单击“打开”，选择 Fogra39L 数据，在软件中打开，如图 15-14 所示。

b）在“测试表格”菜单的列项中选择“提取测量数据”，如图 15-15 所示。

c）选择要提取的“测试表格：Ugra/FOGRA 媒体条 V3”，单击“确定”，如图 15-16 所示。

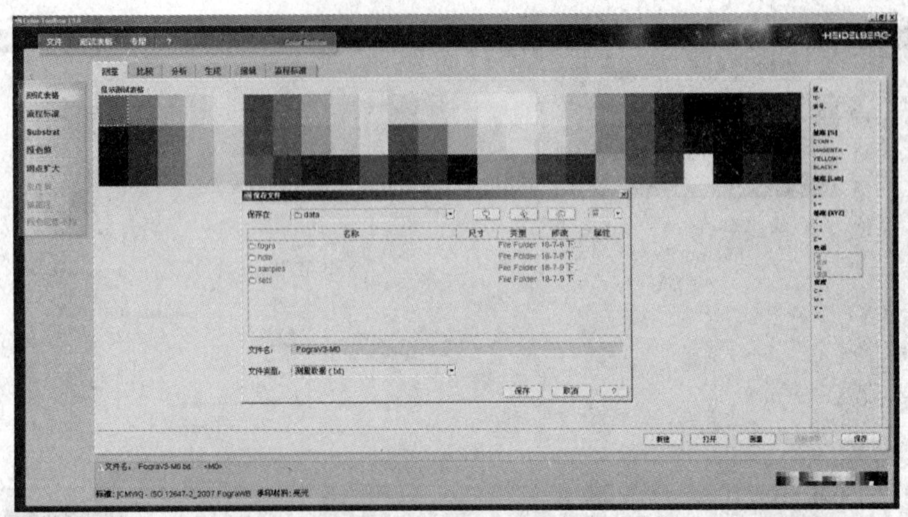

图 15-13　保存测量数据

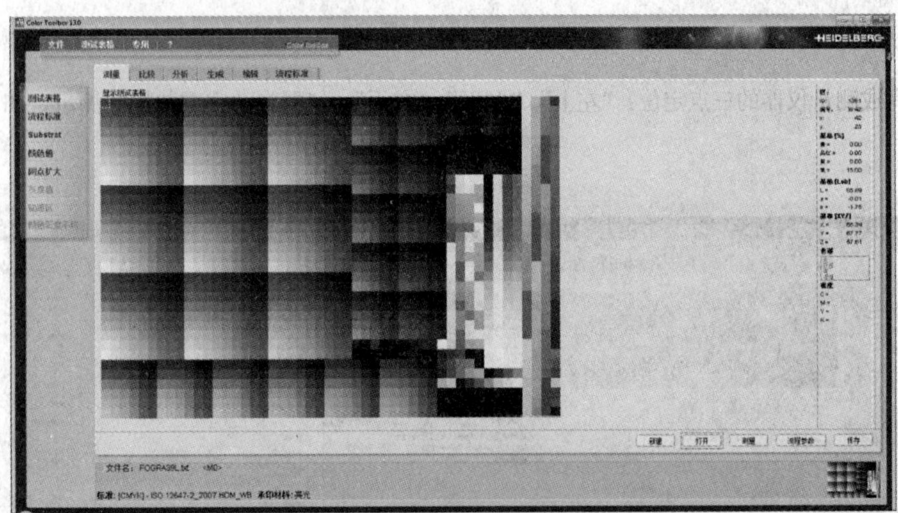

图 15-14　Fogra39L 数据

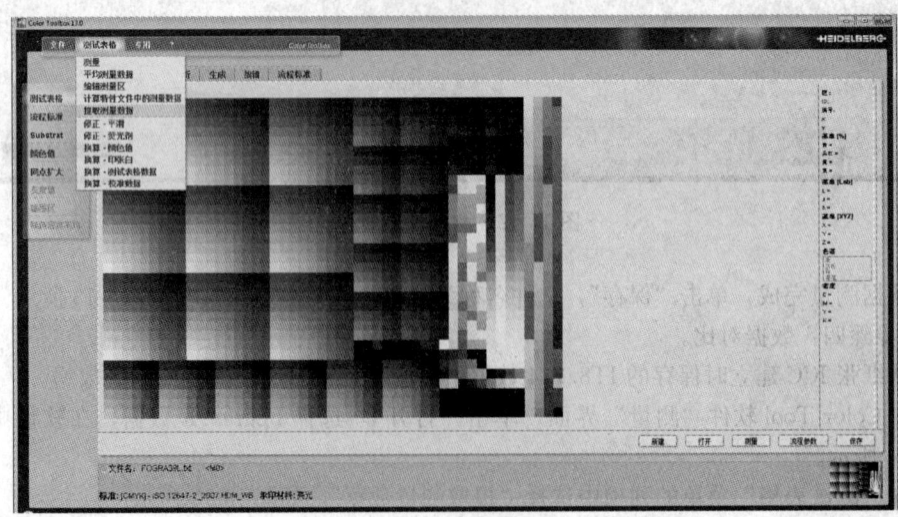

图 15-15　数据提取

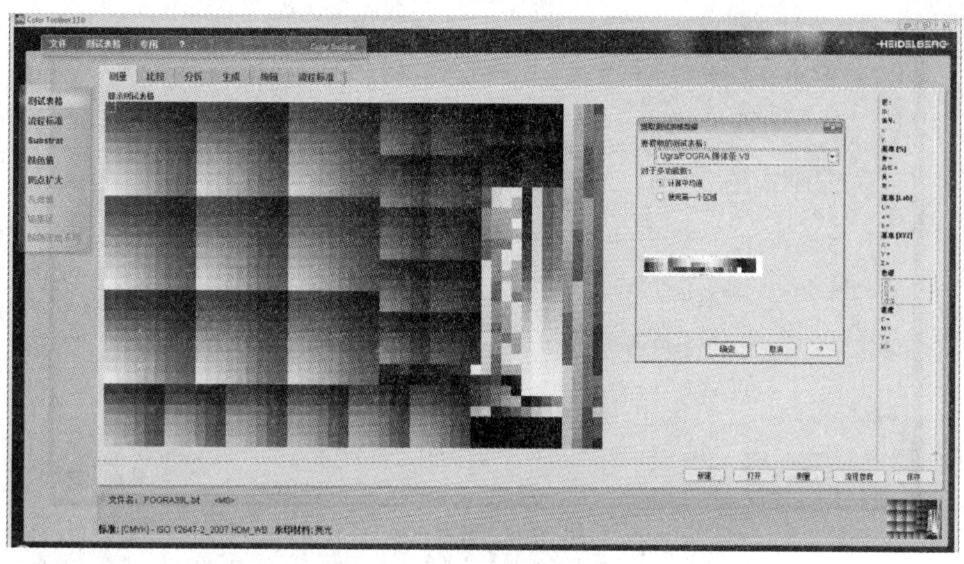

图 15-16　数据提取格式定义

d）将提取的数据保存为："Fogra39_V3"，如图 15-17 所示。

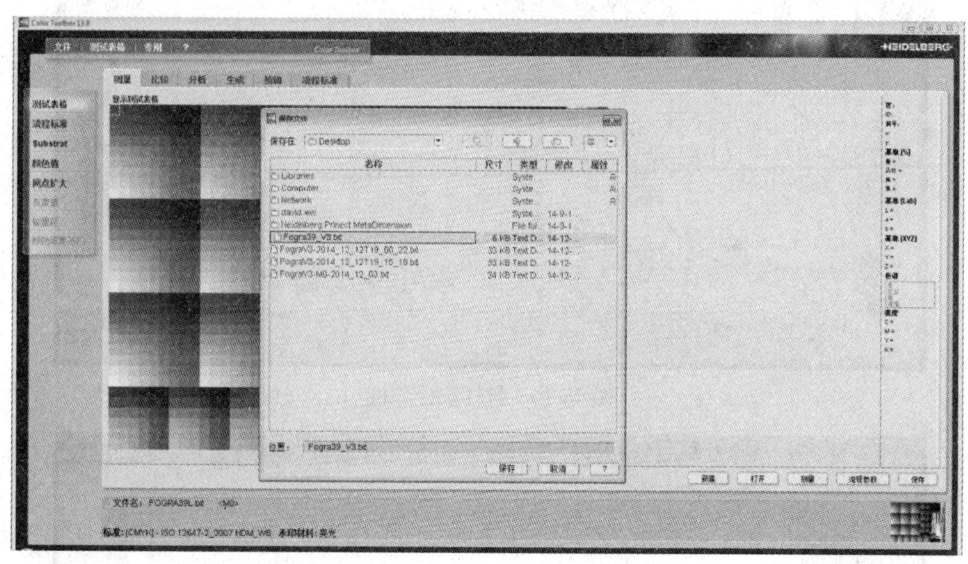

图 15-17　保存提取的数据

2）从 Fogra39L 中提取出 V3 的数据和数码打样生成的"FograV3-M0-2014_12_03"对比它们之间的数据差别。

a）在 Color Tool 中选择"比较菜单"，如图 15-18 所示，单击右下角的"打开基准数据"，选择"Fogra39_V3. txt"，单击"打开比较数据"，选择数码打样生成的"FograV3-M0. txt"。然后单击软件界面左侧窗口"打样报告"。通过表格中的数据显示可以分析打样质量是否符合标准中规定的容差要求。

b）在软件界面左侧窗口单击"打样统计"，查看打样统计的总体结果，如图 15-19 所示。在软件界面左侧窗口单击"ΔLab 报告"，查看色差的统计数据，如图 15-20 所示。

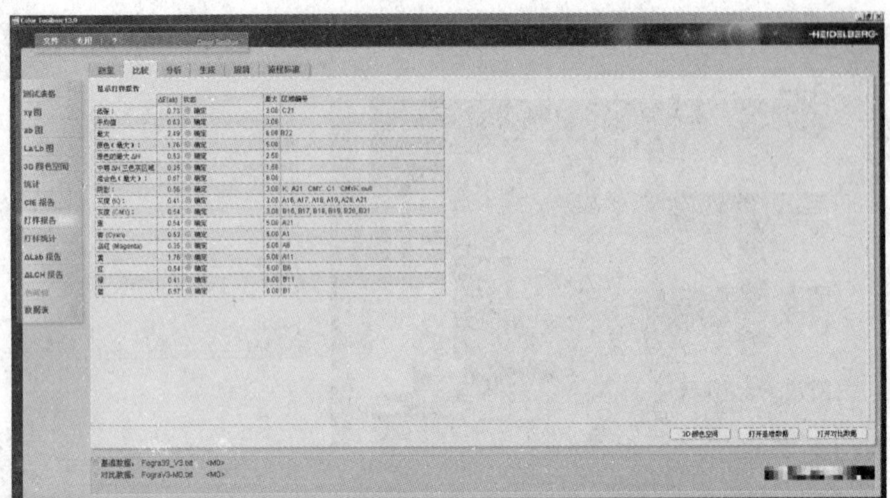

图 15-18　数据比较

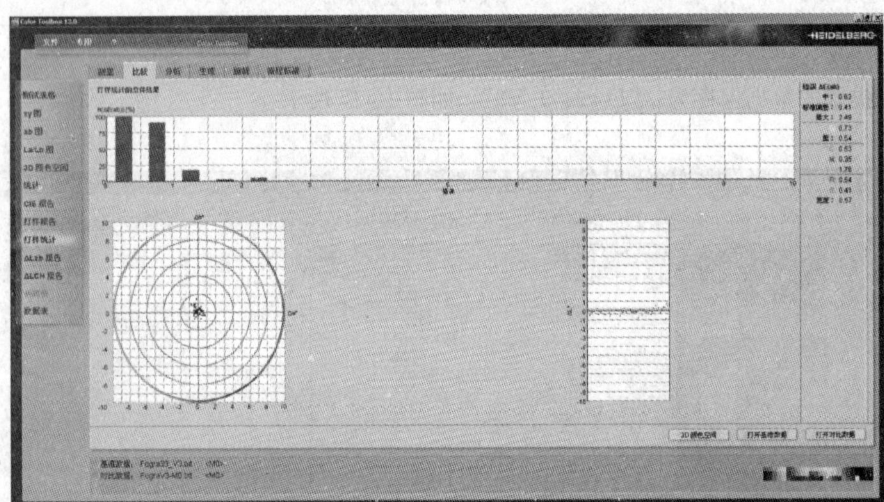

图 15-19　打样统计分析

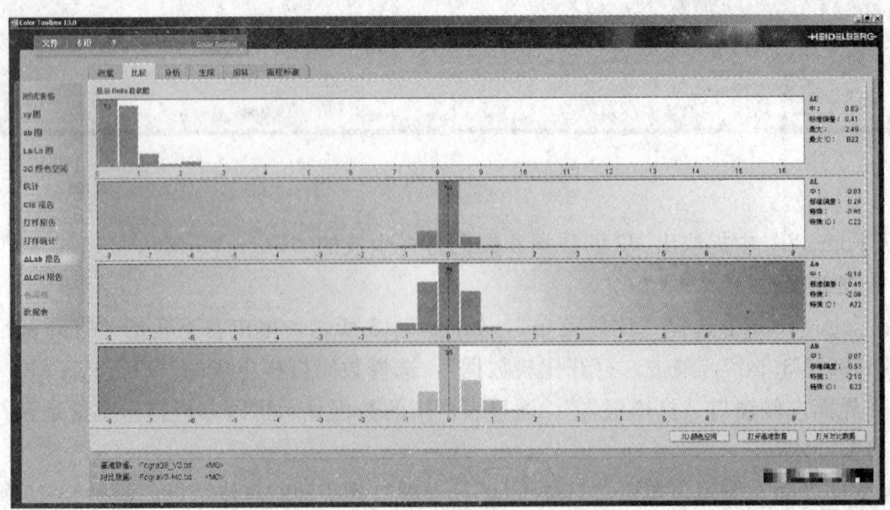

图 15-20　ΔLab 报告

在软件界面左侧窗口单击“ΔLCH 报告”，查看色相差的统计数据，如图 15-21 所示。

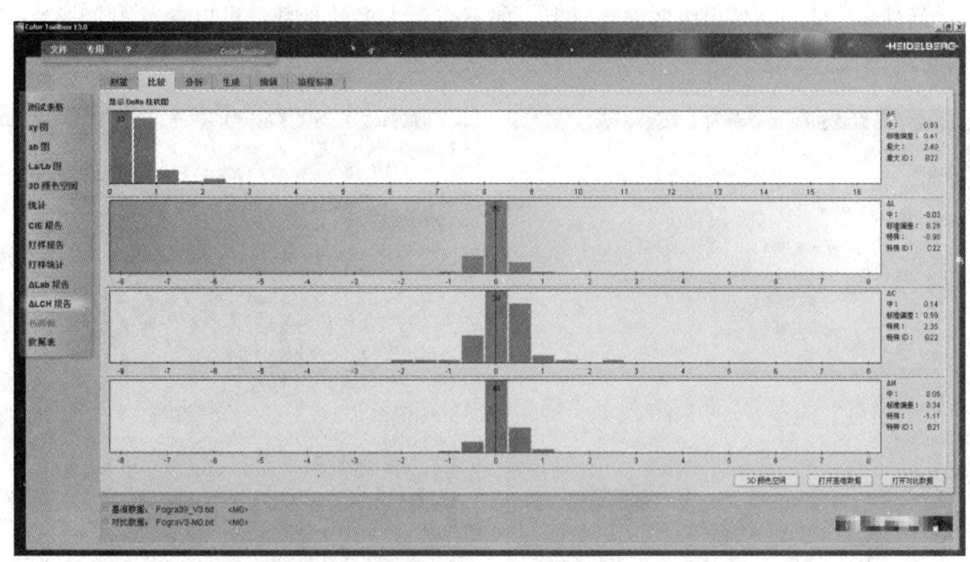

图 15-21　ΔLCH 报告

从以上的报告看得出来其色差 ΔE^* 最大值、平均值，灰平衡和原色的色相差 ΔH^* 是否能够达标，对 CMYKRGB 等的颜色差别全都列出，并通过报表的方式对其颜色参数如 ΔL、Δa、Δb、ΔC 和 ΔH 列出分布情况。分析本例中的统计数据，可以发现 UgraFogra-MediaWedge v3 当中的 72 个色块的打样色差 ΔE^* 分布绝大多数都是在－1 和 1 之间，只有少数在 2 以外，落在 2 以外的最大数据是 B22 色块（C100、K100）。

ΔH^* 的分布也是在－1 到 1 之间最多，在－2 和 2 以外的没有。

通过以上的分析可以得出结论，其数码打样的标准完全符合 ISO 12647-7 的标准，色差与色相差分布合理均匀，这样就可以生成数码打样质量评估报告。

3）单击“文件”中的“印刷”，输出颜色质量证书，如图 15-22 所示。

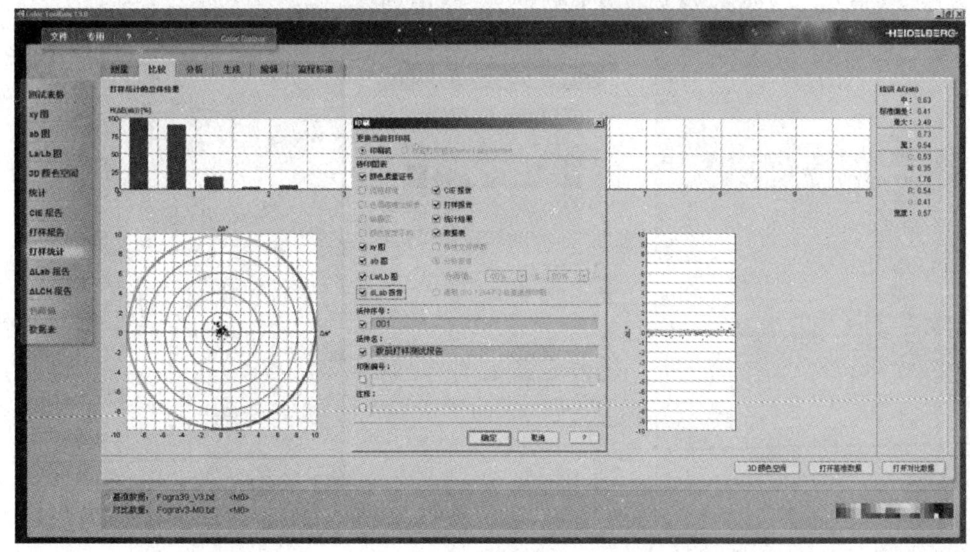

图 15-22　印刷质量报告设定

勾选以上的选项，同时输入“活件序号：001”“活件名：数码打样测试报告”，其“活件序号”和“活件名”要与文件出版名称对应上。如不需要太多的参数，可以参考图 15-23（b）的选项。

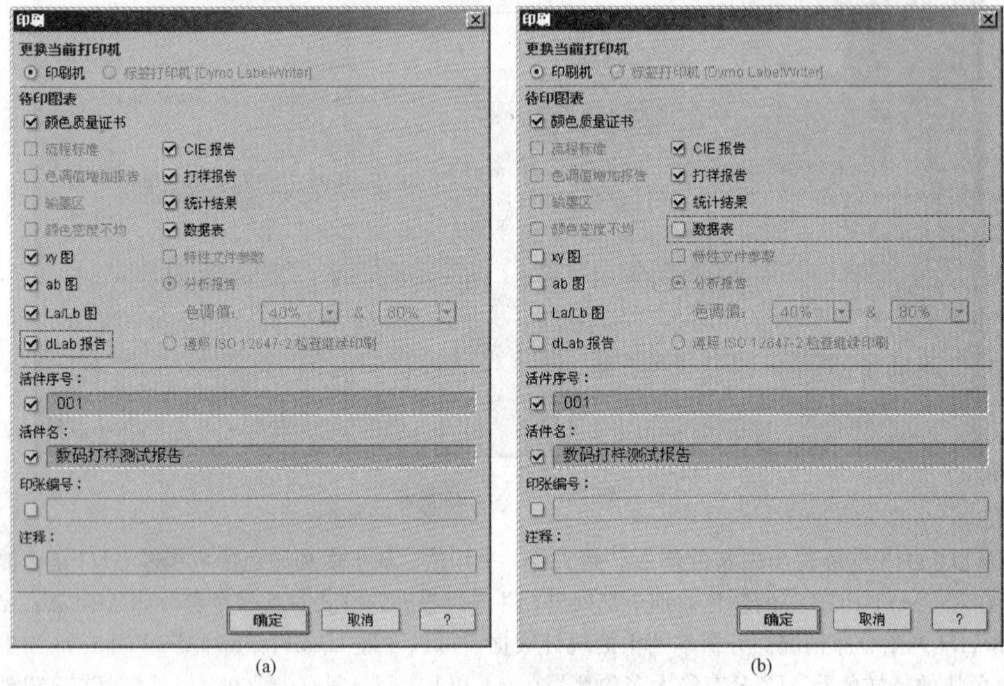

(a) (b)

图 15-23 印刷质量报告参数

可以仅选择“颜色质量证书”“CIE 报告”和“统计结果”，单击确定。在印刷预览中可以看到数码打样质量报告。

a）颜色质量证书，如图 15-24 所示。

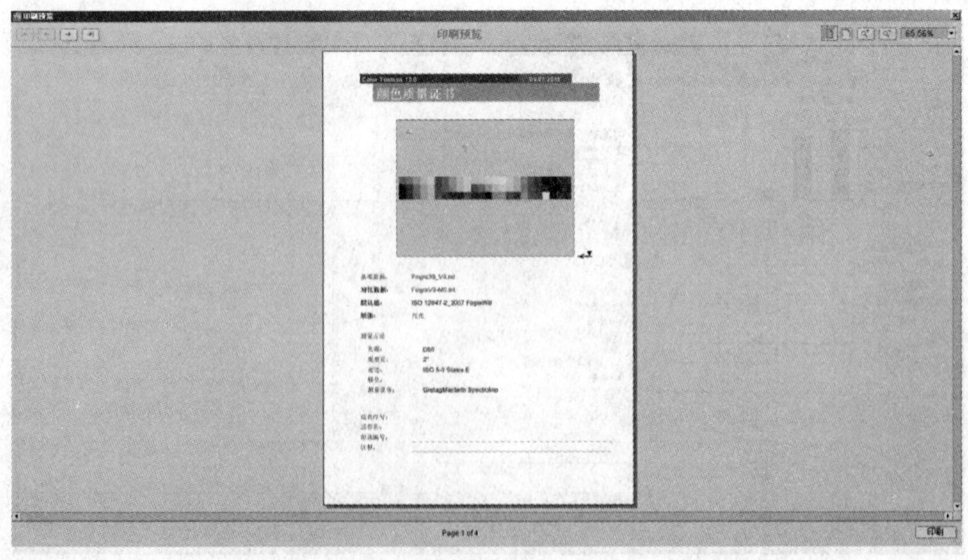

图 15-24 颜色质量证书

b）显示打样的指定大小，如图 15-25 所示。

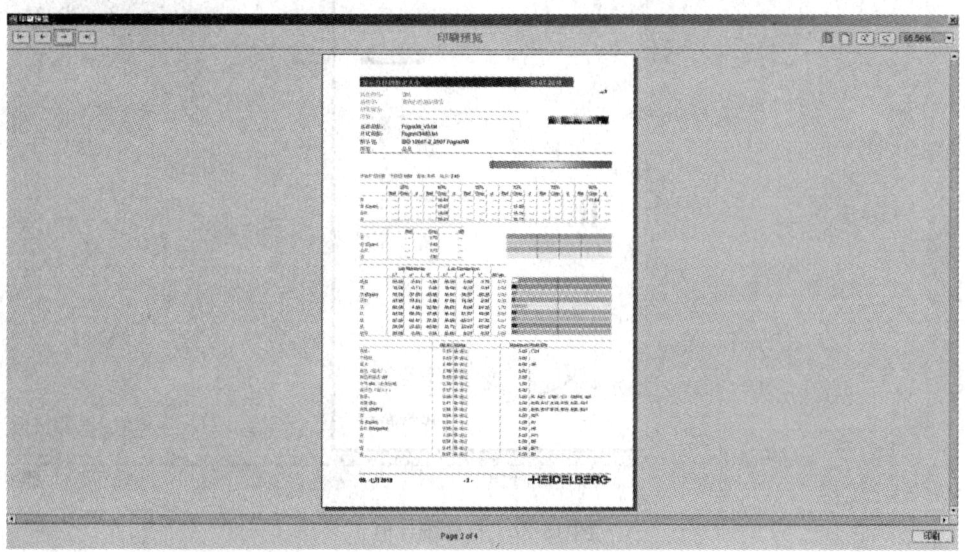

图 15-25　打样的指定大小

c）CIE 报告，如图 15-26 所示。

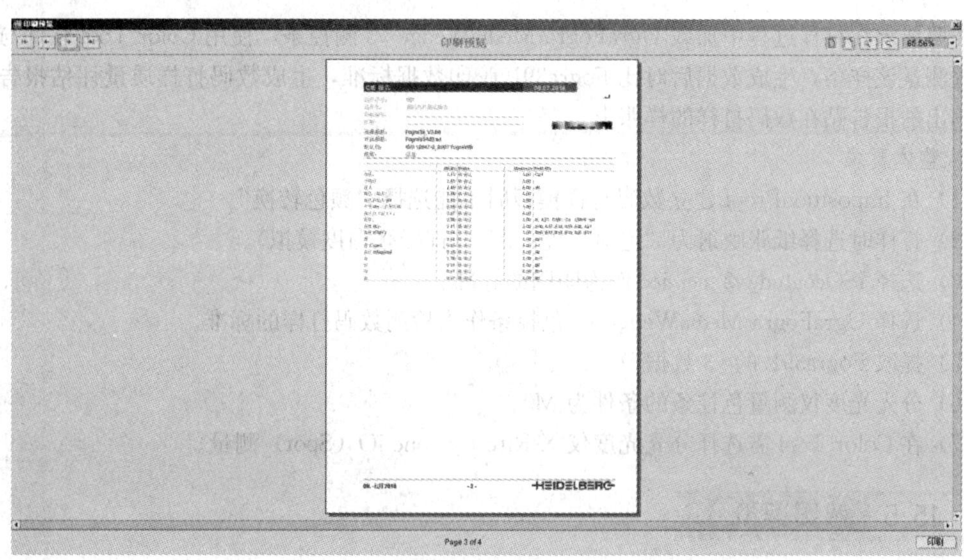

图 15-26　CIE 报告

d）显示打样统计值，如图 15-27 所示。单击印刷生成 PDF 文件，其目录在 C:\Color Toolbox\Color Tool 13.0\data\sets。

在数码打样质量评估的报告中，如果在报告过程中发现不合格的颜色色块（色块打 X）时可视其数码打样不合格，为了可以达到 ISO 12647-7 的标准可以使用海德堡 Color Tool 软件的闭环校正工具校正数码打样纸张的 ICC 特性文档，让数据能通过质量评估。闭环校正优化的次数不宜过多，最多三次，过多的优化次数会使得 ICC 的曲线渐变断层和深色调的区域并层。

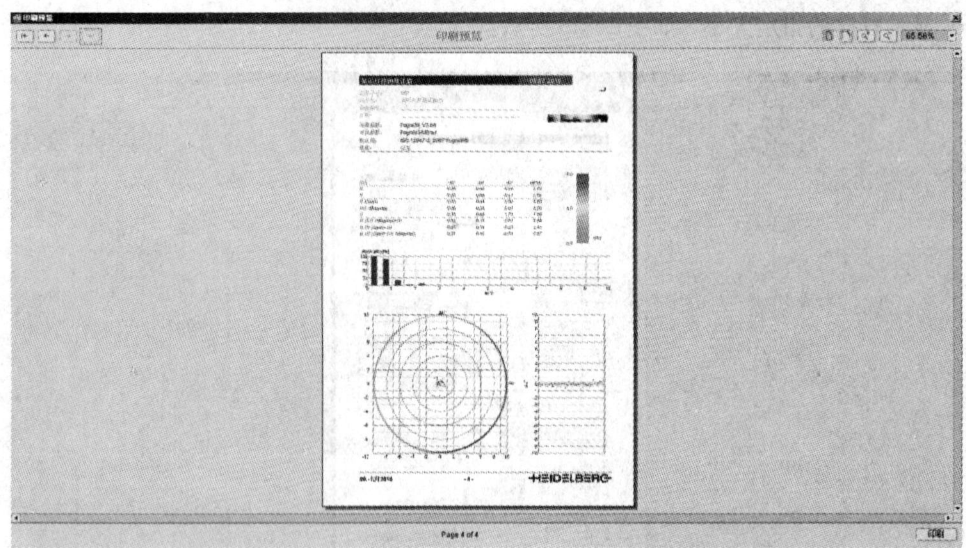

图 15-27 打样统计值

15.4.3 活动三 能力提升

1. 内容

按照要求在打样过程中加载 UgraFogra-MediaWedge v3 测控条，使用 Color Tool 软件与分光光度仪测量该样条，生成数据后对比 Fogra39L 胶印数据标准，生成数码打样质量评估报告，并将打印出的报告贴在数码打样的样张上。

2. 整体要求

（1）在 ImpositionProof 建立数码打样模板时不能选择“颜色转换”。

（2）打样时选择纸张映射为“绝对色度匹配”（即纸张白度模拟）。

（3）选择 ISOcoated_v2_eci.icc 作为印刷的标准。

（4）选择 UgraFogra-MediaWedge v3 色控条作为检测数码打样的标准。

（5）提取 Fogra39L 的 v3 数据。

（6）分光光度仪测量色控条的条件为 M0。

（7）在 Color Tool 需选择分光光度仪 X-Rite Eye-one iO（Spot）测量。

15.5 效果评价

效果评价参见任务 1，评分标准见附录。

15.6 相关知识与技能

15.6.1 ISO 12647-7 数字打样的标准主要要求

原色实地的 CIELAB 色度值应该和数据定义的印刷条件的目标值一致，CIELAB 色差在 5 以内，色相差对总色差的贡献不超过 2.5。

样张整个版式的颜色变化要受到在测试版上九个平均分布的区域限制，这是原始的印刷，并且，L^*、a^* 和 b^* 的标准偏差要小于 0.5。任何一点和平均值的色差最大为 2。

印刷稳定器由供应商提供。无光条件下印刷原色和二次色实地的变化（褪色）在印刷稳定器的最初24h内CIELAB色差不能超过1.5。

根据ISO 12004测定的原色实地的耐光性不能小于3。

在样张相同的位置测量并且经过了供应商规定的程序，打样样张原色、二次色和原色中间调色块两天的变化不能超过CIELAB色差1.5，如果有必要需进行重新校正。

实地块通过摩擦达到机械稳定性需要的时间不超过30min或印刷稳定时间，无论哪个都要对认证的打样系统的每一种材料组合和操作条件进行测试。

单色的CMYK色块在阶调值（色度测量）上不能偏离特征数据的5%。

任何两个印刷图像中心的最大偏差不能超过0.05mm。打样的分辨力能保证C、M、Y阳图、没有衬线的2点字体、阴图8点字体以及2点的阴线可以复制。

在每一张样张上，以所模拟的印刷条件输出意图打印一条CMYK数字测控条。同时需将色块的总数控制在合理范围内。为提供与特征化数据的兼容性，应尽可能多的从ISO 12647-2的油墨值组合中选取控制色块。选择的控制色块包含如下的控制色块类型：

（1）彩色原色和它们的间色实地色C、M、Y、R、G和B（6个色块）。

（2）彩色原色及其间色的中间调和暗调色C、M、Y、R、G和B（12个色块）。

（3）黑色（K）为至少6级的网目调梯尺且包含实地色。

（4）CMY叠印的网目调梯尺，与（3）的级数相同，对于平均的印刷条件情况，近似复制（3）中定义的黑色梯尺的CIELAB值。

（5）挑选关键的三次色，例如肤色、棕色、紫红色、紫色（15个色块）。

（6）模拟印刷生产条件的印刷承印物颜色（1个色块）。

15.6.2 ISO 12647-2胶印的标准主要要求

用于印刷机打样样张的承印物宜与印刷成品的承印物相同。如果不能实现，印刷机打样样张的印刷承印物属性宜在颜色、CIE白度、光泽度、表面类型（涂布、非涂布、超级压光等）和克重等方面非常接近印刷成品所用的印刷承印物。

使用列在表15-1和表15-2的属性评价印刷机打样样张承印物和印刷成品承印物的匹配程度。对于数字打样，使用ISO 12647-7规定的要求。

表15-1和表15-2中定义的典型纸张特征仅供参考。为了确定与给定的纸张类型最匹配的印刷条件，将用于印刷的纸张的参数与这些表中的参数进行比较，选择最佳匹配的参考印刷承印物。这个过程保证了相关着色剂描述和由此呈现的视觉外观易于匹配。

若生产用纸的颜色与表15-1和表15-2目标值不同，也许不能通过创建特征化数据的方法进行描述。这种情况下，推荐使用包含如表15-1和表15-2所示属性在内的专用承印物描述，以及相关联的特征化数据集。

表15-1　　印刷承印物的CIELAB坐标、克重和CIE白度（PS1～PS4）

特征	纸张类型和表面			
	PS1	PS2	PS3	PS4
表面类型	优质涂布	改进型涂布	标准光泽涂布	标准亚光涂布
克重① (g/m^2)	80～250 (115)	51～80 (70)	48～70	51～65 (54)
CIE白度②	105～135	90～105	60～90	75～90
光泽度③	10～80	25～65	60～80	7～35

续表

特征	纸张类型和表面											
	PS1			PS2			PS3			PS4		
颜色④	坐标			坐标			坐标			坐标		
	L*	a*	b*	L*	a*	b*	L*	a*	b*	L*	a*	b*
白背衬	95	1	−4	93	0	−1	90	0	1	91	0	1
黑背衬	93	1	−5	90	0	−2	87	0	0	88	0	−1
允差	±3	±2	±4	±3	±2	±2	±3	±2	±2	±3	±2	±2
荧光性⑤	中等			低			低			低		

① 括号中的值分别对应表中给定的颜色坐标。
② 白度测量根据 ISO 11475 的要求，采用室外照明条件。请注意该单点测量值（与其他变量一起）是基于 D65 观察条件的。印刷使用的标准观察条件是 D50。白度值仅用于指导。
③ 根据 ISO 8254-1 的要求，用 TAPPI 方法测量。
④ 根据 ISO 13655 的要求进行测量，采用 D50 照明体，2°观察者，0∶45 或 45∶0 几何条件，测量宜采用 M1 模式。
⑥ 根据 ISO 2470-2 的要求和 ISO 15397 推荐的信息，评估 D65 UV/UV_{ex} 下典型的亮度差值。
根据 ISO 3664 的要求，在标准光源条件 D50 下印刷品与样张进行比较时，该参数代表印刷品对蓝光偏移的敏感性。通常荧光性的界限为：微弱（0～4）、低（4～8）、中等（8～14）和高（14～25）。

就光泽度和颜色而言，表 15-1 和 15-2 列出的纸张类型是 ISO 12647 本部分涵盖的工艺所使用的系列印刷承印物的代表。如果最终产品要进行表面整饰，会严重影响印刷承印物的颜色和光泽度。

表 15-2　　　　印刷承印物的 CIELAB 坐标、克重和 CIE 白度（PS5～PS8）

特征	纸张类型和表面											
	PS5			PS6			PS7			PS8		
表面类型	全化学木浆非涂布			超级压光非涂布			改进型非涂布			标准非涂布		
克重①（g/m²）	70～250（120）			38～60（56）			40～56（49）			40～52（45）		
CIE 白度②	140～175			45～85			40～80			35～60		
光泽度③	5～15			30～55			10～35			5～10		
颜色④	坐标			坐标			坐标			坐标		
	L*	a*	b*	L*	a*	b*	L*	a*	b*	L*	a*	b*
白背衬	95	1	−4	90	0	3	89	0	3	85	1	5
黑背衬	92	1	−5	87	0	2	86	−1	2	82	0	3
允差	±3	±2	±2	±3	±2	±2	±3	±2	±2	±3	±2	±2
荧光性⑤	高			低			微弱			微弱		

① 括号中的值分别对应表中给定的颜色坐标。
② 白度测量根据 ISO 11475 的要求，采用室外照明条件。请注意该单点测量值（与其他变量一起）是基于 D65 观察条件的。印刷使用的标准观察条件是 D50。白度值仅用于指导。
③ 根据 ISO 8254-1 的要求，用 TAPPI 方法测量。
④ 根据 ISO 13655 的要求进行测量，采用 D50 照明体，2°观察者，0∶45 或 45∶0 几何条件，测量宜采用 M1 模式。
⑤ 根据 ISO 2470-2 的要求和 ISO 15397 推荐的信息，评估 D65 UV/UV_{ex} 下典型的亮度差值。
根据 ISO 3664 的要求，在标准光源条件 D50 下印刷品与样张进行比较时，该参数代表印刷品对蓝光偏移的敏感性。通常荧光性的界限为：微弱（0～4）、低（4～8）、中等（8～14）和高（14～25）。

对于表面属性与优质涂布和无机械木浆非涂布纸张类型相同，但克重显著高于圆括号中的值的纸或纸板印刷品，可以使用白背衬条件下的 CIELAB 颜色坐标。典型的涂布和非涂布纸的示例在表 15-3 中给出。印刷承印物描述（见表 15-1 和表 15-2）定义了 8 种印刷条件，并不涵盖市场上所有现存的纸张或纸板规范。印刷承印物 PS3 是最接近某些特定涂布纸板的印刷承印物，它们具有以下典型属性：克重高于 225g/m²，光泽度 30～60，颜色 CIELAB 坐标 90，0，−2（白背衬），低荧光性。

表 15-3　典型的涂布和非涂布纸示例

	纸张类型和表面			
	PS1	PS2	PS3	PS4
表面类型	优质涂布	改进型涂布	标准光泽涂布	标准亚光和半亚光涂布
典型工艺	单张纸胶印 热固型轮转胶印	热固型轮转胶印	热固型轮转胶印	热固型轮转胶印
典型纸张	无机械木浆涂布、光泽或半亚光或亚光纸（WFC）高或中等克重涂布纸（HWC，MWC）	中等克重涂布纸（MWC）轻量涂布纸（强化 LWC）	轻量涂布、光泽和半亚光纸（LWC）	机器整饰涂布纸（MFC）轻量涂布、半亚光纸（LWC）
	纸张类型和表面			
	PS5	PS6	PS7	PS8
表面类型	全化学木浆非涂布	超级压光非涂布	改进型非涂布	标准非涂布
典型工艺	单张纸胶印 热固型轮转胶印	热固型轮转胶印	热固型轮转胶印	热固型轮转胶印
典型纸张	胶印、无机械木浆非涂布纸（WFU）	超级压光纸（SC-A，SC-B）	非涂布机械强化纸（UMI）强化新闻纸（INP）	标准新闻纸（SNP）

对于典型纸张，其印刷实地色块 CIELAB L*、a*、b* 颜色坐标应符合表 15-4 和表 15-5 规定的白背衬目标值，宜符合黑背衬目标值，偏差都符合表 15-6 的规定。双色叠印和三色叠印（均无黑墨参与）的 CIELAB 颜色坐标宜符合表 15-4 和表 15-5 的规定。

表 15-4　印刷色序为青—品红—黄时颜色的 CIELAB 坐标（CD1～CD4）

特征		着色剂描述											
		CD1 优质涂布			CD2 改进型涂布			CD3 标准光泽涂布			CD4 标准亚光涂布		
颜色		坐标			坐标			坐标			坐标		
		L*	a*	b*	L*	a*	b*	L*	a*	b*	L*	a*	b*
黑	白背衬	16	0	0	20	1	2	20	1	2	24	1	2
	黑背衬	16	0	0	20	1	2	19	1	2	23	1	2
青	白背衬	56	−36	−51	58	−37	−46	55	−36	−43	56	−33	−42
	黑背衬	55	−35	−51	56	−36	−45	53	−35	−42	54	−32	−42
品	白背衬	48	75	−4	48	73	−6	46	70	−3	48	68	−1
	黑背衬	47	73	−4	47	71	−7	45	68	−4	46	65	−2
黄	白背衬	89	−4	93	87	−3	90	84	−2	89	85	−2	83
	黑背衬	87	−4	91	84	−3	87	81	−2	86	82	−2	80
红	白背衬	48	68	47	48	66	45	47	64	45	47	63	41
	黑背衬	46	67	45	47	64	43	45	62	43	46	61	39
绿	白背衬	50	−65	26	51	−59	27	49	−56	28	50	−53	26
	黑背衬	49	−63	25	49	−57	26	48	−54	27	49	−51	24
蓝	白背衬	25	20	−46	28	16	−46	27	15	−42	28	16	−38
	黑背衬	24	20	−45	27	15	−45	26	14	−41	27	15	−38
叠印 CMY100	白背衬	23	0	−1	28	−4	−1	27	−3	0	27	0	−2
	黑背衬	23	0	−1	27	−4	−1	26	−3	0	26	0	−2

注　根据 ISO 13655 的要求进行测量，采用 D50 照明体，2°观察者，0∶45 或 45∶0 几何条件，测量宜采用 M1 模式。数值是在油墨干燥后的印张上以白背衬（WB）和黑背衬（BB）测量得到。

表 15-5　印刷色序为青-品红-黄时颜色的 CIELAB 坐标（CD5～CD8）

特征		着色剂描述											
		CD5 全化学木浆非涂布			CD6 超级压光非涂布			CD7 改进型非涂布			CD8 标准非涂布		
颜色		坐标			坐标			坐标			坐标		
		L*	a*	b*	L*	a*	b*	L*	a*	b*	L*	a*	b*
黑	白背衬	33	1	1	23	1	2	32	1	3	30	1	232
	黑背衬	32	1	1	22	1	2	31	1	3	28	1	2
青	白背衬	60	−25	−44	56	−36	−40	59	−29	−35	54	−26	−31
	黑背衬	58	−24	−44	54	−35	−40	57	−29	−35	52	−26	−31
品	白背衬	55	60	−2	48	67	−4	53	59	−1	51	55	1
	黑背衬	53	58	−3	46	65	−4	51	56	−2	50	52	−1
黄	白背衬	89	−3	76	84	0	86	83	−1	73	79	0	70
	黑背衬	86	−3	73	81	0	83	80	−2	70	76	0	67
红	白背衬	53	56	27	47	63	40	51	57	31	48	53	31
	黑背衬	51	55	25	46	61	38	49	54	29	47	51	29
绿	白背衬	53	−43	14	49	−53	25	53	−43	18	47	−38	20
	黑背衬	52	−41	13	48	−52	24	51	−43	17	46	−37	18
蓝	白背衬	39	9	−30	28	13	−41	37	8	−31	36	9	−25
	黑背衬	37	9	−30	27	12	−40	36	7	−30	34	9	−26
叠印 CMY100	白背衬	35	0	−3	27	−1	−3	34	−3	−5	33	−1	0
	黑背衬	34	0	−3	26	−1	−4	33	−3	−5	31	−2	0

注　根据 ISO 13655 的要求进行测量，采用 D50 照明体，2° 观察者，0∶45 或 45∶0 几何条件，测量宜采用 M1 模式。数值是在油墨干燥后的印张上以白背衬（WB）和黑背衬（BB）测量得到。

表 15-6　印刷实地色 CIELABΔE_{ab}允差值

印刷原色	偏离允差		波动允差		
	确印样		生产印刷品		
	ΔE_{ab}	ΔE_{00}^{*}	ΔE_{ab}	ΔE_{00}^{*}	ΔH
黑色	5	5	4	4	—
青色	5	3.5	4	2.8	3
品色	5	3.5	4	2.8	3
黄色	5	3.5	5	3.5	3

*　给定的 DE2000 允差值仅供参考。

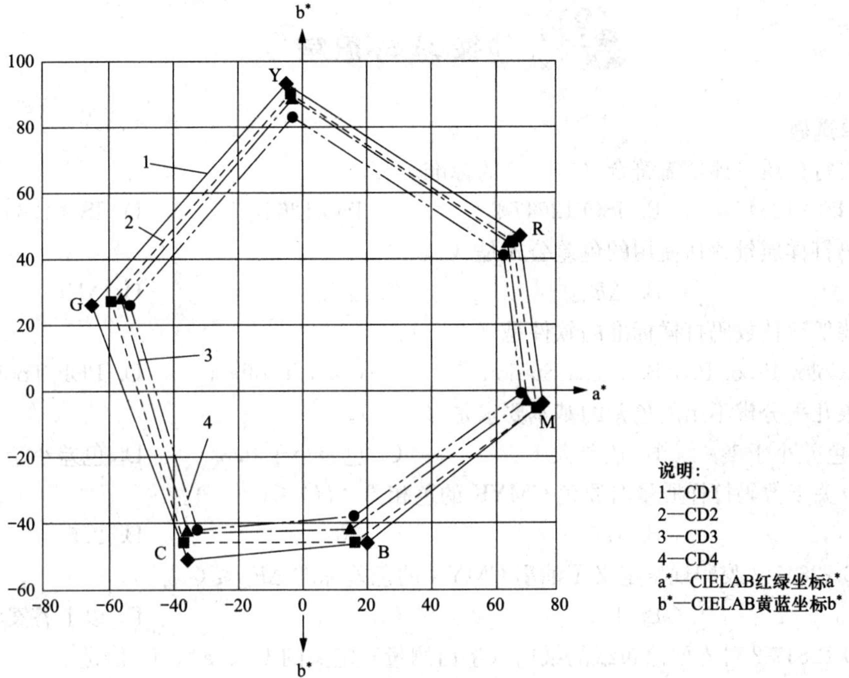

图 15-28　根据表 15-4 定义的着色剂描述在 CIEa* b* 平面的投影（白背衬）

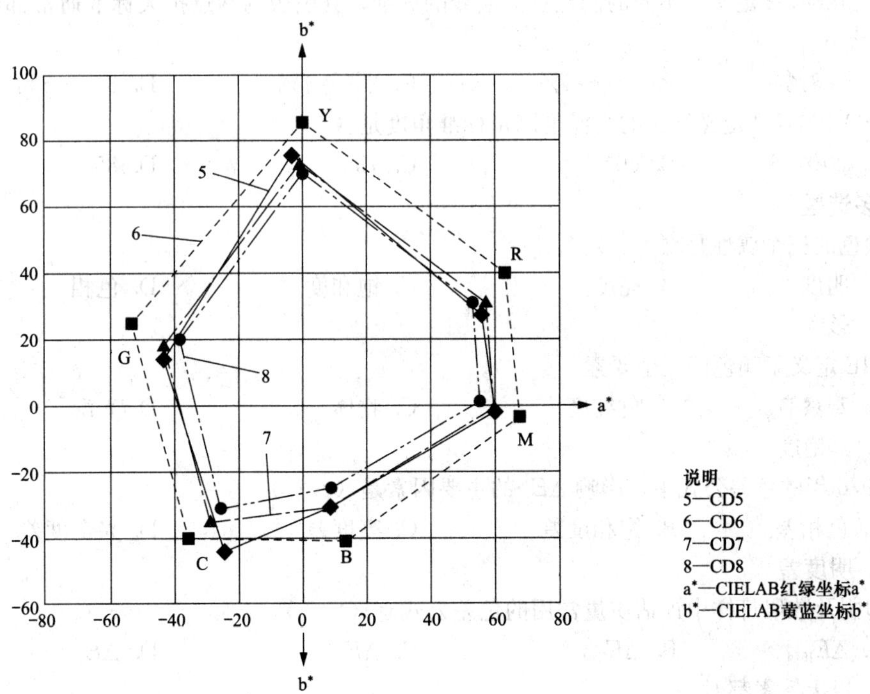

图 15-29　根据表 15-5 定义的着色剂描述在 CIEa* b* 平面的投影（白背衬）

练习与思考

一、单选题

1. 数码打样质量评估需符合（ ）的标准。

A. ISO 12647-1 B. ISO 12647-2 C. ISO 12647-7 D. ISO 12647-8

2. 数码打样质量评估使用的色差公式是（ ）。

A. ΔE^* B. ΔE_{cmc} C. ΔE_{94} D. ΔE_{00}

3. 海德堡评估数码打样标准的软件是（ ）。

A. Color Proof Pro B. Signa Station C. Color Toolbox D. PDF Toolbox

4. 人眼几乎分辨不出的色差的基本要求是（ ）。

A. 色差小于 1 B. 色差大于 1 C. 色差小于 0.3 D. 色差小于 3

5. ISO 关于数码打样质量对原色 CMYK 的色相差 $\Delta H^* \leqslant$（ ）。

A. 1 B. 1.5 C. 2.0 D. 2.5

6. ISO 12647-2 胶印规格定义了油墨 CMYK 的色差标准 $\Delta E^* \leqslant$（ ）。

A. 3 B. 4 C. 5 D. 以上答案都不对

7. ISO 12647-2 对光面涂布纸的纸白（垫白测量）定义的 L*、a*、b* 值是（ ）。

A. 95、1、−4 B. 95、0、−2 C. 93、0、−3 D. 以上答案都不对

8. CIE 色彩空间定义的 L* 值指的是（ ）。

A. 明度 B. 亮度 C. 光泽度 D. 白度

9. ISO 12647-2 定义了不同的网点扩大曲线的标准，其黑版的网点扩大标准通常都会比其他 CMY 三色大（ ）。

A. 0～3% B. 1%～4% C. 2%～4% D. 3%～5%

10. ISO 12647-2 定义纸张的光泽度测量标准角度是（ ）。

A. 20° B. 60° C. 75° D. 85°

二、多选题

11. 颜色的三个属性是（ ）。

A. 明度 B. 亮度 C. 饱和度 D. 色相

E. 彩度

12. CIE 定义了颜色的三个要素（ ）。

A. 观察者 B. 色纯度 C. 物体 D. 光源

E. 鲜艳度

13. 1976 年的色差公式中，影响 ΔE^* 的主要因素是（ ）。

A. 色相差 B. 饱和度差 C. 亮度差 D. 兴奋度差

E. 明度差

14. 印刷及数码打样中评估质量常用的色差公式有（ ）。

A. ΔE_{1976} B. ΔE_{CMC} C. ΔE_{94} D. ΔE_{2000}

E. 以上答案都对

15. 测控条 Ugra/Fogra-MediaWedge v3.0 中色块所包含的内容是（ ）。

A. CMYK 四色和 RGB 叠色

B. 具有和 C 中相同级数的 CMY 叠印灰色渐变色块

C. 模拟印刷介质颜色

D. CMYK 四色和 RGB 叠色二次色的中间调和暗调色块

E. 有代表性的三次色，如褐色、肤色、紫红色

16. ISO 12647-7 定义的内容是（　　）。

A. 打样介质　　B. 介质的测量条件　　C. 测控条的标准　　D. 颜色的评价条件

E. 仪器的选择

17. 国际照明委员会 CIE 分别在 1931 年和 1964 年定义了人眼的刺激标准其观察的角度包括（　　）。

A. 2 度视场　　B. 3 度视场　　C. 5 度视场　　D. 7 度视场

E. 10 度视场

18. 以下属于混色系统表示法的是（　　）。

A. CIE LAB　　B. CIE Luv　　C. RGB 加色法　　D. CMYK 减色法

E. 孟赛尔表色系统

19. 同色异谱的现象主要包括（　　）。

A. 不同人的同色异谱　　B. 不同光源的同色异谱

C. 不同设备的同色异谱　　D. 不同测量条件的同色异谱

E. 以上答案都对

20. 以下属于 ISO 12647-2：2004 定义的涂料纸的是（　　）。

A. 超级压光纸　　B. 机内整饰涂布纸　　C. 铜版纸　　D. 哑面铜版纸

E. 卷筒铜版纸

三、判断题

21. ISO 12647-2 定义了油墨色度值和密度值的标准。（　）

22. 测量油墨的颜色需垫白或垫黑测量。（　）

23. 色相差 ΔH^* 主要是亮度差和明度差造成的。（　）

24. 色温 K 指的是颜色在某种温度下的颜色。（　　）

25. 人眼的观色的光谱范围是 380～780nm。（　　）

26. 数码打样的观色条件要符合 ISO 3664 的要求。（　　）

27. 浅灰色的色差小于 3 以下人眼都可以接受。（　　）

28. 数码打样测量条用来评估实地颜色的色差及中间色的网点面积。（　　）

29. 在色空间上的高饱和度区域，其饱和度的变化不容易引起色差的变化。（　）

30. 荧光增白剂会影响数码打样纸的模拟胶印的底色。（　　）

练习与思考参考答案

1. C	2. A	3. C	4. A	5. D	6. C	7. B	8. A	9. A	10. C
11. ACD	12. ACD	13. ABD	14. ABCDE	15. ABCDE	16. ABCD	17. AE	18. CD	19. AB	20. CDE
21. N	22. Y	23. N	24. N	25. Y	26. Y	27. N	28. N	29. N	30. Y

任务 16

数码打样系统的日常维护与管理

该训练任务建议用2个学时完成学习。

16.1 任务来源

在实施色彩管理中，保证数码打样系统的稳定性是非常重要的环节，数码打样系统的维护和管理是数码打样操作人员的日常工作，定期完成打样系统的检查和校准打印机，通过测量、重新线性化和闭环校准的方法完成数码打样系统的维护和管理。

16.2 任务描述

按照要求检查打样机包括更换墨水和废墨仓，安装并检测IP地址，检查打印头是否有断线，清洁自动切纸器、CR光栅、压纸辊及走纸通道。学会使用多种方法清洁打印头，然后根据测量结果重新线性化，以及完成多次闭环校准的过程，从而得到合格的数码打样系统。

16.3 能力目标

16.3.1 技能目标

完成本训练任务后，读者应当能（够）掌握以下技能。

1. 关键技能

（1）能够完成EPSON9910数码打样机墨盒、废墨仓和打印纸的更换与设定，自动切纸器、CR光栅、压纸辊及走纸通道的清洁。

（2）能够完成EPSON9910数码打样机的打印头的清洁。

（3）能够根据测量结果重新线性化。

（4）能够使用Color Tool软件做数码打样机的闭环校准。

2. 基本技能

（1）能熟练操作EPSON9910数码打样机，正确安装数码打样纸。

（2）能熟练使用Eyeone Pro 2测量颜色。

（3）能熟练使用Prinect Cockpit。

（4）能熟练使用Heidelberg Color Tool软件。

16.3.2 知识目标

完成本训练任务后，读者应当能（够）学会以下知识。

（1）掌握 EPSON9910 打样机的维护和管理。

（2）理解保持 EPSON9910 打样机颜色的稳定性的意义。

（3）理解闭环校准的原理。

16.3.3 职业素质目标

完成本训练任务后，读者应当能（够）具备以下职业素质。

（1）安全使用设备，定期维护，并做好维护记录。

（2）使用多种方法来清洁打印头。

（3）完成多次闭环校准。

16.4 任务实施

16.4.1 活动一　知识准备

（1）数码打样设备的特点有哪些？

（2）数码打样纸张的要求及特点有哪些？

（3）喷墨打样机的喷墨原理是什么？

16.4.2 活动二　示范操作

1. 活动内容

（1）EPSON9910 数码打样机墨盒、废墨仓和打印纸的更换与设定，自动切纸器、CR 光栅、压纸辊及走纸通道的清洁。

（2）EPSON9910 数码打样机的打印头的清洁。

（3）根据测量结果重新线性化。

（4）使用 Color Tool 软件做数码打样机的闭环校准。

2. 操作步骤

（1）步骤一：EPSON9910 数码打样机墨盒、废墨仓和打印纸的更换与设定，自动切纸器、CR 光栅、压纸辊及走纸通道的清洁。

1）更换墨盒。打开 EPSON9910 数码打样机，在控制面板中按“菜单”按钮，找到“打开墨仓”的功能，打开墨仓门，如图 16-1 所示。

打开 EPSON9910 的墨水盖。墨盒安装在墨仓内是锁定的，一般情况直接向里推动，即可自动弹开，然后向外抽出。每个颜色的墨盒编号是不同的，安装的位置是固定的，如图 16-2 所示。

在放入墨仓前轻轻晃动墨盒，然后检查其编号和要更换的墨水对应。请勿用手触摸到墨盒上的 IC 芯片，这样会造成打样机故障。

2）更换废墨仓。

在 EPSON9910 的左右各有一个废墨仓，如图 16-3 所示，先在面板上确认要更换的是哪一个废墨仓，然后关闭电源，使用新的废墨仓替代旧的废墨仓。

使用过的废墨盒（见图 16-4）请专门的公司或回收部门处理，请勿随意丢掉。

图 16-1　墨仓

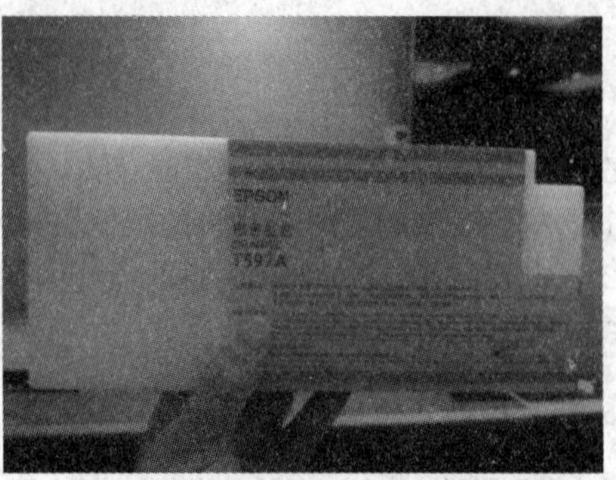

图 16-2　墨盒

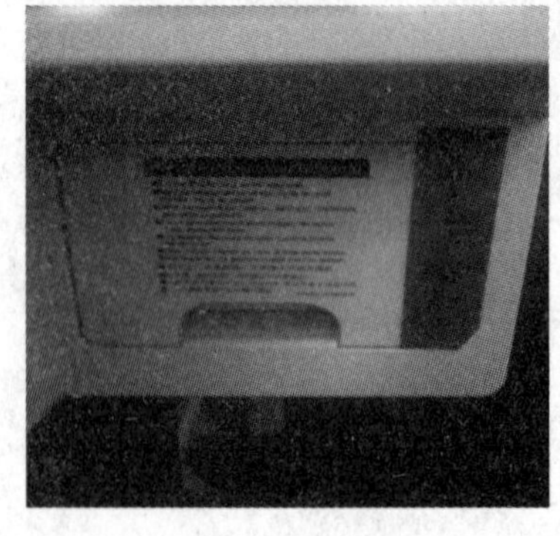

图 16-3　废墨仓

图 16-4　废墨盒

3）清洁前盖。将打样机的前盖打开，如图 16-5 所示，使用无纺布清洁光栅上的尘土或印记。

4）清洁光栅。

如果光栅表面有墨滴或其他污物，请用纯净水将清洁棉蘸湿进行擦拭，如图 16-6 所示。

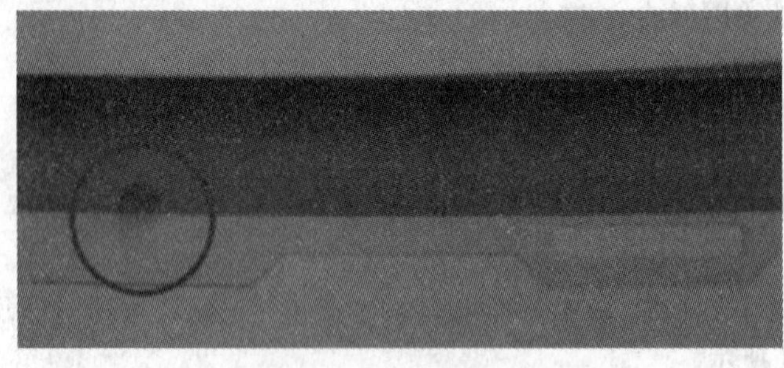

图 16-5　打印机前盖

图 16-6　清洗光栅

观察光栅片，如图 16-7 所示，如光栅出现折损，请与厂商联系及时更换。

5）清洁压纸辊。使用无纺布沾清水清洁压纸辊上的墨渍，如图 16-8 所示。

6）清洁纸张通道，如图 16-9 所示。用无纺布沾清水清洁走纸通道上的纸粉。如果走纸通道上有墨渍请用软布蘸清水擦拭干净，然后再用干布擦拭水渍。

7）清洁切纸器。

a）进入打样机面板“维护”，进入“切纸器更换”，按“OK”更换切纸器。然后取出切纸器护盖，如图 16-10 所示。

图 16-7　光栅片

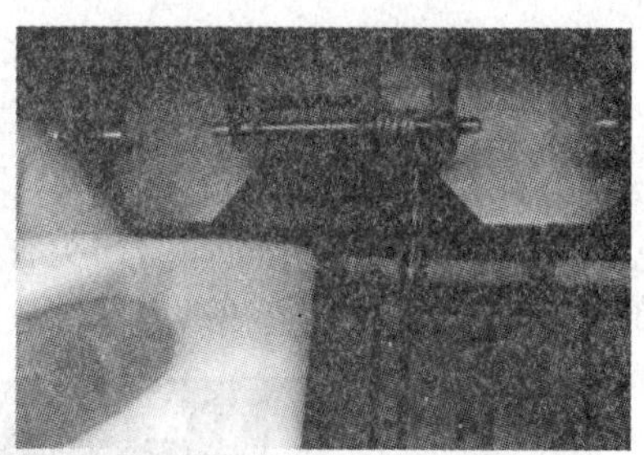
图 16-8　清洁压纸辊

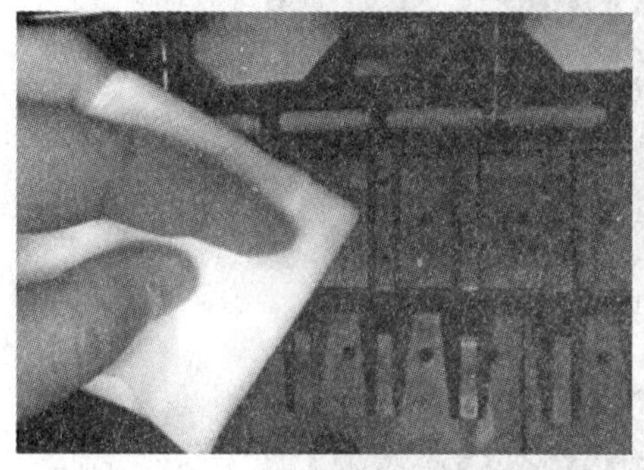
图 16-9　清洗纸张通道

图 16-10　切纸器护盖

b）使用十字螺钉旋具将切纸刀取下，如图 16-11 所示。使用棉签蘸清水清洁切纸器的表面，如图 16-12 所示。如有其他污渍清水清洗不掉，请用酒精或其他溶剂清洁其表面，清洁完毕后再使用清水反复擦拭，以避免溶剂对刀的腐蚀。如果切纸刀已经钝掉，请重新购买更换安装。

图 16-11　切纸器固定位

图 16-12　清洁切纸器

图 16-13 和图 16-14 是切纸刀清洁前和清洁后的对比。

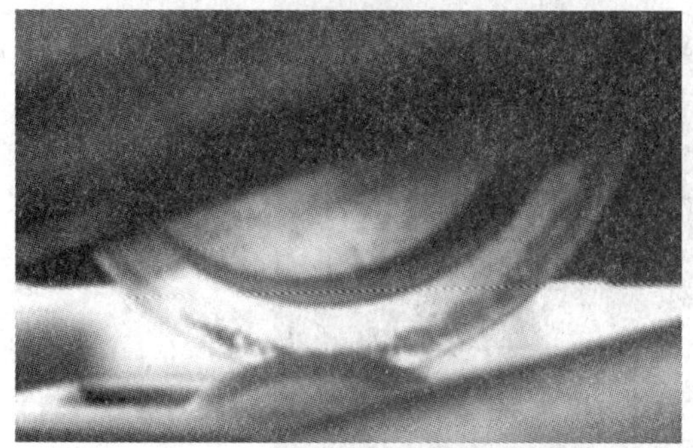
图 16-13　切纸刀清洁前图

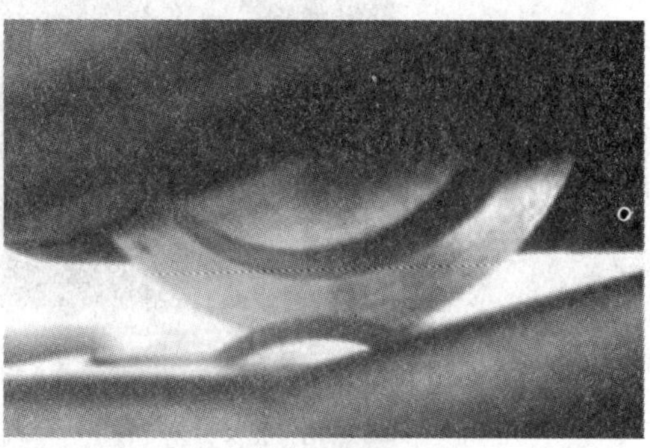
图 16-14　切纸刀清洁后

（2）步骤二：EPSON9910 数码打样机的打印头的清洁。

1）在中文操作系统下选择“正常清洗”“逐色清洗”“强力清洗”。

a）在打样机面板单击“维护”，进入“清洗”，如图 16-15 所示，可以看到“正常清洗”“逐色清洗”“强力清洗”。如果打印头有断线，请查看是哪个颜色出现的，一般先使用“逐色清洗”即可。如果打印头还是出现断线等故障，可以进行以下的操作，如图 16-16 所示。

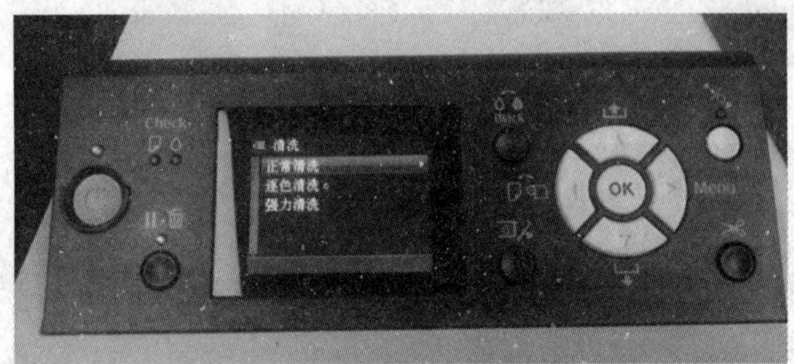

图 16-15　清洗界面

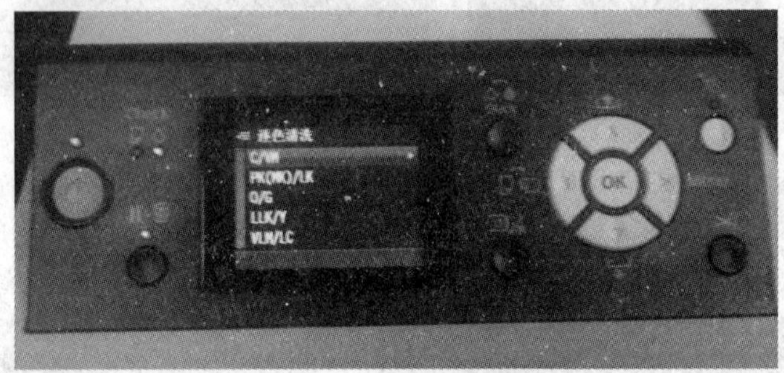

图 16-16　清洗单色

b）当出现断线的颜色比较多，或者纸张表面出现脏点，可使用正常清洗。如果正常清洗没有效果，请进入强力清洗，切记强力清洗不宜过多，最好不要超过 3 次。如果强力清洗没有效果，请进入英文操作界面（工程师界面）。

2）进入英文操作界面（工程师界面）选择 Cleaning。

a）请在图 16-17 界面，用右手同时按下“向下”“向右”和“OK”键，左手按“电源”开关，而右手的三个手指不要松手，要等待英文界面启动完成后，右手才可以离开。进入英文操作界面（工程师界面），如图 16-18 所示。

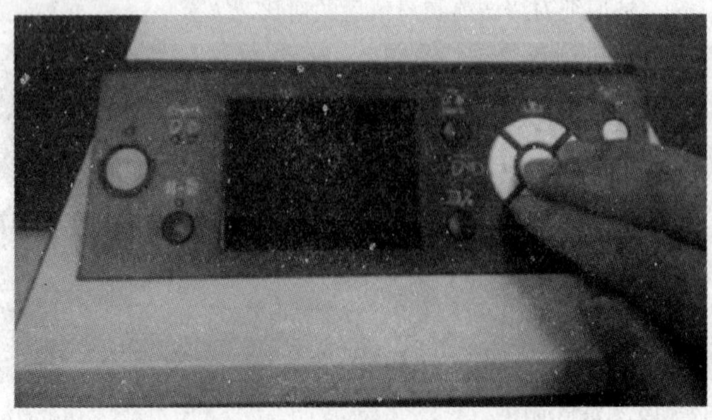

图 16-17　工程师界面切换

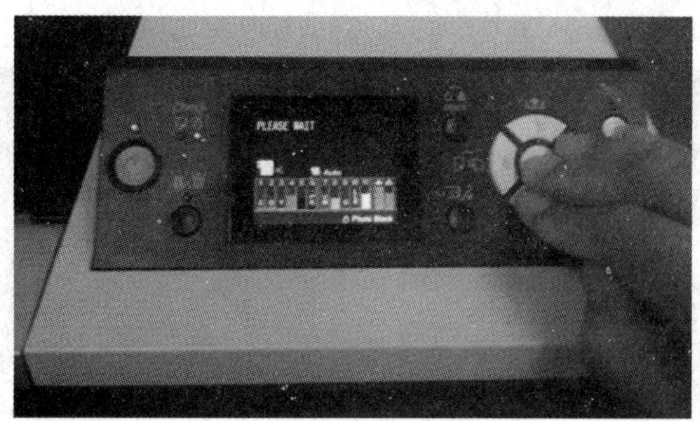

图 16-18　工程师界面

b）进入“Cleaning”界面，如图 16-19 所示。

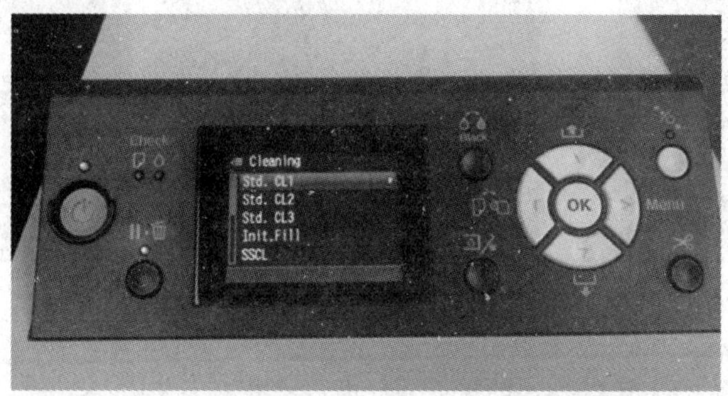

图 16-19　清洗界面

c）在 Cleaing 的菜单下，也可选择“逐色清洗”，如图 16-20 所示。

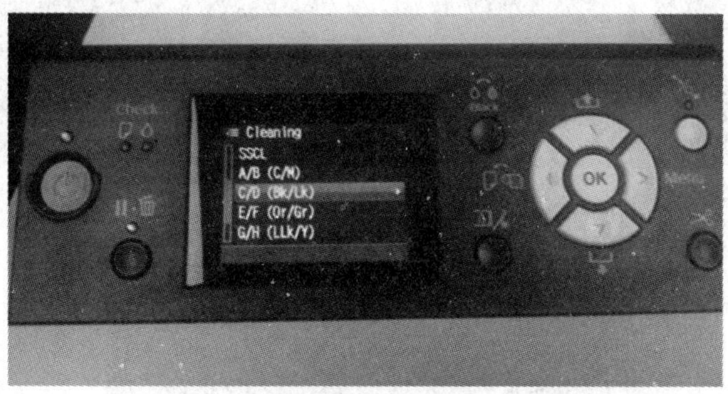

图 16-20　逐色清洗

清洗的强度是：“逐色清洗”，到“Std. CL1”“Std. CL2”“Std. CL3”的正常清洗，然后到“SSCL”超声波清洗，最后是“Init. Fill”全面清洗的过程。

3）打印头的清洗。打印头使用的是自动清洗功能，同时还需要手动清洁的步骤，二者需结合在一起，才可完成打印单元的清洁工作。清洗流程如下。

a）打印头移动到左侧时，如图 16-21 所示，关闭电源，拔出电源线。下拉黑色塑料，露出冲洗箱，使用清洁棒清洁冲洗箱，注意不要往里推棉签，以避免损坏冲洗箱。

b）清洁两边和中间，多重复几次直至干净为止，如图 16-22 所示。

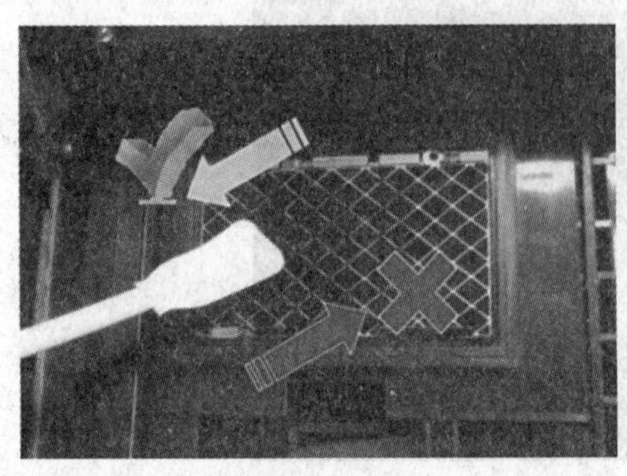

图 16-21　冲洗箱

图 16-22　冲洗箱清洗完成

c）取出刮刀，清洁干净。刮刀位置及拆卸如图 16-23 和图 16-24 所示。

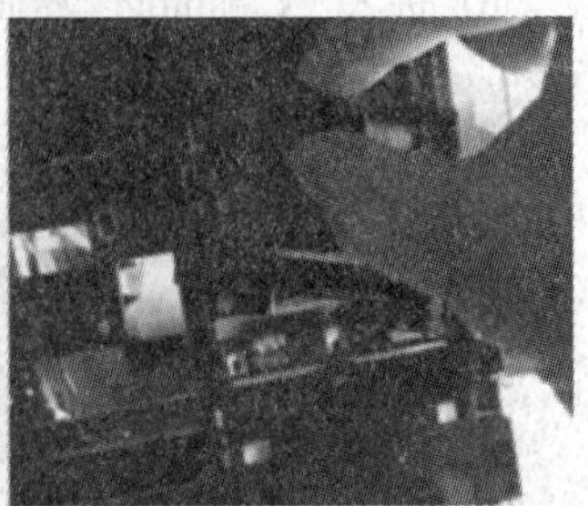

图 16-23　刮刀位

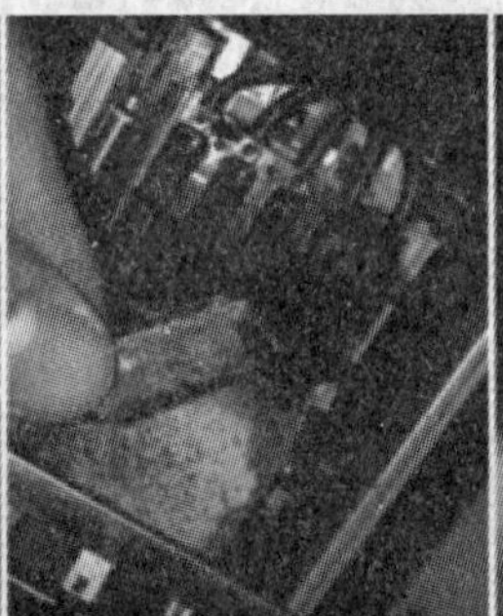
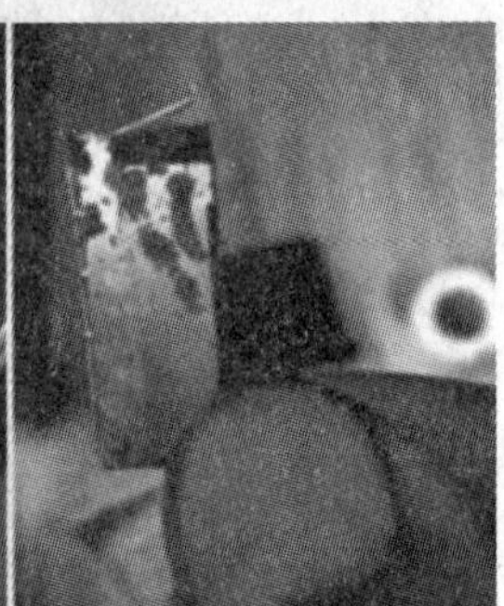

图 16-24　刮刀拆卸

d）使用海绵或无纺布清洁栅格。图 16-25 为清洁后的栅格。

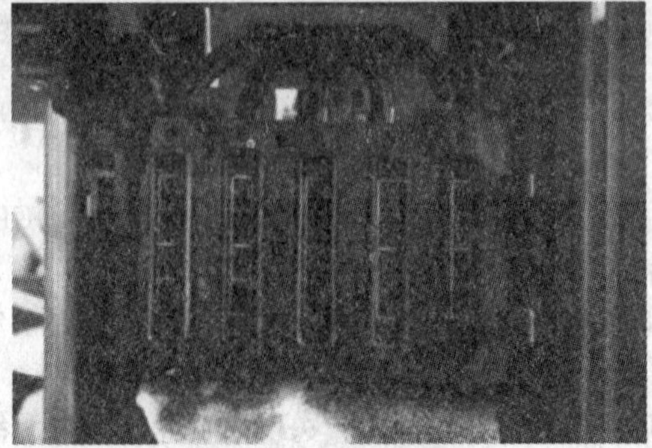

图 16-25　清洁栅格

注意：建议 3~4 周做一次保养。整个过程务必保证不能弄湿其他部位，特别是不要弄湿电路板。

（3）步骤三：根据测量结果重新线性化。

1）打开 Color Proof Pro 软件，如图 16-26 所示。单击“根据测量结果重新线性化”。

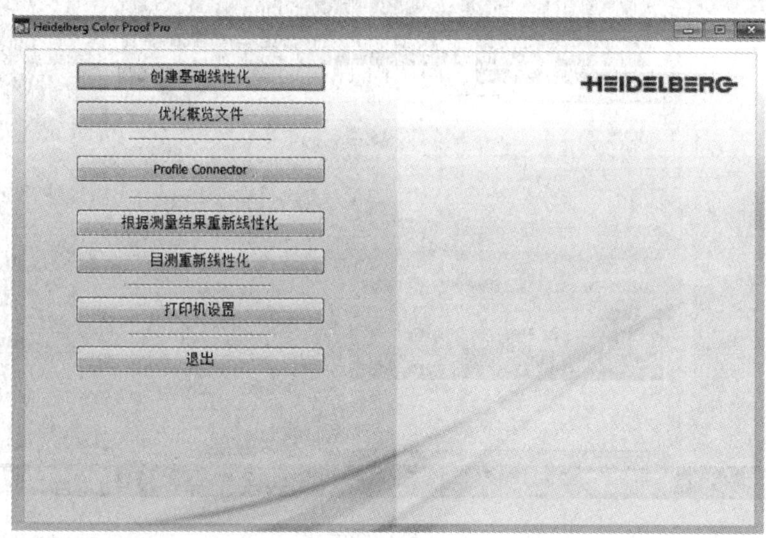

图 16-26　Color Proof Pro 软件界面

2）选择需要校正的线性化曲线：“SP9900CT _ 720x720 _ 041214 _ 204451 _ 20141204. epl”，单击“打印”，如图 16-27、图 16-28 所示。

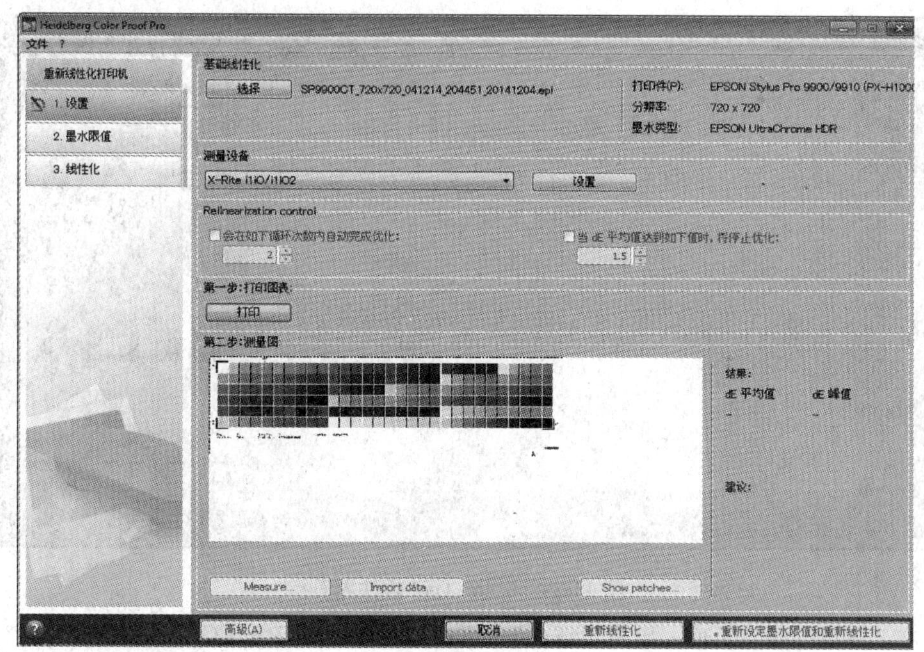

图 16-27　重新线性化界面

测量后，如果觉得不满意，可以单击“优化和打印”，如图 16-28 所示，多做 1~2 次优化其结果，当数据偏离时，立即停止优化。如果数据没有改善，单击“完成”时，可以选用最好的那次作为最终的结果。

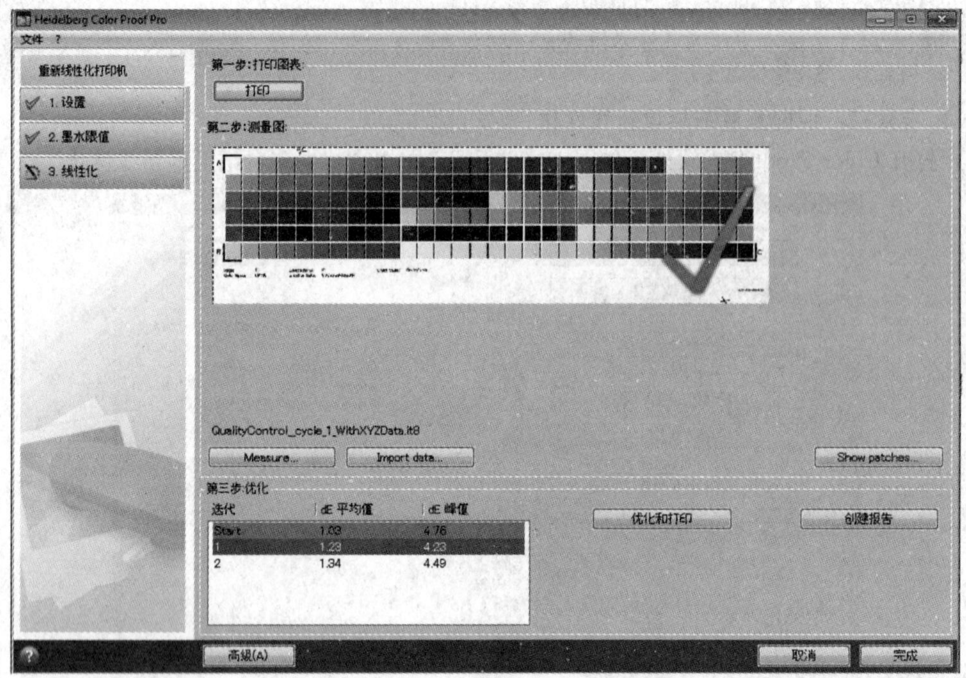

图 16-28　线性化

（4）步骤四：使用 Color Tool 软件做数码打样机的闭环校准。

1）打开 Color Tool 软件，进入如图 16-29 所示的软件界面。

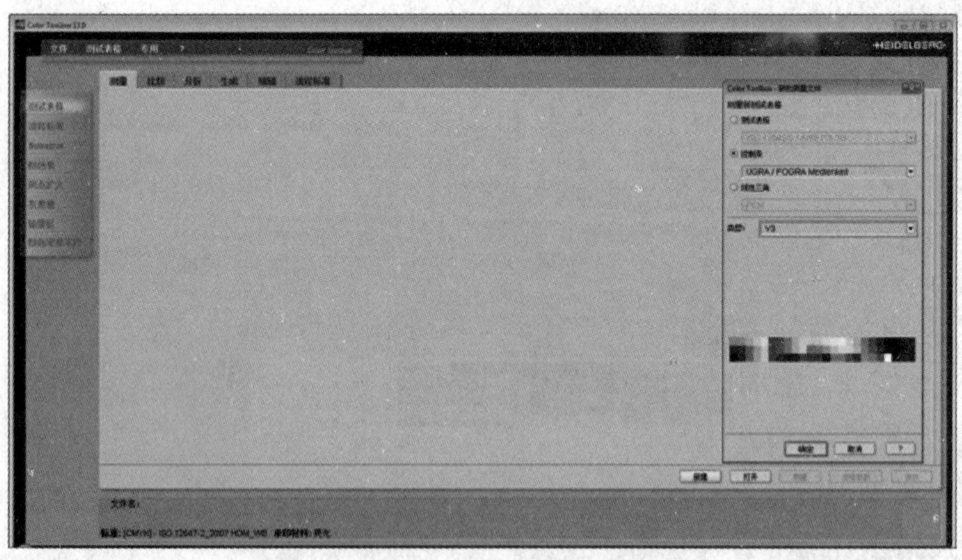

图 16-29　Color Tool 软件界面

2）在“测量”标签页面，单击“新建”，选择控制条“UGRA/FOGRA Medienkeil”，类型“V3”，单击“确定”。返回测量页面，连接测量仪器测量打印的测量条，如图 16-30 所示。

3）完成打样测控条测量后，保存为“FograV3-M0-0. txt”。

4）单击“编辑”，如图 16-31 所示，在该页面单击“打开特性文件”，打开打样纸张 ICC。在该界面的左侧栏选择“打样修正”，如图 16-32 所示。

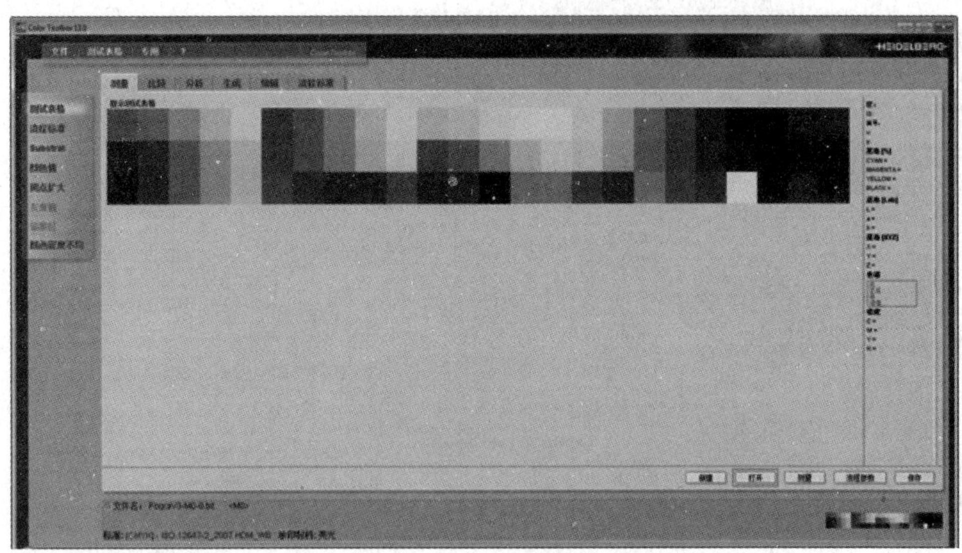

图 16-30　数据测量

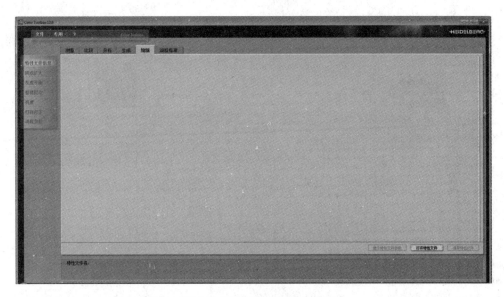

图 16-31　编辑界面

如本例中修正的特性文件名称："EPSON9910 _ 170gsm _ Paper _ IT8. 7-4 _ U400 _ K100 _ 9-8. icc"。

在图 16-32 中上边的"打开"按钮是打开"打印测量数据"，如"Fogra39L _ V3. txt"，即为印刷的数据。

在图 16-32 中下边的"打开"按钮是打开"打印结果的测量数据"，如"FograV3-M0-0. txt"，即为第一次打印的数据。

5）单击"计算"按钮，修正纸张 ICC。

6）保存覆盖当前的文件，如图 16-33 所示。然后继续打印 UgraFogra-MediaWedge v3. pdf 控制条，测量后对比参数 Fogra39L _ V3，查看打样报告，如图 16-34 所示。

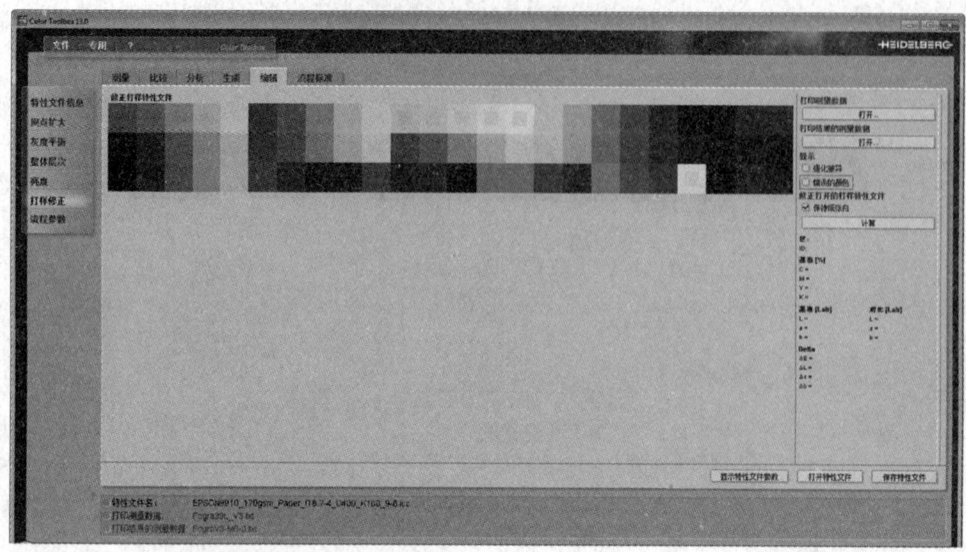

图 16-32　打样修正

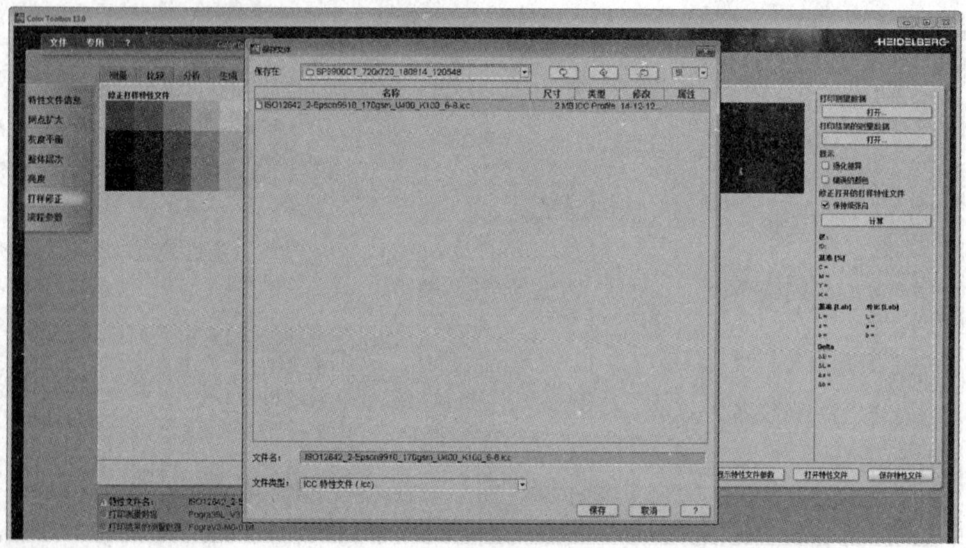

图 16-33　保存修正后的 ICC

这是“FograV3-M0-1. txt”文档的打样报告，第一次闭环校准的数据。

7）重复以上的步骤，查看打样报告，如图 16-35 所示。

这是“FograV3-M0-2. txt”文档的打样报告，第二次闭环校准的数据。第二次得出的数据会比第一次有改善，所以可以使用第二次闭环校准的 ICC 参数作为数码打样的标准。在日常的维护中，闭环校准的过程不宜过多，2～3 次为最佳，超过 3 次的闭环会出现断层和跳阶，造成数码打样的评估数据是好的而打印出的图像却出现问题的现象。

总之，闭环校准是在评估数据相对比较差的情况下做的，避免数码打样评估已经通过之后还要做闭环校准。应注意的是如果很久没有开机，再启动打样的时候最好是重新做数码打样的线性化和纸张的 ICC。

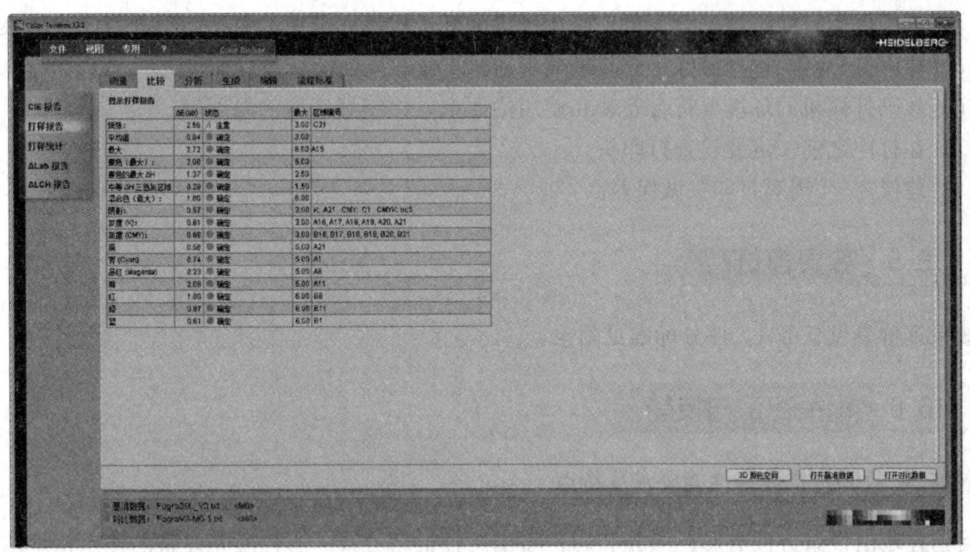

图 16-34　查看打样报告

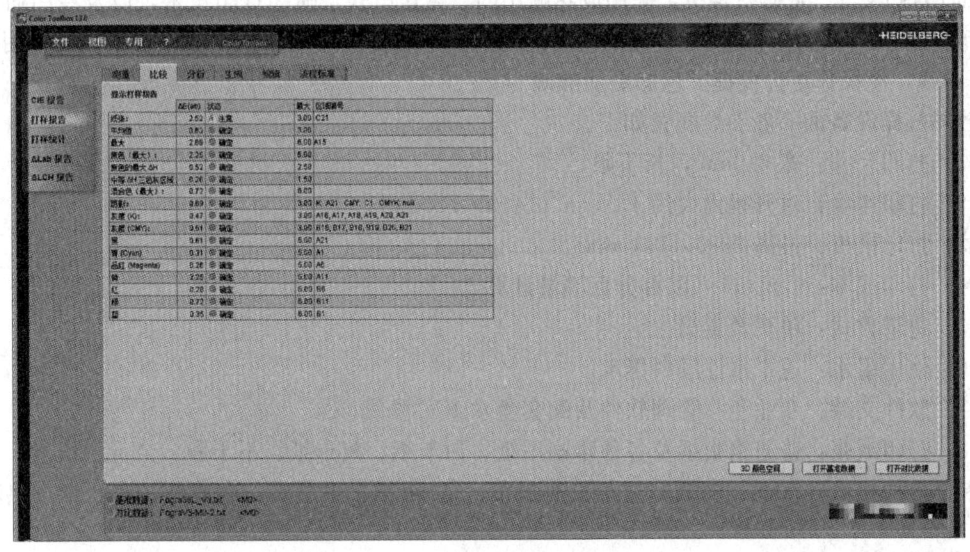

图 16-35　查看打样报告

16.4.3 活动三　能力提升

1. 内容

按照要求检查打样机包括更换墨水和废墨仓，安装并检测 IP 地址，检查打印头是否有断线，清洁自动切纸器、CR 光栅、压纸辊及走纸通道。学会使用多种方法清洁打印头，然后根据测量结果重新线性化，以及完成多次闭环校准的过程，从而得到质量合格的数码打样系统。

2. 整体要求

（1）在中文操作菜单下选择“强力清洗”不能超过 3 次。

（2）手动清洗打印头一定是在关闭电源和拔掉电源线之后。

（3）在英文操作界面（工程师界面）慎用 Init. Fill（全清洗模式）清洗。

（4）日常使用打样机请不要关机，避免过多的开关机操作带来的充墨而引起打印头堵塞。

（5）数码打样纸的选择最好是原装纸或者通过 Fogra 认证的纸张。

（6）数码打样机的环境要符合安装和使用的要求，控制好环境的温湿度。

（7）在打样之前一定要检查打印头。

（8）建议 3～4 周对打印头做保养。

16.5 效果评价

效果评价参见任务 1，评分标准见附录。

16.6 相关知识与技能

16.6.1 数码打样设备性能要求及特点

目前在输出设备方面有彩色激光和彩色喷墨两种打印方式。彩色激光设备的输出精度达不到印刷品的精度，一般不太适合作为数码打样的输出设备，所以数码打样设备通常选择彩色喷墨设备，如 EPSON 等。数码打样机，采用成熟耐用的“微压电式”喷墨打印技术，以及专门研发的印刷颜料墨水、仿油墨印刷墨水，配合专业色彩管理软件，并针对不同介质设置不同的专用色彩“icc”曲线，使操作更为便捷，色彩更加准确。

数码打样设备的一般参数配置如下。

（1）打印尺寸：宽 610mm，长不限。

（2）打印速度：对开幅面大约 4.5min（1440×720dpi）。

（3）打印精度：最高 2880×1440dpi。

（4）打印成本：4 元/m^2（以百分百墨量计算）。

（5）进纸方式：单页及卷筒。

（6）使用墨水：速干水性颜料墨水。

（7）软件支持：专业色彩管理软件及配套墨水 ICC 曲线。

（8）打印纸张：普通铜版纸及各种印刷用纸、白卡纸、灰卡纸、不干胶、金卡、银卡、免层压制卡、各种相纸、宣纸、壁纸、绢布、油画布、金/银箔、水彩纸、合成纸、水转纸、热转印纸等。

（9）可适应业务范围：标书封皮、证卡标牌、个性化产品、菜谱、个性化台历和日历、彩色名片、POP 海报、宣传单、工程图、效果图、婚纱摄影、数码打样、短版彩印、贺卡请柬、古画复制、装饰画打印、宴会照片等。

（10）应用场所：印刷厂打样、摄影公司、数码快印中心、婚纱店、广告公司、相关企事业单位政府机构等。

16.6.2 数码打样纸张的要求及特点

数码打样对纸张的一般要求：纸张纯白不偏色，以便适应各种色偏的纸张；优秀的色彩表现力、丰富的层析感、清晰而准确的图像再现，可保证数码打样与终端产品的一致性，纸张表面平滑、均匀、细腻；与喷墨设备配合能够达到即干、防水，色彩艳丽，层次丰富，饱和度高，色域宽，纸张表面涂层细致均匀，吸墨性能好；受环境的温湿度影响小，长久不变色、不变形；适应不同类型喷墨打样设备的要求。

ISO 12647-7 标准规定，理想的数字打样的介质应该和要模拟印刷的介质一样，在无法保证两者相同的情况下，应尽量保证两者的表面光泽度以及 CIE LAB 的 a^* 和 b^* 值一致。不同纸张的色度和光泽度其容差范围见表 16-1。另外，对于同种数字打样介质，在 ISO 12040 定义的耐光测试中，其颜色变化应该大于 $3\Delta E^*_{ab}$。表 16-1 对比了不同数码打样介质色度和光泽度参考值及容差范围。

表 16-1　不同数码打样介质色度和光泽度参考值及容差范围

打样材料/纸张 (Proofing substrate)	L^*	a^*	b^*	光泽度（%）
光面白色（Gloss white）	≥95	0+/−2	0+/−2	61+/−15
半哑面白色（Semi-matte white）	≥95	0+/−2	0+/−2	35+/−10
哑面白色（Matte white）	≥95	0+/-2	0+/-2	<25

注　数码打样的介质和 ISO 12647-2 定义的纸张的标准是不一样的。

色度值：参考 ISO 13655 测量条件与背衬的要求。

光泽度：参考 ISO 8254-1 “TAPPI” 光泽度的测量方法，其测量角度为 75°。

如果想通过 Fogra 数码打样纸的认证，可以到 Fogra 的官方网站上查询通过认证的纸张。

16.6.3 喷墨打样机的喷墨原理及特点

（1）热喷墨打印技术。热感应式喷墨技术（Thermal Inkjet Technology）是利用一个薄膜电阻器，在墨水喷出区中将小于 0.5%的墨水加热，形成一个汽泡。这个汽泡以极快的速度（小于 10μs）扩展开来，迫使墨滴从喷嘴喷出。汽泡再继续成长数微秒，便消逝回到电阻器上。当汽泡消逝，喷嘴的墨水便缩回。接着表面张力会产生吸力，拉引新的墨水去补充到墨水喷出区中。热喷墨打印机是通过给热敏电阻瞬间加热（400℃/ms），使发射镗内的墨滴膨胀到爆破，从而使墨水发射出来。由于墨水在高温下易发生化学变化，墨水微粒的方向性与体积大小不好掌握，打印线条边缘容易参差不齐，一定程度的影响了打印质量。

喷墨打印机一般多采用热气泡喷墨技术，通过墨水在短时间内的加热、膨胀、压缩，将墨水喷射到打印纸上形成墨点，增加墨滴色彩的稳定性，实现高速度、高质量打印。由于除了墨滴的大小以外，墨滴的形状、浓度的一致性都会对图像质量产生重大影响，而墨水在高温下产生的墨点方向和形状均不容易控制，所以高精度的墨滴控制十分重要。热泡式喷墨打印的原理是将墨水装入一个非常微小的毛细管中，通过一个微型的加热垫迅速将墨水加热到沸点。这样就生成了一个非常微小的蒸汽泡，蒸汽泡扩张就将一滴墨水喷射到毛细管的顶端。停止加热，墨水冷却，导致蒸汽凝结收缩，从而停止墨水流动，直到下一次再产生蒸汽并生成一个墨滴。

（2）微压电技术。微压电打印头技术是利用晶体加压时放电的特性，在常温状态下稳定的将墨水喷出。这种技术对墨滴控制能力强，容易实现 1440dpi 的高精度打印质量，且微压电喷墨时无需加热，墨水就不会因受热而发生化学变化，故大大降低了对墨水的要求。微压电技术把喷墨过程中的墨滴控制分为 3 个阶段，在喷墨操作前，压电元件首先在信号的控制下微微收缩。然后，元件产生一次较大的延伸，把墨滴推出喷嘴。在墨滴马上就要飞离喷嘴的瞬间，元件又会进行收缩，干净利索地把墨水液面从喷嘴收缩。这样，墨滴液面得到了精确控制，每次喷出的墨滴都有完美的形状和正确的飞行方向。

采用微电压的变化来控制墨点的喷射，不仅避免了热气泡喷墨技术的缺点，而且能够精确控制墨点的喷射方向和形状。压电式喷墨打印头在微型墨水贮存器的后部采用了一块压电晶体。对晶体施加电流，就会使它向内弹压。当电流中断时，晶体反弹回原来的位置，同时将一滴微量的墨水通过喷嘴射出去。当电流恢复时，晶体又向外延拉，进入喷射下一滴墨水的准备状态。

练习与思考

一、单选题

1. 使用的数码打样纸最好通过（　　）机构的认证。
A. Fogra　　B. ISO　　C. SWOP　　D. 以上的答案都不对
2. 海德堡的 Color Proof Pro 根据测量结果重新线性化校正的是（　　）。
A. 打样纸的 ICC　　B. 印刷的 ICC
C. 基础线性化文件 epl　　D. 线性化文件 ppl
3. 在海德堡的 Color Toolbox 中做闭环校准应选择（　　）的功能。
A. 灰度平衡优化　　B. 打样修正　　C. 灰度平衡　　D. 打样验证
4. 数码打样机的切纸器需用棉签蘸（　　）清洁。
A. 酒精　　B. 机油　　C. 清水　　D. 洗涤剂
5. 在以下自动清洗模式中使用墨水最少的是（　　）。
A. 逐色清洗　　B. 正常清洗　　C. 超声波清洗　　D. 全清洗
6. 建议（　　）周对爱普生大幅面打样机打印头进行一次维护和保养。
A. 10～15　　B. 6～8　　C. 5～7　　D. 3～4
7. 应使用（　　）对 EPSON9910 的栅格进行清洁。
A. 棉布　　B. 吹气管　　C. 无纺布　　D. 普通湿巾
8. 进入 EPSON9910 工程师界面后选择超声波清洗的是（　　）。
A. Std. CL1　　B. Std. CL3　　C. Init. Fill　　D. SSCL
9. 进入 EPSON9910 工程师界面的方法是：左手按电源开关，右手同时按（　　）。
A. 向下＋向右＋OK 键　　B. 向上＋向左＋OK 键
C. 向下＋向右＋暂停键　　D. 向上＋向左＋暂停键
10. 在 Color Toolbox 进行闭环校准最好不要超过（　　）次。
A. 2　　B. 3　　C. 4　　D. 5

二、多选题

11. 在 Color Proof Pro 软件中对 EPSON9910 选择 HDR 墨水类型后，黑墨打印使用的是（　　）。
A. 照片黑　　B. 淡黑　　C. 淡淡黑　　D. 粗面黑
E. 以上答案都对
12. EPSON9910 相比 9908 多出的墨水是（　　）颜色。
A. 橙色　　B. 红色　　C. 蓝色　　D. 绿色
E. 金属色
13. 在进入 EPSON9910 的工程师界面可选择的清洗模式包括（　　）。
A. 一般清洗　　B. 逐色清洗　　C. Std. CL1-3 的正常清洗
D. 超声波清洗　　E. 全面清洗

14. 有 11 色爱普生大幅面打样机的是（　　）。
    A. 9910　　B. 9908　　C. 7910　　D. 9710
    E. 4910
15. Color Proof Pro 软件中对于 EPSON9910 可选择的打印模式有（　　）。
    A. HT 模式　　B. OGB 模式　　C. CMYK 模式　　D. CT 模式
    E. UV 模式
16. 闭环校准的次数过多一般会出现（　　）情况。
    A. 色差数据会反弹　　B. 图像会断层
    C. 色彩的渐变会跳阶　　D. 色差会更小
    E. 以上答案都对
17. 根据测量结果重新线性化的步骤包括（　　）。
    A. 选择基础线性化文件 epl　　B. 分光光度计的设定
    C. 墨水限制　　D. 线性化
    E. 多次线性化校准
18. EPSON9910 相比 9908 的优势是（　　）。
    A. 墨水更多　　B. 打印速度更快　　C. 喷嘴的数量更多　　D. 价格更低
    E. 以上答案都对
19. 手动清洁 EPSON9910 的打印头应注意（　　）。
    A. 关闭电源　　B. 拔掉电源线　　C. 往里推 flushing box 棉签
    D. 应使用无纺布清洁栅格　　E. 清洁栅格时应避免水弄湿电路板
20. 对 EPSON9910 进行手动清洁（除了打印头之外）还包括（　　）。
    A. CR 光栅　　B. 自动切纸器　　C. 走纸通道　　D. 压纸辊
    E. 栅格

三、判断题

21. 更换数码打样机的墨水需轻轻摇晃墨盒。（　　）
22. 对 EPSON9910 的打印头清洁其粗面黑一般是不工作的。（　　）
23. 闭环校准的次数越多其数据越准确。（　　）
24. 超声波清洗模式相对于其他清洗模式墨水用量最小。（　　）
25. Color Toolbox 闭环校准修正的数据是数码打样纸张的 ICC。（　　）
26. 数码打样机应避免经常开关机的充墨而引起打印头阻塞。（　　）
27. EPSON9910 的废墨仓可多次重复利用。（　　）
28. 数码打样机打印头某一颜色断线不影响闭环校准的结果。（　　）
29. 根据测量结果重新线性化其校正的打样机的颜色。（　　）
30. 使用替代墨对数码打样系统的日常维护和管理危害大。（　　）

练习与思考参考答案

1. A	2. C	3. B	4. C	5. A	6. D	7. C	8. D	9. A	10. B
11. ABC	12. AD	13. BCDE	14. ACE	15. AD	16. ABC	17. ABCDE	18. ACD	19. ABDE	20. ABCD
21. Y	22. N	23. N	24. N	25. Y	26. Y	27. N	28. N	29. Y	30. Y

任务 17

版材测试及参数设定

该训练任务建议用 2 个学时完成学习。

17.1 任务来源

CTP 制版设备的版材参数与印版制版质量直接相关。依据版材特性控制或调整 CTP 制版设备的曝光能量、转速以及光学系统的对焦参数等至关重要，是印版制版质量的保证，也是 CTP 操作人员需要掌握的技能。特别是当更换新的版材品牌或者不同感光特性的版材时，首先应进行版材测试工作。因此，掌握及懂得如何控制和测试印版质量便能够使印刷的效率提高，质量保持稳定。

17.2 任务描述

检查版材的属性参数，检查冲版机参数，使用 CTP 设备自带的版材测试软件完成版材参数测试，最终建立符合当前硬件参数要求的印版版材。

17.3 能力目标

17.3.1 技能目标

完成本训练任务后，读者应当能（够）掌握以下技能。

1. 关键技能

（1）能够识别版材基本属性参数。

（2）能够使用 CTP 设备接口软件完成版材参数测试。

（3）能够建立版材。

2. 基本技能

（1）能够熟练使用印版检测仪。

（2）能够熟练使用螺旋测量仪。

（3）能够完成 CTP 印刷输出。

17.3.2 知识目标

完成本训练任务后，读者应当能（够）学会以下知识。

（1）了解热敏 CTP 版材的性能特征。

(2) 了解热敏 CTP 的工作原理。
(3) 了解印版显影的参数含义。

17.3.3 职业素质目标

完成本训练任务后，读者应当能（够）具备以下职业素质。
(1) 学会如何处理新的版材相关参数的测试与设定。
(2) 有能力识别由于版材参数设定所引起的问题。
(3) 养成作业记录的良好习惯。

17.4 任务实施

17.4.1 活动一　知识准备

(1) 热敏 CTP 版材的成像原理是什么?
(2) CTP 版材的物理参数有哪些?
(3) 免处理版材的特点。

17.4.2 活动二　示范操作

1. 活动内容

检查版材，识别版材的基本参数。使用 CTP User Interface 创建新的版材，完成版材参数测试，建立新的版材，以供虚拟打印机调用。

2. 操作步骤

(1) 步骤一：识别印版版盒包装标签相关参数，测量印版实际参数。

图 17-1 标识了“印版品牌-Saphiar 海德堡塞飞扬”“版材特性-Thermoplate PN 热敏 CTP 版材”“储存干燥温度－4℃到 25℃”。另外还可以根据版材包装盒上的条码等信息，了解到该热敏版材印版“有效期”“条码”“尺寸”等，如图 17-2 所示。需要注意的是不同的批次可能会导致质量有所不同，版材如果过了保质期也会产生质量问题。

图 17-1　版材包装盒表面

图 17-2　版材尺寸及日期

(2) 步骤二：版面检查。

印版拿取方式要规范（不能产生“马蹄印”，会导致印刷问题）。从印版盒中取出印版，剥离衬纸，双手手指拖住印版的两个短边，让印版自然弯曲成弧形，如图 17-3 所示。然后将印版平放在桌面上。如图 17-4 所示，目测印版正面涂层的均匀性、有无灰尘或者脏点、纸屑等，以及检查印版背面是否有折损等。

图 17-3 正确的拿版方法

图 17-4 印版表面检查

（3）步骤三：测量印版厚度。

印版包装盒上通常给出了印版的厚度数值，为验证标签标注的厚度是否有误差，通常使用如图 17-5 所示的千分尺测量印版实际厚度。

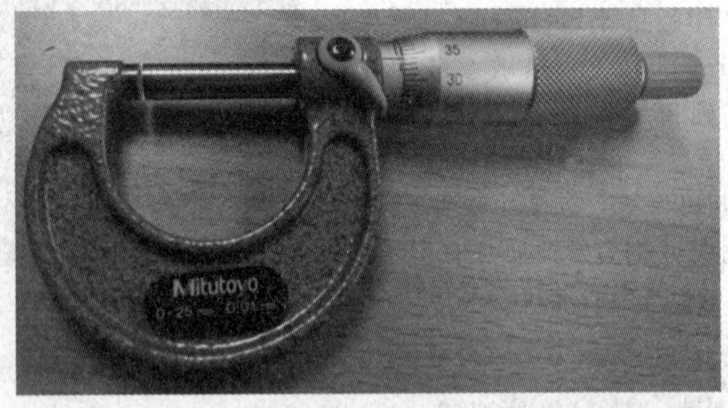

图 17-5 千分尺

（4）步骤四：设定印版测试参数，进行印版参数测试。

打开 CTP User Interface 软件，使用材料向导，在材料向导的指示下，逐步建立版材参数设定，如图 17-6 所示。

1）建立新材料，在本窗口设定“材料名称：PN——525×459”“宽度：525mm”“长度：459mm”“厚度：140μm”“极性：正的”。这里有一个重要参数“速度：490”，这里可以输入版材的参考速度，可以从版材供应商处了解到该信息。

2）单击“下一步”，跳过“打孔”设定，可视 CTP 设备的配置情况考虑是否需要完成该步骤。本例不需要进行“打孔”设定，再单击“下一步”，进入“聚焦测试”如图 17-7 所示。

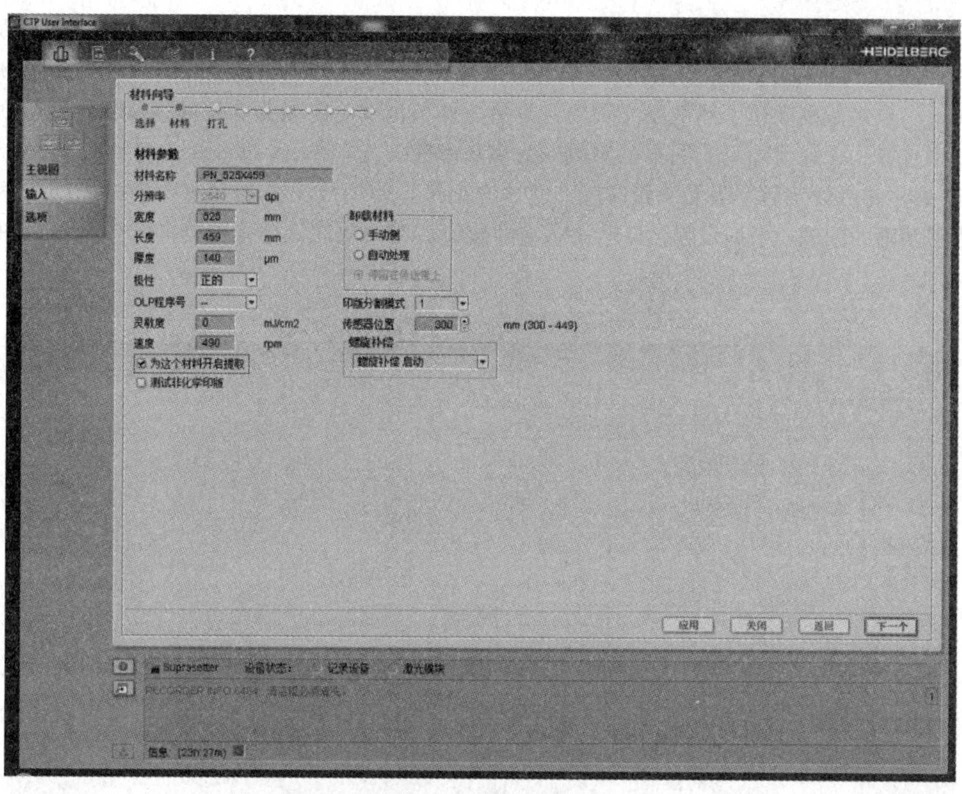

图 17-6 材料向导

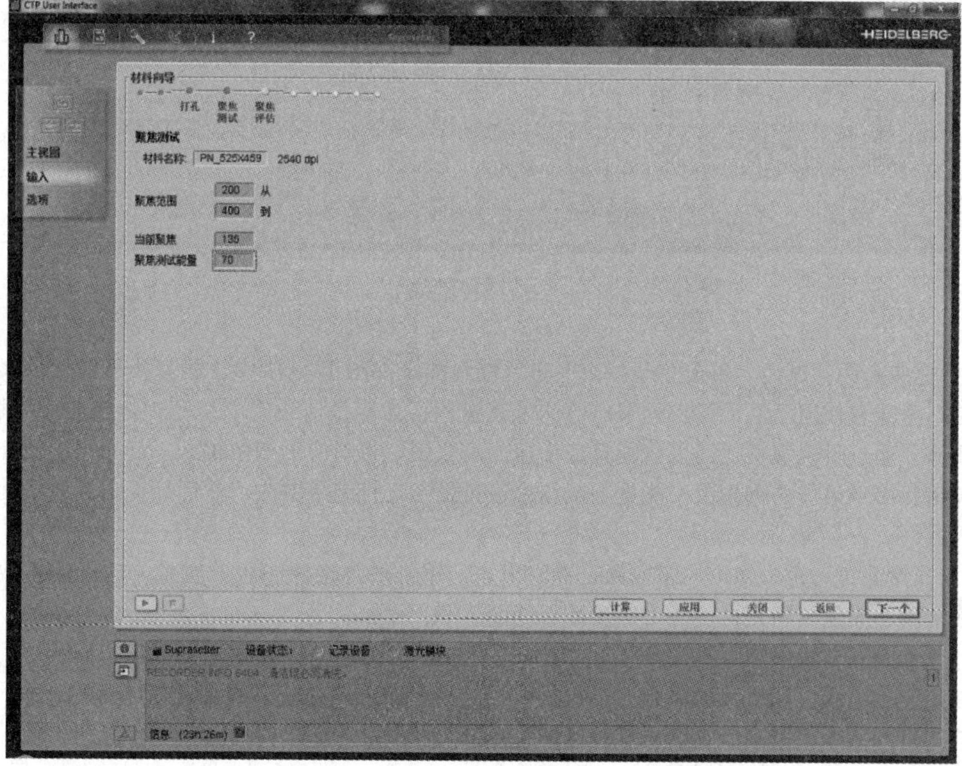

图 17-7 聚焦测试

聚焦测试是找到当前 CTP 对当前的版材的最佳焦距，使图文清晰的曝光。本例参数为“聚焦范围：从 200 到 400”，“当前聚焦：135”，“聚焦测试能量：70”，这些参考值可以从版材供应商处了解。聚焦范围表达了热敏激光头的光学装置调节范围，应涵盖从模糊到清晰再到模糊的过程，从中选择一个最清晰曝光图案的参数作为聚焦参数。

3）聚焦参数设定后，曝光一张印版，并冲洗出来，使用放大镜观察每一条曝光的图案，找到一个最清晰的图像，根据目测结果输入对应的数值，然后软件计算得到当前的焦距值如图 17-8 所示。

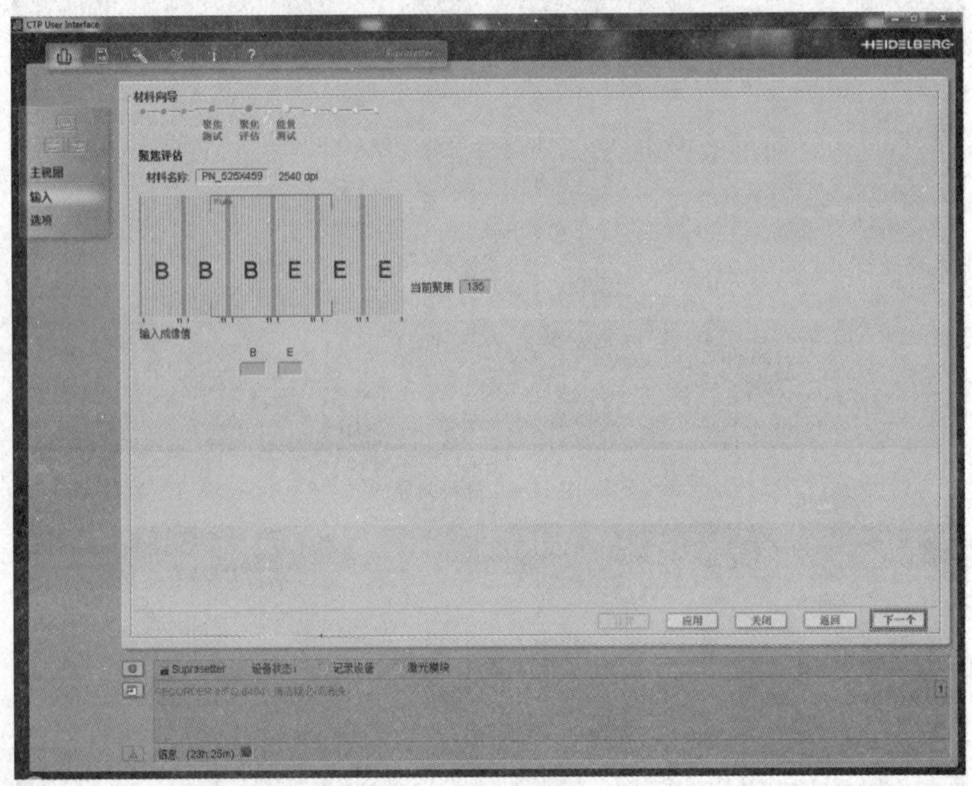

图 17-8　聚焦值确定

4）完成焦距测试后，单击“下一个”进入能量测试如图 17-9 所示。能量测试紧接着聚焦测试之后，意味着使用已经计算出的聚焦值测量能量值。为能量值设定一个范围，曝光一张版材，冲洗出来，通过目视观察找到最清晰且最干净的一张图，将对应的参数输入，计算得出最佳能量值，使印版得到最佳的曝光量。能量测试结果通过目测，将结果输入，然后计算出当前最佳的能量值。

5）质量测试，再次输出一张印版，冲洗出来，用来最终检测印版的质量，这里的参数体现印版的焦距、能量及网点再现能力等参数，如图 17-10 所示。

（5）步骤五：使用印版测量仪测量并验证数据。

使用印版检测仪测量测试印版上“灰梯尺”的数字信息，并记录数据，如图 17-11 所示。根据对应版材的参考数据确定版材质量测试的结果。

最后还可以使用酒精测试印版曝光的干净程度。

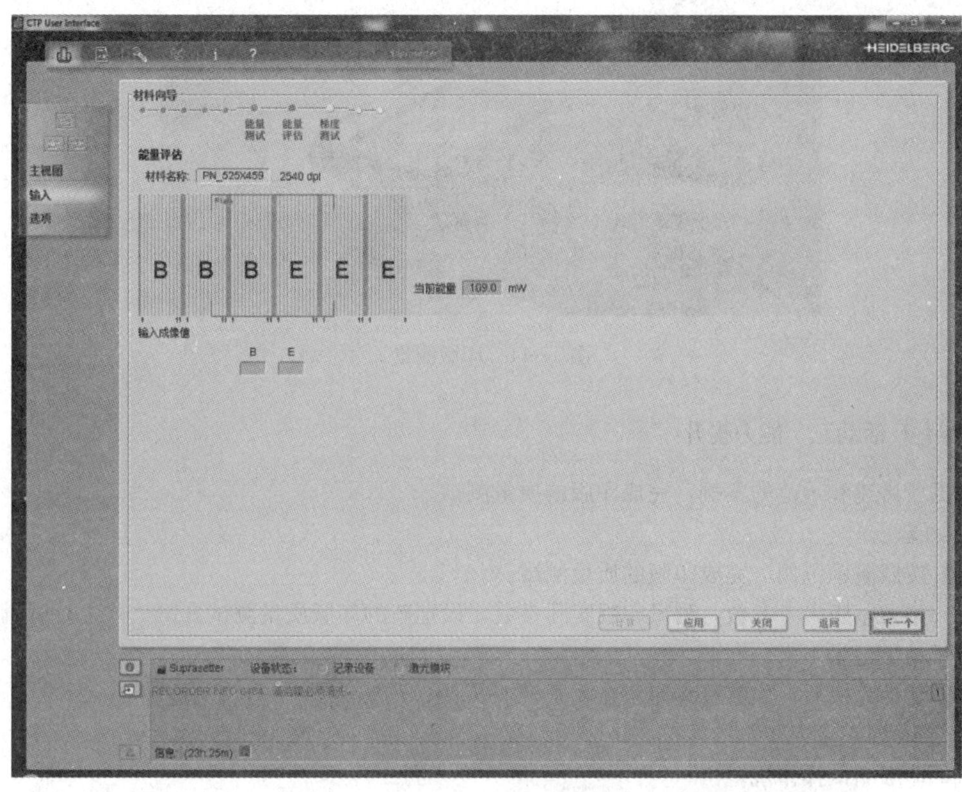

图 17-9　能量测试

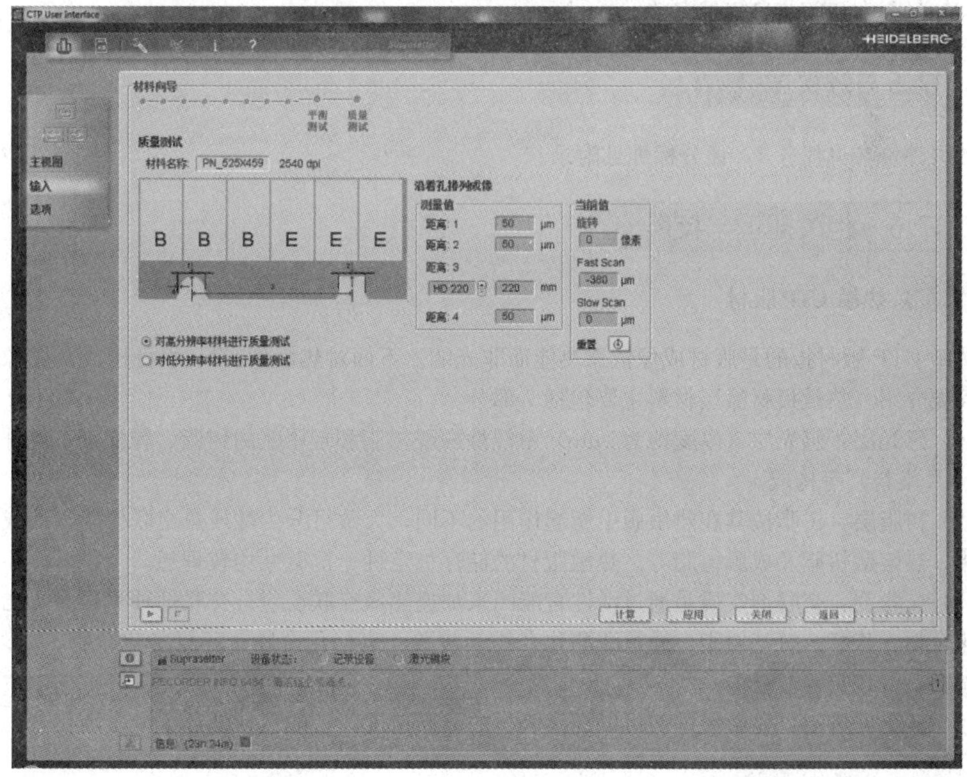

图 17-10　质量测试

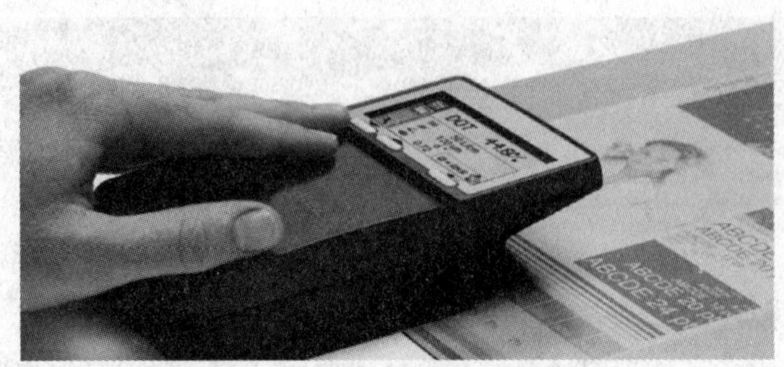

图 17-11 印版测量

17.4.3 活动三 能力提升

根据所讲述和示范的案例，完成印版的质量测试。

1. 内容

（1）按照演示范例，完成印版的质量测试。

（2）记录印版参考参数，测量印版实际参数，设定新的印版质量测试方案，并进行测量，最后将测试结果记录下来。

（3）活动完成后，保存最终印版在收版架上。

2. 整体要求

（1）印版测试操作规范。

（2）印版测量仪器使用规范。

（3）过程中相关信息记录完整。

17.5 效果评价

效果评价参见任务 1，评分标准见附录。

17.6 相关知识与技能

17.6.1 热敏 CTP 版材

热敏 CTP 版材指的是版材成像依靠热能而非光能。下面对热敏型 CTP 版材构成及成像原理进行简要介绍。热敏板材涂层材料主要包括 7 部分。

（1）感光层：感光层（厚度约为 1μm）由线性酚醛树脂和羟甲基酚树脂、释酸剂、红外吸收染料（IR 染料）等构成。

（2）树脂层：树脂按其在热敏版中所起作用的不同，大致可分为酸或热交联树脂、酸或热分解树脂、热熔融树脂及成膜树脂等。热敏版材的储存稳定性、抗碱性均较理想。

（3）交联剂：交联剂实质是通过活性官能团来加速热敏交联反应；交联剂种类很多，比如酚羟基化合物、芳醛、氨基树脂、异氰酸酯化合物、羧酸、卤代化合物、环氧基化合物、氮丙啶、酰亚胺类、蜜胺类等。

（4）显影促进剂：显影促进剂可以提高版材的显影速度，一般包括低分子量多酚化合物或环状酸酐等。

（5）稳定剂：为了提高热敏版材的储存稳定性，需要加入酸性化合物类的稳定剂，比如苯甲酸、萘甲酸等。

(6) 红外吸收剂：热敏CTP版材使用的红外吸收剂种类很多，可以是颜料或染料，不同红外吸收剂性能差异较大；例如碳黑，具有吸收波长范围宽的优点，但曝光后图文的反差小，不易分辨；酞菁类染料很容易溶于各种溶剂，并与各种树脂兼容，形成均匀光热转换层，但显影性能不是最佳。因此，红外吸收剂的选择要考虑各方面的因素，以最终性能来确定。

(7) 光致释酸剂：光致释酸剂主要有磺酸酯类、其他酯类、有机氯类、重氮类、脂环醚类等；光致释酸剂为一种阳离子聚合引发剂，遇热或光发生分解形成强质子酸，从而引发碳阳离子聚合反应，即所谓化学增幅技术。

热敏版材感光层一经曝光，红外吸收染料首先吸收红外激光，然后将光能转换成热能，温度上升。感光层的温度达到一定值（阈值）时，释酸剂（潜在的质子酸）分解产酸，酸起催化作用，树脂发生一定程度的交联（潜影），再施以高温（即工艺上要求的预热）加速曝光部位树脂层的交联反应，使图像在显影时不溶于碱性显影液，经显影得到清晰的图像。同时，也增强了图像部分膜层的耐溶剂性，使其不容易被润版液或其他溶剂溶解。

17.6.2 CTP版材的物理参数

CTP版材的物理参数主要包括：曝光时间、显示时间、显影温度。不同品牌版材物理参数不同，在使用之前需要根据不同的版材类型设置相应的参数，进行测试，建立版材参数。目前最常用的版材有柯达CTP版材、富士版材、爱克发版材、海德堡版材、新图版材、华光版材等。

通常情况下CTP版材的使用和储存温度为20～25℃、湿度为40%～60%。对于光敏CTP版对温湿度比较敏感，特别要注意夏季的高温、高湿环境。CTP版材显影液的使用周期一般为3周到1个月，更换显影液清洗显影机时，要考虑更换显影滤芯。使用中定期检查显影液的循环情况，显影液的pH波动范围为11.75～12.25之间。规范CTP冲版机的参数，维护保养好冲版机是制版质量的保障。

17.6.3 免处理板材

目前，CTP技术向低耗材、低污染、低排放的环保型免处理CTP技术方向发展，以顺应环保、低碳、绿色印刷发展的世界潮流。可以肯定，实现绿色CTP技术、采用免处理版材是未来发展的主流。下面对免处理CTP版材的种类和优势做下简单介绍。

1. 免处理CTP版材的种类

(1) 版材在CTP设备上曝光成像后，无须任何后处理程序即可上机印刷，并且不产生任何形式的液体或固体废料，这是真正意义上的免处理CTP版材。

(2) 版材在CTP设备上曝光成像后，无须化学药品显影处理，但会有个别处理程序，如版材烧蚀废屑的清除、清水冲洗、涂布保护胶等，其废液可直接排放。

(3) 版材在CTP设备上曝光成像后，印版在上机印刷之前，需要去除其表面涂布的保护胶。如柯达的ThermalDirect版材和富士胶片的BrillialDNS热敏版材及BrilliaHDPRO-V免化学处理紫激光版材等都属于这一类。

(4) 裸版型免处理喷墨CTP版材，采用经砂目化和阳极氧化处理的无感光涂层的铝版基，通过喷墨CTP（裸版）制版系统及成像液输出后，只需固版处理，即可上机印刷，省去了显影、水洗等工序，是环保型印刷版材。

2. 免处理CTP版材的优势

(1) 低碳环保优势。顺应当前低碳、环保、绿色印刷的世界潮流。

（2）缩短工艺流程。免除了传统 CTP 印版成像后需要显影、定影、清洗、上胶、干烧等步骤。

（3）排除质量问题。排除了传统 CTP 印版成像后经化学处理所产生的诸多质量问题。在传统 CTP 印版制作过程中，显影处理过程会随时影响印版质量，对显影机的管理不当以及对显影液的温湿度、补充量等指标的控制和检测稍不注意，就会出现各种印版质量问题，影响生产效率和印品质量。

（4）节约生产成本。目前免处理 CTP 版材虽然价格偏高，但可以节省化学药品、水电、人力以及质量问题所造成的版材损失等综合成本计算，相比传统 CTP 版材，免处理版材会使综合生产成本更低。随着免处理 CTP 版材的国产化、用户量的增多，版材价格也会逐渐降低。

练习与思考

一、单选题

1. 海德堡版材测试软件是（　　）。

A. Signastaion　　B. Meta Shooter　　C. GUI　　D. Color Tool Box

2. 印版能量测试的说法正确的是（　　）。

A. 能量越大印版越适合曝光　　B. 任何印版都可以使用较低的能量值

C. 能量可以直接调整到最高值　　D. 通过测试，找到针对印版的最佳能量值

3. 以下对连线打孔描述正确的是（　　）。

A. 精度较手动打孔要高　　B. 不同尺寸印版可用同一对打孔装置

C. 不同厚度印版可以用同一对打孔装置　　D. 打孔装置不可以更换位置

4. 哪种情况下不需要对印版做质量测试（　　）。

A. 更换新的品牌　　B. 更换药水、速度及温度

C. 更换印版的厚度　　D. 更换 CTP 设备

5. CTP 版材质量稳定为印刷带来的好处有哪些？（　　）

A. 节约了过版纸、油墨等印刷耗材

B. 实现了 CIP3/CIP4 数字流程

C. 节约了人力和时间

D. 较 CTF 节约了印版修脏、较色的时间，提高了生产效率

6. 不可以测量印版网点数据的仪器有哪些？（　　）

A. IC PlateⅡ　　B. 密度计　　C. 导电度计　　D. 分光光度计

7. 不同品牌印版需要做材料测试的意义，正确的是（　　）。

A. 不同品牌印版，其对激光量的敏感度不一样，所产生的结果会有所不同，因此需要做新的材料测试

B. 不同品牌印版，线性化结果会不一致，做好材料测试，线性化结果也会一致

C. 不同品牌印版，其厚度有所不同，因此激光量一定不一样

D. 以上答案都不对

8. 从印版版盒里拿版出来时较好的方法是（　　）。

A. 从后往前拿，版面前带衬纸一起拿出

B. 从前往后拿，版后面带衬纸一起拿出

C. 从后往前拿，版后带衬纸一起拿出

D. 从前往后拿，版面前带衬纸一起拿出

9. 测量印版网点大小的仪器是（　　）。

A. 放大镜　　B. Eye One　　C. 印版网点测量仪　　D. 导电度计

10. 能量测试过程当中，对“聚焦测试能量”的说法正确的是（　　）。

A. 根据材料转速设定其能量大小

B. 在测试过程中有固定的能量值

C. 测试过程中能量可以从小到大进行测试，直到出现满意的效果为止

D. 可依据相同厚度的印版数据进行测试

二、多选题

11. 印版版盒标签上可以参考的数据有哪些？（　　）

A. 印版生产日期　　B. 印版尺寸

C. 印版厚度　　D. 印版名称

E. 印版 N 值系数

12. 对于超霸 A105 的描述，正确的有（　　）。

A. 仅有一个激光头　　B. 双激光头设备

C. 无需调节平衡测试　　D. 无需调节梯度测试

E. 设备内可同时进入两张印版

13. 在 GUI 中，可以实现的功能有（　　）。

A. 可预览 OBT 文件　　B. 可接收 Shooter 的曝光信号

C. 可同时建立多个版材材料输出方案　　D. 可对设备硬件进行调整和维护

E. 可观察到设备的运行状态

14. 哪些选项会出现在 GUI 材料向导中的“材料”界面？（　　）

A. 材料宽度长度　　B. 材料厚度

C. 转速　　D. 激光量

E. 激光焦距

15. CTP 版材的特点是（　　）。

A. 可以直接在日光灯下操作　　B. 其为光敏版

C. 内鼓试曝光　　D. 不可以对光敏版曝光

E. 有些印版含少量的感光涂层

16. 关于免冲洗环保版材的说法正确的有（　　）。

A. 可以使用设备曝光后，不冲洗直接上印刷机印刷

B. 可以在 CTP 曝光后，使用特殊的保护胶冲洗后上机印刷

C. 可以在曝光后，上机冲洗显影，然后印刷

D. 必须使用特殊定制的 CTP 对印版进行曝光

E. 目前曝光常规 CTP 印版的设备无法曝光环保版材

17. CTP 在国内普及较慢的原因有（　　）。

A. 版材成本较高　　B. 设备投资较大

C. 没有合适的产品需求　　D. 利润太低

E. 设备操作要求过高

18. 转速与曝光能量的关系是（　　）。

A. 转速越快，曝光能量越小　　B. 转速越快，曝光能量越大

C. 两者相对独立，互不影响　　D. 转速越小越需要更高的曝光能量

E. 转速越小曝光能量越小

19. 下列对印版焦距的说法正确的是（　　）。

A. 焦距与曝光转速有关　　B. 焦距测试可使得图文更清晰

C. 焦距只有唯一一个最佳数值　　D. 焦距测试可通过放大镜进行检测

E. 激光焦距与印版厚度无关

20. 印版表面平整度检测标准的做法是（　　）。

A. 通过眼睛观察表面色泽深浅　　B. 出一张平网测量数据

C. 用棉布蘸显影液擦拭印版表面　　D. 在阳光下暴晒 10min

E. 不曝光冲版后测量表面

三、判断题

21. 版材厚度需按照实际测量值输入，版盒标签标注厚度仅做参考。（　　）

22. 印版质量测试完成即完成了印版线性化的过程。（　　）

23. Distiller 的作业设定不支持自定义（新建）。（　　）

24. 通常印版过期了，只要保存的得当还是可以继续使用的。（　　）

25. 假设设备有 3 个激光头，能量测试结束后，选择曝光最干净的一个激光头作为参考数据输入。（　　）

26. 印版聚焦测试与印版能量测试无先后顺序，两者测试结果相互独立。（　　）

27. 不同尺寸，但厚度一样的同品牌印版，可以使用相同的印版输出参数。（　　）

28. “极性”选项为“正的”，意思是印版为阴图版。（　　）

29. 材料名称必须出现材料尺寸，否则 CTP 设备无法识别。（　　）

30. 选择“手动侧”出版，印版即会从设备后部输出。（　　）

练习与思考参考答案

1. C	2. D	3. A	4. B	5. D	6. C	7. A	8. A	9. C	10. C
11. ABCD	12. BCD	13. BCDE	14. ABC	15. ADE	16. ABC	17. AB	18. BE	19. BD	20. BE
21. Y	22. N	23. N	24. N	25. N	26. N	27. Y	28. N	29. N	30. N

任务 18

印版线性化

该训练任务建议用4个学时完成学习。

18.1 任务来源

CTP生产中通常会遇到更换版材品牌或者更换新的药水，又或者更换加网参数等情况，这些情况发生时，为保证制版质量的可预测性，通常需要制作印版线性化曲线。并且在色彩管理实施过程中，印版线性化是非常重要的环节，其通过加载反补偿曲线的方式实现线性化的目的，从而为印刷补偿曲线的建立以及做好印刷ICC数据提供根本保障。作为CTP流程高级操作员，应熟知使用印版测量仪建立CTP线性化曲线，完成不同版材、不同加网系统印版线性化的要求。

18.2 任务描述

按照要求设置好印版测量仪iCPlateⅡ，在Calibration Manager建立线性化组别，设置好线性化名称及加网系统参数，提交打印后在Prinect Cockpit检查其设定的参数是否正确后提交出版，使用iCPlateⅡ测量印版数据输入到Calibration Manager的线性化曲线，平滑线性化曲线，提交出版验证其正确性。

18.3 能力目标

18.3.1 技能目标

完成本训练任务后，读者应当能（够）掌握以下技能。

1. 关键技能

（1）设置印版测量仪iCPlateⅡ。

（2）在Calibration Manager建立组别，设置线性化名称及加网系统参数。

（3）在Prinect Cockpit检查线性化参数并输出。

（4）使用iCPlateⅡ测量数据，建立线性化曲线并验证准确性。

2. 基本技能

（1）能熟练使用Prinect Cockpit。

（2）熟悉Meta流程。

（3）熟悉 Shooter 的界面。

18.3.2 知识目标

完成本训练任务后，读者应当能（够）学会以下知识。

（1）理解使用 iCPlateⅡ测量印版网点面积。

（2）理解印版线性化对色彩管理的意义。

（3）理解平滑印版线性化数据的意义。

（4）理解使用不同的加网系统和版材类型对印版线性化数据的影响。

18.3.3 职业素质目标

完成本训练任务后，读者应当能（够）具备以下职业素质。

（1）设定好 iCPlateⅡ测量印版的网点面积。

（2）建立线性化组别、名称、加网系统、测量并输入数据和平滑数据。

（3）验证线性化准确性。

18.4 任务实施

18.4.1 活动一 知识准备

（1）印版线性化的目的是什么？

（2）使用 X-rite iCPlateⅡ应注意的问题是什么，不同品牌的测版仪有哪些？

（3）为什么要使用 iCPlateⅡ而不是使用密度计测量印版的网点面积？

18.4.2 活动二 示范操作

1. 活动内容

（1）设置印版测量仪 iCPlateⅡ。（操作说明见附录）

（2）在 Calibration Manager 建立组别，设置线性化名称及加网系统参数。

（3）在 Prinect Cockpit 检查线性化参数并输出。

（4）使用 iCPlateⅡ测量数据，建立线性化曲线并验证准确性。

2. 操作步骤

（1）步骤一：印版测量仪测量功能设置。设定印版测量条件。在 iCPlateⅡ单击“选项设置 [icon]”，如图 18-1 所示。选项设置中设置“CTP 版 [icon]”“阳图+”“调幅 [icon]”“光源 [icon]”。如图 18-1（b）所示。

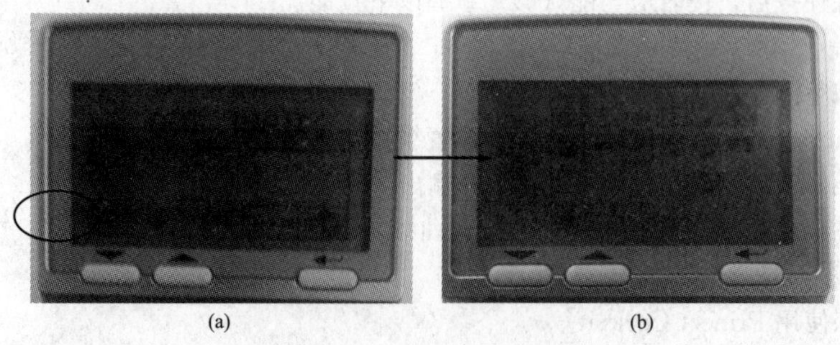

(a) (b)

图 18-1 iCPlateⅡ界面设置

（2）步骤二：在 Calibration Manager 建立组别，设置线性化名称及加网系统参数。

1）启动软件。打开 Calibration Manager 软件，如图 18-2 所示。

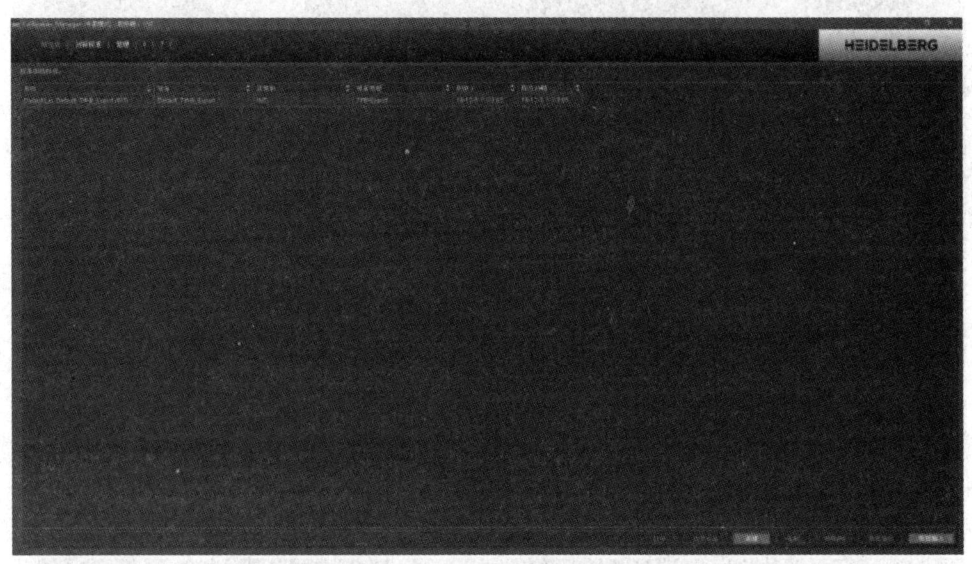

图 18-2　Calibration Manager 界面

2）创建线性化组。选择“线性化”，在该窗口单击“新建”，创建线性化组。如图 18-3 中的校准线性化组的参数设定。“名称：Color Management”，“设备：Default：TiffB-Export（计算机：INT）”，“设备类型：TiffB-Export”。然后，双击打开该“线性化组”，如图 18-4 所示。

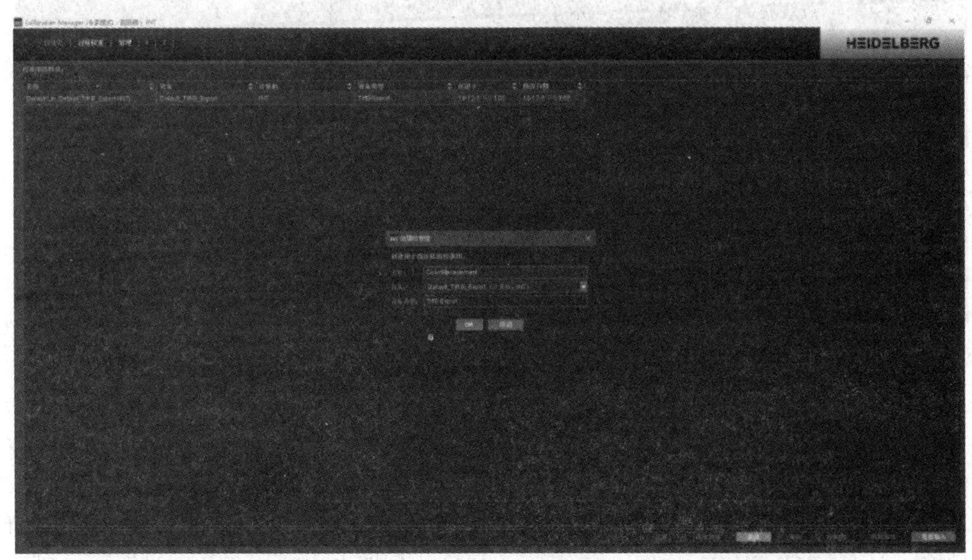

图 18-3　线性化组参数设定

3）创建线性化曲线。在校准组 Color Management 里，单击“新建”，创建线性化曲线。如图 18-5 所示的线性化曲线的参数定义为：“名称为 Is CMYK＋7. 5 _ SE _ 200dpi _ 525×459”，“加网系统选择为 IS CMYK＋7. 5”，“网点形状为 Smooth Elliptical”，分辨率为 2540”，“频率为 200lpi”，“介质为 PN2011 _ 525×459” 等。单击“OK”，返回线性化组界面。

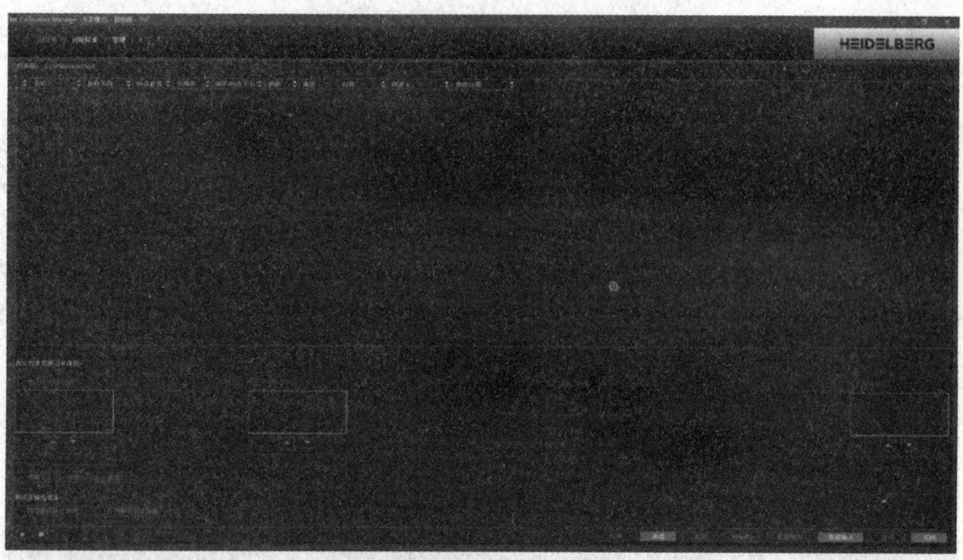

图 18-4　线性化组界面

图 18-5　线性化参数设定

4）激活线性化曲线。线性化曲线参数设定后，选择该线性曲线，单击图 18-6 界面右下角“三角绿标”，激活线性化曲线。

5）打印未校准的测试页。在图 18-6 界面中单击“打印测试页未校准”。使用默认的目录：“\\int\PTransfer\1BIT-TIFF”，如图 18-7 所示。其目的是把未校准的 Tiff-B 图像输出到 Prinect Cockpit 上。

（3）步骤三：输出未校准测试页印版。

1）启动数字化工作流程软件。打开 Prinect Cockpit 中的“Calibration Testjob Lineariztion”，如图 18-8 所示。

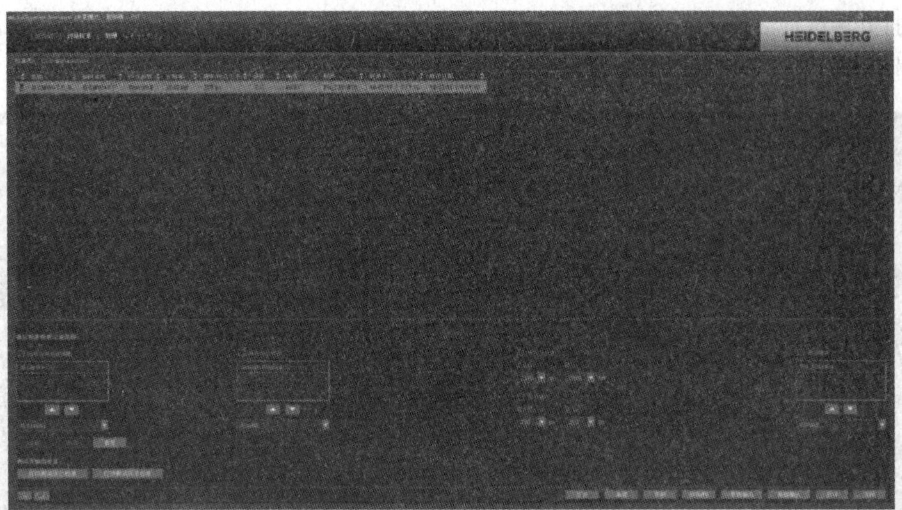

图 18-6　新建线性化曲线

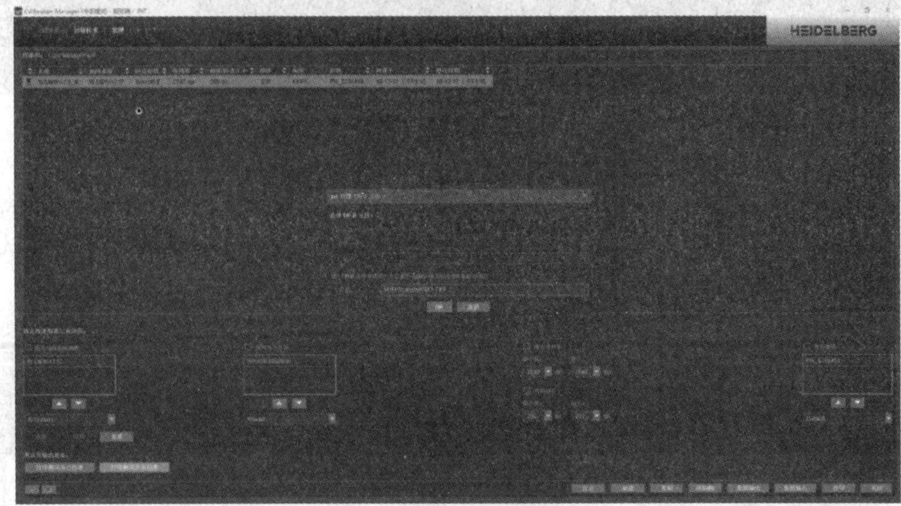

图 18-7　打印为校准测试图

图 18-8　Prinect Cockpit 活件组界面

2）打开测试页活件文件。在“Calibration 文件夹”中看到“Calibration Testjob Lineariztion”就是输出过来的文件。双击打开，如图 18-9 所示。

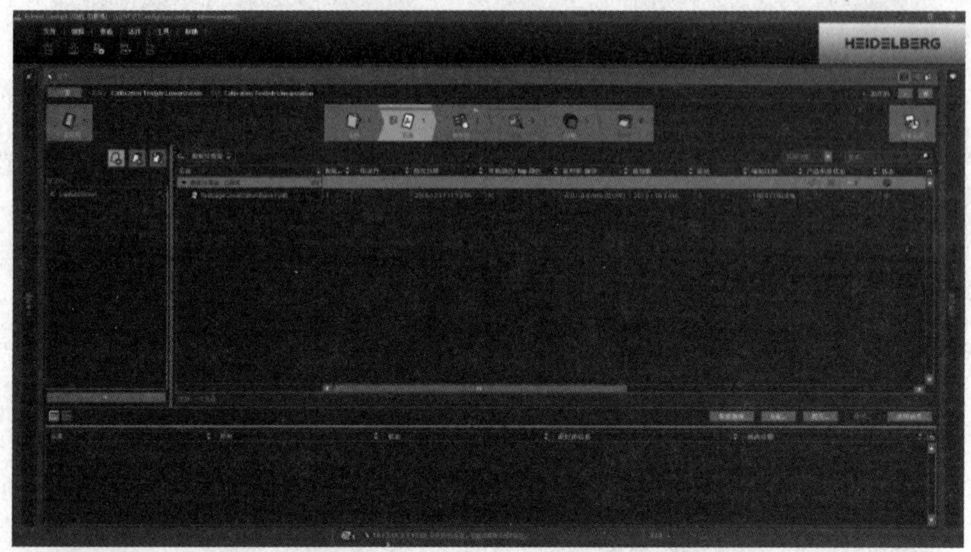

图 18-9　Prinect Cockpit 活件界面

3）查看测试页页面内容。在图 18-9 的“页面”中双击“TestpageLinearizationBlack1. pdf”，文件是 PDF 格式，默认使用 Acrobat 软件打开，如图 18-10 所示。可以查看“未校准测试页”的内容，还有如图所示的“灰阶调梯尺”。

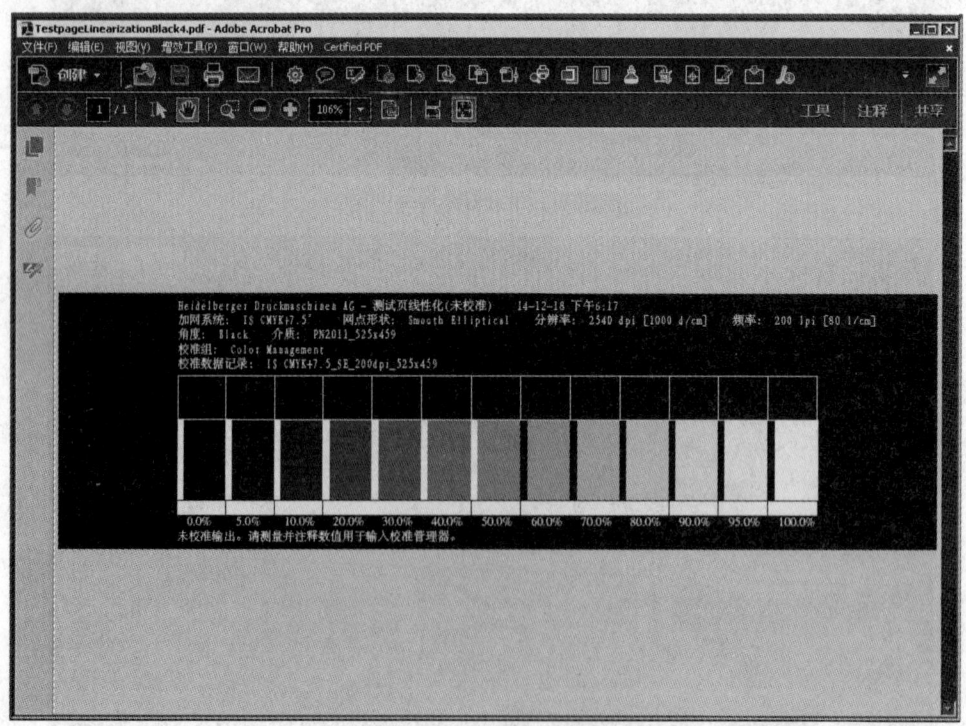

图 18-10　未校准测试页内容

4）定义印版输出模板参数。关闭 Acrobat 软件。返回 Prinect Cockpit 活件界面，单击“印版”中的“CallpmoOut”模板。在图 18-11 中单击“拼版”，查看“版式方向”等。

图 18-11 印版参数

5）查看输出材料。在图 18-12 窗口中，单击“设备”。查看“映射”中印版的材料名称，是否是“PN _ 525x459”等。

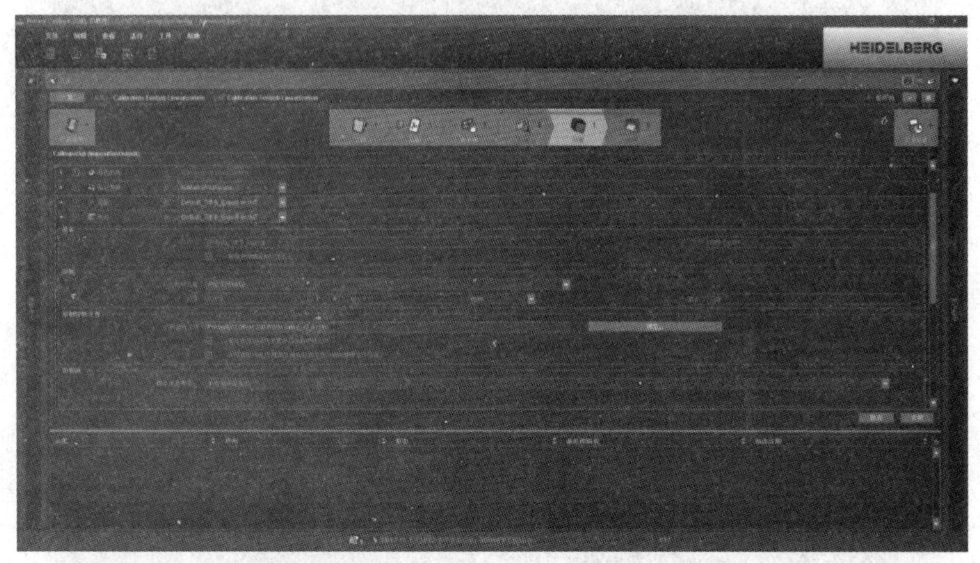

图 18-12 印版介质参数

6）取消校准选项。在图 18-13 窗口界面，查看“校准”选项功能是否被激活。如果已经激活，则取消“√”状态。

7）查看加网参数。在图 18-14 窗口，查看“加网”参数，检查加网参数是否与线性化曲线定义的参数一致。如果不一致，更改为线性化曲线定义的参数。

8）查看目标参数。在图 18-15 窗口查看“目标”参数，确认路径是否正确。确认后单击“关闭”。提交输出文件。

图 18-13 检查“校准”的状态

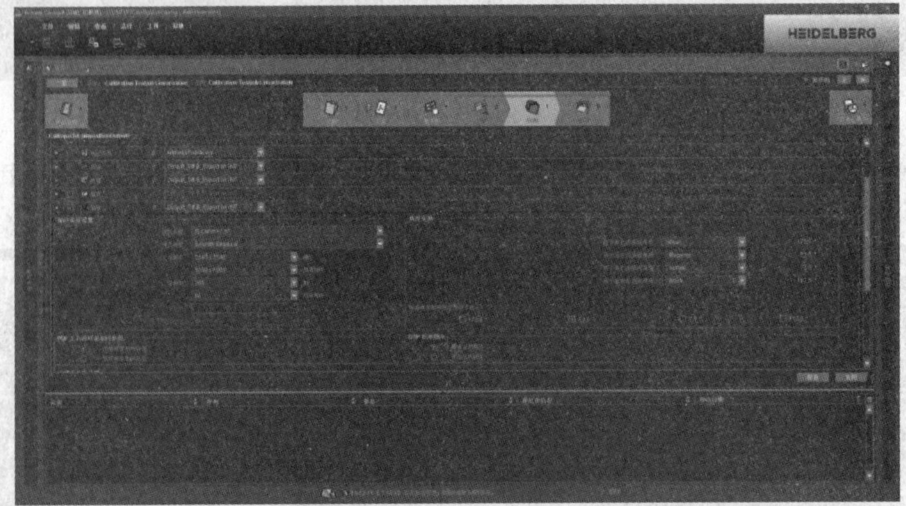

图 18-14 加网参数

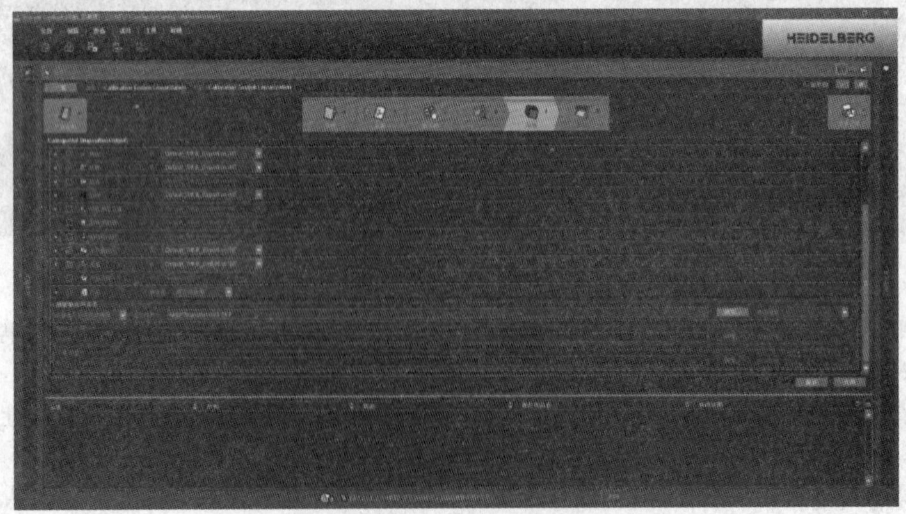

图 18-15 查看输出目标文件位置

9）提交文件。这些参数确认无误后，选择“未校准测试的 PDF 文件”，提交给印版输出模板，输出 TiffB 文件，如图 18-16 所示。

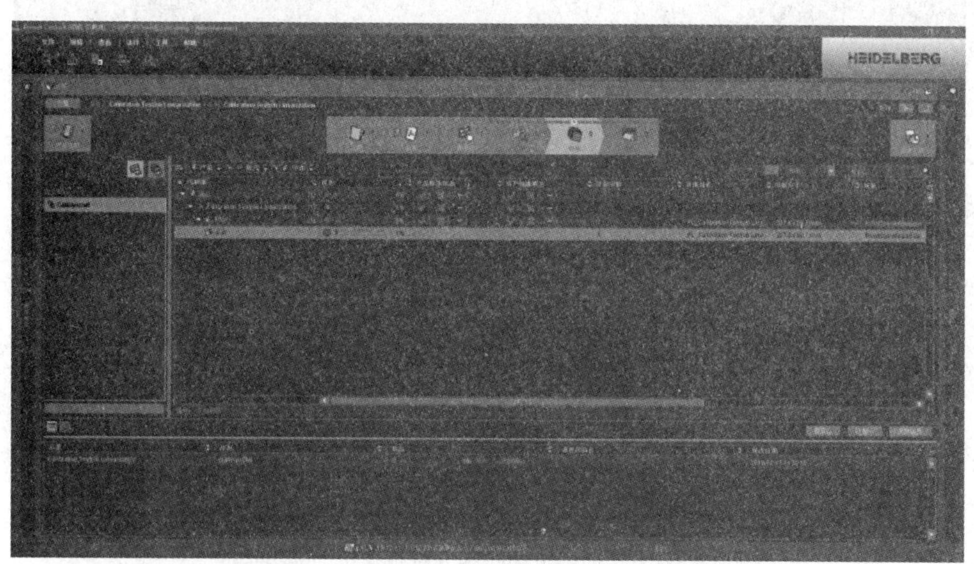

图 18-16　输出 TiffB 文件

10）输出印版。文件在 Prinect Cockpit 处理完成后，会将加网后的文件传递给“Prinect Shooter”，如图 18-17 所示。一般情况传递到 Shooter 中的文件，是暂停处理状态，还可以再次检查文件的内容。

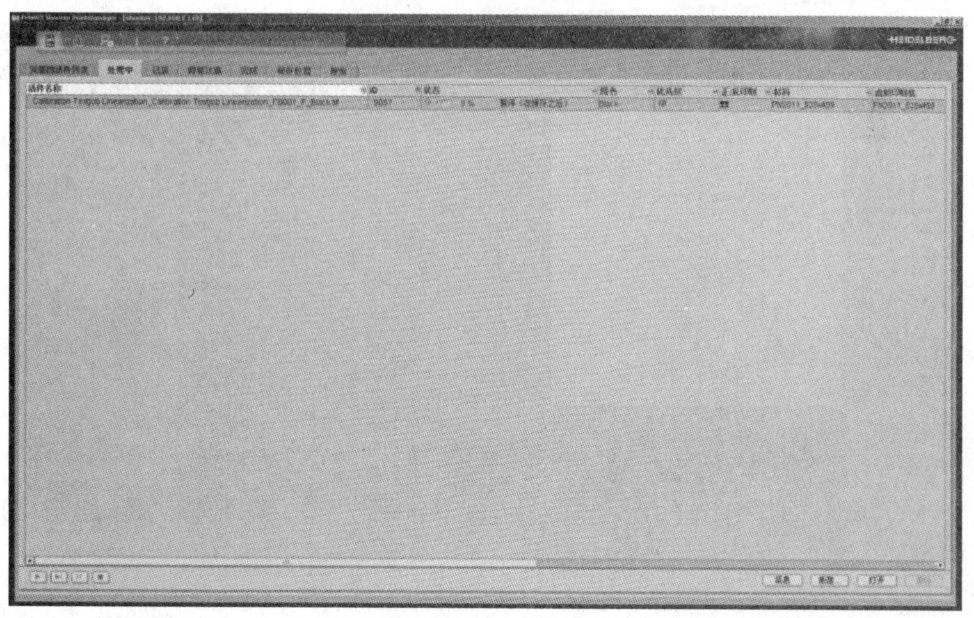

图 18-17　Shooter 界面

11）查看 TiffB 件。在 Shooter 界面中，选中传递过来的文件，双击打开，查看出版文件。如图 18-18 所示，图像内容是灰色阶调梯尺，与上面步骤 PDF 文件检查不同的是，这里相对旋转了 90 度。确认图像之后，单击左下角的“绿标”输出。

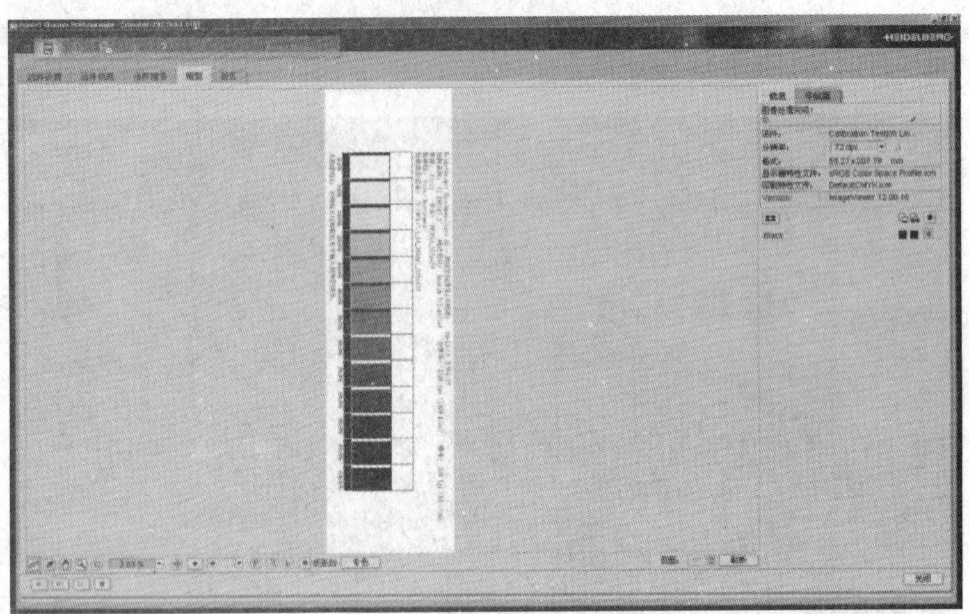

图 18-18 TiffB 文件检查

（4）步骤四：创建线性化曲线数据。

1）测量印刷线性化数据。完成未校准文件的印版输出后，使用 iCPlate Ⅱ 测量印版，在线性化曲线记录数据。在 Calibration Manager 中双击打开“已创建的线性化无线”，打开数据记录界面，如图 18-19 所示。

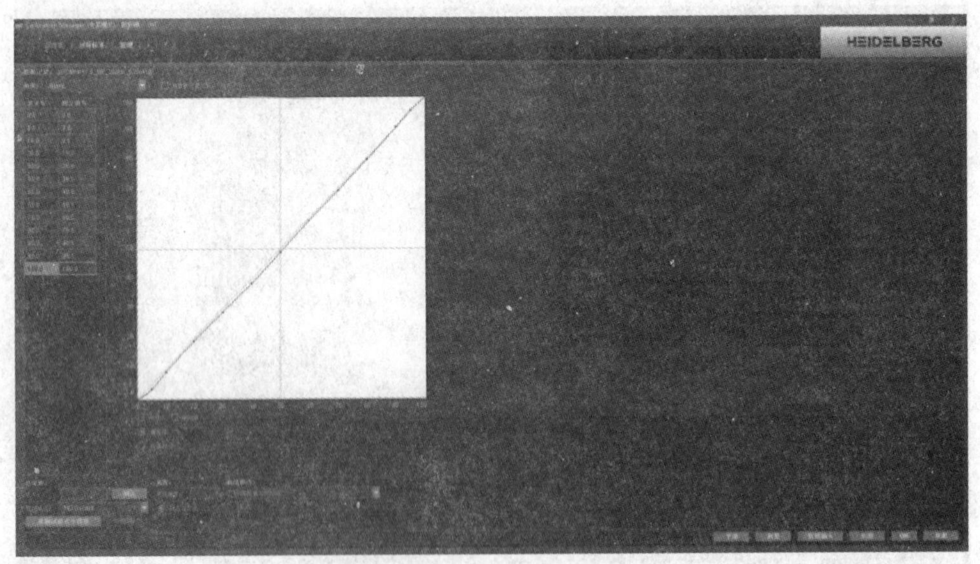

图 18-19 输入线性化数据

使用印版测量仪 iCPlate Ⅱ，测量“未校准测试页”印版上的灰梯尺，在打开的“IS CMYK+7.5 _ SE _ 200dpi _ 525x459”中输入测量数据。软件会自动创建一条曲线，即为印版测量值。

2）平滑线性化数据。线性化曲线数据测量完成后，在该窗口单击“平滑”，选用平滑方法“齿条”，如图 18-20 所示。对测量数据进行平滑处理，得到一条平滑的曲线，如图 18-21 所示。

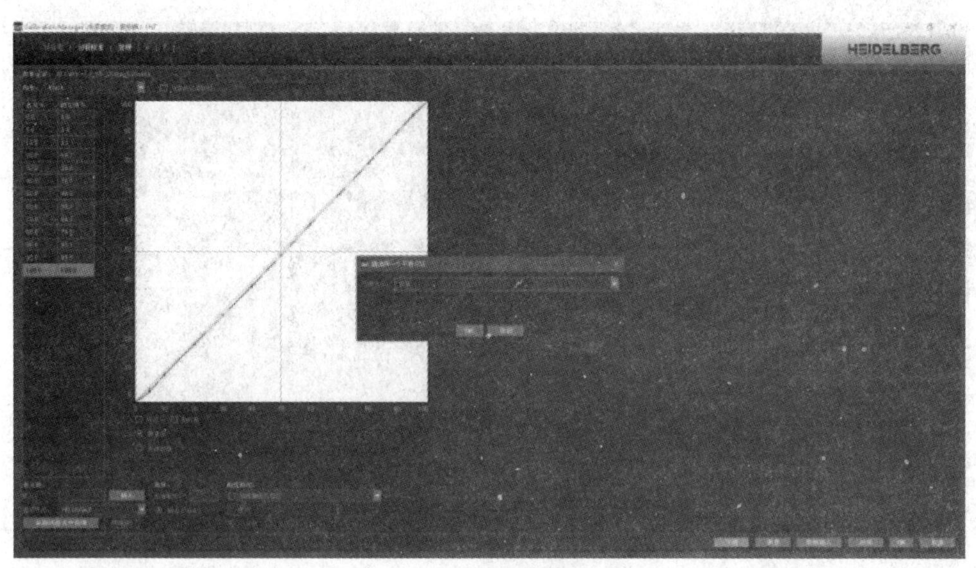

图 18-20　平滑测量值

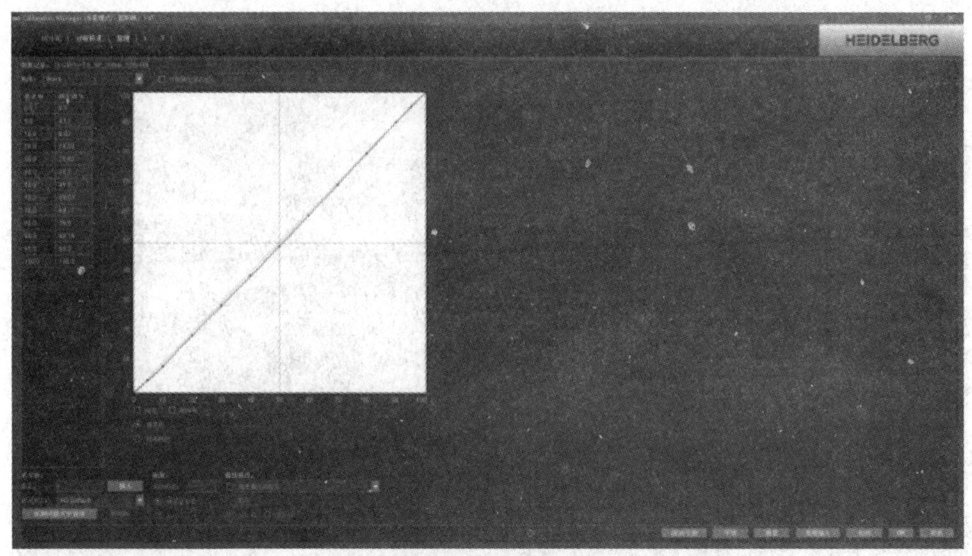

图 18-21　平滑曲线结果

3）打印已校准测试页。平滑曲线后，单击“OK”。返回线性化曲线页面，单击“打印已校准测试页”。

4）查看已校准测试文件。同打印“未校准测试页”的过程相似。打开“Prinect Cockpit”，如图 18-22 所示，双击打开“Calibration Testjob Lineariztion. 1”，显示如图 18-23 所示界面。

在图 18-23“页面”中，双击“TestpageLinearizationBlack2. pdf”打开文件，查看文件状态。如图 18-24 所示，显示两个“阶调梯尺”，一个是“未校准的测绘图”，一个是“已校准的测试图”，并且还显示出了线性化曲线的数据。

文件检查无误后，关闭 Acrobat 软件，返回 Prinect Cockpit 活件处理界面。

5）输出 TiffB 文件。将“已校准测试文件”提交给“CallpmoOut”印版输出模板，如图 18-25 所示。

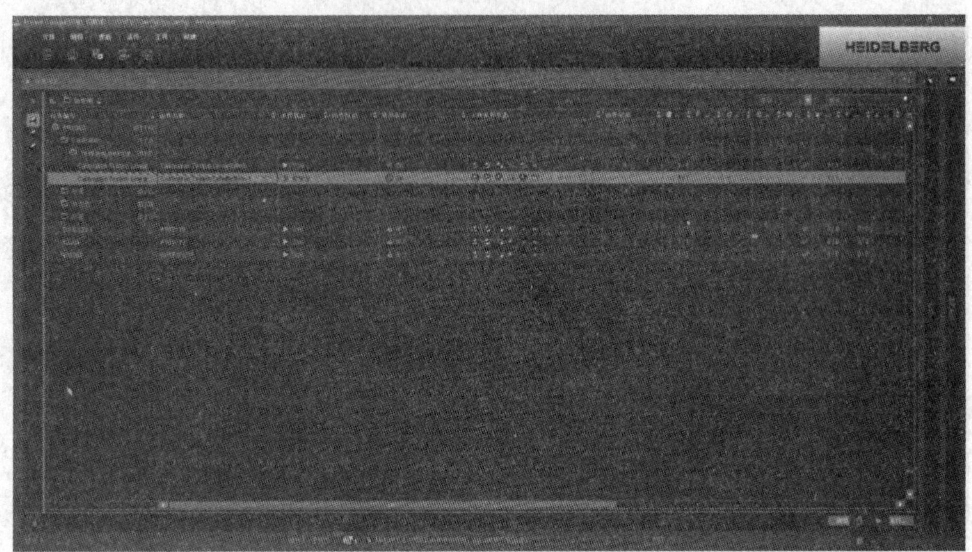

图 18-22 Prinect Cockpit 活件处理

图 18-23 TestpageLinearizationBlack2 文件

a）查看拼版方向。如图 18-26 中，单击“拼版”，检查拼版方向。

b）查看映射参数。拼版参数检查无误后，在图 18-27 的界面中单击“映射”。

c）激活校准功能。映射检查无误后，在图 18-28 界面，勾选“校准”，激活校准参数。

在激活的“校准”功能中，加载线性化曲线。在“组”中选择已新建的线性化组名称，在“法则”中选择“使用默认数据记录”。

d）查看加网参数。线性化曲线激活后，在图 18-29 窗口功能页面，单击“加网”，检查加网参数是否与线性化创建时设定的参数一致。如果不一致，更改为一致。

e）查看目标位置。加网参数检查无误后，在图 18-30 所示的窗口页面，单击“目标”，检查拼版到输出的位置是否正确。

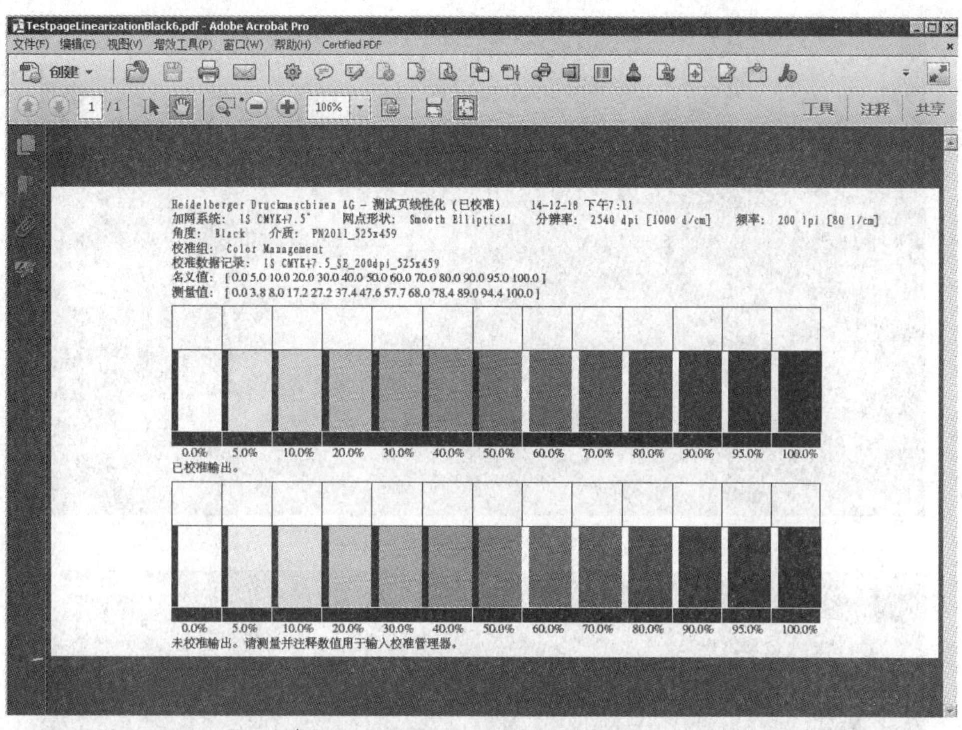

图 18-24　查看 PDF 文件

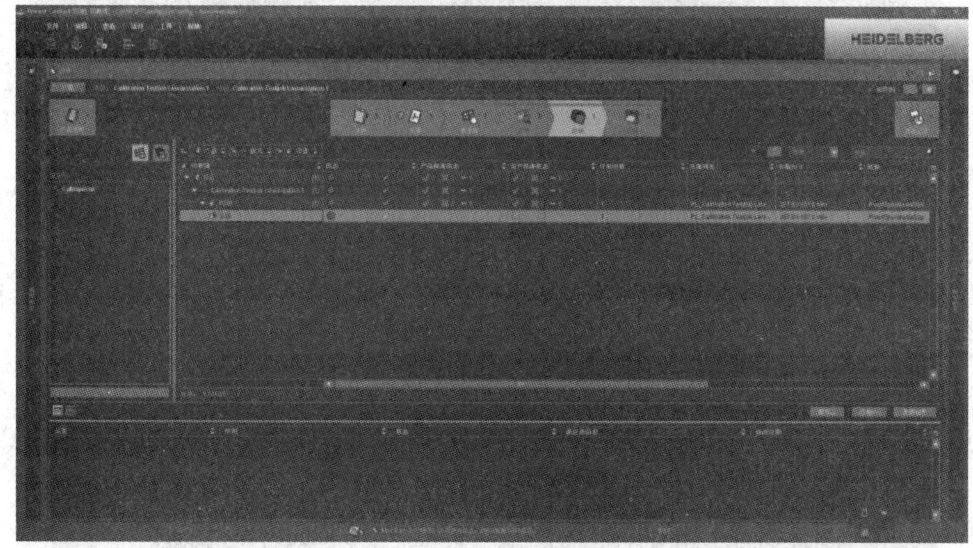

图 18-25　提交印版模板界面

f）提交输出文件。查看“目标”，确认后单击“关闭”。提交输出文件，如图 18-31 所示。

6）查看 TIFFB 文件。在 Shooter 输出系统中，查看“出版文件”，如图 18-32 所示。图 18-32 显示了已校准测试页的内容。确认图像之后，单击左下角的“绿标”输出。

印版输出后，使用印版测量仪器测量仪器 iCPlateⅡ测量印版上的“已校准阶调梯尺”的网点面积。验证线性化校正结果，如果 5、10、20、30、40、50、60、70、80、90 和 95 网点面积的变化在±0.5%范围之内，可认为线性化曲线完成。如果网点数据偏差较大时，将测量值再次输入到线性化曲线的“测量值”栏。然后重复已校准测试页的输出过程，完成第二轮的线性化校正。

图 18-26　查看拼版

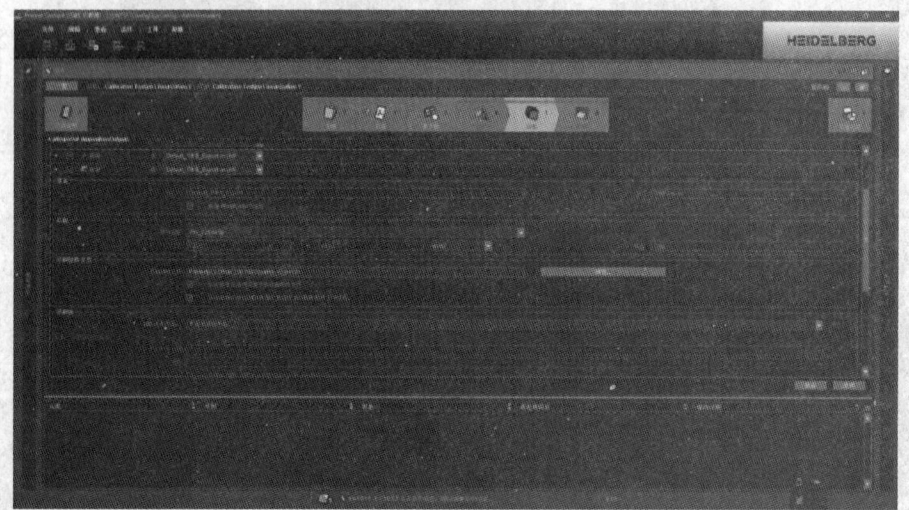

图 18-27　查看映射

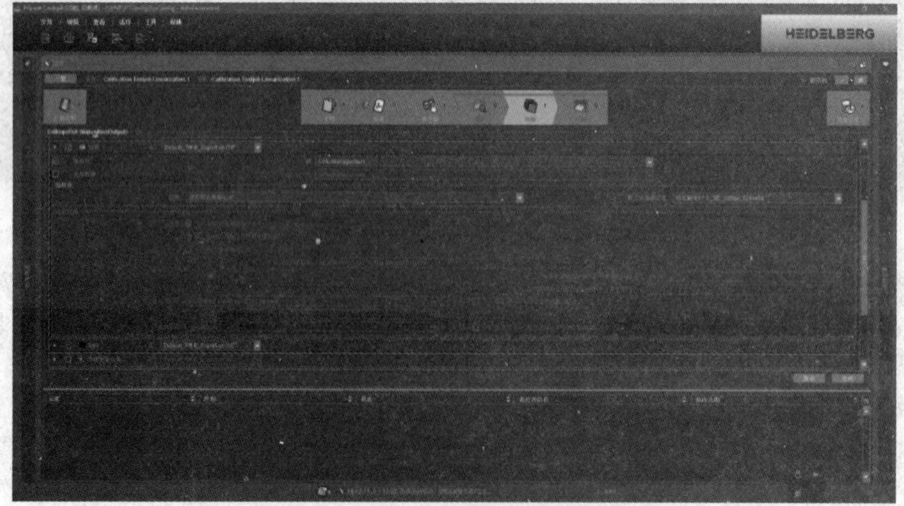

图 18-28　调用线性化曲线

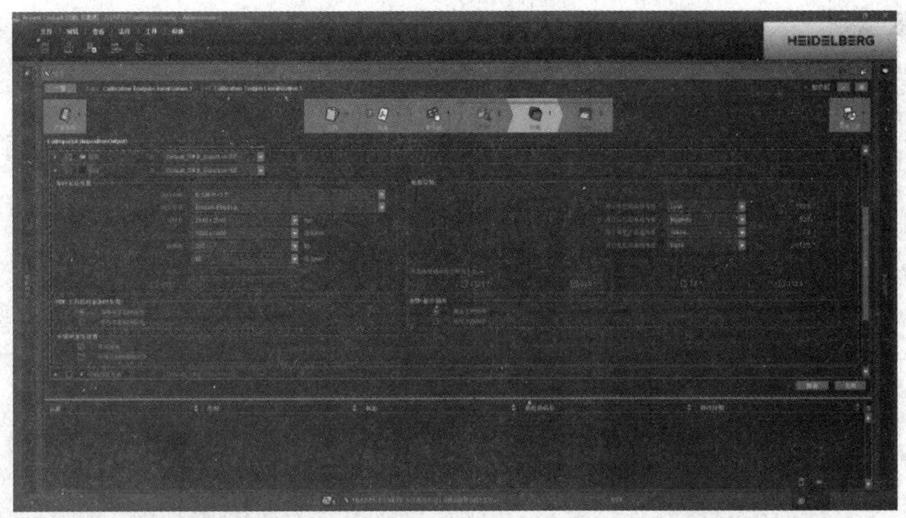

图 18-29　查看加网

图 18-30　查看目标

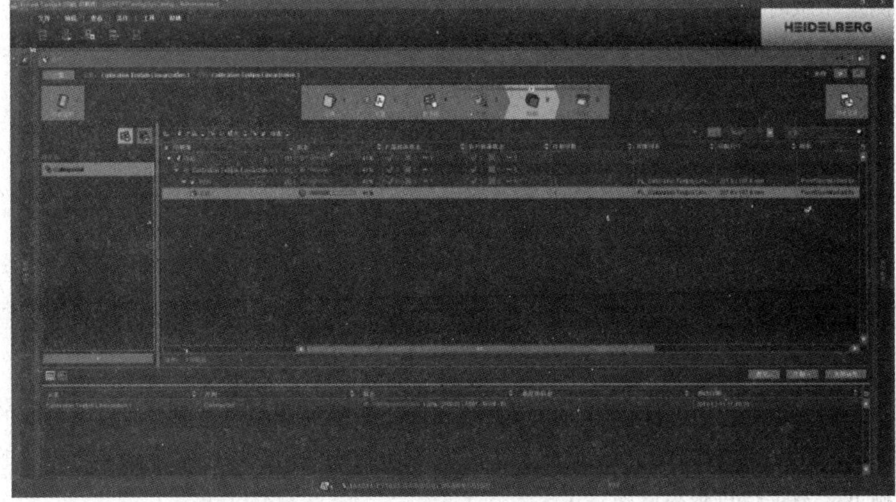

图 18-31　输出 TiffB 文件

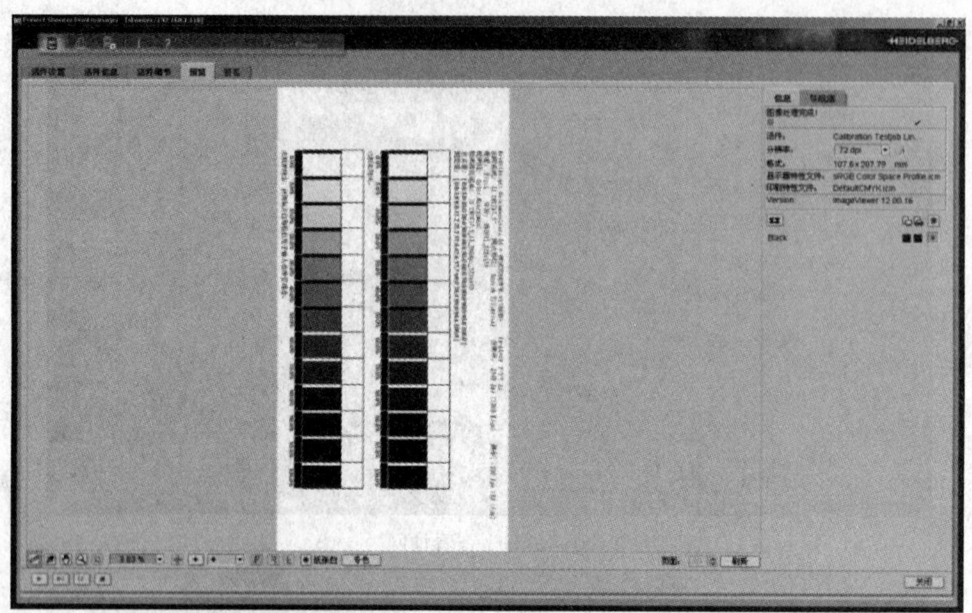

图 18-32 查看 TiffB 文件

18.4.3 活动三 能力提升

1. 内容

按照要求设置好印版测量仪 iCPlateⅡ，在 Calibration Manager 建立线性化组别，设置好线性化名称及加网系统参数，提交打印后在 Prinect Cockpit 检查其设定的参数是否正确后提交出版，使用 iCPlateⅡ测量印版数据输入到 Calibration Manager 的线性化曲线，平滑线性化曲线，提交出版验证其正确性。

2. 整体要求

(1) iCPlateⅡ测量印版的光源为红光。

(2) 出版前检查冲版机，包括通道、温度、速度、补充液、导电度和保护胶等。

(3) 测量印版时使用清水轻轻地擦掉印版网点面积区域的保护胶。

(4) 平滑线性化曲线。

(5) 验证数据要求正负 0.5%范围内的网点面积。

18.5 效果评价

效果评价参见任务 1，评分标准见附录。

18.6 相关知识与技能

1. 印版线性化的目的

在色彩管理实施过程中，优化印前出版系统和优化印刷机是重中之重。而出版系统的优化首要是印版的线性化，通过加载反补偿曲线的方式实现印版线性化，从而为印刷补偿曲线的建立以及做好印刷 ICC 数据提供根本保障。

在实际生产中要求CTP印版能够线性输出，使印版的网点大小接近于电子文件数据，保证网点转移的准确性。但实际上，印版输出时如果不做任何补偿，是不能实现线性输出的，实际曲线是使用没有进行印刷补偿的印版印刷后，测量印品的网点梯尺获得的网点曲线。而印刷目标曲线则是希望得到的印品网点增大曲线，为了达到获得印刷目标曲线需要在输出印版时对其进行相应补偿，获得补偿值的方法与印版线性化基本相同。想要获得正确的印刷补偿曲线的前提是印版在没有加载印刷补偿曲线前的线性化是否能够做好。图18-33为印版线性化与印刷补偿示意图。

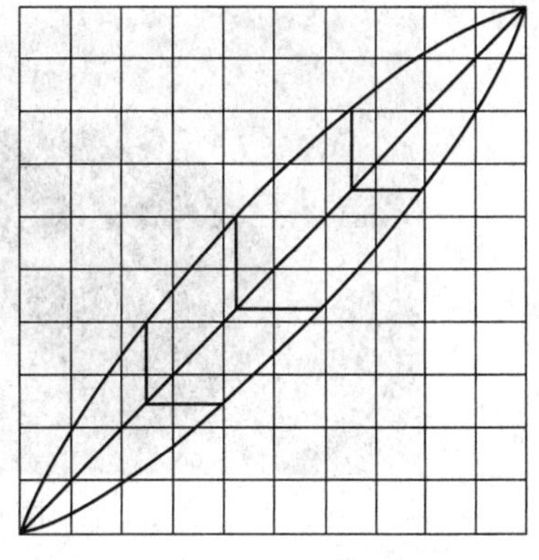

图18-33　印版线性化与印刷补偿

2. 使用X-rite iCPlateⅡ应注意一些问题

如0%和100%处不要测量，因为iCPlateⅡ只在1%和99%有效；不同版材的表面颜色应使用仪器中其颜色的补色，如：测量绿色的PS版或CTP版，应使用红光或者蓝光测量，避免使用绿光测量；对中间调的网点面积测量时，除网点面积的数字会出现外其他的数据如线数、网点大小和角度等都不显示，尤其是链形网点；ICPlate只有校验的功能，而没有校正的功能；可以测量菲林，但是前提是测量的菲林的下方应有强光，其数字和透射密度仪测量的数据无可比性；可以测量印刷样的网点面积，其网点面积和反射密度仪的测量的数据无可比性。同样的测量印品不同颜色的网点面积时，应注意使用其补色光。

3. 印版测版仪的类型

市面上有很多的测版仪，主流产品都是爱色丽（美国）的，有iCPlateⅡ、PlateScope，还有TECHKON（德国）的SpectroPlate、DMS 910（已经停产）。

（1）爱色丽（美国）的产品，如图18-34所示。

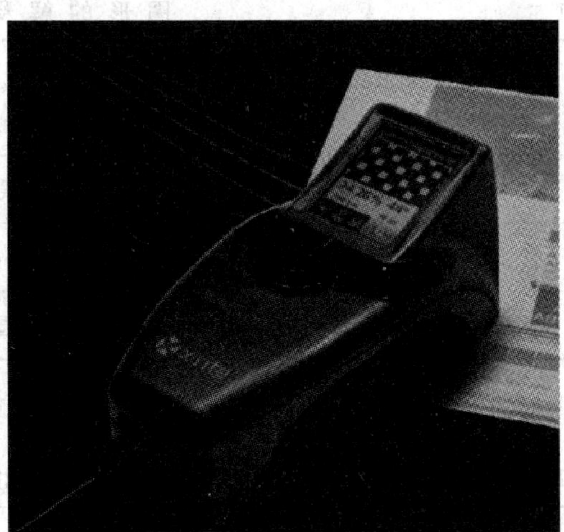

图18-34　iCPlateⅡ和PlateScope

（2）TECHKON（德国）的产品，如图18-35所示。

4. X-rite iCPlateⅡ测量仪器操作方法

（1）介绍仪器的功能以及功能键，如图18-36所示。

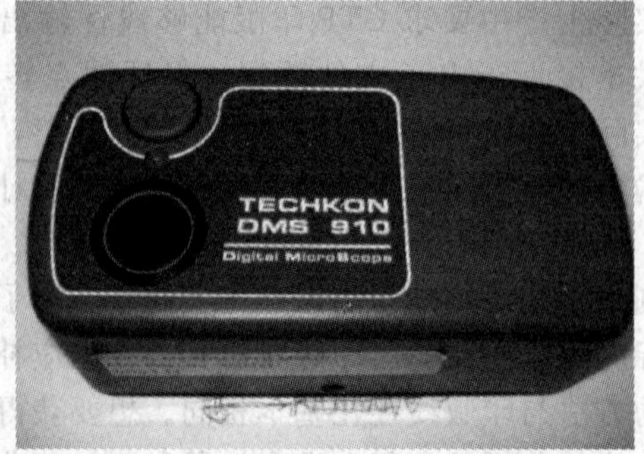

图 18-35 SpectroPlate 和 DMS 910

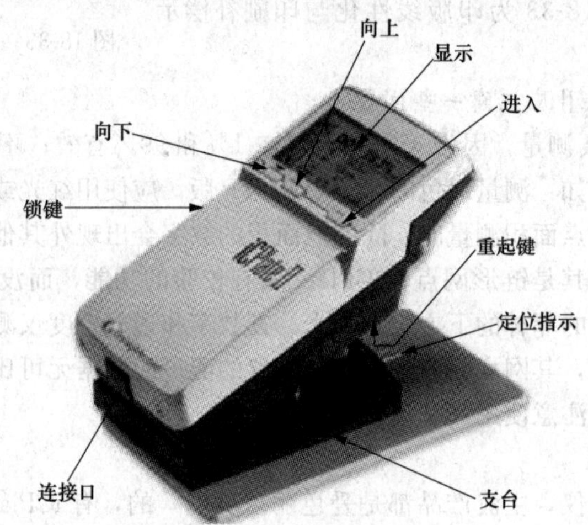

图 18-36 iCPlateⅡ

（2）图形的解释见表 18-1。

表 18-1 图 形 的 解 释

图形	解释	图形	解释	图形	解释
	显示下一步		显示前一步		显示网点形状
	缩小到 6350ppi 显示		印版特征曲线显示		选项设置
	向左移		向下移/减小数值		向上移/增加数值
	放大到 12700ppi 显示		向右移动选择		

（3）图形的解释中 里面，可以设置的内容见表 18-2。

表 18-2 选项设置里图形的解释

图形	解释	图形	解释	图形	解释
	测量印版选择		测量软片		测调幅网点
	测量聚酯版	cm	以厘米单位表示网线数		测调频网
	测量纸张		以英寸为单位表示网线数	＋	测量阳图版
C M Y K	测量印刷品选择的光源		测量印版时选择的光源	－	测量阴图版

一、单选题

1. 印版测量仪 iCPlateⅡ由（　　）公司生产。

A. Heidelberg　　B. X-rite
C. 柯达　　D. 柯尼卡美能达

2. 印版测量仪主要测量印版的（　　）值。

A. 网点面积　　B. 实地密度　　C. 色差　　D. 叠印率

3. 印版测量仪测量印版的工作原理是（　　）。

A. 密度算法　　B. CCD 成像　　C. 光谱反射率　　D. 以上答案都不对

4. 在海德堡的 Calibration Manager 对 CTP 做线性化时应选择（　　）模块建立曲线。

A. 线性化　　B. 过程控制　　C. 过程线性化　　D. 过程校准

5. 印版测量仪 iCPlateⅡ测量网点面积的精准度在（　　）。

A. ±0.1%　　B. ±0.3%　　C. ±0.5%　　D. ±1%

6. 在使用印版测量仪 iCPlateⅡ测量印刷品的网点面积时应选择（　　）。

A. S　　B. P　　C. □　　D.

7. iCPlateⅡ测量（　　）网点的中间调时不显示线数、网点大小和角度。

A. 圆形　　B. 方形　　C. 圆方　　D. 链形

8. 测量印刷品 M 色的网点面积时使用 iCPlateⅡ（　　）光源。

A. 白色　　B. 红色　　C. 蓝色　　D. 以上答案都不对

9. 印版测量仪 iCPlateⅡ测量印版的网点面积有效范围是（　　）。

A. 1～99%　　B. 0～99%　　C. 0～100%　　D. 以上答案都不对

10. 印版测量仪 iCPlateⅡ的校验版上的网点面积的标准是（　　）。

A. 28%　　B. 35%　　C. 50%　　D. 72%

二、多选题

11. 印版测量仪 iCPlateⅡ的测量光源有（　　）。

A. 红光　　B. 蓝光　　C. 黄光　　D. 绿光
E. 白光

12. 印版测量仪 iCPlateⅡ可以测量的材料种类有（　　）。

A. CTP 版　　B. 印刷品　　C. 菲林　　D. 聚酯版
E. 以上答案都对

13. 影响尤尔尼尔森的 N 值系数的主要因素是（　　）。

A. 材料　　B. 线数　　C. 光源　　D. 测量角度
E. 密度大小

14. 市场上常用的印版测量仪有（　　）。

A. iCPlateⅡ　　B. PlateScope　　C. D196　　D. SpectroPlate
E. 528

15. 以下可以测量海德堡 PN 版（版材为蓝色）所需用的测量光源是（　　）。

A. 蓝光　　B. 红光　　C. 绿光　　D. 红外光
E. 紫外光

16. 影响 CTP 线性化对于测量印版网点面积的精确性的因素有（　　）。
A. 保护胶过多　　B. 印版测量仪选择不同的光源
C. 测量数据的不平滑　　D. 密度计的使用
E. 印版的厚薄程度

17. 在 Calibration Manager 平滑印版线性化数据的方法有（　　）。
A. 2 次多项式　　B. 4 次多项式　　C. 6 次多项式　　D. 齿条
E. 以上答案都对

18. 印版测量仪 iCPlateⅡ测量线数的单位有（　　）。
A. mm　　B. cm　　C. in　　D. dm
E. nm

19. 影响印版测量仪和密度仪测量印版的网点面积数据不相同的原因是（　　）。
A. 印版测量仪是 CCD 成像原理
B. 密度仪是滤色片工作原理
C. 密度计使用密度计算网点面积
D. 印版测量仪的光源选择与印版互为补色光
E. 密度仪测量的数据比印版测量仪的要大

20. 以下影响印版网点面积大小的因素有（　　）。
A. 加网线数　　B. 药水浓度　　C. 曝光速度　　D. 毛刷辊的速度
E. 药水的补充量

三、判断题

21. 印版测量仪可以测量印版的曝光量。（　　）
22. 药水的补充量会影响印版网点面积的大小。（　　）
23. 印版测量仪 iCPlateⅡ依靠测量印版的密度计算出网点面积。（　　）
24. 印版测量仪测量印刷品的网点面积和密度仪测量印刷品的网点面积原理是一样的。（　　）
25. 相同的版材但不同的厚度也会影响 CTP 的印版线性化。（　　）
26. 印版测量仪在测量印版的调频加网要比密度仪测量印版的调频加网精准度差。（　　）
27. 印版测量仪 iCPlateⅡ不存在校正功能，只有校验的功能。（　　）
28. 尤尔尼尔森公式的 N 值系数越大其测量印版的网点面积越大。（　　）
29. 印版线性化所对应的加网系统和出版时所对应的加网系统要一致。（　　）
30. 印版测量仪测量 CTP 印版的网点面积时需要测量实地部分。（　　）

练习与思考参考答案

1. B	2. A	3. B	4. A	5. C	6. C	7. B	8. C	9. A	10. A
11. ABD	12. ABCDE	13. AB	14. ABD	15. BC	16. ABCDE	17. ABD	18. BC	19. ABCD	20. ABCDE
21. N	22. Y	23. N	24. N	25. Y	26. N	27. Y	28. N	29. Y	30. N

任务 19

建立印刷补偿曲线

该训练任务建议用 4 个学时完成学习。

19.1 任务来源

印刷过程控制是印刷品达到某质量要求的保证，如符合 ISO 12647-2 的标准等，其中制版质量控制是印前过程控制的核心，是印刷和印前联系的纽带，尤其是实施色彩管理过程中，印刷补偿曲线的正确建立是关键。因此，印刷过程质量控制要求 CTP 流程操作人员，应了解印刷补偿曲线的意义，能够根据标准要求或者追样要求，完成印刷补偿曲线的建立。

19.2 任务描述

本项目的任务实施 ISO 12647-2 的标准要求，使用分光光度仪 SpectroEye 和 Calibration Manager 建立印刷补偿曲线。根据印刷标准要求，确立最小色差和最佳密度值的关联，在此基础上测量印刷品 PCM 上的网点面积，将数据导入 Calibration Manager 建立印刷补偿曲线，并通过 Color Tool 灰平衡优化修正其灰平衡，最终得到建立印刷 ICC 标准的印张。

19.3 能力目标

19.3.1 技能目标

完成本训练任务后，读者应当能（够）掌握以下技能。

1. 关键技能

（1）能够使用分光光度仪 SpectroEye 测量样张色块的密度与色度。

（2）能够使用 Calibration Manager 建立印刷补偿曲线。

（3）能够使用 Color Tool 完成过程控制曲线修正。

2. 基本技能

（1）能熟练使用 Prinect Cockpit。

（2）熟悉 Meta 流程。

（3）能熟练使用 Color Tool 软件。

19.3.2 知识目标

完成本训练任务后，读者应当能（够）学会以下知识。

（1）理解密度和色度的相关概念及测量方法。

（2）了解 ISO 13655 标准。

（3）了解 ISO 12647-1、ISO 12647-2 标准。

（4）理解印刷补偿曲线的含义及意义。

19.3.3 职业素质目标

完成本训练任务后，读者应当能（够）具备以下职业素质。

（1）能够依据标准要求使用分光光度仪测量密度和色度值。

（2）能够完成测量仪器的保护及保养。

（3）能够执行生产标准。

19.4 任务实施

19.4.1 活动一 知识准备

（1）密度计的原理是什么，其美国标准和欧洲标准有哪些？

（2）印刷常用的分光光度仪是什么，分光光度仪的特点以及印刷中所使用的色差公式有哪些？

（3）不同的承印物所使用的 ICC 有哪些，其印刷网点面积扩大的标准是什么？

19.4.2 活动二 示范操作

1. 活动内容

（1）分光光度仪 SpectroEye 的测量参数设定。

（2）在 Calibration Manager 建立过程校准组别，设置过程校准曲线名称、加网系统参数、介质、过程曲线组别设定。

（3）使用 SpectroEye 测量油墨 CMYK 的 LAB 值，定义最佳密度。

（4）使用 Color Tool 测量印刷 PCM，导入测量数据完成过程控制曲线。

2. 操作步骤

（1）步骤一：分光光度仪 SpectroEye 的测量条件设定。SpectroEye 是分光光度计，如图 19-1 所示，可以完成印刷品颜色的色度测量和密度测量。首次使用需要打开仪器的“运输保护”，如选择“259”参数，如图 19-1（b）所示，并确认。输入 259 密码，进入主菜单，测量条件设定如图 19-2 所示。

(a)

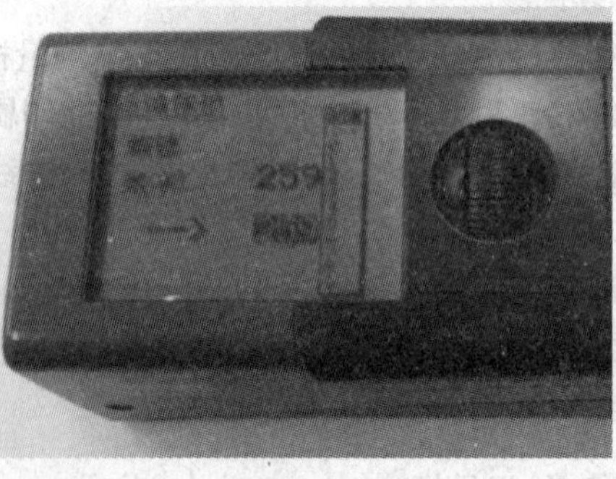

(b)

图 19-1 开启 SpectroEye

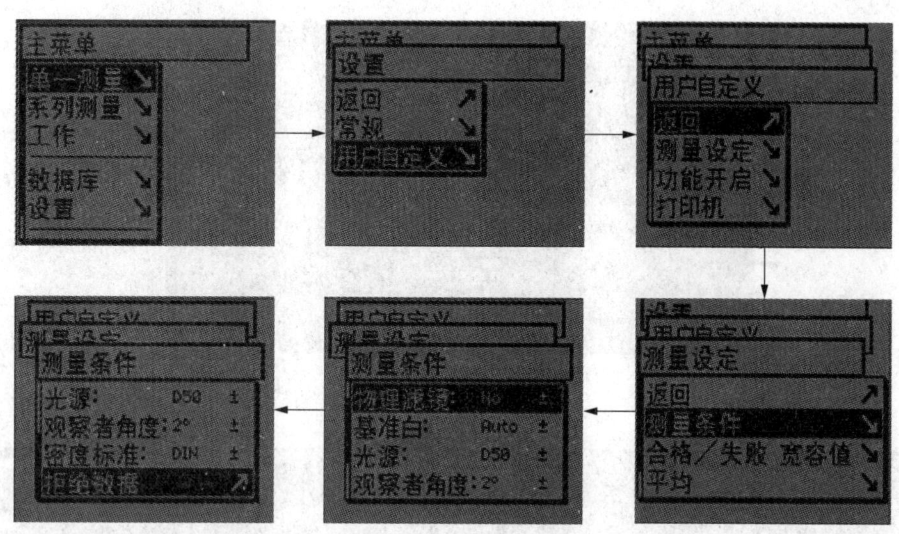

图 19-2 测量条件设定

“主菜单→用户自定义→测量设定→测量条件”，在“测量条件”中设定物理滤镜、基准白、光源、视场和密度标准。

“物理滤镜：No”，“基准白：Auto”，“光源：D50”，“观察者角度：2°”，“密度标准：DIN”。

（2）步骤二：Calibration Manager 建立过程校准曲线。

1）启动软件。打开 Calibration Manager 软件，软件界面如图 19-3 所示。

图 19-3 Calibration Manager 界面

2）新建校准组。选择“过程校准”，单击“新建”，如图 19-4 所示。

在弹出的“创建校准组”对话框中定义校准组参数。如“名称：ColorManagement”，“设备：Suprasetter（计算机：INT）”，“设备类型：Suprasetter”，“分类：CtF，CtP”。单击“OK”，打开定义的“校准组”窗口，如图 19-5 所示。

3）新建校准曲线。在新建的“Color Managment”校准组界面，点击“新建”，新建校准曲线参数。校准曲线参数定义如图 19-6 所示。

图 19-4 新建校准组

图 19-5 校准组界面

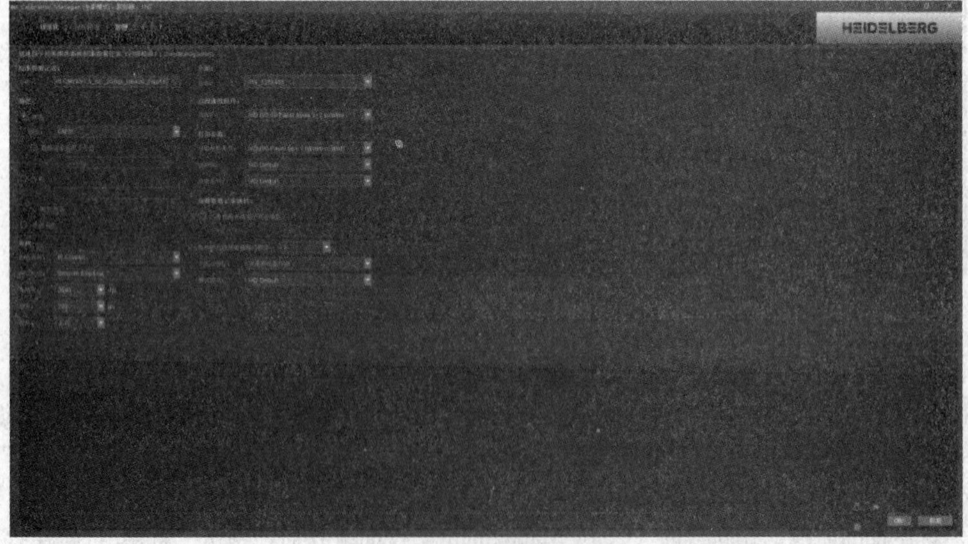

图 19-6 校准曲线参数定义

“名称：IS CMYK＋7.5 _ SE _ 200lpi _ Ink420 _ Pap157g”，“加网系统：IS CMYK＋7.5°”，“网点形状：Smooth Eilliptical”，“分辨率：2540dpi ”，“频率：200lpi”，“介质：PN _ 525x459”，“过程曲线组别-名称：HD ISO 60 Paper type 1＋2 positive”。

4）校准曲线数据定义。完成校准曲线参数定以后，单击“OK”返回“校准组”界面。选中已定义的校准曲线，双击打开，如图 19-7 所示。

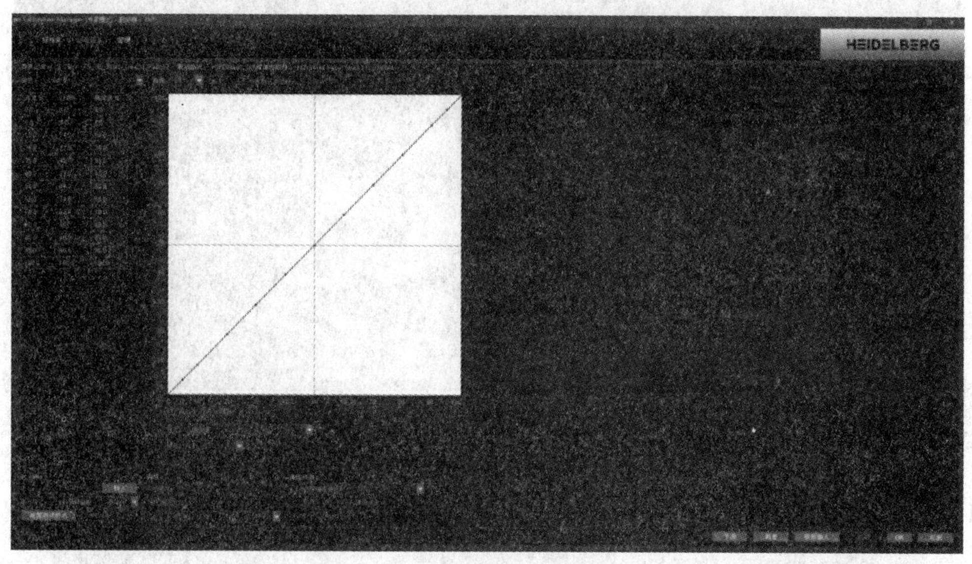

图 19-7　校准曲线数据

表 19-1 给出了 CMYK 四个颜色通道的补偿曲线数据，包括“理论值%”“测量值%”以及“过程值%”。若完成补偿曲线的建立，需要测量印刷样张上 CMYK 四个颜色通道的数据，输入到该图表对应的测量值栏中。

表 19-1　　CMYK 四个颜色通道的补偿曲线数据

颜色（Cyan）			颜色（Magenta）			颜色（Yellow）			颜色（Black）		
名义%	过程%	测定值%	名义%	过程%	测定值%	名义%	过程%	测定值%	名义%	过程%	测定值%
0.0	0.0	0.0	0.0	0.0	0.0	0.0	0.0	0.0	0.0	0.0	0.0
5.0	7.0	5.0	5.0	7.0	5.0	5.0	7.0	5.0	5.0	8.0	5.0
10.0	14.0	10.0	10.0	14.0	10.0	10.0	14.0	10.0	10.0	15.6	10.0
20.0	27.6	20.0	20.0	27.6	20.0	20.0	27.6	20.0	20.0	30.2	20.0
30.0	40.7	30.0	30.0	40.7	30.0	30.0	40.7	30.0	30.0	43.7	30.0
40.0	53.0	40.0	40.0	53.0	40.0	40.0	53.0	40.0	40.0	56.0	40.0
50.0	64.3	50.0	50.0	64.3	50.0	50.0	64.3	50.0	50.0	67.0	50.0
60.0	74.5	60.0	60.0	74.5	60.0	60.0	74.5	60.0	60.0	76.6	60.0
70.0	83.4	70.0	70.0	83.4	70.0	70.0	83.4	70.0	70.0	84.9	70.0
80.0	90.7	80.0	80.0	90.7	80.0	80.0	90.7	80.0	80.0	91.5	80.0
90.0	96.3	90.0	90.0	96.3	90.0	90.0	96.3	90.0	90.0	96.6	90.0
95.0	98.4	95.0	95.0	98.4	95.0	95.0	98.4	95.0	95.0	98.5	95.0
100.0	100.0	100.0	100.0	100.0	100.0	100.0	100.0	100.0	100.0	100.0	100.0

5）激活校准曲线。单击图 19-8 左下角的“绿标”，激活该曲线。

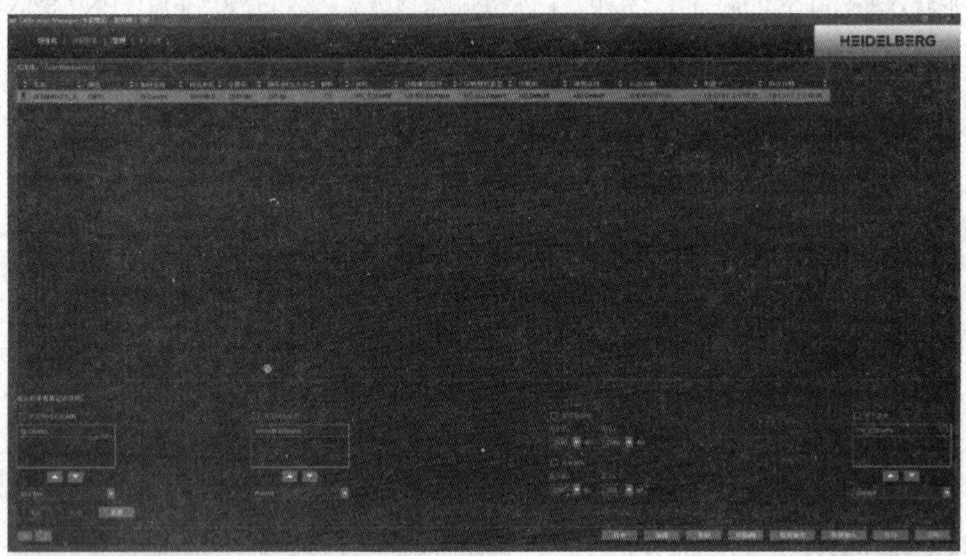

图 19-8　激活校准曲线

（3）步骤三：使用 SpectroEye 测量油墨 CMYK 的 LAB 值，定义最佳密度。

1）仪器连接。打开 SpectroEye 的下载数据软件 Download Utility，如图 19-9 所示。

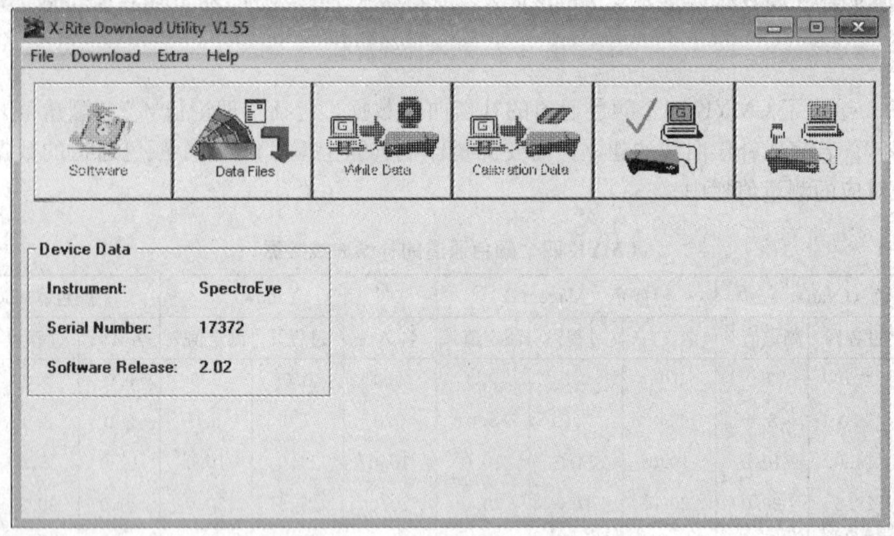

图 19-9　SpectroEye 控制软件

使用“KEYSPAN”和“连接转换器”连接电脑和 SpectroEye。如图 19-10 所示软件界面显示与电脑连接成功。

2）下载数据。选择菜单“Extra”下的“Restore SpectroEye database”功能，如图 19-10 所示，下载数据。

浏览到下载文件存储的位置，下载“P1WBU07. JOB”，如图 19-11 所示。P1：ISO 12647-2 规定的一类纸，光面涂布纸，即铜版纸。WB：垫白测量 。U：Unpol（无偏振光滤镜）。07 指的是 ISO 12647-2 中的 8 个参数：CMYKRGB、Paper 的 CIE LAB 值。数据下载成功后，仪器显示屏显示出下载文件的名称。

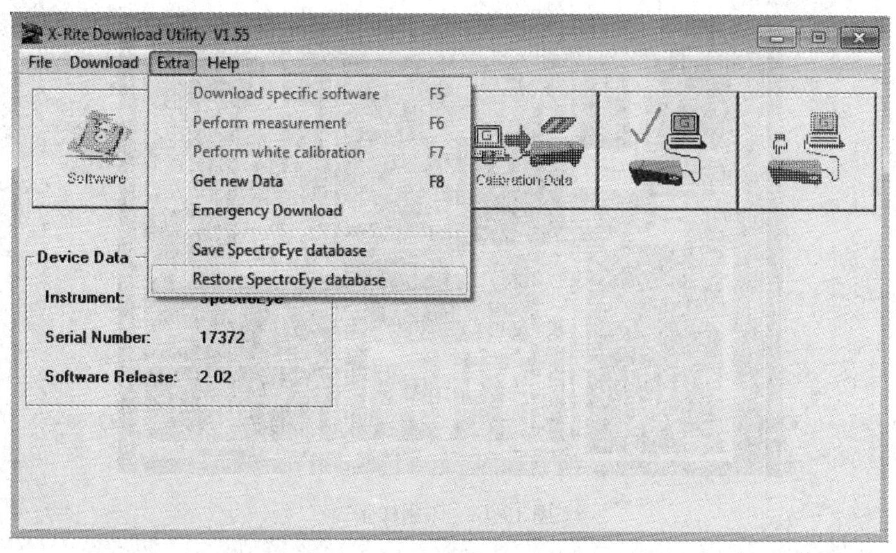

图 19-10 SpectroEye 数据下载

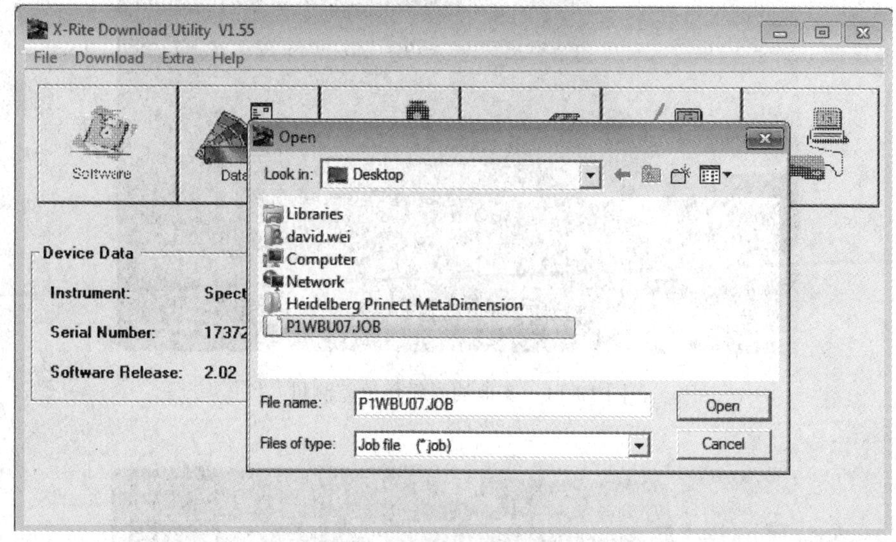

图 19-11 下载文件

下载 ISO 12647-2 的标准参数“P1WBU07”到 SpectroEye。可以在 SpectroEye 的“工作”下看到“P1WBU07”的数据，如图 19-12 所示。

3）测量样张。在 SpectroEye 的“工作”调用“P1WBU07”，测量 PCM 样张。PCM 印刷样张，如图 19-13 所示。测量 PCM 样张上的 CMYK 实地色，与标准数据对比确定最佳密度。

使用 SpectroEye 测量油墨 CMYK 的色差，如图 19-14 所示。C：$\Delta E^{*}=1.65$、M：$\Delta E^{*}=2.97$、Y：$\Delta E^{*}=2.25$、K：$\Delta E^{*}=1.20$。

4）确定最佳密度。使用 SpectroEye“工作”中的“最佳匹配”功能确定最佳密度，如图 19-15 所示。

图 19-12 SpectroEye 数据下载界面

图 19-13 印刷样张

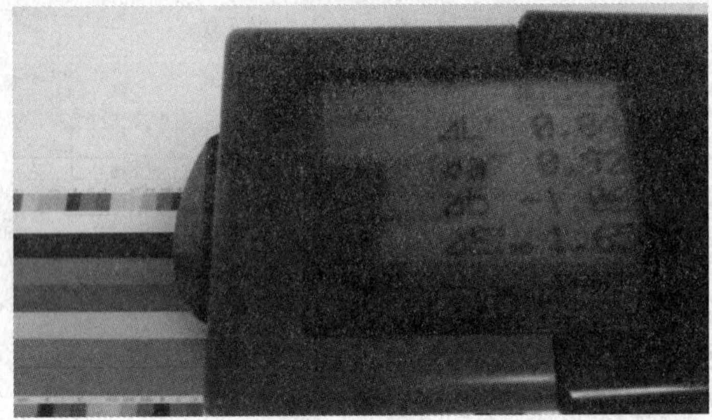

图 19-14 实地油墨颜色色差测量

图 19-15 实地油墨颜色密度测量

现在测量得到的密度是 C：D_C=1.42、M：D_M=1.34、Y：D_Y=1.21、K：D_K=1.60。

本例测量的密度是干密度，必须要换成湿的密度。方法是使用偏振光滤镜，通过使用偏振光滤镜得湿的密度 C：D_C=1.51、M：D_M=1.47、Y：D_Y=1.26、K：D_K=1.81。通过“最佳匹配”可知，青色的油墨最佳的色差是 1.55，必须要降低 0.04 的密度，所以青色的油墨的最佳密度是 C：Dc＝1.51－0.04＝1.47，同理 M：D_M＝1.47－0.06＝1.41、Y：D_Y＝1.21－0＝1.21、K：D_K＝1.81＋0.04＝1.85。

由此可以知道 CMYK 的印刷油墨最佳的密度是：1.47、1.41、1.21、1.85。

（4）步骤四：使用 Color Tool 测量印刷 PCM，导入测量数据，建立印刷补偿曲线。

1）启动测量软件。打开 Color Tool 软件，如图 19-16 所示。

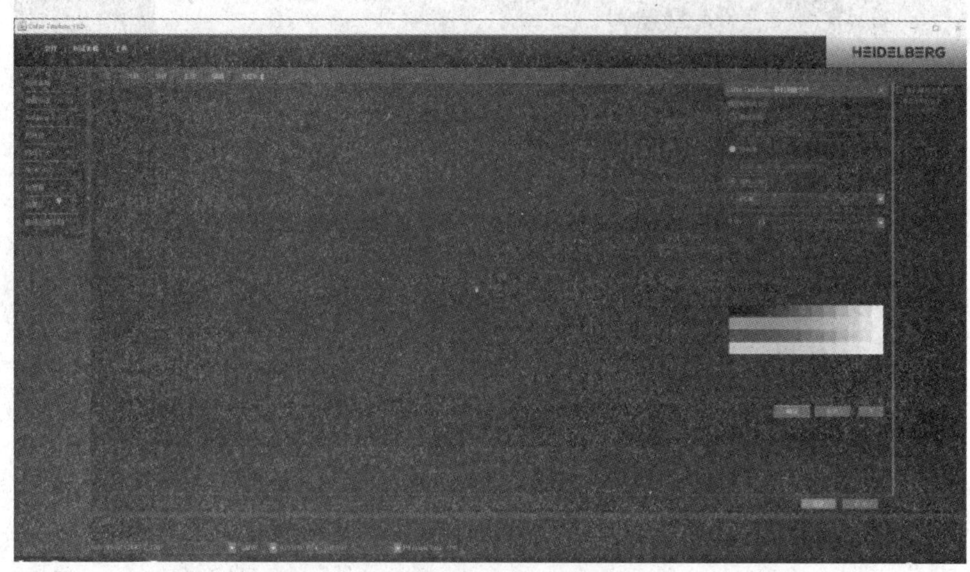

图 19-16　Color Tool 软件界面

2）定义测量图表。在 Color Tool 的“测量”界面，选择“线性三角”列项中的“PCM”，类型选择“13”，单击“确定”，单击“新建”。如图 19-16 所示，目的是使用 SpectroEye 测量线性三角 PCM（类型“13”），类型“13”的含义是所测量的阶调有 13 级。

3）连接测量仪器。选择仪器：“GretagMacbeth SpecotroEye”，单击“连接”，连接成功后，进行“校准”仪器，如图 19-17 所示。

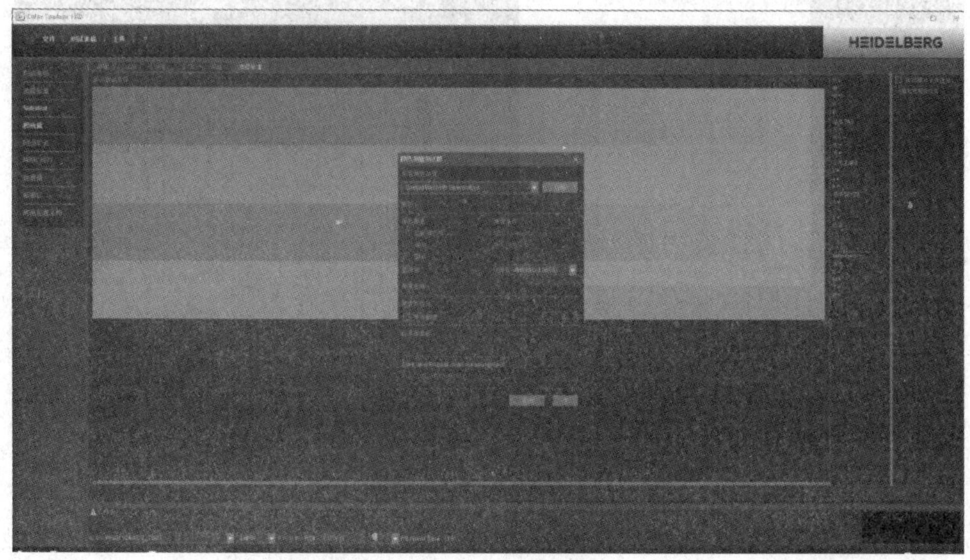

图 19-17　测量界面

4）测量颜色。单击“开始”测量，测量 PCM 样张上对应的阶调梯尺，如图 19-18 所示。测量完成后，保存数据“PCM01. txt”。

图 19-18 数据测量完成

5）输入过程校准曲线数据。打开已定义的过程校准曲线，把线性三角 PCM（类型“13”）的测量数据导入过程校准曲线，完成印刷补偿曲线的计算。这里需要提醒的是过程校正曲线的阶调梯级要与 PCM 测量的阶调梯尺梯级一致，也即是印前颜色阶调梯尺与印刷颜色阶调梯尺一致。

a）数据输入。在图 19-19 过程校准曲线界面，选择“数据输入”。

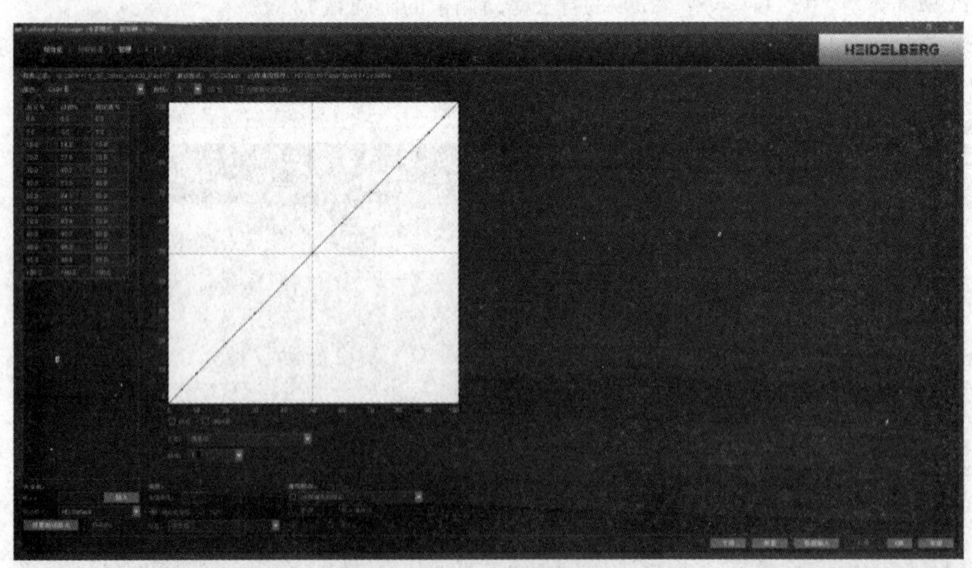

图 19-19 过程校准曲线

b）选择数据文件。在图 19-20 的数据输入窗口“源”的下拉列表中，选择“具有测量数据的 IT8 文件（. txt）文件”，浏览到前边步骤测量完成所保存数据文件“PCM01. txt”，单击“确定”。

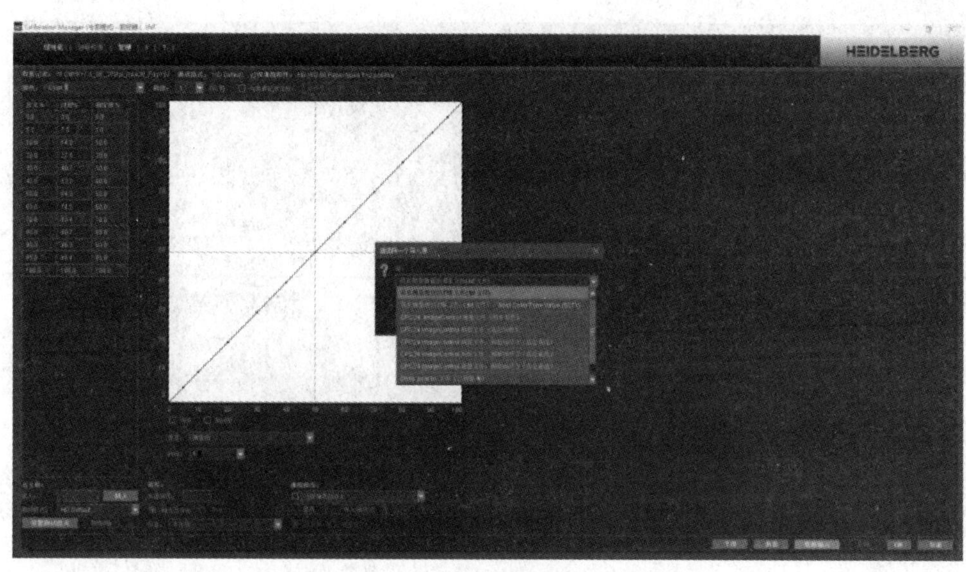

图 19-20　数据输入

c）数据保存。检查数据后，单击“应用”和“OK”，保存好数据，如图 19-21 所示。校准曲线是根据 PCM 印刷样张的测量数据和目标数据（如：ISO 12647-2 标准）计算得到的。过程校准曲线定义后，就可以在 Prinect Cockpit 流程中调用，用于制版。

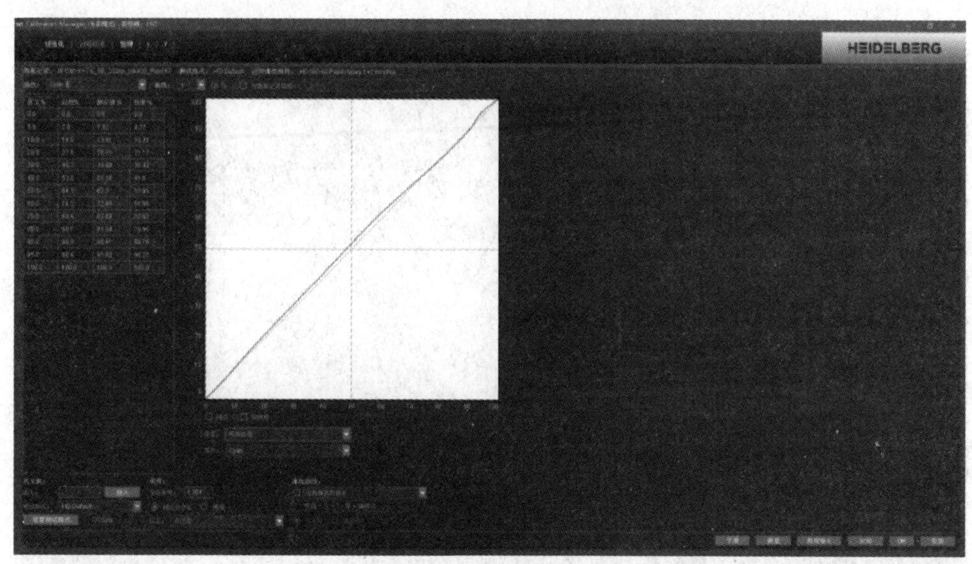

图 19-21　校准曲线

d）调用过程校准曲线。在 Prinect Cockpit 调用过程校准曲线，回到“CTP 出版”，在 PMA _ 200dpi _ Ink420 模板的“校准”，勾选“过程校准”，使用默认数据记录：“IS CMYK+7.5 _ SE _ 200lpi _ Ink420 _ Pap157g（同时也确定勾选“线性化”，默认的数据记录：‘IS CMYK+7.5 _ SE _ 200dpi _ 525x459’）”，如图 19-22 所示。完成整个“校准”过程。

如果觉得该过程校准数据有偏差，则需要重复出版，印刷 PCM 文件，完成闭环校准的过程。

6）灰平衡校正。在评估灰平衡过程中，可以使用 SpectroEye 测量“ECI/bvdm Gray Control Strip M”色靶，在保证网点扩大的情况下，获得好的灰平衡效果。

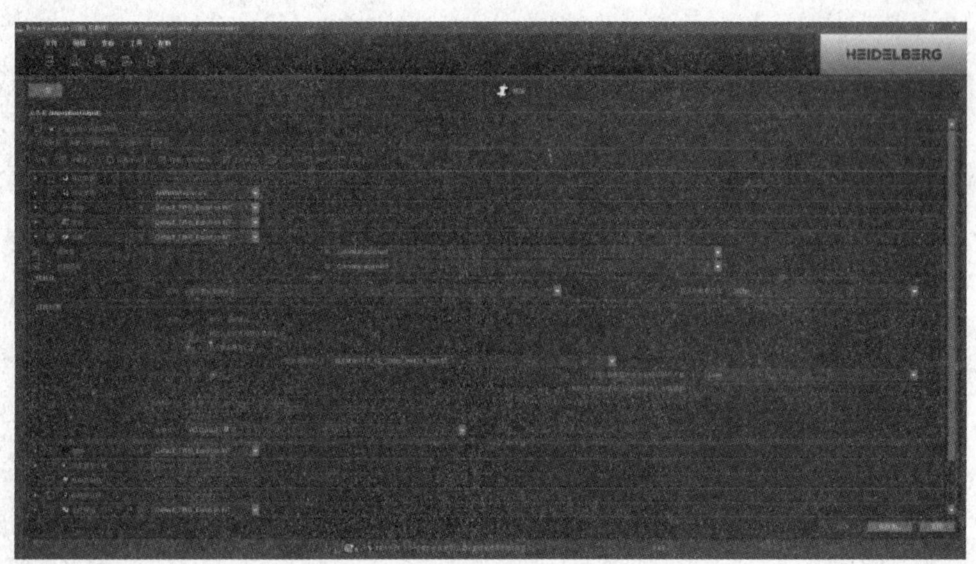

图 19-22　Prinect Cockpit 调用校准曲线

a）数据测量。打开 Color Tool 软件，测量“ECI/bvdm Gray Control Strip M”色靶。

在图 19-23 界面，选择“控制条”，在测控条列表中选择“ECI/bvdm Gray Control Strip M”色靶单击“确定”。

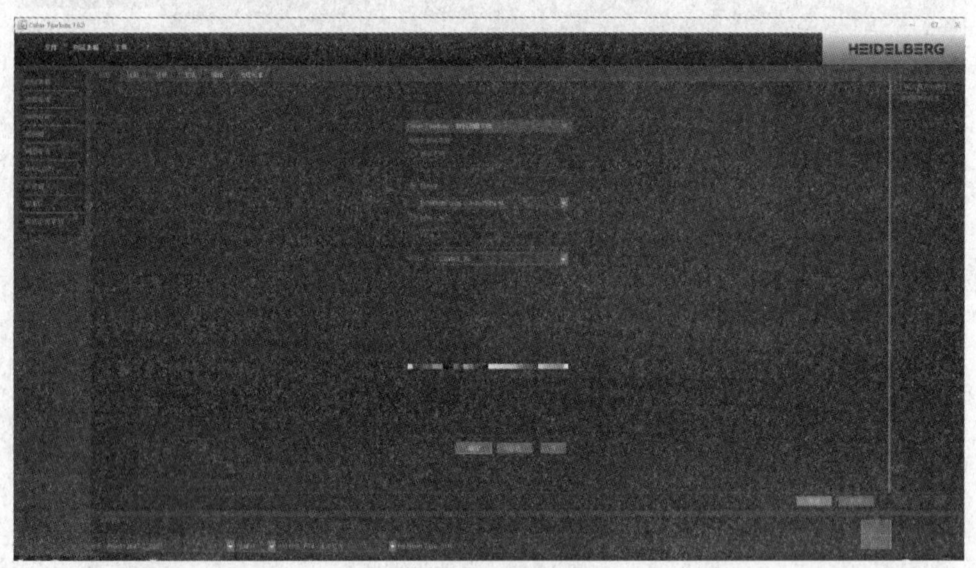

图 19-23　Color Tool 软件界面

b）保存测量数据。类似 PCM 样张阶调梯尺的测量方式，完成测控条的测量，如图 19-24 所示。保存数据“GrayConM_F39-01. txt”。

c）计算灰平衡数据。在图 19-25“专用”菜单下，选择第二个“灰平衡优化”（第一个灰平衡优化是优化 IT8 的数据，第二个是优化的是 Mini-Spot 即袖珍的测量点），打开“灰平衡优化”的功能，如图 19-26 所示。在灰平衡优化界面，选择基准数据“ISOcoated_v2_eci. icc”。袖珍点测量值“GrayConM_F39-01. txt”。单击“计算”，保存数据“Gray01. txt”。

图 19-24　测量控制条

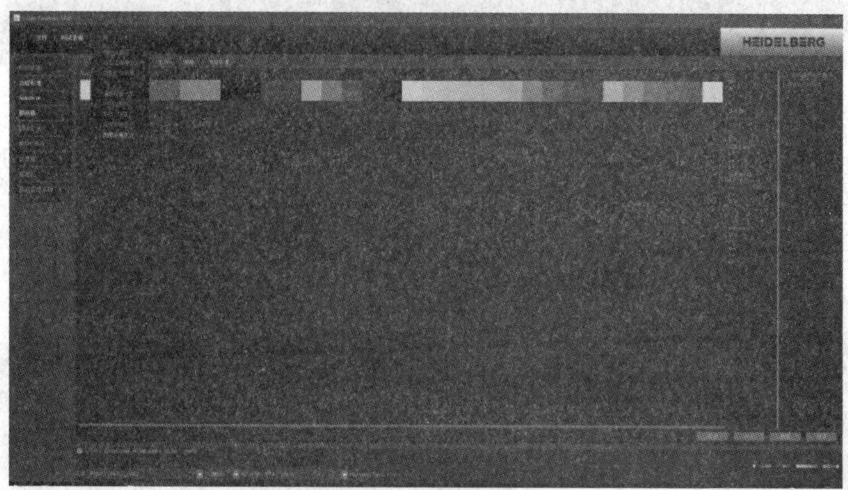

图 19-25　灰平衡优化

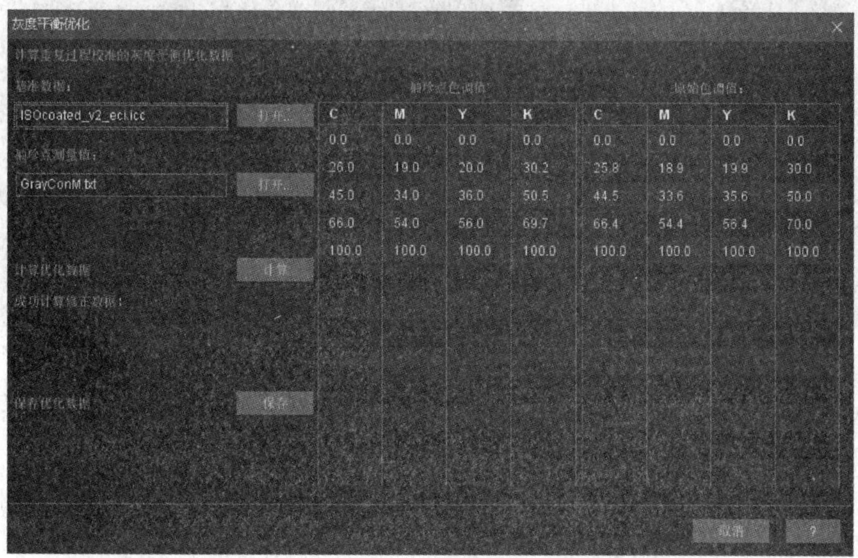

图 19-26　灰平衡优化功能

d）导入灰平衡数据。返回过程校准曲线界面，如图 19-27 所示，导入灰平衡优化的数据。

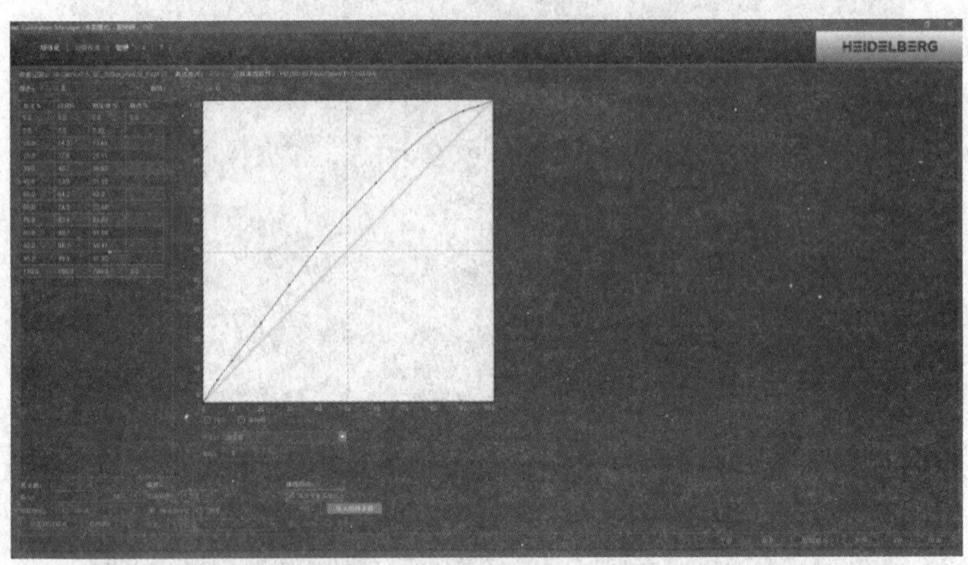

图 19-27 灰平衡修正

回到过程校准曲线组“IS CMYK＋7.5 _ SE _ 200lpi _ Ink420 _ Pap157g”的“曲线修改”，勾选“灰平衡的修正”，单击“导入的修正值”，导入“Gray01.txt”。

e）灰平衡结果确认。导入灰平衡数据后，显示灰平衡的修正结果，显示“确认”对话框，如图 19-28 所示，单击“是”接受修正数据。

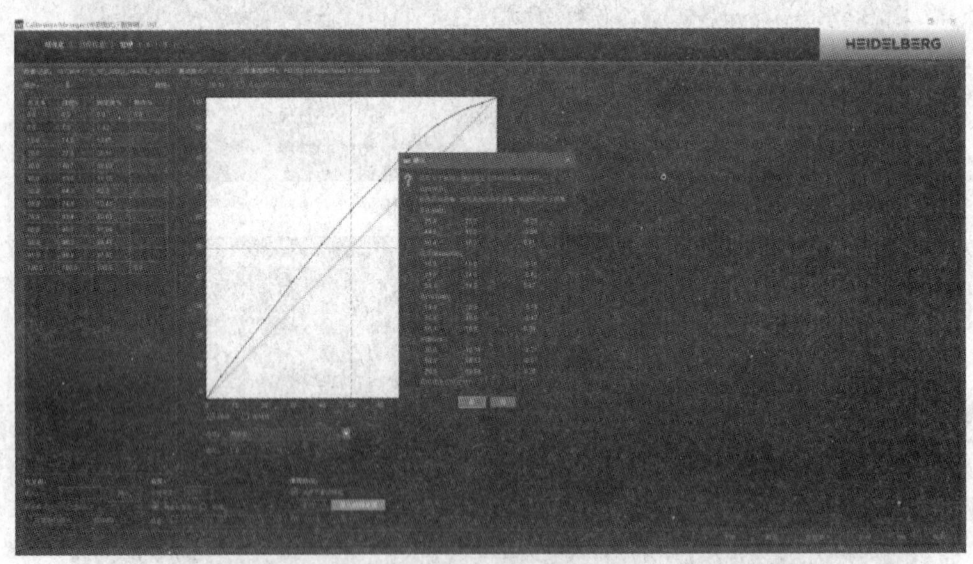

图 19-28 Color Tool 软件界面

f）灰平衡结果应用。在图 19-29 界面单击“应用”和“OK”。灰平衡修正后，可评估修正后的结果，如果不满足标准要求，可多次重复该步骤。

g）灰平衡评估。灰平衡评估可使用 Color Tool 软件完成，如图 19-30 所示。在测量界面测量灰平衡色块的数据，或者导入测量的灰平衡数据。在该界面选择“灰度值”，软件会将灰平衡评估结果以表格和图形的方式显示出来。

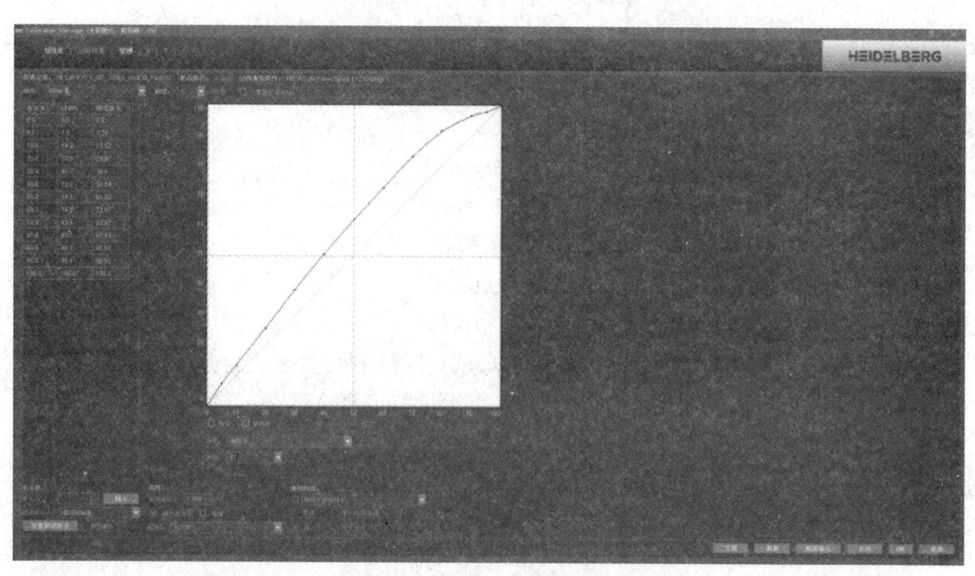

图 19-29 灰平衡修正后的结果

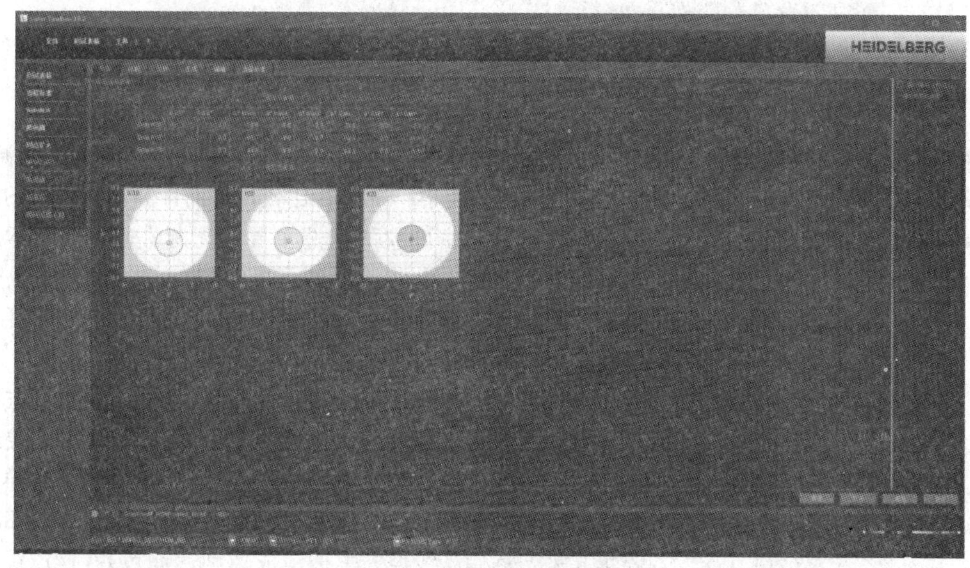

图 19-30 灰平衡评估

灰平衡的数据在图中“灰色圆”内，说明当前的灰平衡是符合标准要求的。如果不符合标准要求，需要重复上述步骤，继续执行灰平衡优化和评估。

确定灰平衡是符合要求之后，确定可以交付的 ICC 测量所使用的印样。这样就完成了使用分光光度仪对过程校准曲线的控制，也完成色彩管理最重要的步骤对印刷机的校准及采样工作。

19.4.3 活动三 能力提升

1. 内容

按照要求设置好分光光度仪 SpectroEye 测量条件，在 Calibration Manager 建立印刷过程校准曲线。根据印刷过程校准曲线的标准，使用 SpectroEye 测量并确立最小色差和最佳密度值的关联，在此基础上测量所印刷品 PCM 上的网点面积，将数据导入 Calibration Manager 建立过程校准曲线，并通过 Color Tool 灰平衡优化修正其灰平衡，最终得到建立印刷 ICC 标准的印张。

2. 整体要求

（1）密度标准为 DIN。

（2）测量 CIE LAB 的条件为 D50 光源、2°视场。

（3）色度值与密度值对滤镜要求是：无偏振光滤镜。

（4）基准白选择为自动。

（5）测量线性三角 PCM（类型 13）必须在 Color Tool 测量生成光谱反射率曲线。

（6）使用 Color Tool 软件中的第二个“灰平衡优化”工具。

（7）评估印刷的灰平衡参数 ΔCh^* 必须小于 3.0。

19.5 效果评价

效果评价参见任务 1，评分标准见附录。

19.6 相关知识与技能

19.6.1 密度计与密度测量

密度测量是由被测量样品吸收的光量来决定的，能实现这种从样品中反射回来的光量测量，然后将其与参考标准或承印物在特定光源照射下的反射情况进行比较，从而计算出密度值的测量仪器叫密度计。密度仪的构造主要有光源、光孔、光学成像透镜、滤色片、光电转换器件（接收器/探测器）、模数转换器、信号处理和计算部件、显示部件等。图 19-31 为密度仪的基本结构和原理。

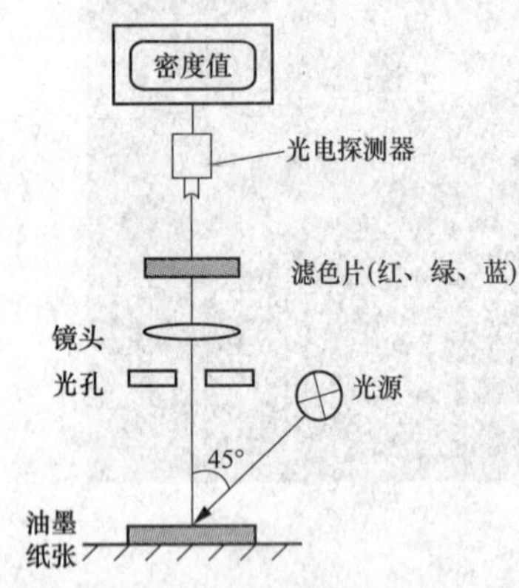

图 19-31 彩色密度仪示意图

光源发出的光线在 45°方向照射到样品上，在垂直方向测量，有些仪器刚好相反。从样品上透过的或反射的光线经过光孔进入密度仪内。需要说明的是，图 19-31 简化了从样品收集光的过程。实际上，所有从这个角度反射出来的光都必须收集起来，然后光线经光学透镜成像到达滤色片（红/绿/蓝/视觉校正），透过某种滤色片的光线经过光电转换器件变成模拟电信号。经过模/数转换得到的数字信号经过运算获得密度数据，在显示屏上显示。

对于印刷品来说，墨层越厚，吸收的光就越多，反射的光就越少，印刷品看起来就越暗，视觉密度就大。反之，墨层越薄，吸收的光就越少，反射的光就越多，印刷品看起来就越亮，视觉密度就小。彩色密度测量的有史以来，由于不同地区与行业的使用需求和习惯不同，目前对彩色密度有多个测量标准，在 ISO 5-3：1995（E）中有相应的规定。

（1）状态 A 密度。用于直接观看彩色照相正片或幻灯片条件下的密度测量，其中的红、绿、蓝滤色片光谱分布与用正片冲洗照片所使用的滤色片接近。

（2）状态 M 密度。用于直接观看彩色照相负片或负片原稿条件下的密度测量，其中的红、绿、蓝滤色片光谱分布与用负片冲洗照片所使用的滤色片接近。

（3）状态T密度。用于评价印刷品所使用的密度标准，以前多用于美国，现在是ISO和我国普遍采用的密度标准。其红、绿、蓝滤色片光谱透射率与光源的乘积曲线见图19-32中的实线所示。

（4）状态E密度。用于评价印刷品所使用的密度标准，以前多用于欧洲。其红、绿、蓝滤色片光谱透射率与光源的乘积曲线见图19-32中的实线所示。状态E与状态T的差别仅在于蓝滤色片上，状态E采用了更窄的蓝滤色片光谱带。

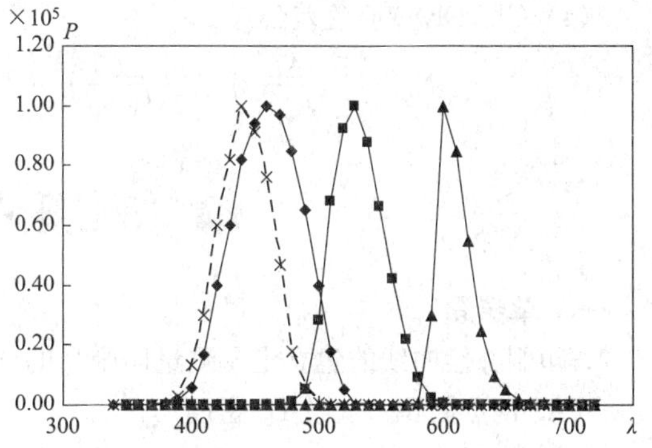

图19-32　ISO状态T和状态B的光谱乘积曲线

19.6.2 色度测量与分光光度仪

色度测量方法按所用的仪器不同分为两种。第一种方法是利用光谱光度仪测色彩。光谱光度仪通常又称为色差仪，它采用滤色器来校正光源和探测元件的光谱特性，使透过滤色片的光符合标准光源的光谱分布，光电探测元件的光谱特性符合标准色度观察者的光谱特性。于是这类仪器在测量时就相当于人眼在特定光源照明下观察颜色样品，光电探测器转换得到的电流大小直接与三刺激值成正比，即用光电探测器来模拟锥体细胞接收光刺激的过程。由于必须用滤色器对特定光源和特定光电探测器的光谱特性进行校正，使其符合某种CIE标准照明体和标准观察者的光谱分布，因此这类仪器只能测量特定光源、特定观察者条件下的颜色。并且由于仪器自身器件及原理方面存在一定的误差，使颜色测量值的绝对精度不够理想。第二种方法是利用分光光度仪测量色彩。分光光度仪把色彩作为一种不受观察者支配的物理现象进行测量，是一种最灵活的色彩测量仪器。分光光度仪可以确定从样品反射出来的各波长范围的光在可见光谱中所占的比例，这样分光光度仪能够提供一个完整的光谱反射率曲线，根据这条光谱反射率曲线就可以计算三刺激值了。

19.6.3 常见的色差公式

CIE1976 L* a* b* 均匀颜色空间（有时也简写为CIE1976LAB）是由CIEXYZ色度系统经过非线性转换得到的，它用明度指数L^*、色品指数a^*和b^*构成的三维坐标系统来表示颜色感觉。

$$\begin{cases} L^* = 116(Y/Y_n)^{1/3} - 16 \\ a^* = 500[(X/X_n)^{1/3} - (Y/Y_n)^{1/3}] \\ b^* = 200[(Y/Y_n)^{1/3} - (Z/Z_n)^{1/3}] \end{cases}$$

（1）ΔE^*_{ab}色差公式。

若两个颜色样品F_1和F_2都以L^*、a^*、b^*值来标定，其颜色值分别为（L_1^*，a_1^*，b_1^*）和（L_2^*，a_2^*，b_2^*），则两者之间的色差ΔE^*_{ab}用两颜色在色空间中位置的距离来计算：

$$\Delta E^*_{ab} = \sqrt{(L_1^* - L_2^*)^2 + (a_1^* - a_2^*)^2 + (b_1^* - b_2^*)^2} = \sqrt{(\Delta L^*)^2 + (\Delta a^*)^2 + (\Delta b^*)^2}$$

（2）CMC(*l*：c) 色差公式。

$$\Delta E_{cmc}(l:c) = \sqrt{(\Delta L^*/lS_L)^2 + (\Delta C^*_{ab}/cS_C)^2 + (\Delta H^*_{ab}/S_H)^2}$$

（3）CIE94色差公式。

$$\Delta E^*_{94} = \left[\left(\frac{\Delta L^*}{k_L S_L}\right)^2 + \left(\frac{\Delta C^*_{ab}}{k_C S_C}\right)^2 + \left(\frac{\Delta H^*_{ab}}{k_H S_H}\right)^2\right]^{0.5}$$

（4）CIE DE2000 色差公式。

$$\Delta E^{*}_{00}=\left[\left(\frac{\Delta L'}{k_{L}S_{L}}\right)^{2}+\left(\frac{\Delta C'}{k_{C}S_{C}}\right)^{2}+\left(\frac{\Delta H'}{k_{H}S_{H}}\right)^{2}+R_{T}\left(\frac{\Delta C'}{k_{C}S_{C}}\right)\left(\frac{\Delta H'}{k_{H}S_{H}}\right)\right]^{0.5}$$

练习与思考

一、单选题

1. 印刷补偿曲线的建立主要测量印刷品的（　　）。

A. 网点面积　　B. 密度　　C. 反差　　D. 灰平衡

2. 在海德堡的 Calibration Manager 做印刷补偿曲线时应选择（　　）模块建立曲线。

A. 线性化　　B. 过程控制　　C. 过程线性化　　D. 过程校准

3. SpectroEye 的测量光谱范围是（　　）。

A. 380～780nm　　B. 400～700nm　　C. 380～730nm　　D. 360～760nm

4. 密度仪使用偏振光滤镜的作用是（　　）。

A. 测量印刷品的干湿状况　　B. 去除紫外线

C. 降低密度　　D. 提高黄墨密度

5. 同色异谱指数是比较（　　）下不同物体之间的色差。

A. 不同光源　　B. 相同照度　　C. 不同色温　　D. 相同色温

6. SpectroEye 的平均台间差是（　　）ΔE^{*}。

A. 0.15　　B. 0.2　　C. 0.25　　D. 0.3

7. 分光光度计使用 UV 滤镜的作用是（　　）。

A. 测量 UV 油墨　　B. 去除纸张荧光增白剂

C. 测量干湿油墨　　D. 加大紫外光的影响

8. ISO 13655：2009 定义新的测量标准，其中 M1 测量指的是（　　）。

A. A 光源测量　　B. D50 光源测量　　C. D65 光源测量　　D. 以上答案都不对

9. CIE 定义了颜色及色差的标准，其 CIE 中文名称是（　　）。

A. 国际照明委员会　　B. 欧洲色彩委员会

C. 国际数码企业联盟　　D. 国际色彩联盟

10. 反射密度仪的标准 T 响应和 E 响应的主要的差别是在（　　）。

A. 青墨　　B. 品墨　　C. 黄墨　　D. 黑墨

二、多选题

11. 以下属于分光光度计的是（　　）。

A. SpectroEye　　B. Eyeone　　C. 530　　D. D18C

E. SpectroScan

12. 反射密度仪的响应方式有（　　）。

A. A　　B. E　　C. T　　D. I

E. 以上答案都对

13. 测量印刷品常用的色差公式有（　　）。

A. ΔE_{CMC}　　B. ΔE_{76}　　C. ΔE_{94}　　D. ΔE_{2000}

E. FMCⅡ

14. 常用测量印刷品网点面积公式有（　　）。

A. 玛丽-戴维斯　B. 布鲁纳尔　C. 贝鲁茨　D. 尤尔-尼尔森
E. 以上答案都对

15. 影响反射密度仪测量密度的主要原因有（　　）。
A. 响应方式　B. 纸白　C. 偏振光滤镜　D. 光孔大小
E. UV 滤镜

16. X-rite530 测量印刷品可以使用的色差公式有（　　）。
A. ΔE_{CMC}　B. ΔE_{76}　C. ΔE_{94}　D. ΔE_{2000}
E. 以上答案都对

17. 以下哪些是关于正确理解色差公式 ΔE_{CMC} 和 ΔE_{76} 的比较？（　　）
A. ΔE_{CMC} 更符合人眼的要求
B. ΔE_{CMC} 的精准性要更好
C. ΔE_{CMC} 测量出来的数据更小
D. ΔE_{CMC} 更适合专色评价，ΔE_{76} 更多运用在 CMYK 上
E. ΔE_{CMC} 在评价灰色时更准确

18. 以下属于颜色空间的是（　　）。
A. CIE LAB　B. CIE Luv　C. CIE XYZ　D. CIE Yxy
E. 以上答案都对

19. 影响分光光度计 SpectroEye 使用最佳匹配的原因是（　　）。
A. 纸白　B. 光谱反射率　C. 油墨的色相　D. 油墨的厚度
E. 油墨的黏度

20. 分光光度计 SpectroEye 可模拟的照明条件有（　　）。
A. A 光源　B. B 光源　C. F1-F12 光源　D. D50 光源
E. D65 光源

三、判断题

21. 密度仪不可以测量色度值和色差。（　　）
22. 印刷补偿曲线可以使用印版测量仪测量印刷品的网点面积。（　　）
23. 仪器显示的色差大并不意味人眼看起来差距就很大。（　　）
24. 分光光度计的光孔大小不影响测量的结果。（　　）
25. 印版补偿曲线和印刷补偿曲线对象不一致，但补偿的量是一致的。（　　）
26. X-rite 530 和 SpectroEye 都是分光光度计，都可以测量色度。（　　）
27. 反射密度仪的 I 响应属于窄幅响应方式。（　　）
28. 评估色相差 ΔH^* 是在 CIE LCH 空间的条件下才能使用。（　　）
29. 分光光度计的校正白板可以使用医用酒精清洁表面。（　　）
30. 测量油墨的色度值需要去除相应纸白的密度。（　　）

练习与思考参考答案

1. A	2. D	3. C	4. A	5. A	6. D	7. B	8. B	9. A	10. C
11. ABE	12. ABCDE	13. ABCD	14. AD	15. ABCD	16. ABC	17. ABDE	18. ABCDE	19. ABCD	20. ACDE
21. Y	22. N	23. Y	24. N	25. N	26. N	27. Y	28. Y	29. N	30. N

任务 20

制版机的日常维护与保养

该训练任务建议用 2 个学时完成学习。

20.1 任务来源

CTP 设备已经成为当前印刷厂必备的印前设备，由于设备的自动化程度较高，其操作和保养也变得较为简单，但是很多印刷厂还是对设备疏于管理，不对其做对应的保养，认为价格高的产品不容易坏，其实不然，越好的、越精密的设备更应该认真对待，制定详细的保养维护方案，使其发挥最佳的效果。

20.2 任务描述

本任务是使学员在实际操作过程中认识 CTP 的内部结构，理解 CTP 的工作原理，学会设备的维护与保养，使得 CTP 设备能够稳定，高效的输出高质量的印版。

20.3 能力目标

20.3.1 技能目标

完成本训练任务后，读者应当能（够）掌握以下技能。

1. 关键技能

（1）能够在软件中查看且操作保养项目。

（2）能够独立并正确地完成对 CTP 设备的保养。

（3）能够制定设备保养方案。

2. 基本技能

（1）能够熟练操作设定 GUI 软件。

（2）能够熟悉 CTP 硬件简单的拆装流程。

（3）能够理解设备维护的基本项目。

20.3.2 知识目标

完成本训练任务后，读者应当能（够）学会以下知识。

（1）掌握使用 GUI 查看软件保养项目。

（2）理解 CTP 工作原理。

（3）了解设备保养的重要意义。

20.3.3 职业素质目标

完成本训练任务后，读者应当能（够）具备以下职业素质。

（1）有能力识别因为保养不当所引起的问题。

（2）学会如何快速高效的完成保养。

（3）养成每天检查维护保养表的良好习惯。

20.4 任务实施

20.4.1 活动一　知识准备

（1）简述 CTP 维护保养的基本项目。

（2）简述 CTP 设备常见问题有哪些，如何解决。

（3）保养内容：机身外部清洁，印版清洁滚筒，打孔废料盒，过滤网（白色），过滤网（灰色蜂窝状）。

20.4.2 活动二　示范操作

1. 活动内容

在 Prinect CTP User Interface 软件中查看保养项目，对设备进行保养。

2. 操作步骤

（1）步骤一：查看当前设备保养情况。

1）打开 CTP User Interface 主界面，如图 20-1 所示。

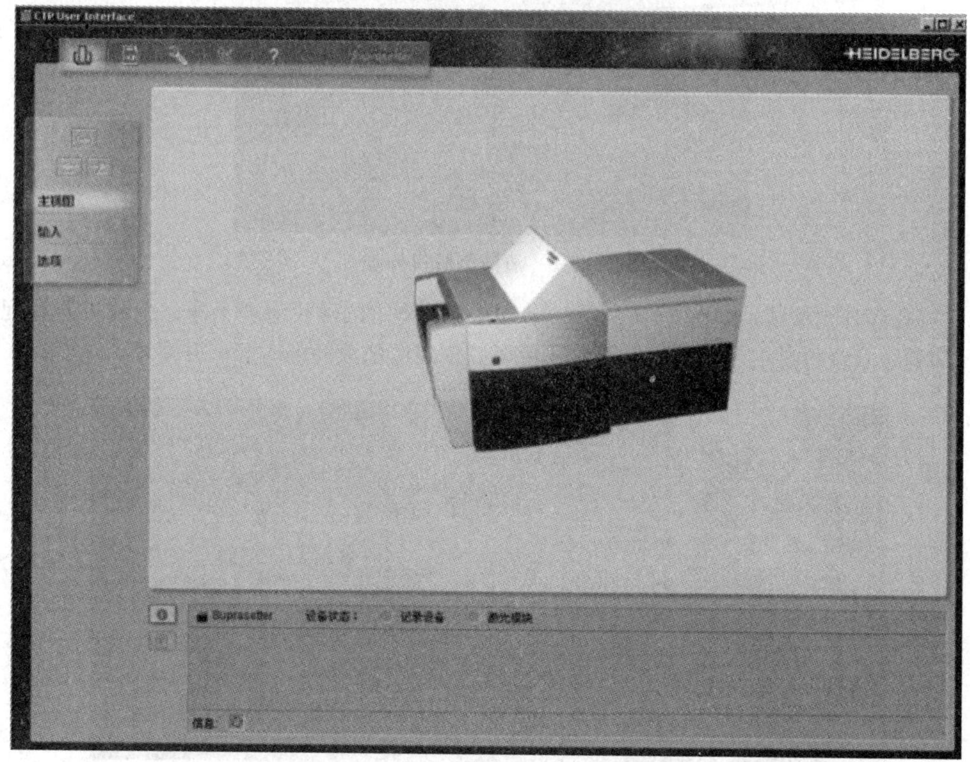

图 20-1　CTP User Interface 界面

2）打开维护界面，可以查看需要保养的项目，如图 20-2 所示。软件所提供的保养项目只有“空气过滤器”“打孔废料”和“清洁滚筒”。

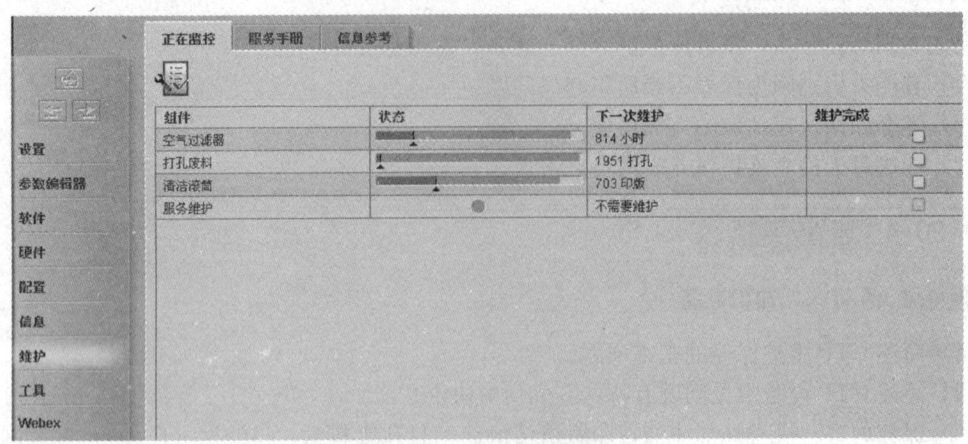

图 20-2　保养项目

（2）步骤二：关闭 CTP 对硬件进行保养。

1）清洁设备外观，如图 20-3 所示。制版机表面清洁，要求将表面灰尘擦拭干净，避免粉尘过多对过滤芯的寿命造成影响，同时灰尘也对操作人员身体健康有影响。

图 20-3　清洁制版机外观

2）打孔碎片盒清洁，如图 20-4 所示。将打孔碎片盒中的碎片清理干净。少数机器有配备连线打孔装置，其废料量按照默认值保养，或者可以依照清洁滚筒的时间一并清理。

图 20-4　打孔碎片盒清洁

3）清洁辊的保养，如图 20-5 所示。清洁辊的保养是比较重要的保养项目之一，由于版房的环境无法达到无尘，再加之印版上表面多少会有些粉尘粘连，因此 CTP 设备让印版进入曝光辊筒前用清洁滚筒将印版表面的粉尘全都粘掉，以保持印版表面的清洁。清洁滚筒的保养需要分阶段进行，在滚筒较新的时候可以采用干的纯棉布进行表面擦拭即可，使用一段时间后可以使用胶力不太强的透明胶带进行清洁。清洁后务必将其安装到原位，按下固定卡扣，使其稳定的工作。

图 20-5　清洁辊

4）过滤网的保养。过滤网首先需要根据版房环境制定保养计划，如果版房环境较差，保养次数就要相应增多。其次版材粉尘的掉落也会加速过滤网的污染，所以如果版材质量较差，保养次数也需相应增多。最后就是按照软件提示进行保养，或者可以修改保养数量范围进行保养。图 20-6 和图 20-7 分别是 CTP 制版机上的过滤网孔和过滤网。

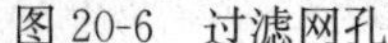

图 20-6　过滤网孔

图 20-7　过滤网

打开下部过滤网，对其进行保养清洁，过滤网的保养需要分两个阶段，过滤网较新时可以直接抖落其灰尘，使用一段时间后，需要使用清水浸泡清洗，然后晾干即可。

然后打开内过滤网门进行内过滤网及过滤棉的清洁，打开方法如图 20-8 所示，内过滤网如图 20-9 所示。此过滤网保养需十分小心，在使用一定时间后，其会变脆，易脱落，因此在保养时不能用力过大，不可以用清水对其浸泡，只能使用风力较小的吸尘器将其表面灰尘吸掉。

（3）步骤三：打开设备，完成保养操作。

1）打开 CTP User Interface 保养界面，如图 20-10 所示。保养结束后，将设备安装好后再开机，待 GUI 与设备连接后查看。

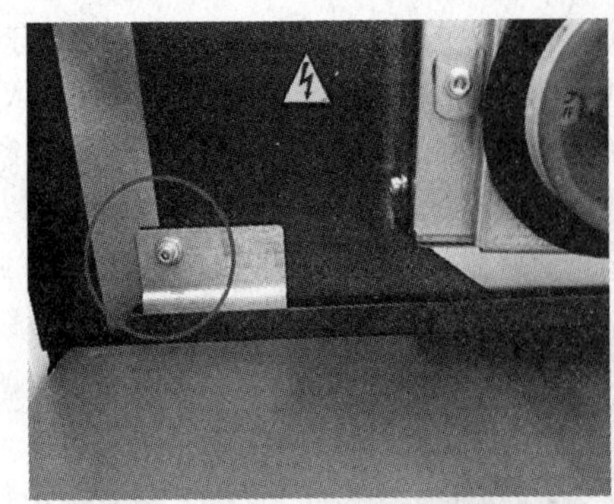

图 20-8　内过滤网门螺钉

图 20-9　内过滤网

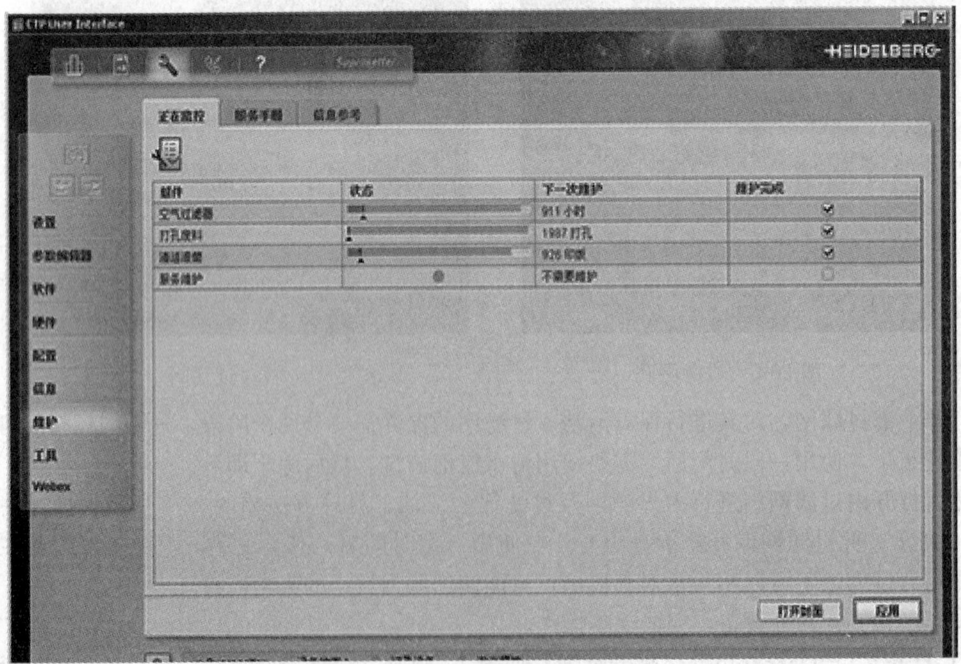

图 20-10　保养界面

2）对已经保养的项目进行完成保养的操作，勾选图 20-10 中的“维护完成”表格中的项目，单击“应用”，即完成维护操作，结果如图 20-11 所示。

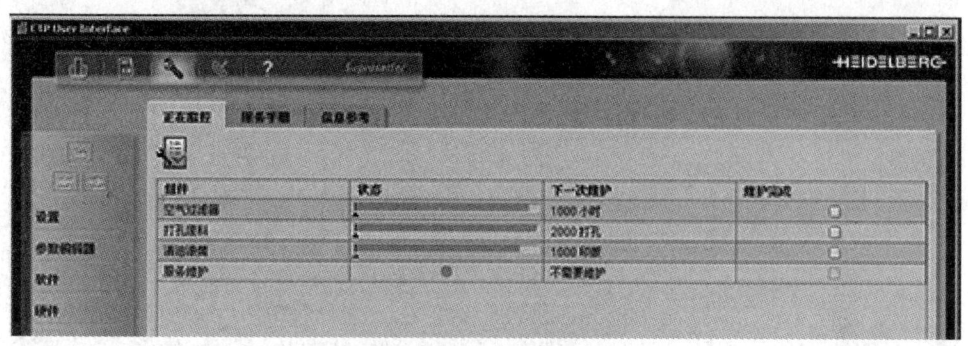

图 20-11　维护结果

在设备运行过程中偶尔会出现一些错误，此时设备会报告错误信息及编号。将编号记录下来，可在下面的界面内查看错误原因，如图 20-12 所示。

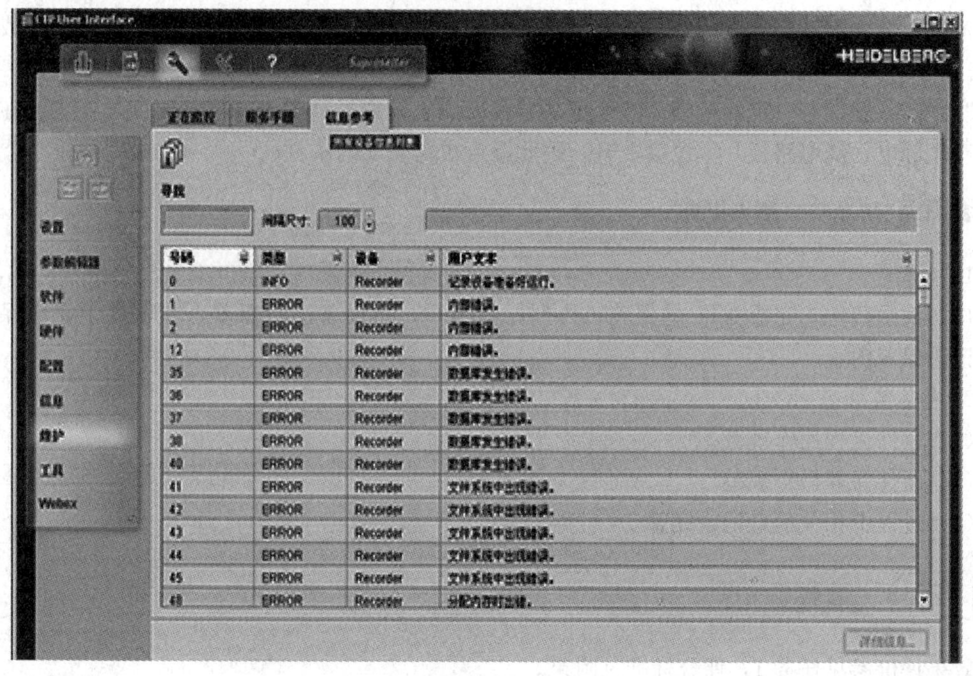

图 20-12　设备信息

查看设备参数，保持设备运行的稳定性，如图 20-13 所示。这一窗口非常重要，在实际生产过程中它显示了设备整体的性能参数，需实时留意，切勿在不符合生产的条件下生产。

“激光支架”：在一定范围之内，通常其范围为 1℃左右，如果温度不在其范围之内，设备不运行。极小的温度范围也使印版曝光达到一个很稳定的输出范围，使得印版质量更加稳定。

“打孔”：此选项在有安装连线设备内打孔的机器才会显示，其表示可以打孔的温度范围，相对曝光其范围有所增大。温度在一定的范围内也有利于对印版打孔的重复精度的提高。

“Back Plane”：设备所使用的电控设备所能开机运行的温度，通常温度范围较大。

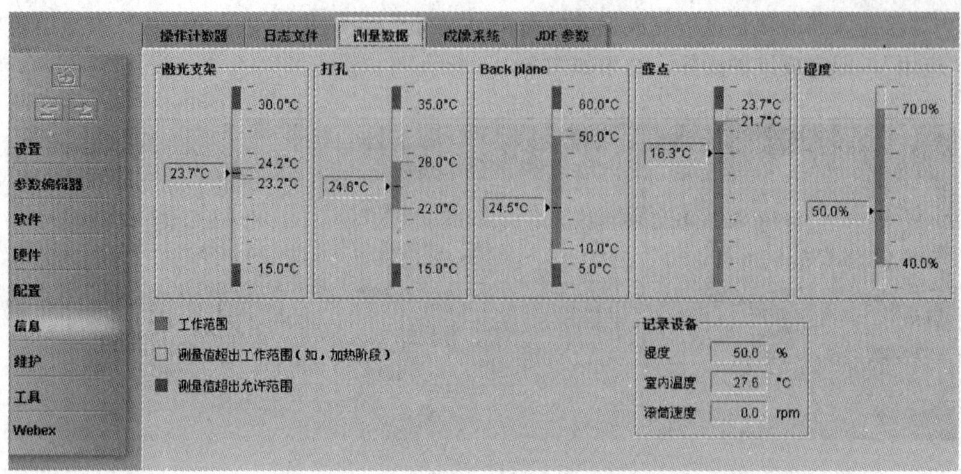

图 20-13　设备工作参数

"露点"：是机器内部空气在寒冷的温度下，由于温度突然提升，空气内水气在冰冷设备上凝结露水的范围，通常湿度越高露点的几率就越高，因此露点尤为重要，需要实时关注，发现超过规定范围，请立即解决湿度问题，或者停机，不要再生产曝光，否则有很大几率烧电路板或者激光头。

"湿度"：湿度有一定的范围，湿度越高越容易产生露点过高的可能性，湿度过低也会在机器内部产生静电，烧电路板几率也会上升，因此湿度也需要实时关注。

20.4.3 活动三　能力提升

1. 内容

按照演示范例，完成 CTP 的保养。找到保养项目，对设备进行保养，在软件中完成保养操作，记录保养内容。

2. 整体要求

(1) 软件流程操作规范。

(2) 硬件保养操作规范。

(3) 过程中相关信息记录完整。

20.5 效果评价

效果评价参见任务 1，评分标准见附录。

20.6 相关知识与技能

1. CTP 维护保养的成本耗费

(1) 零件费用是指 CTP 设备在出现故障的情况下，所需要购置零件的费用，基本上包括 CTP 设备的激光部分、电路部分以及机械部分的相关零件。

(2) 耗材费用则是指 CTP 设备在使用过程中所需要按时更换的一些损耗件。比如：空气过滤芯、粉尘过滤芯、检测控制等。

(3) 维修服务费就是指维修过程中所产生的费用，包括自己工厂维修人员或者外请人员所产生的相关费用。

(4) 停工费用就是CTP机器停机所损耗的费用，通常不纳入维修保养行列，但作为成本计算方面可作参考数据来执行。

2. CTP机器的常见问题

CTP机器在使用过程中，由于其结构的紧凑及设计的良好性，一般来说问题还是比较少，但长期的运作也不可避免地有一些问题出现，下面就常见问题列举如下。

(1) 进版系统的故障，大多数CTP的进版系统是采用气动装置来运作的，气动部分包括机器的保护门、压版胶辊、压版头夹、压版尾夹等装置，气动部分的调节多数客户自己都能够完成，甚至有些零件客户也可以自己更换。

(2) 曝光过程中的故障，相对机械动作而言，曝光时发生的故障可能要棘手一点，但是只要认真分析也不难找出问题的症结，我们可按思路分析，版材本身的故障、显影过程的故障、文件问题、曝光过程中的问题以及人为的问题等，从而方便地找到问题并解决。

(3) 电路及感应部分的问题，电路的问题通常包括软件的引导及存储数据，而感应部分则是所有动作及安全保护装置的运行探测方面，机器的报错信息多数能指出问题的核心部分及解决方案，客户可自行或联系相关技术的人员来排除故障。

(4) 激光部分的问题，激光的问题大多表现在所输出的版材上，一般通过调整都可以解决，而如果是温度及湿度引起问题，客户也可以自己解决，如果真的是很少部分激光内部电路出现故障，则需要更换。

(5) 下版部分的故障和上版部分一样，下版部分分自动及手动，大多也是机械动作和一些位置的感应，只要平时多一些保养就不会出现大的故障。

一、单选题

1. 可对设备进行保养的海德堡软件是（　　）。

A. GUI　B. Prepress Interface　C. Shooter　D. Signa Station

2. 保养项目在以下哪个标签下？（　　）

A. 活件标签　B. 设备标签　C. 管理员标签　D. 保养标签

3. 若供气出现问题，软件中会出现以下哪个提示？（　　）

A. 供气装置问题　B. 没有压力

C. 空气供应单元发生错误　D. 空压机出错

4. 如何对打孔废料进行维护？（　　）

A. 拿出废料盒，清空废料盒即可　B. 在软件中按维护完成即可自动进行维护

C. 清空废料盒，然后在软件中完成维护　D. 更换新的废料盒，然后在软件中完成维护

5. 关于设备维护的重要性的说法正确的是（　　）。

A. 正确的维护可提高设备的产能

B. 维护过后的设备可以加快生产速度

C. 设备经过维护可以更稳定的输出印版

D. 价格越高的设备，自动化程度越高，越不需要进行保养

6. 以下关于CTP设备保养说法正确的是（　　）。

A. 若出现“卡版”的现象，必须通知海德堡工程师来解决此问题

B. 打孔装置也可以拆下进行保养

C. BackPlane 需定期拆出进行保养

D. 保养设备必须关机操作

7. 软件中的“空气过滤器”是指（　　）。

A. 设备下部灰色过滤网　　B. 版房空气过滤网

C. 白色海绵状过滤网　　D. 外接过滤网

8. 印版废料若不清理，则会出现以下哪个提示？（　）

A. 废料容器几乎满了　　B. 废料需清理，否则打孔将不再工作

C. 请速清理废料容器　　D. 建议清理废料容器

9. 在设备将曝光速度调整至最快，曝光量调整到最高时，激光头的保养将会出现（　　）提示。

A. 激光头超负荷运行　　B. 激光头效率值最大

C. 激光头的老化程度加速　　D. 激光头满负荷运行

10. 当设备无印版但按下输出按钮后，设备报错信息是（　）。

A. 真空传感器真空错误，不能吸入或保持材料或材料丢失

B. 真空传感器未吸附材料或材料丢失

C. 真空传感器未感应到材料

D. 没有此选项

二、多选题

11. 对 Suprasetter 75 的描述正确的是（　　）。

A. 开启前需要检查气压　　B. 设备有两个以上的激光头

C. 设备可以添加 3 套打孔设备　　D. 设备可以出 1030×790 的印版

E. 最多同时有两张印版在设备内

12. 在“测量数据”标签下所显示的项目有（　　）。

A. 激光支架　B. 打孔　C. 露点　D. 湿度

E. BackPlane

13. 以下对激光支架描述正确的是（　　）。

A. 设备没有激光支架的保养项目　　B. 激光支架的温度为 1℃以内

C. 激光支架的温度可以改变　　D. 激光支架的温度不代表室内温度

E. 激光支架需印前工作人员拆卸下保养

14. 在软件保养界面内没有的保养项目是（　　）。

A. 空气过滤器　B. 打孔废料　C. 过滤网　D. 系统维护

E. 激光头保养

15. CTP 设备保养过程中耗材费用是指（　　）。

A. 空气过滤芯　B. 粉尘过滤网　C. 打孔废料　D. 冷却剂

E. 清洁辊

16. 下列选项有温度上下允许范围的是（　　）。

A. 激光支架　B. 打孔　C. BackPlane　D. 露点

E. 湿度

17. 对“空气过滤器”保养正确的做法有（　　）。

A. 在使用不久时可以抖掉其上面的粉尘

B. 可用清水浸泡，再放置阴凉处放干
C. 使用酒精清洁
D. 用洗车水进行清洁
E. 用热开水将灰尘冲掉

18. 如何清洁清洁辊？（　　）
A. 使用黏性较大的透明胶带　　B. 使用黏性较小的透明胶带
C. 使用白色棉布擦拭表面浮尘　　D. 使用砂纸打磨
E. 可使用水洗，晾干的方式清洁

19. 下列哪些选项是 CTP 设备必含有的选项？（　　）
A. 激光支架　　B. 打孔　　C. BackPlane　　D. 露点
E. 湿度

20. 设备使用过程中出现激光支架温度持续较高，长时间达不到指定曝光区域，其问题可能是（　　）。
A. 室温过高　　B. 需要更换冷却液
C. 需要更换激光支架　　D. 过滤网可能堵塞
E. 设备系统错误

三、判断题

21. CTP 设备无需进行表面清洁，因为设备内部有过滤装置。（　　）

22. 若设备维护过程当中进行初始化，在设备进版处还有印版未取出，则设备会出现：在初始化或错误处理过程中发生错误，在快门上发现材料。（　　）

23. 空气过滤器的维护是按照版量来计算的，例如：1000 张维护一次。（　　）

24. 软件中清洁滚筒默认值是 3000 张保养一次。（　　）

25. 激光模块中不可以查看激光老化程度。（　　）

26. GUI 维护的“服务维护”通常是印前工作人员自行维护。（　　）

27. 设备露点越高，代表版房内湿度越高。（　　）

28. 当压缩空气不够时，设备会显示“没有足够的压缩空气”。（　　）

29. 激光支架的温度范围在 10℃范围内都可以保持精准的曝光。（　　）

30. 当激光头寿命快到时，软件会显示激光二极管的寿命快到了。（　　）

练习与思考参考答案

1. A	2. C	3. C	4. C	5. C	6. D	7. C	8. A	9. C	10. A
11. ABE	12. ABCDE	13. ACD	14. CDE	15. ABD	16. ABC	17. AB	18. BC	19. ACDE	20. ABD
21. N	22. Y	23. N	24. N	25. Y	26. N	27. N	28. Y	29. N	30. Y

任务 21

冲版机的日常维护与保养

该训练任务建议用 2 个学时完成学习。

21.1 任务来源

在印刷厂很多印前工作者对冲版机的维护与保养不够重视，往往导致印刷过程中会出现问题，例如颜色深或浅，有脏点等，这些问题大多是由冲版机直接带来的，还有很多人认为冲版机药水的更换是按照厂家提供的方案进行的，这也是造成巨大浪费的一个方面。通过本任务我们将学会如何对冲版机进行保养，如何提高冲版机的性能，保质保量的为印刷提供高质量的印版。

21.2 任务描述

CTP 冲版机在印刷厂属于价格相对低廉的设备，往往不被人们重视，认为只要进行基本保养即可，实际生产中，冲版机的保养不当，常常会导致印版产生严重的质量问题，同时也会影响冲版机的使用寿命，增加印刷成本。本次任务主要是冲版机的保养及保养规范的建立，保证冲版机发挥最佳的冲版效果，延长使用寿命，使其稳定的为印刷服务。

21.3 能力目标

21.3.1 技能目标

完成本训练任务后，读者应当能（够）掌握以下技能。

1. 关键技能

（1）能够调节冲版机参数。

（2）能够独立拆装冲版机各组胶辊，并清洗。

（3）能够对显影液的补充进行正确的评估与设定。

2. 基本技能

（1）能够正确地分析冲版机参数调节所带来的影响。

（2）能够充分了解冲版的过程。

（3）能够使用相关仪器对设备进行问题判断。

21.3.2 知识目标

完成本训练任务后，读者应当能（够）学会以下知识。

（1）了解冲版机保养的检查要点。

（2）了解冲版机维护操作规范及维护注意事项。

（3）了解不同版材冲版机的调节方法。

21.3.3 职业素质目标

完成本训练任务后，读者应当能（够）具备以下职业素质。

（1）学会全面的对冲版机进行保养和维护。

（2）有能力识别由于冲版机所引起的问题。

（3）养成作业记录的良好习惯。

21.4 任务实施

21.4.1 活动一　知识准备

（1）简述冲版机印版处理工作流程。

（2）印版有脏点，其原因有哪些。

（3）印版左右不均匀，其原因有哪些。

21.4.2 活动二　示范操作

1. 活动内容

制定冲版机的维护方案，对冲版机保养项目进行检查、维护，根据要求设定冲版参数。具体要求如下。

（1）制订维护方案。

（2）保养操作规范。

（3）冲版机参数设定规范。

（4）过程中相关信息记录完整。

2. 操作步骤

（1）步骤一：制定冲版机的维护计划表。根据生产的任务安排，制订机动或固定的维护方案，详见表21-1。

表21-1　冲版机的维护计划表

序号	维护项目	操作标准	日	周	月	操作人	检查人	考核	备注
1									
2									
3									
4									
5									
6									

机动的方案，是根据生产的任务进行，在生产空闲时，立即进行现场维护。不受时间的限制（保证设备的运作可持续状态）。

固定的方案，是根据日期制订，无论生产繁忙与否，在指定的时间内必须进行维护。强制执行，不受任何干扰（保证设备在固定的时间内有规律的可持续运作）。

（2）步骤二：按顺序检查冲版机保养项目。

1）对冲版机第一组胶辊进行检查，如图 21-1 所示。要求：保证胶辊上无药水残留，否则会使印版提前显影。

2）检查显影槽毛刷辊的清洁度，如图 21-2 所示。要求：保持清洁无印版版基残留结晶。

图 21-1　冲版机第一组胶辊

图 21-2　显影槽毛刷辊

3）检查压水辊的清洁度，如图 21-3 所示。要求：保持压水辊清洁，建议每日清洗。

图 21-3　压水辊

4）检查水压及出水孔流畅度，出水孔情况如图 21-4、图 21-5 所示。要求：水压合适，出水孔通畅。

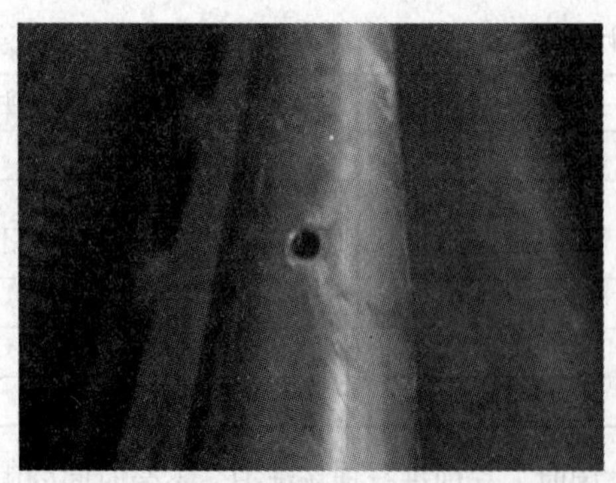

图 21-4　出水孔通畅

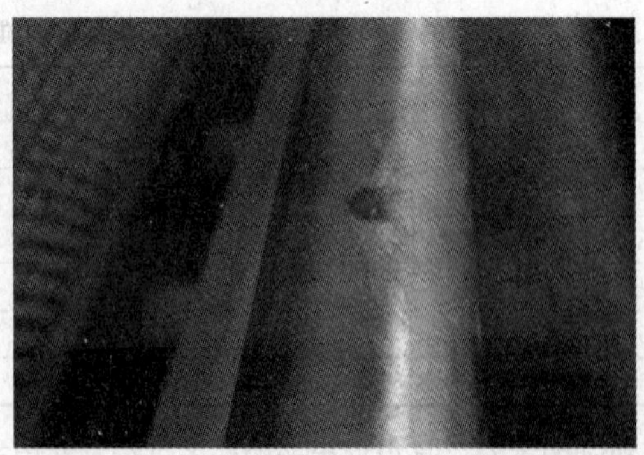

图 21-5　出水孔堵塞

5）检查上胶辊平滑度及压力，且会调节流量大小，上胶辊如图 21-6 所示。要求：保持上胶辊表面平滑。

6）检查烘干单元清洁度，如图 21-7 所示。要求：保持烘干单元表面清洁，必须定期检查，否则有可能出现卡版的现象。

图 21-6　上胶辊

图 21-7　烘干单元

7）检查冲版机各电眼的清洁度，如图 21-8、图 21-9 所示。要求：保持冲版机各电眼表面无灰尘，建议每日进行擦拭。

图 21-8　电眼位置

图 21-9　冲版机电眼

8）检查显影液过滤芯并更换，如图 21-10、图 21-11 所示。要求：保持过滤芯清洁无杂质，建议每日进行更换清洗。

9）检查保护胶及补充液的余量，补充液添加如图 21-12 所示。要求：保护胶及显影液需每日检查其余量，及时更换补充，使冲版机保持稳定。

图 21-10 显影液过滤芯位置图

图 21-11 显影液过滤芯

图 21-12 添加补充液

（3）步骤三：根据要求修改参数设定（以 G&J 冲版机为例）。

1）在指定通道设定参数，控制面板如图 21-13 所示。

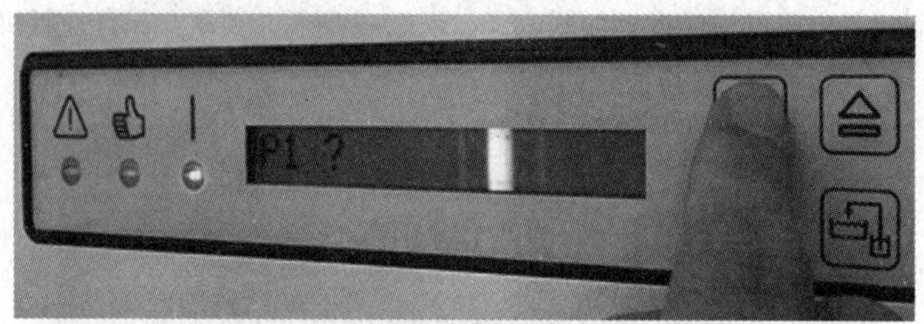

图 21-13 冲版机控制面板的通道设定

2）在冲版机连线的计算机上设定对应通道的冲版参数。

a）设定冲版机显影速度，如图 21-14 所示。

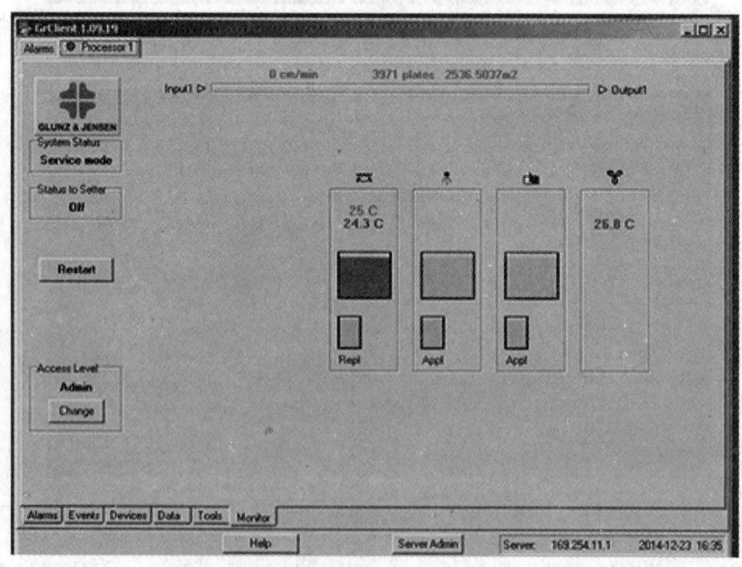

图 21-14 设定冲版机显影速度

b）设定冲版机显影温度，如图 21-15 所示。冲版机显影温度与速度在同一个界面内可以设定。

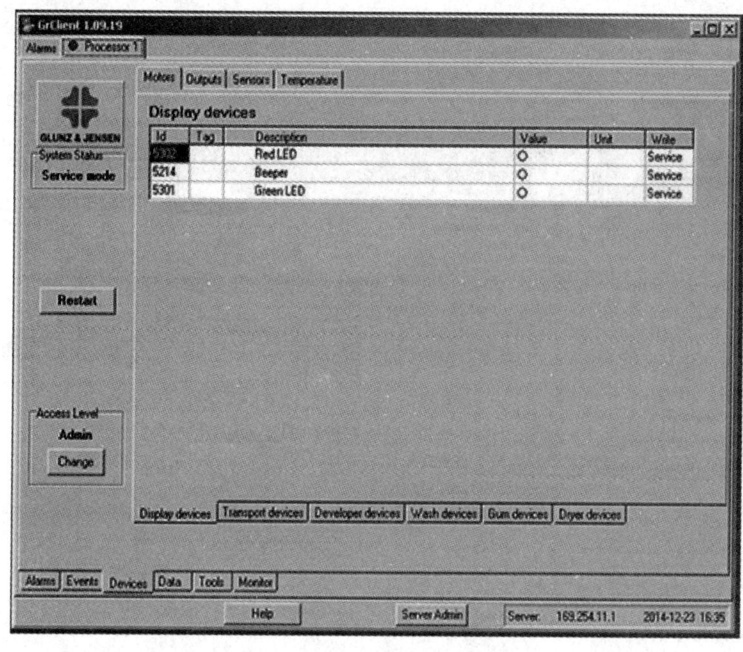

图 21-15　设定冲版机显影温度

c）设定冲版机烘干温度，如图 21-16 所示。烘干温度设定后，在其显影时才会加热到设定温度，所以烘干温度为实时温度。

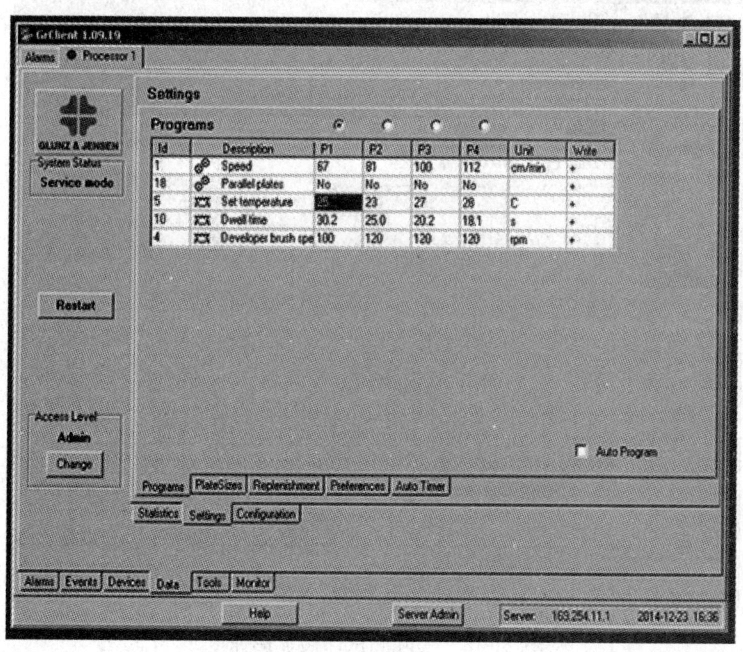

图 21-16　设定冲版机烘干温度

d）设定冲版机补充量，如图 21-17 所示。补充量需要看冲版量，印版质量以及时间等多方面因素来确定，通常保持默认值即可。

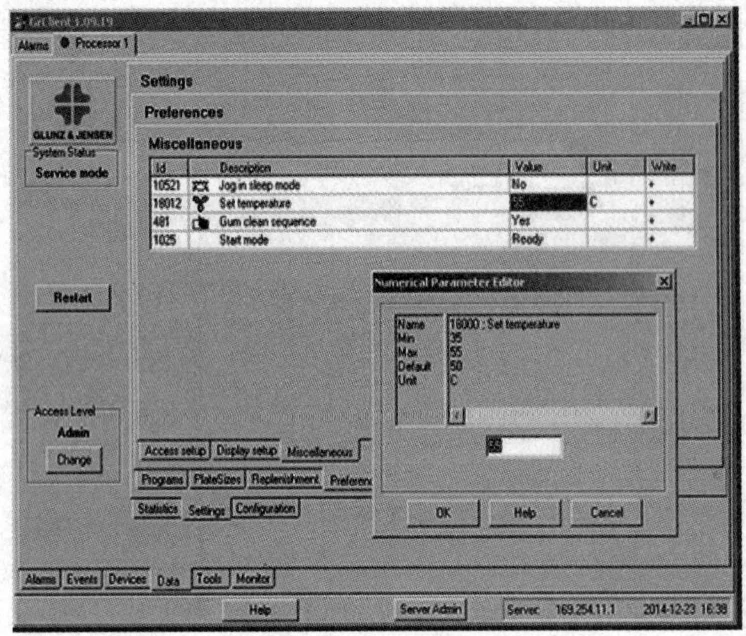

图 21-17　设定冲版机补充量

e）实际测试印版显影速度，如图 21-18 所示。计时印版从进入药水至倒出药水的时间与设定值是否保持一致。

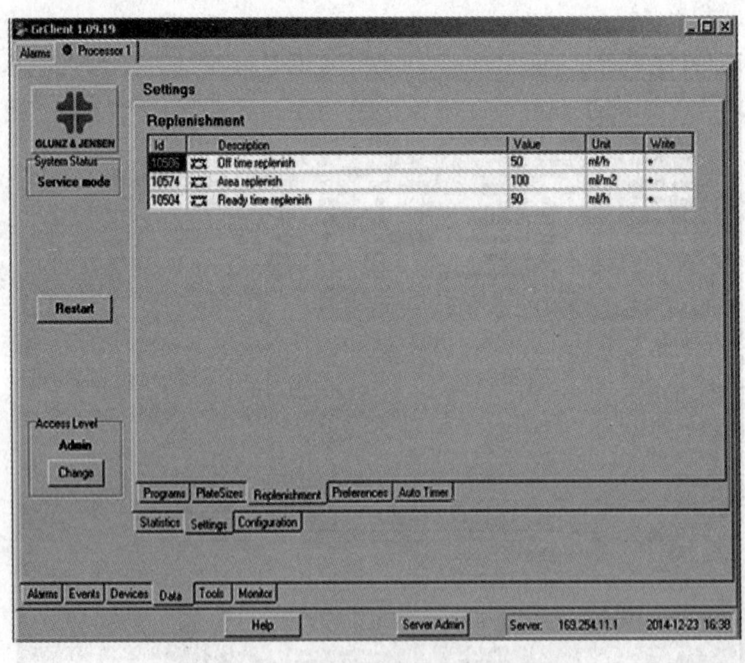

图 21-18　实际测试印版显影速度

21.4.3 活动三　能力提升

1. 内容

根据所讲述和示范的案例，完成冲版机维护及参数设定。

2. 整体要求

(1) 根据生产的任务安排，制定冲版机的维护计划表。

(2) 按照演示范例，完成冲版机维护及参数设定。

(3) 记录冲版机设定参数，记录冲版机保养项目。

(4) 活动完成后，关闭冲版机。

21.5 效果评价

效果评价参见任务 1，评分标准见附录。

21.6 相关知识与技能

1. 显影

(1) 显影的定义编辑。

显影是指用还原剂把软片或印版上经过曝光形成的潜影显现出来的过程。PS 版的显影则是在印版图文显现出来的同时，获得满足印刷要求的印刷版面和版面性能。

(2) 显影的方法编辑。

1) 手工盘式显影。手工盘式显影是将 PS 版浸入装有显影液的显影盘里，并摇动使其均匀反应，同时用软毛刷轻刷版面以加快显影速度，显影完就可用清水冲洗干净。版面如果有碱液存留，对图像的感光层和版基都有侵蚀作用，印刷过程会出现“掉版”和版面上脏的故障。所以，用水清洗后还要用 3%的 H_3PO_4 溶液中进行中和，彻底清除版面残余的显影液。这种显影方式质量比较难以控制，一是温度难以控制。二是经几次显影后，显影液由于与见光分解的感光层发生了反应而颜色由无色透明变成绿色。但由于使用这种方法设备简单，容易操作，所以目前较为普遍使用，特别是规模较小的厂家。

2) 机械喷式显影。机械喷式显影是采用一个多孔的喷头，在显影时，显影液由喷头按一定顺序喷洒到版面上。这种方法显影快，易于观察，但由于显影液与空气充分接触，也容易失效。目前这种方法较为少用。

3) 自动显影机（俗称 PS 版冲版机）显影。自动显影机显影具有调温、调速装置，并设有显影室、水洗室、干燥室等，操作较简单，只要把经曝光的 PS 版药膜朝上放在显影机的进版台上，利用其自重拨动显影机开关，自动进行显影，等显影完毕，可得到干燥的 PS 版。这种显影方法易于控制，质量稳定，有利于数字化、规模化的管理，是一种较好的显影方法，但价格较高。

(3) 显影问题及解决方法编辑。

1) 显影问题。晒版后要进行冲版。如果冲版机当中的显影液温度过低，冲版机的冲洗速度又过快，显影时间会缩短，显影就会不充分，印版就会冲不干净。如果显影液浓度不够，补充显影液的时间又调得过长，印版也会显影不充分。

2) 解决方法。检查显影液的温度和显影时间，并调整到合理的数据。使用显影液时，生产厂家都会提供配方的比例，要按照比例做。但有时可以加浓一些。冲版机要及时检修，更换胶辊，定期清洗槽里及管壁上的结晶。具体的方法是：用草酸对水在冲版机里循环和有效地去除污垢，同时机器上的毛刷辊也要清洁，必要的就要更换。另外，在除脏处理过程中，操作不仔细，除脏液用量不足、用液时间短、除脏液失效、除脏液用后干枯在版面上都可能引起印版脏污。在上胶过程中使用了低浓度的胶液、非图文部分发生氧化现象都会引起印版起脏。这类问题的解决方法是：除脏液用完后应盖紧，版面除脏后要充分水洗，上胶时要提高胶液浓度，胶注要均匀，上胶后的印版，版面干燥后再印刷。

2. 冲版机保养的作用

规范的冲机保养可以获得的好处如下。

（1）标准的制版数据，高精准的网点。

（2）告别显影时划伤版材，降低费版率。

（3）减少版材的故障率，避免不必要的投诉。

（4）降低高额的维修成本，延长冲机寿命。

（5）业务竞争能力大增，利于打造服务品牌。

练习与思考

一、单选题

1. 冲版机烘干单元如果保养不当，会出现以下哪种问题？（　　）

A. 卡版　　B. 印版表面图文掉网

C. 保护胶变厚　　D. 刮花印版表面

2. 对显影槽较好的保养方式是（　　）。

A. 使用清水浸泡后再清洗　　B. 使用草酸浸泡后再清洗

C. 使用显影液浸泡后再清洗　　D. 使用洗车水直接清洗

3. 印版冲洗的正确过程是（　　）。

A. 上胶、显影、冲洗、烘干　　B. 上胶、冲洗、显影、烘干

C. 显影、冲洗、烘干、上胶　　D. 显影、冲洗、上胶、烘干

4. 冲版机冲版时间设定 28s 的意思是（　　）。

A. 印版头进入第一组胶辊到印版尾离开烘干单元的时间

B. 印版头进入显影液到印版头出显影液的时间

C. 印版头进入显影液到印版尾出显影液的时间

D. 印版头进入第一组胶辊到印版头出清洗单元的时间

5. 印版在显影槽中的过程正确的是（　　）。

A. 接触显影液、毛刷清洁不稳定版基、离开显影液、压辊尽量压干印版表面显影液

B. 接触显影液、压辊尽量压干印版表面显影液、离开显影液、毛刷清洁不稳定版基

C. 毛刷清洁不稳定版基、接触显影液、离开显影液、压辊尽量压干印版表面显影液

D. 毛刷清洁不稳定版基、接触显影液、压辊尽量压干印版表面显影液、离开显影液

6. 显影槽出现导电度不均匀的现象，可能的原因是（　　）。

A. 显影液过期　　B. 循环加热系统出现问题

C. 印版结晶太多　　D. 显影槽内毛刷辊压力不均匀

7. 不属于显影液补充项目的是（　　）。

A. 氧化补充　　B. 静态补充　　C. 动态补充　　D. 更换材料补充

8. 冲版机开启电源之前检查项目错误的是（　　）。

A. 补充液的余量　　B. 保护胶的清洁度

C. 胶辊是否有粘连以及清洁度　　D. 烘干单元风扇是否运行正常

9. 在冲版机上常常见到有 RPM 的字母，其表示的意思是（　　）。

A. 温度　B. 长度　C. 转速　D. 冲版速度

10. Gum Pump 的意思是（　）。

A. 气泵　B. 水泵　C. 胶泵　D. 保护胶

二、多选题

11. 对冲版过程中水压调节说法正确的是（　）。

A. 水压过大，容易溅至显影槽　B. 水压过小，印版冲洗不干净

C. 水压过大，容易将印版网点冲掉　D. 水压过小，容易卡版

E. 水压调节无关紧要，水质才会影响出版质量

12. 上胶调节方法正确的是（　）。

A. 上胶流速越大越好

B. 压力调节到胶辊表面类似亚光效果，用手指抹后依然有

C. 保证压胶辊全面上胶，不要让胶辊两边出现干燥情况

D. 上下辊压力不要太大，左右要均匀

E. 每次关机前，最好将胶辊清洗干净，以免胶辊粘连

13. 在生产过程中，以下哪些现象证明我们需要对冲版机进行保养了？（　）

A. 印版容易上脏　B. 保护胶上胶不均匀

C. 容易卡版　D. 显影槽内结晶沉淀增多

E. 印版数据不稳定

14. 关于冲版机烘干单元，以下说法正确的是（　）。

A. 使保护胶快速干燥在印版表面，起到保护作用

B. 使印版表面的水分快速干燥，好让保护胶容易涂在印版表面

C. 烘干单元可以不使用，也可以单独使用

D. 烘干单元采用电热丝加热，风扇将热吹过印版表面来使印版表面干燥

E. 烘干单元若损坏，冲版机可以正常运行，但印版表面干燥就会变慢，导致制版效率降低，有时印版也得不到很好的保护

15. 冲版机胶辊与其他辊安装时需要注意的事项有（　）。

A. 留意胶辊两边是否有字母标记对应的安装位置

B. 同种胶辊可以交替使用

C. 注意压力的调节

D. 清洗单元中的毛刷辊和显影水槽的毛刷辊可以互换使用

E. 严格按照图例或者说明书安装胶辊，位置不能替换

16. 冲版机操作面板有哪些种类？（　）

A. 与冲版机一体式　B. 与冲版机分体式

C. 连线电脑软件控制　D. 远程控制

E. CTP 设备控制

17. 冲版机为何需要进行保养？（　）

A. 可以提高生产效率　B. 可以保证印版的稳定输出

C. 可以保证印版的质量　D. 可以保证印版线性化输出

E. 可以让印刷色彩更鲜艳

18. 上胶未均匀，印版会出现的问题有（　）。

A. 局部上脏　B. 印版数据测量不准确

C. 局部胶太厚，导致清洗浪费时间　　D. 使得印版出现马蹄印，影响印刷质量

E. 不易保存印版，印版局部网点氧化

19. 冲版机内部胶辊需要定期保养，否则会出现哪些问题？（　　）

A. 印版版基结晶在胶辊上，导致上脏　　B. 药水腐蚀导致龟裂，导致印版上脏

C. 长期压力使得胶辊变形，压力不均　　D. 胶辊表面磨损，导致上脏

E. 印版划痕导致胶辊损坏

20. 显影液的补充量设定为 100mL/m²，下列对印版显影补充量的说法正确的是（　　）。

A. 若海德堡 CD102 印版长边进入显影液计算，其补充量不足

B. 若海德堡 CD102 印版短边进入显影液计算，其补充量不足

C. 若海德堡 CD102 印版长边进入显影液计算，应适当增加补充量

D. 若海德堡 CD102 印版长边进入显影液计算，应适当增加补充量

E. 冲版机会根据具体版材的面积自动计算，无需增减补充量大小

三、判断题

21. 冲版机保养无需保养计划，只要看药水导电度下降、胶辊上脏后再保养即可。（　　）

22. 不论任何版材，显影液中的显影毛刷都必须要安装，否则印版无法显影。（　　）

23. 印版保护胶可以适用于多种版材，其保护效果只和保护胶厚度有关。（　　）

24. 为了保证显影效果，数据记录准确，显影液最好在保质期内使用。（　　）

25. 保养烘干单元，可直接用棉布蘸温水将烘干单元内的保护胶清洁干净。（　　）

26. 冲版机电眼或触发器如若保养不当，会出现卡版、报错等错误状态。（　　）

27. 干燥的季节会使得冲版胶辊粘连，冲机传动齿轮损坏。（　　）

28. 过滤芯需每月清洗 2 次，然后更换新的过滤芯。（　　）

29. 烘干单元的使用温度通常为 55℃最为适宜，在不使用的过程中，其温度为常温。（　　）

30. 冲版机需要测量显影槽的四个位置，以便查看药水是否已均匀。（　　）

练习与思考参考答案

1. A	2. B	3. D	4. B	5. A	6. B	7. D	8. D	9. C	10. C
11. AB	12. BCDE	13. ABCDE	14. ADE	15. ACE	16. ABC	17. ABC	18. ABCE	19. ABCD	20. AC
21. N	22. N	23. N	24. Y	25. Y	26. Y	27. Y	28. N	29. Y	30. Y

附录 训练任务评分标准表

任务2 Adobe PDF文件印前检查

评 价 标 准

评价项目	评价内容	配分	完成情况	得分	合计	评价标准
安全操作	未按照安全规范操作，出现设备及人身安全事故，本任务考核不合格，成绩计0分					
能力目标	1. 符合质量要求的任务完成情况	50	是□ 否□			若完成情况为“是”，则该项得满分，否则得0分
	2. 完成知识准备	5	是□ 否□			
	3. 能完成PDF文档属性的信息查看	9	是□ 否□			
	4. 能完成页面颜色属性、页面尺寸属性、页面透明对象的检查	9	是□ 否□			
	5. 能使用预定义“配置文件”完成预检，创建预检报告	9	是□ 否□			
	6. 能依据输出需要自定义“Preflight”文件	8	是□ 否□			
	7. 能做好客户文件资料和输出文件的目录管理，养成做好作业记录的良好习惯	5	是□ 否□			
	8. 能按照职业规范要求，对现场环境、设备、工量具等进行整理	5	是□ 否□			
评价结果						

任务3 Adobe PDF文件修改

评 价 标 准

评价项目	评价内容	配分	完成情况	得分	合计	评价标准
安全操作	未按照安全规范操作，出现设备及人身安全事故，本任务考核不合格，成绩计0分					
能力目标	1. 符合质量要求的任务完成情况	50	是□ 否□			若完成情况为“是”，则该项得满分，否则得0分
	2. 完成知识准备	5	是□ 否□			
	3. 能完成PDF文档页面对象的颜色转换	9	是□ 否□			
	4. 能完成PDF文档页面透明对象的拼合	9	是□ 否□			
	5. 能完成PDF页面线条对象宽度调整	9	是□ 否□			
	6. 能完成PDF页面字体的嵌入	8	是□ 否□			
	7. 能做好客户文件资料和输出文件的目录管理，养成做好作业记录的良好习惯	5	是□ 否□			
	8. 能按照职业规范要求，对现场环境、设备、工量具等进行整理	5	是□ 否□			
评价结果						

任务 4 Pitstop Pro 检查与编辑 PDF 文件

评 价 标 准

评价项目	评价内容	配分	完成情况	得分	合计	评价标准
安全操作	未按照安全规范操作，出现设备及人身安全事故，本任务考核不合格，成绩计 0 分					
能力目标	1. 符合质量要求的任务完成情况	50	是□ 否□			若完成情况为“是”，则该项得满分，否则得 0 分
	2. 完成知识准备	5	是□ 否□			
	3. 能够使用 Enfocus 预检配置文件完成 PDF 文档的印前检查	9	是□ 否□			
	4. 能够使用 Enfocus 检查器完成 PDF 页面对象的编辑	9	是□ 否□			
	5. 能够使用 Enfocus“全局更改”功能完成 PDF 文档的修正	9	是□ 否□			
	6. 能够使用 Enfocus“动作列表”功能完成 PDF 文档的修改	8	是□ 否□			
	7. 能做好客户文件资料和输出文件的目录管理，养成做好作业记录的良好习惯	5	是□ 否□			
	8. 能按照职业规范要求，对现场环境、设备、工量具等进行整理	5	是□ 否□			
评价结果						

任务 5 拼大版软件安装与预设

评 价 标 准

评价项目	评价内容	配分	完成情况	得分	合计	评价标准
安全操作	未按照安全规范操作，出现设备及人身安全事故，本任务考核不合格，成绩计 0 分					
能力目标	1. 符合质量要求的任务完成情况	50	是□ 否□			若完成情况为“是”，则该项得满分，否则得 0 分
	2. 完成知识准备	5	是□ 否□			
	3. 能正确安装 Prinect Signa Station 软件	11	是□ 否□			
	4. 能正确设定 Prinect Signa Station 软件参数	12	是□ 否□			
	5. 能正确设定 Adobe Acrobat Distiller 软件参数	12	是□ 否□			
	6. 能做好客户文件资料和输出文件的目录管理，养成做好作业记录的良好习惯	5	是□ 否□			
	7. 能按照职业规范要求，对现场环境、设备、工量具等进行整理	5	是□ 否□			
评价结果						

任务 6　拼版标记资源和拼版模板设定

评 价 标 准

评价项目	评价内容	配分	完成情况	得分	合计	评价标准
安全操作	未按照安全规范操作，出现设备及人身安全事故，本任务考核不合格，成绩计 0 分					
能力目标	1. 符合质量要求的任务完成情况	50	是□　否□			若完成情况为“是”，则该项得满分，否则得 0 分
	2. 完成知识准备	5	是□　否□			
	3. 能够建立拼版文本标记并放置在印版模板上	9	是□　否□			
	4. 能够建立印刷控制条并放置在印版模板上	9	是□　否□			
	5. 能够导入印版控制条并放置在印版模板上	9	是□　否□			
	6. 能够建立拉归标记并放置在印版模板上	8	是□　否□			
	7. 能做好客户文件资料和输出文件的目录管理，养成做好作业记录的良好习惯	5	是□　否□			
	8. 能按照职业规范要求，对现场环境、设备、工量具等进行整理	5	是□　否□			
评价结果						

任务 7　骑马订产品数字拼大版版式设计

评 价 标 准

评价项目	评价内容	配分	完成情况	得分	合计	评价标准
安全操作	未按照安全规范操作，出现设备及人身安全事故，本任务考核不合格，成绩计 0 分					
能力目标	1. 符合质量要求的任务完成情况	50	是□　否□			若完成情况为“是”，则该项得满分，否则得 0 分
	2. 完成知识准备	5	是□　否□			
	3. 能使用 Prinect Signa Station 完成自翻版版式设计	12	是□　否□			
	4. 能使用 Prinect Signa Station 完成正背套印版式设计	12	是□　否□			
	5. 能使用 Prinect Signa Station 完成书刊印刷折页方案的定义	11	是□　否□			
	6. 能做好客户文件资料和输出文件的目录管理，养成做好作业记录的良好习惯	5	是□　否□			
	7. 能按照职业规范要求，对现场环境、设备、工量具等进行整理	5	是□　否□			
评价结果						

任务8 包装盒型类产品拼大版版式设计

评 价 标 准

评价项目	评价内容	配分	完成情况	得分	合计	评价标准
安全操作	未按照安全规范操作，出现设备及人身安全事故，本任务考核不合格，成绩计0分					
能力目标	1. 符合质量要求的任务完成情况	50	是□ 否□			若完成情况为“是”，则该项得满分，否则得0分
	2. 完成知识准备	5	是□ 否□			
	3. 能将包装盒型进行规范化编辑	11	是□ 否□			
	4. 能使用Signastatio设计包装盒型大版版式设计	12	是□ 否□			
	5. 能完成包装拼大版印张优化	12	是□ 否□			
	6. 能做好客户文件资料和输出文件的目录管理，养成做好作业记录的良好习惯	5	是□ 否□			
	7. 能按照职业规范要求，对现场环境、设备、工量具等进行整理	5	是□ 否□			
评价结果						

任务9 合版产品数字拼大版版式设计

评 价 标 准

评价项目	评价内容	配分	完成情况	得分	合计	评价标准
安全操作	未按照安全规范操作，出现设备及人身安全事故，本任务考核不合格，成绩计0分					
能力目标	1. 符合质量要求的任务完成情况	50	是□ 否□			若完成情况为“是”，则该项得满分，否则得0分
	2. 完成知识准备	5	是□ 否□			
	3. 能正确设定合版印刷不同尺寸的页面	12	是□ 否□			
	4. 能正确设定合版印刷的装订方式	11	是□ 否□			
	5. 能正确设定合版印刷所需要的折页方式	12	是□ 否□			
	6. 能做好客户文件资料和输出文件的目录管理，养成做好作业记录的良好习惯	5	是□ 否□			
	7. 能按照职业规范要求，对现场环境、设备、工量具等进行整理	5	是□ 否□			
评价结果						

任务10 印前工作流程设定

评价标准

评价项目	评价内容	配分	完成情况	得分	合计	评价标准
安全操作	未按照安全规范操作，出现设备及人身安全事故，本任务考核不合格，成绩计0分					
能力目标	1. 符合质量要求的任务完成情况	50	是□ 否□			若完成情况为“是”，则该项得满分，否则得0分
	2. 完成知识准备	5	是□ 否□			
	3. 能在 Prinect Cockpit 中建立活件	9	是□ 否□			
	4. 能在 Prinect Cockpit 中查看文件预飞报告	9	是□ 否□			
	5. 能掌握 Prinect Cockpit 和 Prinect Signa Station 交换使用	9	是□ 否□			
	6. 能掌握 Prinect Cockpit 文件处理的基本操作	8	是□ 否□			
	7. 能做好客户文件资料和输出文件的目录管理，养成做好作业记录的良好习惯	5	是□ 否□			
	8. 能按照职业规范要求，对现场环境、设备、工量具等进行整理	5	是□ 否□			
评价结果						

任务11 输出1-Tiff

评价标准

评价项目	评价内容	配分	完成情况	得分	合计	评价标准
安全操作	未按照安全规范操作，出现设备及人身安全事故，本任务考核不合格，成绩计0分					
能力目标	1. 符合质量要求的任务完成情况	50	是□ 否□			若完成情况为“是”，则该项得满分，否则得0分
	2. 完成知识准备	5	是□ 否□			
	3. 能掌握 Shooter 与 GUI 及 RIP 的链接方法	9	是□ 否□			
	4. 能掌握对 Shooter 的设定	9	是□ 否□			
	5. 能使用 Shooter 对文件进行输出	9	是□ 否□			
	6. 能对文件进行备份和再版输出的运用	8	是□ 否□			
	7. 能做好客户文件资料和输出文件的目录管理，养成做好作业记录的良好习惯	5	是□ 否□			
	8. 能按照职业规范要求，对现场环境、设备、工量具等进行整理	5	是□ 否□			
评价结果						

任务 12　数码打样系统的线性化

评 价 标 准

评价项目	评价内容	配分	完成情况	得分	合计	评价标准
安全操作	未按照安全规范操作，出现设备及人身安全事故，本任务考核不合格，成绩计 0 分					
能力目标	1. 符合质量要求的任务完成情况	50	是□　否□			若完成情况为“是”，则该项得满分，否则得 0 分
	2. 完成知识准备	5	是□　否□			
	3. 能完成 EPSON9910 打样机检查和参数预设	11	是□　否□			
	4. 能完成 Heidelberg Color Proof Pro 打印机设置	12	是□　否□			
	5. 能使用 Heidelberg Color Proof Pro 创建基础线性化	12	是□　否□			
	6. 能做好客户文件资料和输出文件的目录管理，养成做好作业记录的良好习惯	5	是□　否□			
	7. 能按照职业规范要求，对现场环境、设备、工量具等进行整理	5	是□　否□			
评价结果						

任务 13　建立数码打样系统的 ICC

评 价 标 准

评价项目	评价内容	配分	完成情况	得分	合计	评价标准
安全操作	未按照安全规范操作，出现设备及人身安全事故，本任务考核不合格，成绩计 0 分					
能力目标	1. 符合质量要求的任务完成情况	50	是□　否□			若完成情况为“是”，则该项得满分，否则得 0 分
	2. 完成知识准备	5	是□　否□			
	3. 能正确使用 IT8.7/4 色彩测试靶	9	是□　否□			
	4. 能设定 Heidelberg Color Tool 软件的预置参数	9	是□　否□			
	5. 能使用 Heidelberg Color Tool 软件完成色彩测试靶的测量	9	是□　否□			
	6. 能使用 Heidelberg Color Tool 建立纸张 ICC	8	是□　否□			
	7. 能做好客户文件资料和输出文件的目录管理，养成做好作业记录的良好习惯	5	是□　否□			
	8. 能按照职业规范要求，对现场环境、设备、工量具等进行整理	5	是□　否□			
评价结果						

任务14 建立数码打样工作流程

评价标准

评价项目	评价内容	配分	完成情况	得分	合计	评价标准
安全操作	未按照安全规范操作，出现设备及人身安全事故，本任务考核不合格，成绩计0分					
能力目标	1. 符合质量要求的任务完成情况	50	是□ 否□			若完成情况为“是”，则该项得满分，否则得0分
	2. 完成知识准备	5	是□ 否□			
	3. 能完成数码打样机的线性化文档 epl 与 ICC 绑定	9	是□ 否□			
	4. 能使用 Prinect Color Proof Pro 设定 EPSON9910	9	是□ 否□			
	5. 能在 Prinect Cockpit 序列模板建立 EPSON9910 数码打样模板	9	是□ 否□			
	6. 能在 Prinect Cockpit 组模板建立数码打样流程	8	是□ 否□			
	7. 能做好客户文件资料和输出文件的目录管理，养成做好作业记录的良好习惯	5	是□ 否□			
	8. 能按照职业规范要求，对现场环境、设备、工量具等进行整理	5	是□ 否□			
评价结果						

任务15 数码打样质量评估

评价标准

评价项目	评价内容	配分	完成情况	得分	合计	评价标准
安全操作	未按照安全规范操作，出现设备及人身安全事故，本任务考核不合格，成绩计0分					
能力目标	1. 符合质量要求的任务完成情况	50	是□ 否□			若完成情况为“是”，则该项得满分，否则得0分
	2. 完成知识准备	5	是□ 否□			
	3. 能在 EPSON9910 数码打样模板设置打印控制条	9	是□ 否□			
	4. 能在 Prinect Color Tool 预置参数中设置打样报告的标准	9	是□ 否□			
	5. 能完成 Ugra Fogra-MediaWedge v3 控制条的打印和测量	9	是□ 否□			
	6. 能完成与 Fogra39L 数据的对比，生成数码打样质量评估报告	8	是□ 否□			
	7. 能做好客户文件资料和输出文件的目录管理，养成做好作业记录的良好习惯	5	是□ 否□			
	8. 能按照职业规范要求，对现场环境、设备、工量具等进行整理	5	是□ 否□			
评价结果						

任务 16 数码打样系统的日常维护与管理

评 价 标 准

评价项目	评价内容	配分	完成情况	得分	合计	评价标准
安全操作	未按照安全规范操作，出现设备及人身安全事故，本任务考核不合格，成绩计 0 分					
能力目标	1. 符合质量要求的任务完成情况	50	是□ 否□			若完成情况为“是”，则该项得满分，否则得 0 分
	2. 完成知识准备	5	是□ 否□			
	3. 能完成 EPSON9910 数码打样机墨盒、废墨仓和打印纸的更换与设定，自动切纸器、CR 光栅、压纸辊及走纸通道的清洁	9	是□ 否□			
	4. 能完成 EPSON9910 数码打样机的打印头的清洁	9	是□ 否□			
	5. 能根据测量结果重新线性化	9	是□ 否□			
	6. 能使用 Color Tool 软件做数码打样机的闭环校准	8	是□ 否□			
	7. 能做好客户文件资料和输出文件的目录管理，养成做好作业记录的良好习惯	5	是□ 否□			
	8. 能按照职业规范要求，对现场环境、设备、工量具等进行整理	5	是□ 否□			
评价结果						

任务 17 版材测试及参数设定

评 价 标 准

评价项目	评价内容	配分	完成情况	得分	合计	评价标准
安全操作	未按照安全规范操作，出现设备及人身安全事故，本任务考核不合格，成绩计 0 分					
能力目标	1. 符合质量要求的任务完成情况	50	是□ 否□			若完成情况为“是”，则该项得满分，否则得 0 分
	2. 完成知识准备	5	是□ 否□			
	3. 能识别版材基本属性参数	12	是□ 否□			
	4. 能使用 CTP 设备接口软件完成版材参数测试	12	是□ 否□			
	5. 能建立版材	11	是□ 否□			
	6. 能做好客户文件资料和输出文件的目录管理，养成做好作业记录的良好习惯	5	是□ 否□			
	7. 能按照职业规范要求，对现场环境、设备、工量具等进行整理	5	是□ 否□			
评价结果						

任务18 印版线性化

评价标准

评价项目	评价内容	配分	完成情况	得分	合计	评价标准
安全操作	未按照安全规范操作，出现设备及人身安全事故，本任务考核不合格，成绩计0分					
能力目标	1. 符合质量要求的任务完成情况	50	是□ 否□			若完成情况为“是”，则该项得满分，否则得0分
	2. 完成知识准备	5	是□ 否□			
	3. 能设置印版测量仪 iCPlate Ⅱ	9	是□ 否□			
	4. 能在 Calibration Manager 建立组别，设置线性化名称及加网系统参数	9	是□ 否□			
	5. 能在 Prinect Cockpit 检查线性化参数并输出	9	是□ 否□			
	6. 能使用 iCPlate Ⅱ 测量数据，建立线性化曲线并验证准确性	8	是□ 否□			
	7. 能做好客户文件资料和输出文件的目录管理，养成做好作业记录的良好习惯	5	是□ 否□			
	8. 能按照职业规范要求，对现场环境、设备、工量具等进行整理	5	是□ 否□			
评价结果						

任务19 建立印刷补偿曲线

评价标准

评价项目	评价内容	配分	完成情况	得分	合计	评价标准
安全操作	未按照安全规范操作，出现设备及人身安全事故，本任务考核不合格，成绩计0分					
能力目标	1. 符合质量要求的任务完成情况	50	是□ 否□			若完成情况为“是”，则该项得满分，否则得0分
	2. 完成知识准备	5	是□ 否□			
	3. 能使用分光光度仪 SpectroEye 的测量样张色块的密度与色度	12	是□ 否□			
	4. 能使用 Calibration Manager 建立印刷补偿曲线	12	是□ 否□			
	5. 能使用 Color Tool 完成过程控制曲线修正	11	是□ 否□			
	6. 能做好客户文件资料和输出文件的目录管理，养成做好作业记录的良好习惯	5	是□ 否□			
	7. 能按照职业规范要求，对现场环境、设备、工量具等进行整理	5	是□ 否□			
评价结果						

任务 20　制版机的日常维护与保养

评　价　标　准

评价项目	评价内容	配分	完成情况	得分	合计	评价标准
安全操作	未按照安全规范操作，出现设备及人身安全事故，本任务考核不合格，成绩计 0 分					
能力目标	1. 符合质量要求的任务完成情况	50	是□　否□			若完成情况为“是”，则该项得满分，否则得 0 分
	2. 完成知识准备	5	是□　否□			
	3. 能在软件中查看且操作保养项目	12	是□　否□			
	4. 能独立并正确地完成对 CTP 设备的保养	12	是□　否□			
	5. 能制定设备保养方案	11	是□　否□			
	6. 能做好客户文件资料和输出文件的目录管理，养成做好作业记录的良好习惯	5	是□　否□			
	7. 能按照职业规范要求，对现场环境、设备、工量具等进行整理	5	是□　否□			
评价结果						

任务 21　冲版机的日常维护与保养

评　价　标　准

评价项目	评价内容	配分	完成情况	得分	合计	评价标准
安全操作	未按照安全规范操作，出现设备及人身安全事故，本任务考核不合格，成绩计 0 分					
能力目标	1. 符合质量要求的任务完成情况	50	是□　否□			若完成情况为“是”，则该项得满分，否则得 0 分
	2. 完成知识准备	5	是□　否□			
	3. 能调节冲版机参数	12	是□　否□			
	4. 能独立拆装冲版机各组胶辊，并清洗	12	是□　否□			
	5. 能对显影液的补充进行正确的评估与设定	11	是□　否□			
	6. 能做好客户文件资料和输出文件的目录管理，养成做好作业记录的良好习惯	5	是□　否□			
	7. 能按照职业规范要求，对现场环境、设备、工量具等进行整理	5	是□　否□			
评价结果						